工业和信息化部"十四五"规划教材建设
重点研究基地精品出版工程

高效毁伤系统丛书

ENERGETIC THERMOPLASTIC
ELASTOMERS

含能热塑性弹性体

罗运军　张　弛　李国平●著

北京理工大学出版社
BEIJING INSTITUTE OF TECHNOLOGY PRESS

版权专有　侵权必究

图书在版编目（CIP）数据

含能热塑性弹性体 / 罗运军，张弛，李国平著. --北京 ：北京理工大学出版社，2023.1
　ISBN 978-7-5763-2002-2

Ⅰ．①含… Ⅱ．①罗… ②张… ③李… Ⅲ．①热塑性-弹性体 Ⅳ．①TQ334

中国国家版本馆 CIP 数据核字（2023）第 001937 号

责任编辑：刘　派	**文案编辑：**李丁一
责任校对：周瑞红	**责任印制：**李志强

出版发行 / 北京理工大学出版社有限责任公司
社　　址 / 北京市丰台区四合庄路 6 号
邮　　编 / 100070
电　　话 / （010）68944439（学术售后服务热线）
网　　址 / http://www.bitpress.com.cn

版 印 次 / 2023 年 1 月第 1 版第 1 次印刷
印　　刷 / 三河市华骏印务包装有限公司
开　　本 / 710 mm × 1000 mm　1/16
印　　张 / 32.5
彩　　插 / 4
字　　数 / 602 千字
定　　价 / 158.00 元

图书出现印装质量问题，请拨打售后服务热线，负责调换

《高效毁伤系统丛书》
编委会

名誉主编：朵英贤　王泽山　王晓锋
主　　编：陈鹏万
顾　　问：焦清介　黄风雷
副 主 编：刘　彦　黄广炎

编　　委（按姓氏笔画排序）

　　　　　王亚斌　牛少华　冯　跃　任　慧
　　　　　李向东　李国平　吴　成　汪德武
　　　　　张　奇　张锡祥　邵自强　罗运军
　　　　　周遵宁　庞思平　娄文忠　聂建新
　　　　　柴春鹏　徐克虎　徐豫新　郭泽荣
　　　　　隋　丽　谢　侃　薛　琨

丛书序

国防与国家的安全、民族的尊严和社会的发展息息相关。拥有前沿国防科技和尖端武器装备优势，是实现强军梦、强国梦、中国梦的基石。近年来，我国的国防科技和武器装备取得了跨越式发展，一批具有完全自主知识产权的原创性前沿国防科技成果，对我国乃至世界先进武器装备的研发产生了前所未有的战略性影响。

高效毁伤系统是以提高武器弹药对目标毁伤效能为宗旨的多学科综合性技术体系，是实施高效火力打击的关键技术。我国在含能材料、先进战斗部、智能探测、毁伤效应数值模拟与计算、毁伤效能评估技术等高效毁伤领域均取得了突破性进展。但目前国内该领域的理论体系相对薄弱，不利于高效毁伤技术的持续发展。因此，构建完整的理论体系逐渐成为开展国防学科建设、人才培养和武器装备研制与使用的共识。

《高效毁伤系统丛书》是一项服务于国防和军队现代化建设的大型科技出版工程，也是国内首套系统论述高效毁伤技术的学术丛书。本项目瞄准高效毁伤技术领域国家战略需求和学科发展方向，围绕武器系统智能化、高能火炸药、常规战斗部高效毁伤等领域的基础性、共性关键科学与技术问题进行学术成果转化。

丛书共分三辑，其中，第二辑共26分册，涉及武器系统设计与应用、高能火炸药与火工烟火、智能感知与控制、毁伤技术与弹药工程、爆炸冲击与安全防护等兵器学科方向。武器系统设计与应用方向主要涉及武器系统设计理论与方法，武器系统总体设计与技术集成，武器系统分析、仿真、试验与评估等；高能火炸药与火工烟火方向主要涉及高能化合物设计方法与合成化学、高能固

■ **含能热塑性弹性体**

体推进剂技术、火炸药安全性等；智能感知与控制方向主要涉及环境、目标信息感知与目标识别，武器的精确定位、导引与控制，瞬态信息处理与信息对抗，新原理、新体制探测与控制技术；毁伤技术与弹药工程方向主要涉及毁伤理论与方法，弹道理论与技术，弹药及战斗部技术，灵巧与智能弹药技术，新型毁伤理论与技术，毁伤效应及评估，毁伤威力仿真与试验；爆炸冲击与安全防护方向主要涉及爆轰理论，炸药能量输出结构，武器系统安全性评估与测试技术，安全事故数值模拟与仿真技术等。

  本项目是高效毁伤领域的重要知识载体，代表了我国国防科技自主创新能力的发展水平，对促进我国乃至全世界的国防科技工业应用、提升科技创新能力、"两个强国"建设具有重要意义；愿丛书出版能为我国高效毁伤技术的发展提供有力的理论支撑和技术支持，进一步推动高效毁伤技术领域科技协同创新，为促进高效毁伤技术的探索、推动尖端技术的驱动创新、推进高效毁伤技术的发展起到引领和指导作用。

《高效毁伤系统丛书》
编委会

前 言

随着武器装备的不断发展,要求弹药具有远程打击、高效毁伤、轻小型化和高生存能力的特性。火炸药是陆军、海军、空军、火箭军、武警部队各类武器完成发射、推进和毁伤最主要的动力和威力能源材料,其性能直接决定了武器的作战性能。在火炸药的发展过程中,提高能量水平始终是其发展的主要目标。

黏合剂是火炸药的基体和骨架,只有在它的作用下,火炸药中的其他组分,如无机盐颗粒、有机晶体颗粒等才能够黏结在一起,从而保持一定的几何形状和良好的力学性能。黏合剂的性质既对发射药、固体推进剂、炸药的各种主要性能,如能量性能、力学性能、储存性能、燃烧性能等有着重要的影响,又决定了它们的成型加工工艺。大量研究表明,采用含能黏合剂取代常用的端羟基聚丁二烯、环氧乙烷-四氢呋喃共聚醚等非含能黏合剂,可以显著提高火炸药的能量水平。自20世纪80年代以来,含能黏合剂的研究取得了长足的进步。

含能黏合剂按照其分子结构和性能可分为含能预聚物和含能弹性体;而含能弹性体按照在火炸药中的用途又可分为含能热固性弹性体和含能热塑性弹性体。由于含能热塑性弹性体结合了含能热固性弹性体优良的物理化学性能以及塑性材料便于加工的特点,因而在高聚物黏结炸药、固体推进剂等领域得到了广泛应用。以前已有著作对含能聚合物(含能单体、含能预聚物)进行过系统的介绍,本书不再涉及,只对新型含能热塑性弹性体进行系统介绍。由于含能黏合剂领域发展很快,新型含能热塑性弹性体不断涌现,本书不可能全部囊括,只是对一些热点和重点的新型含能热塑性弹性体进行了叙述。

本书共10章:第1章概述了含能热塑性弹性体的基本概念、分类、性能特点、合成方法及在火炸药中的应用;第2章主要介绍了聚叠氮缩水甘油醚基含

■ 含能热塑性弹性体

能热塑性弹性体的合成工艺、主要性能和应用；第 3 章主要介绍了聚 3,3 – 双叠氮甲基氧丁环基含能热塑性弹性体的合成工艺、主要性能和应用；第 4 章主要介绍了聚缩水甘油醚硝酸酯基含能热塑性弹性体的合成工艺、主要性能和应用；第 5 章主要介绍了 3,3 – 双叠氮甲基氧丁环 – 四氢呋喃共聚醚基含能热塑性弹性体的合成工艺、主要性能和应用；第 6 章主要介绍了聚 3,3 – 双叠氮甲基氧丁环 – 叠氮缩水甘油醚基含能热塑性弹性体的合成工艺、主要性能和应用；第 7 章主要介绍了聚 3,3 – 双叠氮甲基氧丁环 – 3 – 甲基 – 3 – 叠氮甲基氧丁环基含能热塑性弹性体的合成工艺、主要性能和应用；第 8 章对自修复含能热塑性弹性体进行了介绍，包括自修复含能热塑性弹性体的概念、种类、制备方法、自修复机制和自修复效果；第 9 章介绍了其他新型含能热塑性弹性体，包括 GAP – PET 基、GAP – PEG 基、GAP – PET – PEG 基、GAP – PET – PEPA 基、GAP – EAP 基、GAP – PMMA 基、GAP – PCL 基、P(BAMO – NMMO)基、PBEMO 基、P（AMMO – THF）基、PNMMO 基、二氟氨基含能热塑性弹性体、星形含能热塑性弹性体、含能扩链剂含能热塑性弹性体等；第 10 章主要介绍了含能热塑性弹性体表征技术，包括相对分子质量与结构表征技术、能量性能测试与预估、热性能表征技术以及其他应用性能表征技术。

本书第 1～7 章由罗运军撰写，第 8 章由李国平撰写，第 9、10 章由张弛撰写。本书在编写过程中还得到了吕勇、酒永斌、赵一搏、张在娟、王刚、李冰珺、丁善军等的帮助；在出版过程中得到了北京理工大学出版社的领导和编辑的关心和指导，并提出了许多宝贵意见，在此一并表示衷心感谢！

本书得到了国家出版基金的资助，并获批为北京理工大学"十四五"规划教材。

由于作者水平有限，书中难免存在疏漏和不足之处，恳请读者批评指正。

作　者

2022 年 10 月

目 录

第 1 章　绪论 ·· 001

  1.1　热塑性弹性体 ·· 002

    1.1.1　热塑性弹性体的结构与性能特点 ··························· 002

    1.1.2　热塑性弹性体在火炸药领域的应用 ························ 003

  1.2　含能热塑性弹性体 ··· 005

    1.2.1　含能热塑性弹性体的定义 ······································ 005

    1.2.2　含能热塑性弹性体的分类 ······································ 005

    1.2.3　含能热塑性弹性体的性能特点 ······························· 005

  1.3　含能热塑性弹性体的合成 ··· 006

    1.3.1　官能团预聚体法 ··· 006

    1.3.2　活性顺序聚合法 ··· 018

    1.3.3　大分子引发剂法 ··· 021

  1.4　含能热塑性弹性体的应用 ··· 022

    1.4.1　含能热塑性弹性体在枪炮发射药中的应用 ············· 023

    1.4.2　含能热塑性弹性体在固体火箭推进剂中的应用 ······ 024

    1.4.3　含能热塑性弹性体在 PBX 炸药中的应用 ·············· 026

  1.5　含能热塑性弹性体的发展趋势 ····································· 028

  参考文献 ··· 029

第 2 章　聚叠氮缩水甘油醚基含能热塑性弹性体 ················· 033

  2.1　概述 ··· 034

2.2 不同异氰酸酯制备 GAP 基含能热塑性弹性体 ·········· 035
2.2.1 不同异氰酸酯制备 GAP 基含能热塑性弹性体的反应原理 ·········· 035
2.2.2 不同异氰酸酯制备 GAP 基含能热塑性弹性体的合成工艺 ·········· 035
2.2.3 不同异氰酸酯制备 GAP 基含能热塑性弹性体的性能 ·········· 037

2.3 高软段含量 GAP 基含能热塑性弹性体 ·········· 042
2.3.1 高软段含量 GAP 基含能热塑性弹性体的反应原理 ·········· 042
2.3.2 高软段含量 GAP 基含能热塑性弹性体的合成工艺 ·········· 042
2.3.3 高软段含量 GAP 基含能热塑性弹性体的性能 ·········· 042

2.4 高硬段含量 GAP 基含能热塑性弹性体 ·········· 051
2.4.1 高硬段含量 GAP 基含能热塑性弹性体的反应原理 ·········· 051
2.4.2 高硬段含量 GAP 基含能热塑性弹性体的合成工艺 ·········· 051
2.4.3 高硬段含量 GAP 基含能热塑性弹性体的性能 ·········· 052

2.5 键合功能型 GAP 基含能热塑性弹性体 ·········· 065
2.5.1 DBM 扩链 GAP 基含能热塑性弹性体 ·········· 065
2.5.2 CBA 扩链 GAP 基含能热塑性弹性体 ·········· 073
2.5.3 DBM/BDO 混合扩链 GAP 基含能热塑性弹性体 ·········· 081
2.5.4 CBA/BDO 混合扩链 GAP 基含能热塑性弹性体 ·········· 087

2.6 GAP 基含能热塑性弹性体在火炸药中的应用 ·········· 092
2.6.1 DBM/BDO 混合扩链 GAP 基 ETPE/RDX 模型火炸药的制备与性能 ·········· 094
2.6.2 CBA/BDO 混合扩链 GAP 基 ETPE/RDX 模型火炸药的制备与性能 ·········· 096
2.6.3 不同 GAP 基 ETPE 模型火炸药的性能对比 ·········· 098

参考文献 ·········· 100

第 3 章 聚 3,3-双叠氮甲基氧丁环基含能热塑性弹性体 ·········· 103

3.1 概述 ·········· 104

3.2 不同异氰酸酯制备 PBAMO 基含能热塑性弹性体 ·········· 105
3.2.1 不同异氰酸酯扩链 PBAMO 的反应原理 ·········· 106
3.2.2 不同异氰酸酯扩链 PBAMO 的合成工艺 ·········· 106
3.2.3 不同异氰酸酯扩链 PBAMO 的性能 ·········· 106

3.3 不同二元醇制备 PBAMO 基含能热塑性弹性体 ·········· 117

   3.3.1 不同二元醇制备 PBAMO 基含能热塑性弹性体的
     反应原理 ·· 118
   3.3.2 不同二元醇制备 PBAMO 基含能热塑性弹性体的
     合成工艺 ·· 118
   3.3.3 不同二元醇制备 PBAMO 基含能热塑性弹性体的性能 ············· 119
  3.4 键合功能型 PBAMO 基含能热塑性弹性体 ··································· 136
   3.4.1 键合功能型 PBAMO 基含能热塑性弹性体的反应原理 ············· 136
   3.4.2 键合功能型 PBAMO 基含能热塑性弹性体的合成工艺 ············· 136
   3.4.3 键合功能型 PBAMO 基含能热塑性弹性体的性能 ···················· 137
  3.5 PBAMO 基含能热塑性弹性体在混合炸药中的应用 ······················· 147
   3.5.1 扩链 PBAMO 与常用单质炸药的界面作用 ······························ 148
   3.5.2 扩链 PBAMO 与常用单质炸药的相容性 ································· 149
   3.5.3 扩链 PBAMO/HMX 压装混合炸药造型粉的制备工艺 ·············· 151
   3.5.4 扩链 PBAMO/HMX 压装混合炸药造型粉的性能 ····················· 151
  参考文献 ··· 159

第 4 章 聚缩水甘油醚硝酸酯基含能热塑性弹性体 ································ 163

  4.1 概述 ·· 164
  4.2 不同硬段含量 PGN 基含能热塑性弹性体 ····································· 165
   4.2.1 不同硬段含量 PGN 基含能热塑性弹性体的反应原理 ··············· 165
   4.2.2 不同硬段含量 PGN 基含能热塑性弹性体的合成工艺 ··············· 165
   4.2.3 不同硬段含量 PGN 基含能热塑性弹性体的性能 ····················· 166
  4.3 键合功能型 PGN 基含能热塑性弹性体 ······································· 173
   4.3.1 DBM 扩链 PGN 基含能热塑性弹性体ˋ ··································· 173
   4.3.2 DBM/BDO 混合扩链 PGN 基含能热塑性弹性体 ······················ 181
  4.4 PGN 基含能热塑性弹性体在火炸药中的应用 ······························· 186
  参考文献 ··· 188

第 5 章 3,3-双叠氮甲基氧丁环-四氢呋喃共聚醚基含能热塑性
     弹性体 ·· 189

  5.1 概述 ·· 190
  5.2 不同硬段含量 PBT 基含能热塑性弹性体 ····································· 191
   5.2.1 不同硬段含量 PBT 基含能热塑性弹性体的反应原理 ··············· 191
   5.2.2 不同硬段含量 PBT 基含能热塑性弹性体的合成工艺 ··············· 191

5.2.3　不同硬段含量 PBT 基含能热塑性弹性体的性能 …………… 192
5.3　键合功能型 PBT 基含能热塑性弹性体 ………………………………… 199
　　5.3.1　DBM 扩链 PBT 基含能热塑性弹性体 ………………………… 199
　　5.3.2　CBA 扩链 PBT 基含能热塑性弹性体 ………………………… 205
　　5.3.3　DBM/BDO 混合扩链 PBT 基含能热塑性弹性体 …………… 212
　　5.3.4　CBA/BDO 混合扩链 PBT 基含能热塑性弹性体 …………… 218
5.4　PBT 基含能热塑性弹性体在火炸药中的应用 ………………………… 225
　　5.4.1　DBM/BDO 混合扩链 PBT 基 ETPE/RDX 模型火炸药的制备与性能 …………………………………………………………… 225
　　5.4.2　CBA/BDO 混合扩链 PBT 基 ETPE/RDX 模型火炸药的制备与性能 …………………………………………………………… 227
参考文献 ………………………………………………………………………… 229

第 6 章　聚 3,3-双叠氮甲基氧丁环-叠氮缩水甘油醚基含能热塑性弹性体 …………………………………………………………………… 231

6.1　概述 ……………………………………………………………………… 232
6.2　无规嵌段型 PBG 基含能热塑性弹性体 ………………………………… 233
　　6.2.1　无规嵌段型 PBG 基 ETPE 的反应原理 ……………………… 233
　　6.2.2　无规嵌段型 PBG 基 ETPE 的合成工艺 ……………………… 234
　　6.2.3　无规嵌段型 PBG 基 ETPE 的性能 …………………………… 234
6.3　交替嵌段型 PBG 基含能热塑性弹性体 ………………………………… 239
　　6.3.1　交替嵌段型 PBG 基 ETPE 的反应原理 ……………………… 239
　　6.3.2　交替嵌段型 PBG 基 ETPE 的合成工艺 ……………………… 239
　　6.3.3　交替嵌段型 PBG 基 ETPE 的性能 …………………………… 240
6.4　PBG 基含能热塑性弹性体的应用基础性能 …………………………… 245
　　6.4.1　密度 ……………………………………………………………… 245
　　6.4.2　燃烧热 …………………………………………………………… 245
　　6.4.3　机械感度 ………………………………………………………… 246
　　6.4.4　相容性 …………………………………………………………… 246
　　6.4.5　PBA 基含能热塑性弹性体的基本性能 ……………………… 247
6.5　PBG 基含能热塑性弹性体在固体推进剂中的应用 …………………… 248
　　6.5.1　PBG 基固体推进剂的配方设计 ……………………………… 248
　　6.5.2　PBG 基固体推进剂的制备工艺 ……………………………… 250
　　6.5.3　PBG 基固体推进剂的性能 …………………………………… 250

参考文献 ………………………………………………………………… 254

第7章　聚 3,3-双叠氮甲基氧丁环-3-甲基-3-叠氮甲基氧丁环基含能热塑性弹性体 ………………………………………… 255

7.1　概述 ……………………………………………………………… 256
7.2　PBA 基含能热塑性弹性体的合成与性能 …………………………… 256
  7.2.1　PBA 基含能热塑性弹性体的反应原理 ……………………… 256
  7.2.2　PBA 基含能热塑性弹性体的合成工艺 ……………………… 257
  7.2.3　PBA 基含能热塑性弹性体的结构与性能 …………………… 258
7.3　PBA 基含能热塑性弹性体的应用基础性能 ………………………… 270
  7.3.1　PBA 基 ETPE/固体填料样品的制备工艺 …………………… 270
  7.3.2　PBA 基 ETPE 与火炸药常用组分的相容性 ………………… 270
  7.3.3　PBA 基 ETPE 与固体填料的表面性能 ……………………… 271
  7.3.4　固体填料对 PBA 基 ETPE 力学性能的影响 ………………… 272
  7.3.5　固体填料对 PBA 基 ETPE 流变性能的影响 ………………… 279
  7.3.6　固体填料对 PBA 基 ETPE 热分解性能的影响 ……………… 283
  7.3.7　GAPA 对 PBA 基 ETPE 性能的影响 ………………………… 290
  7.3.8　Bu-NENA 对 PBA 基 ETPE 性能的影响 …………………… 292
7.4　PBA 基含能热塑性弹性体在固体推进剂中的应用 ………………… 293
  7.4.1　PBA 基 ETPE/Bu-NENA 固体推进剂的制备及性能 ……… 294
  7.4.2　PBA 基 ETPE/GAPA 固体推进剂的制备及性能 …………… 299
参考文献 ………………………………………………………………… 305

第8章　具有自修复功能的含能热塑性弹性体 …………………………… 307

8.1　自修复材料概述 ………………………………………………… 308
  8.1.1　定义 …………………………………………………… 308
  8.1.2　外援型自修复高分子材料 …………………………………… 309
  8.1.3　本征型自修复高分子材料 …………………………………… 311
8.2　自修复性含能热塑性弹性体 ……………………………………… 325
  8.2.1　含双硫键的含能热塑性弹性体 ……………………………… 325
  8.2.2　含于 DA 可逆反应的含能热塑弹性体 ……………………… 339
  8.2.3　含氢键的含能热塑弹性体 …………………………………… 340
  8.2.4　含金属配位键的含能热塑性弹性体 ………………………… 342
参考文献 ………………………………………………………………… 344

第 9 章　其他含能热塑性弹性体 ······ 347
9.1　概述 ······ 348
9.2　GAP-PET 基含能热塑性弹性体 ······ 348
9.2.1　GAP-PET 基 ETPE 的单元结构式 ······ 349
9.2.2　GAP-PET 基 ETPE 的组成 ······ 350
9.2.3　GAP-PET 基 ETPE 的结构与性能 ······ 351
9.3　GAP-PEG 基含能热塑性弹性体 ······ 362
9.4　GAP-PET-PEG 基含能热塑性弹性体 ······ 362
9.4.1　GAP-PET-PEG 基 ETPE 的单元结构式 ······ 363
9.4.2　GAP-PET-PEG 基 ETPE 的组成 ······ 364
9.4.3　GAP-PET-PEG 基 ETPE 的结构与性能 ······ 365
9.5　GAP-PET-PEPA 基含能热塑性弹性体 ······ 375
9.5.1　GAP-PET-PEPA 基 ETPE 的单元结构式 ······ 376
9.5.2　GAP-PET-PEPA 基 ETPE 的样品组成 ······ 377
9.5.3　GAP-PET-PEPA 基 ETPE 的结构与性能 ······ 378
9.6　GAP-EAP 基含能热塑性弹性体 ······ 389
9.7　GAP-PMMA 基含能热塑性弹性体 ······ 390
9.8　GAP-PCL 基含能热塑性弹性体 ······ 392
9.9　P(BAMO-NMMO) 基含能热塑性弹性体 ······ 394
9.10　PBEMO 基含能热塑性弹性体 ······ 395
9.11　P(AMMO-THF) 基含能热塑性弹性体 ······ 397
9.12　PNMMO 基含能热塑性弹性体 ······ 398
9.13　二氟氨基含能热塑性弹性体 ······ 401
9.14　星形含能热塑性弹性体 ······ 402
9.15　含能扩链剂含能热塑性弹性体 ······ 405
9.15.1　含能扩链剂 GAP 基含能热塑性弹性体 ······ 406
9.15.2　含能扩链剂 GAP-PET 基含能热塑性弹性体 ······ 411
9.16　其他扩链剂含能热塑性弹性体 ······ 416
参考文献 ······ 417

第 10 章　含能热塑性弹性体表征技术 ······ 421
10.1　概述 ······ 422
10.2　含能热塑性弹性体的相对分子质量与结构表征 ······ 422

10.2.1　相对分子质量及相对分子质量分布 …… 422
　　10.2.2　序列结构 …… 427
　　10.2.3　结晶度 …… 439
　　10.2.4　溶解度 …… 443
　　10.2.5　黏度 …… 443
　　10.2.6　氢键化程度 …… 445
　　10.2.7　软/硬段相溶性 …… 447
　　10.2.8　溶度参数 …… 450
10.3　含能黏合剂能量性能测试与预估 …… 453
　　10.3.1　生成焓 …… 453
　　10.3.2　燃烧热 …… 456
10.4　含能黏合剂热性能表征 …… 458
　　10.4.1　玻璃化转变温度 …… 458
　　10.4.2　热分解动力学 …… 459
10.5　含能黏合剂其他应用性能表征 …… 462
　　10.5.1　相容性 …… 462
　　10.5.2　流变性能 …… 465
　　10.5.3　安全性能 …… 467
　　10.5.4　力学性能 …… 468

参考文献 …… 470

附录1　英语缩略语表 …… 471

附录2　符号表 …… 473

附录3　含能预聚物性能比较 …… 474

附录4　含能热塑性弹性体性能比较 …… 475

索引 …… 479

第 1 章

绪 论

■ 含能热塑性弹性体

含能热塑性弹性体（Energetic Thermoplastic Elastomer，ETPE）在含能材料领域的研究始于20世纪80年代，由于具有较高的能量水平、良好的力学性能和优异的加工性能，目前已成为火炸药领域的研究热点之一。采用ETPE作为黏合剂，不仅可以解决过期发射药、固体推进剂和高聚物黏结炸药（Polymer Bonded Explosive，PBX）的回收利用问题，还可以提高其能量水平、改善其加工性能。本章从ETPE的定义与分类、合成、应用和发展趋势等方面进行论述。

1.1 热塑性弹性体

热塑性弹性体（Thermoplastic Elastomer，TPE）是20世纪60年代后发展起来的一类新型高分子材料，它在常温下能表现出橡胶的弹性，在高温下又能塑化成型。因此，这类聚合物兼有橡胶和塑料的特点。

1.1.1 热塑性弹性体的结构与性能特点

作为TPE的必要条件：① 整个高分子链的一部分或全部由具有橡胶弹性的链段所组成；② 常温下，有使高分子链之间形成三维网状结构、约束大分子运动的某种成分存在，这些"约束成分"起着分子间的物理交联作用和补强效应。但是，在较高温度下，这些"约束成分"会丧失其"约束"能力，使聚合物能够熔融塑化、加工成型。这种物理交联的可逆性正是热塑性弹性体最重要的特征。换句话说，弹性体的"约束成分"起着类似硫化橡胶交联点的作用，在常温下拉伸时不会使高分子链之间产生大的滑动；而在高温时，这些"约束成分"会失去作用，使聚合物能够像熔融塑料一样自由流动。

在TPE的分子结构中，显示橡胶弹性的成分称为"橡胶段"或"软段"，而"约束成分"则称为"塑料段"或"硬段"。由"约束成分"聚集起来形成的相畴，则称为"物理交联相"。这些无数的物理交联相分散在周围大量的橡胶弹性链段之中,前者为"分散相",后者为"连续相"。TPE 分子组成的一个重要特点是:分子结构中一部分是由具有橡胶弹性的柔性链段组成,另一部分由形成分子间假性交联的刚性链段组成。在常温下由于假性交联和橡胶弹性链段的存在使材料具有强度和橡胶弹性,在高温下由于假性交联的消失而使材料具有热塑性[1]。

由于 TPE 两相结构单元在热力学上是不相容的或是不完全相容的,因而产生微观的相分离,TPE 微观相分离的结构示意图如图 1-1 所示。微观相分离的结构和性质主要由两相结构单元的溶度参数差异和两相的相对含量大小决定。由于微观的相分离,使得硬段在软段中相互聚集从而产生分散的小微区,并通过化学键与软段部分连接。这些微区所形成的物理交联与硫化橡胶中的化学交联具有同样的功能。在硬段的玻璃化转变温度 T_g 或熔点 T_m 以上这种硬微区将熔融,因而 TPE 可以用熔融的方法进行加工。另外,这种玻璃态硬段的填料作用还对弹性体产生增强作用。其主要原因是:① 硬链段微区形成分离相;② 硬链段微区具有一定的尺寸和均匀性;③ 链段间的化学键使两相间的黏着力得到保证。由于 TPE 结合了交联弹性体优良的物理化学性能以及塑性材料便于加工的特点,因而广泛应用于汽车、建筑、家用电器、电线、电缆、食品包装、医疗器械等众多领域。

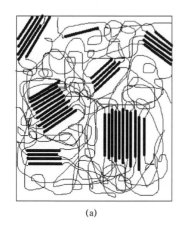
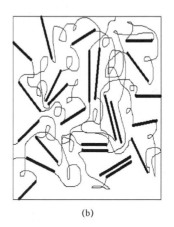

(a)　　　　　　　　　　　　(b)

图 1-1　TPE 的微相分离结构示意图
(a)硬段聚集;(b)硬段熔融

1.1.2　热塑性弹性体在火炸药领域的应用

采用 TPE 作为发射药、固体推进剂及 PBX 炸药的黏合剂被认为是解决火炸药行业所面临的低易损性、柔性制造、低成本等问题的技术关键。尤其是对

■ 含能热塑性弹性体

目前困扰世界各国的大量弹药服役或储存过期后如何处理的问题，过去通行的办法是通过焚烧来处理，既造成大量浪费，又污染环境，且处理过程存在很大的危险性。若采用 TPE 作为黏合剂，这一问题有望从根本上得到解决。根据 TPE 在特定的温度范围内可熔融加工的特点，只要把过期的弹药经适当的调整组成后，就可重新加工，重复利用，既可减少浪费又能保护环境。此外，还可以改善火药的加工工艺性能，具有加工方便易形成规模化的优点。

20 世纪 70 年代末，随着 TPE 在理论与应用方面的不断深入与成熟，人们对这种具有特殊性质的聚合物材料在推进剂中的应用产生了极大的兴趣。美国的 Butler 等人[2]提出了采用 TPE 作为复合固体推进剂黏合剂的观点，并认为这类黏合剂具有如下优点：① 省去了固化交联工序，节省加工时间和投资；② 可重新使用加工过程中的零星废料；③ 过期推进剂便于处理；④ 在常温下具有良好的抗张强度和弹性；⑤ 具有良好的低温力学性能。

据资料报道，国外已将 TPE 用作复合推进剂的黏合剂。这些 TPE 主要有：Kraton G 1652，一种聚苯乙烯 – 聚丁二烯 – 聚苯乙烯共聚物[3]；Hyeas 40 – 04，一种由乙烯和丙烯酸或丙烯酸酯组成的嵌段共聚物[4]；Estone 5712，一种热塑性聚氨酯弹性体[5]；Kraton 1107，一种由 15%聚苯乙烯和 85%聚异戊二烯组成的 TPE[3]；此外还有 RB810、RB820 等 TPE[4]。目前，基于 TPE 的复合推进剂已用于火箭发动机、气体发生器、枪炮等装置上。例如，德国开展了 TPE 为黏合剂的固体推进剂研究，并成功应用于底喷固体发动机中[6]。1983 年，美国在研究低易损发射药时，开始采用 TPE 作为黏合剂[7]。2007 年，印度 Mulage 等人[8]也提出了使用 TPE 作为黏合剂制备复合推进剂的研究，他们以一种商业化的聚酯类 TPE Irostic 作为黏合剂，并采用了溶剂法制造工艺。工艺过程为：溶剂化 – 捏合 – 脱除溶剂 – 压片 – 切粒 – 油压机挤出。TPE 含量 10%的推进剂药柱的抗拉强度为 4.2 MPa，延伸率 10%，固含量 87%。药型为 40 mm × 20 mm × 180 mm 药柱和 ϕ3 的燃速药条，爆热为 1 760 cal·g^{-1}（7 392 J·mol^{-1}），比冲为 239 s。这些 TPE 在固体推进剂中的应用，也为传统热塑性推进剂概念增添了新的内涵。

目前，国内在 TPE 黏合剂领域也开展了大量研究。张宝艳等人[9]以环氧乙烷 – 四氢呋喃共聚醚、异佛尔酮二异氰酸酯和 1,4 – 丁二醇为原料合成出可作为复合固体推进剂黏合剂的聚氨酯型 TPE，结果表明，共聚醚分子量越高，弹性体的微相分离程度就越好。陈福泰等人[10]通过对 TPE 分子结构中软硬段部分的设计，合成出新型 TPE 黏合剂，将 PEG 引入 TPE 中，可极大地改善黏合剂与增塑剂的相容性。

1.2 含能热塑性弹性体

随着 TPE 在含能材料领域研究的不断深入,发现发射药、固体推进剂及 PBX 炸药燃烧或爆炸时,不含能的 TPE 自身要消耗部分能量,这会降低武器系统整体的能量水平。与此同时,未来战争对于武器系统提出了低特征信号和低易损性的要求,因此要求推进剂中一些高能氧化剂(如高氯酸胺—AP)和金属燃料铝粉(Al)的填加量要尽可能少,甚至不使用,这也限制了能量的提高。为了提高能量,国内外含能材料工作者开始将含能基团(如—C—O—NO$_2$、—C—NO$_2$、—N—NO$_2$、—C—N$_3$ 和 C—NF$_2$ 等)引入到 TPE 分子中,形成含能热塑性弹性体(ETPE),再以此为黏合剂来提高发射药、推进剂和 PBX 炸药的能量水平。

1.2.1 含能热塑性弹性体的定义

ETPE 是指分子结构中含有—NO$_2$、—ONO$_2$、—N$_3$、—NF$_2$、—NNO$_2$ 等能量基团的 TPE。

1.2.2 含能热塑性弹性体的分类

根据预聚物所含能量基团的不同,可将 ETPE 分为叠氮类 ETPE、硝酸酯类 ETPE、二氟氨基类 ETPE 等不同类型。其中叠氮类 ETPE 被广泛研究,包括聚叠氮缩水甘油醚(GAP)基 ETPE、聚 3,3-双叠氮甲基氧丁环(PBAMO)基 ETPE、3,3-双叠氮甲基氧丁环-3-甲基-3-叠氮甲基氧丁环[P(BAMO-AMMO)]共聚物基 ETPE、P(BAMO-GAP)基 ETPE 等。

根据链结构的不同,可将 ETPE 分成聚氨酯类 ETPE、聚碳酸酯类 ETPE、ABA 三嵌段共聚物类 ETPE 等。

根据硬段结构的不同,也可将 ETPE 分为结晶性硬段 ETPE、氨基甲酸酯硬段 ETPE 和混合硬段 ETPE 等。

1.2.3 含能热塑性弹性体的性能特点

在发射药、推进剂和 PBX 炸药中使用 ETPE 作为黏合剂,可减少固体氧化剂及硝胺炸药含量,同时 ETPE 能够吸收外界冲击能,从而降低发射药、推进剂和 PBX 炸药的冲击感度，还可适应压伸成型工艺要求（便于连续化、规模化生产），所以 ETPE 是一类很有发展前途的含能材料。目前，世界各国越来越重视不敏感且与环境兼容的高性能含能材料的研究。国内外含能材料研究者普遍认为，采用 ETPE 是同时实现火炸药高能与不敏感特性的重要手段之一。

1.3 含能热塑性弹性体的合成

目前，ETPE 的合成主要有三种方法：① 官能团预聚体法：先合成官能团（如—OH'、—COOH、—NH$_2$ 和—NCO 等）封端的、可作为弹性体软/硬段的预聚物，然后通过官能团之间的化学反应将软/硬段连接在一起；② 活性顺序聚合法：采用活性聚合方法，依次加入构成不同链段的单体进行聚合，生成有序结构的嵌段共聚物；③ 大分子引发剂法：先合成特定官能团封端的软/硬段，再以其作为大分子引发剂，引发构成另一链段的单体进行聚合。

1.3.1 官能团预聚体法

美国 Aerrojet Solid Propulsion 公司的 Manser 等人[11]最早开展了官能团预聚体法合成 ETPE 的研究。他们首先分别合成了硬段（结晶态）和软段（橡胶态）的端羟基含能预聚物，之后通过二异氰酸酯或碳酸酯将软/硬段连接起来，从而形成 ETPE，合成示意图如图 1-2 所示。

Sanderson 等人[12]对 Manser 的合成方法进行了改进，首先选择芳香族二异氰酸酯分别与硬段和软段的端羟基含能预聚物进行反应；然后用小分子二元醇将异氰酸酯封端的预聚物连接起来；最后合成了 ETPE，反应原理如图 1-3 所示。

根据连接软/硬段之间共价键的不同，又可将官能团预聚体法分为聚氨酯加成聚合法和聚碳酸酯加成聚合法。

1. 聚氨酯加成聚合法

聚氨酯加成聚合法是研究最多的官能团预聚体法，该方法通过官能团之间的化学反应形成氨基甲酸酯连接键从而得到 ETPE。此方法通常是在少量催化剂存在下，将羟基封端的低相对分子质量含能聚醚或聚酯类预聚物先与过量的二异氰酸酯进行反应，生成异氰酸酯基封端的预聚物，然后加入扩链剂（如二

图 1-2 官能团预聚体法合成 ETPE 的示意图（一）

（▬▬ 为硬段；∿∿ 为软段）

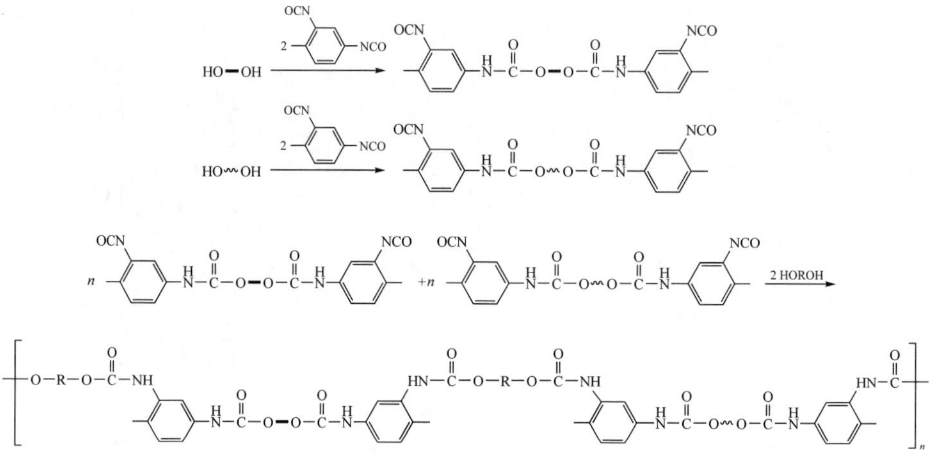

图 1-3 官能团预聚体法合成 ETPE 的示意图（二）
（▬▬ 为硬段，〰〰 为软段）

元醇、肼和二元胺等）进行扩链，即可得到聚氨酯类 ETPE。有时也可不加扩链剂，直接将羟基封端的低相对分子质量含能聚醚或聚酯类预聚体与等当量的二异氰酸酯反应，同样可生成聚氨酯类 ETPE。在聚氨酯类 ETPE 的链结构中，软段为常温无定形的低相对分子质量含能聚醚或聚酯类预聚物，而硬段可以是二异氰酸酯与羟基反应形成的氨基甲酸酯或者是结晶性的聚醚和聚酯二醇（如含能的 PBAMO 和不含能聚 3,3-双乙基氧丁环 PBEMO、聚己内酯 PCL 等）。所形成的氨基甲酸酯链段如图 1-4 所示。

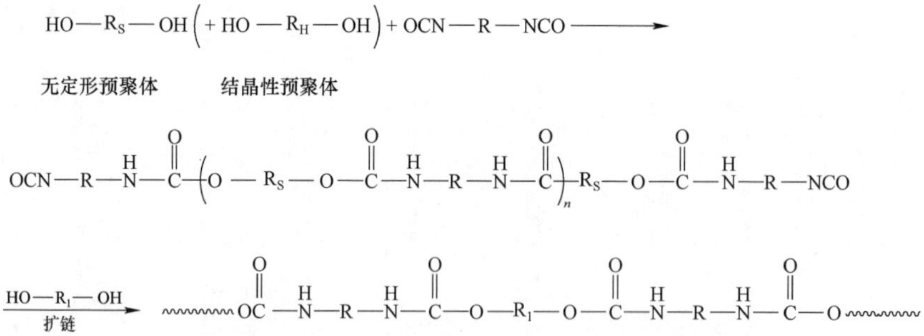

图 1-4 聚氨酯加成聚合法合成 ETPE 示意图

合成 ETPE 常用的端羟基低相对分子质量含能聚醚或聚酯主要有 GAP、PAMMO、P（BAMO-AMMO）共聚物、3,3-双叠氮甲基氧丁环-四氢呋喃〔P（BAMO-THF）〕共聚物、GAP-THF 共聚物、聚 3-硝酸甲酯基-3-甲基氧丁环（PNMMO）、聚缩水甘油醚硝酸酯（PGN）等。有时，为了改善 ETPE

的低温力学性能，在合成聚氨酯类 ETPE 时，还可以不含能的聚乙二醇（PEG）和环氧乙烷-四氢呋喃无规共聚醚（PET）等作为共聚软段。所用二异氰酸酯有 4,4'-亚甲基二苯基异氰酸酯（MDI—4,4'-Methylenebisphenyl Diisocyanate）、甲苯二异氰酸酯（TDI—Toluene Diisocyanate）、1,6-亚己基二异氰酸酯（HDI—Hexamethylene Diisocyanate）和异佛尔酮二异氰酸酯（IPDI—Isophorone Diisocyanate）等。常用的扩链剂一般为小分子二元醇，主要包括 1,4-丁二醇（BDO）、1,3-丙二醇、2,4-戊二醇、乙二醇和 1,6-己二醇（HDO）等。催化剂优先选择锡原子上连有氯原子或酯基的有机锡，包括二氯二苯基锡（DPTDC）和二丁基二月桂酸锡（T-12）等。不同异氰酸酯生成的氨基甲酸酯链段结构如图 1-5 所示。

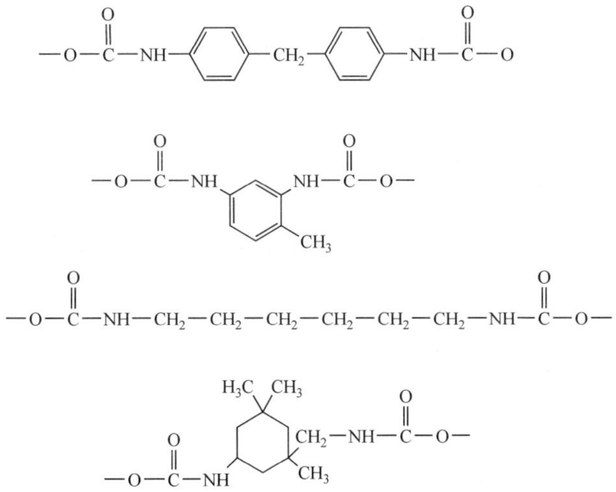

图 1-5 不同异氰酸酯生成的氨基甲酸酯链段结构示意图

聚氨酯加成聚合法属于逐步加成聚合反应，在形成大分子的过程中起主要作用的只有一种化学反应（缩合反应），该反应不断重复增长以形成聚合物。其反应特征如下。

（1）聚合反应主要依靠单一化学反应的不断重复、增长来完成；

（2）预聚物在聚合反应的初期就消耗殆尽；

（3）在整个反应过程中，任意聚合度的低聚物都可参与聚合，因此产物分子量分布较宽；

（4）原料需要按照严格的化学计量比配制；

（5）单体的纯度要求比较高。

含能热塑性弹性体

聚氨酯加成聚合法制备 ETPE 的合成工艺，根据反应介质的不同可分为溶液聚合法和本体熔融聚合法。溶液聚合法聚合速率较慢，需十几小时才能完成，而本体熔融聚合法聚合速率快，几小时就可完成；溶液法中经沉淀得到的是颗粒状弹性体粒子，可直接用于火炸药的加工成型；而本体熔融聚合法得到的是块状物，需要经粉碎和造粒才能进一步用于火炸药的加工成型。但是，溶液法得到的弹性体数均相对分子质量较低，数均相对分子质量一般小于 50 000 g·mol^{-1}，而本体熔融聚合法得到的共聚物数均相对分子质量可大于 1 000 000 g·mol^{-1}。也可以根据加料方式的不同分为一步法和两步法。一步法虽然反应简单，反应速率快，但合成出的 ETPE 硬段长度分布宽，微区的形状和大小不均匀，性能较差；而两步法反应平稳，高分子结构较规整，产物性能好，但反应步骤要多一些。由以上分析可以看出，不同的合成工艺各有利弊。

聚氨酯加成聚合法合成 ETPE 的过程中主要存在以下几种反应。

（1）异氰酸酯与羟基反应生成氨基甲酸酯：

$$R-NCO + HO-R' \longrightarrow R-NHC(=O)-O-R'$$

（2）氨基甲酸酯与二异氰酸酯反应生成脲基甲酸酯：

$$R-NCO + R''NH-C(=O)-O-R' \longrightarrow R-NH-C(=O)-N(R'')-C(=O)-O-R'$$

（3）异氰酸酯和胺基反应生成脲键结构：

$$R-NCO + H_2N-R' \longrightarrow R-NHC(=O)-NHR'$$

（4）体系中若有微量的水，水将与异氰酸酯基反应生成胺和二氧化碳，生成的胺将进一步与异氰酸酯基反应：

$$R-NCO + H_2O \longrightarrow R-NH_2 + CO_2$$

$$R-NCO + H_2N-R' \longrightarrow R-NHC(=O)-NHR'$$

（5）脲键上的氢与异氰酸酯反应生成缩二脲结构：

$$R-NCO + R'NH-C(=O)-NHR'' \longrightarrow RNH-C(=O)-N(R')-C(=O)-O-R''$$

（6）当催化剂存在时，异氰酸酯还会产生二聚、三聚和多聚作用生成脲酐、三聚异氰酸酯和线型高分子聚合物（这些反应发生的可能性较小）：

$$R-NCO + OCN-R \longrightarrow R-N\underset{\underset{O}{\overset{\|}{C}}}{\overset{\overset{O}{\|}}{\underset{}{C}}}N-R$$

$$R-NCO + R-NCO + R-NCO \longrightarrow$$ 三聚异氰酸酯环结构

$$n R-NCO \longrightarrow {\left[\!\!\begin{array}{c} R \\ | \\ N-C \\ \| \\ O \end{array}\!\!\right]}_n$$

以二醇为扩链剂时，反应过程中容易发生副反应（2）和（4）；以二胺为扩链剂时，反应过程中则容易发生副反应（4）和（5），反应（2）和（5）易在高温下发生，低温下发生的可能性较小。

在上述反应中，异氰酸酯与羟基的反应（1）为所期望的生成线型高相对分子质量 ETPE 的主要反应。而氨基甲酸酯与二异氰酸酯的反应则会在分子链间产生交联，从而使合成的产物失去热塑性的性质。氨基甲酸酯与二异氰酸酯反应的活性较低，通常需在高温（120～140 ℃）或选择性催化剂的作用下才具有足够的反应活性。

影响聚氨酯加成聚合法合成 ETPE 的主要因素如下。

（1）水分。水的存在会导致发生上述副反应。水和异氰酸酯的反应速率与仲羟基和异氰酸酯的反应速率相当，但水和异氰酸酯基团反应后生成伯胺和二氧化碳，伯胺和异氰酸酯基反应速率很快，约是伯羟基的 100 倍。伯胺和异氰酸酯反应生成脲基，脲基会与异氰酸酯反应，从而导致交联。因此，即使是微量的水分也将导致化学交联，使得弹性体变硬变脆，而且生成的二氧化碳会在弹性体中形成气泡。当环境中的相对湿度超过 60% 时，该反应将很容易进行。因此，为确保弹性体的质量，必须严格控制基础原材料的含水量，一般低于

0.05%（质量分数）对反应的影响就很小了。

（2）NCO/OH 摩尔比。为了避免化学交联，实现反应的可控性和可重复性，要严格控制 NCO/OH 摩尔比等于 1。从理论上讲，在聚氨酯加成聚合反应中 NCO/OH 摩尔比越接近于 1 越有利于弹性体分子量的增长。当 NCO 过量时将导致共价交联而生成脲基甲酸酯或缩二脲（水存在条件下），而 OH 过量则反应不完全，弹性体力学性能不好。在聚合过程中通常由于体系微量水分的存在，以及异氰酸酯基相互之间的自聚作用，使异氰酸酯基相对损失较多，因此在合成 ETPE 投料时，通常使异氰酸酯基稍稍过量，即 NCO/OH 摩尔比稍大于 1。

（3）反应温度。对各步反应温度的选择应充分考虑到反应速率、副反应的影响以及体系黏度等各方面的因素。根据阿累尼乌斯方程，温度的升高有利于反应速率的提高，从而缩短反应时间，并且可大幅降低反应黏度，增加反应的可操作性。而且过高的温度会增大副反应发生的可能性，从而严重影响所合成弹性体的性能，但是温度过低则会使反应速率慢。综合各种文献来看，反应温度一般为 60~120 ℃。

采用聚氨酯加成聚合法合成 ETPE 时，硬段既可选用结晶性聚合物，也可选用聚氨酯作为硬段。

1）结晶性聚合物为硬段的 ETPE

美国 ATK Thiokol 公司从 20 世纪 80 年代就开始致力于以结晶性聚合物作为硬链的 ETPE 的研究[13]，所采用的软链段有常温无定形含能预聚物（如 GAP、PAMMO、P（BAMO-AMMO）、P（BAMO-THF）、P（GA-THF）、PNMMO 和 PGN 等），硬段有含能预聚物 PBAMO、PBFMO 和不含能预聚物 PBEMO、PBMMO 等。合成的方法：首先采用有机锡类催化剂，在溶液中先用过量的二异氰酸酯（如 TDI）与二羟基封端的双官能度预聚物（硬段如 PBAMO 和软段如 BAMO-AMMO 无规共聚物、PAMMO、GAP、PNMMO 和 PGN 等）反应，生成异氰酸酯封端的聚氨酯预聚体；然后用扩链剂（如 BDO）将聚氨酯预聚体连接起来，就得到了多嵌段的 ETPE。结晶性聚合物为硬段的 ETPE 具有良好的力学性能。从表 1-1 可以看出，以 PBAMO 为结晶性硬段的 ETPE 最大拉伸应力均大于 1 MPa，断裂伸长率大于 240%，弹性模量大于 3.68 MPa。随着 PBAMO 段含量的增加，ETPE 综合力学性能逐步上升。其中 CE-PBAMO 最大拉伸应力达到 6.16 MPa，断裂伸长率为 609%，弹性模量高达 102.76 MPa。目前，ATK Thiokol 公司已建立了批产量为 25 kg 的 BAMO-GAP 的 ETPE 中试合成线，可制备出数均相对分子质量为 13 000~27 000 g·mol^{-1} 的 ETPE，年产量超过 2.5 t。

表 1-1 ETPE 的力学性能

ETPE 种类	BAMO 含量/%	弹性模量/MPa	最大应力/MPa	断裂应变/%
P（BAMO-GAP）基	25	3.68	1.14	241
P（BAMO-GAP）基	35	8.57	1.71	252
CE-PBAMO 基	100	102.76	6.16	609
PBAMO-GLYN 基	25	4.01	1.26	358

注：CE-PBAMO 是经过扩链的 PBAMO。

李冰珺[14]也以结晶性 PBAMO 为预聚物，通过不同异氰酸酯扩链合成了数均相对分子质量约 20 000 g·mol^{-1} 的 CE-PBAMO。当以 IPDI 为扩链剂时，CE-PBAMO 的拉伸强度为 5.43 MPa，断裂伸长率达 16.48%。扩链后 CE-PBAMO 与火炸药常用固体组分的黏附功显著高于 PBAMO。

1989 年，Wardle[15]首先利用 TDI 与可作为硬段的 PBEMO 和可作为软段的 3,3-双甲氧甲基氧丁环-四氢呋喃（PBMMO-THF）共聚醚、P（BAMO-AMMO）共聚醚反应进行异氰酸酯封端；然后再用 BDO 进行扩链，得到了（PBEMO-BMMO/THF）$_n$ 和（PBEMO-BAMO/AMMO）$_n$ 多嵌段 ETPE。由于该反应为缩聚反应，遵循逐步聚合反应机理，导致合成出的 ETPE 的相对分子质量分布变宽。

1992 年，Xu 等人[16]也以结晶性聚合物 PBAMO 为硬链段、PNMMO 为软段，采用聚氨酯加成聚合法合成了 ETPE。他们首先用三乙基氧鎓四氟硼酸盐直接引发 BAMO 聚合得到 α-单羟基 PBAMO；然后采用 3,3,3',3'-均四（三氟甲基）-螺双（2,1-苯并氧硅烷）和 1,4-丁二醇组成的阳离子开环聚合引发体系，分别引发 BAMO 和 NMMO 聚合得到 α,ω-二羟基 PBAMO 以及 α,ω-二羟基 PNMMO。催化剂三乙基氧鎓四硼酸盐和 3,3,3',3'-均四（三氟甲基）-螺双（2,1-苯并氧硅烷）的结构如图 1-6 所示。

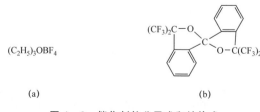

图 1-6 催化剂的分子式和结构式
（a）分子式；（b）结构式

含能热塑性弹性体

他们分别以合成出的 PNMMO 和 PBAMO 为软/硬段采用两步法合成了 BAMO-NMMO-BAMO 三嵌段 ETPE：第一步是先用过量的 2,4-TDI 与 α,ω-二羟基 PNMMO 进行反应，得到端异氰酸酯基的 PNMMO 预聚物；第二步是端异氰酸酯基 PNMMO 预聚物再与 α-单羟基 PBAMO 反应得到了线型含能热塑性弹性体，反应过程如图 1-7 所示。

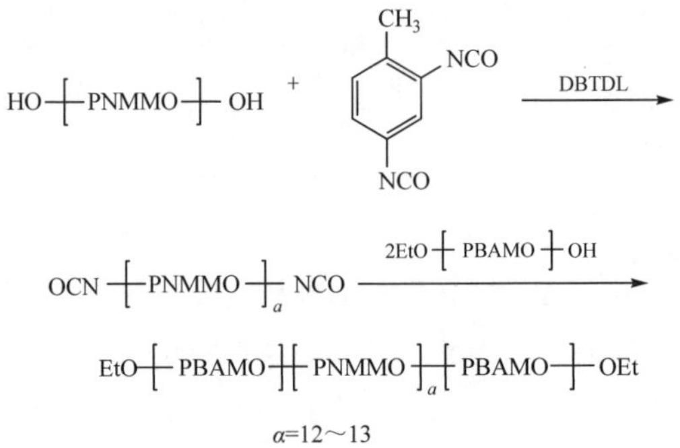

图 1-7 BAMO-NMMO-BAMO 三嵌段 ETPE 的反应过程

同时，他们还采用两步法制备了 P（BAMO-NMMO）多嵌段 ETPE，与上面所不同的是第二步加入的硬段是 α,ω-二羟基 PBAMO，反应过程如图 1-8 所示。

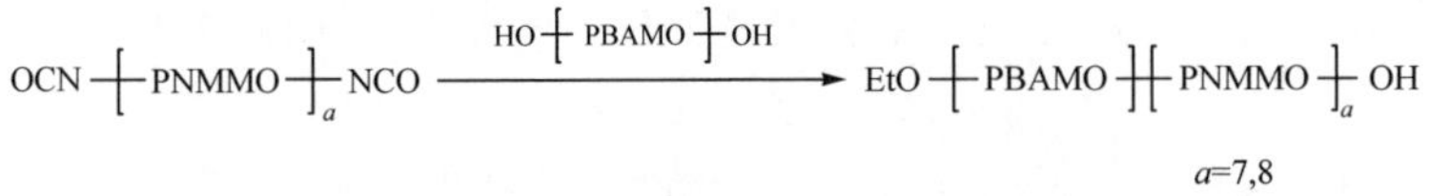

图 1-8 P（BAMO-NMMO）多嵌段 ETPE 的反应过程

2006 年，Wardle 等人[17]以 PBAMO 为硬段，以 PAMMO、GAP、P（BAMO-AMMO）和 PGN 为软段，采用聚氨酯加成聚合反应合成了一系列 ETPE，并用靶线法测定了 ETPE 在不同压力下的燃速，燃速数据如表 1-2 所示。

表 1-2 含聚氨酯 ETPE 的燃速数据

ETPE 种类	质量分数	燃速/（mm·s^{-1}）					
		3.45 MPa	6.90 MPa	13.8 MPa	20.7 MPa	41.4 MPa	62.1 MPa
P（BAMO-AMMO）基	25%BAMO	4.623	6.579	9.093	9.677	—	—
P（BAMO-AMMO）基	62.5%AMMO	5.588	9.017	15.519	19.025	—	—
P（BAMO-GAP）基	25%BAMO	11.760	19.304	25.044	28.448	36.398	32.868
P（BAMO-GAP）基	35%BAMO	10.414	19.253	—	32.868	37.084	37.897
PBAMO-PGN 基	25%BAMO	5.969	8.357	—	16.612	20.320	27.381

燃速测试结果表明,P(BAMO-GAP)基 ETPE 的燃速最快;由于 PAMMO 的能量较低,含有 PAMMO 的 ETPE 燃速最慢。所有的热塑性聚氨酯弹性体在常压下都不能维持稳定的燃烧,只有当压力升高到 3.45 MPa,才能持续稳定燃烧(小于该压力时,不能自持燃烧)。P(BAMO-GAP)基和 P(BAMO-AMMO)基 ETPE 燃烧非常干净,没有发现有碳质残渣;PBAMO-PGN 基 ETPE 燃烧后有一些碳质残渣。

李冰珺[14]以 PBAMO 为硬段,GAP 为软段,TDI 为固化剂,BDO 为扩链剂,通过溶液聚合反应合成了 P(BAMO-GAP)基 ETPE。该 ETPE 的数均相对分子质量可达到 34 000 g·mol^{-1} 以上,PBAMO 链段的结晶度为 16.6%。其最大拉伸强度为 2.55 MPa,断裂伸长率为 217%。

2015 年,王刚[18]以 PBAMO 为结晶性硬段,PAMMO 为软段合成了 P(BAMO-AMMO)基 ETPE。该 ETPE 表现出良好的力学性能,随着 PBAMO 含量的提高,弹性体拉伸强度增加。

张弛[19]以 BAMO-AMMO-BAMO 三嵌段共聚物为预聚物,经扩链后合成了 PBAMO 为结晶性硬段的交替嵌段型 ETPE。弹性体的数均分子量为 30 432 g·mol^{-1},能够形成相分离结构,$T_g = -42.14$ ℃,拉伸强度可达 9.21 MPa,断裂伸长率为 375%,具有良好的抗蠕变性和蠕变恢复能力。

目前,在火炸药中应用研究较多的含能热塑性聚氨酯弹性体主要有 P(BAMO-GAP)基、P(BAMO-AMMO)基、PBAMO-PGN 基和 P(BAMO-NMMO)基热塑性聚氨酯弹性体。其中 PBAMO 段的熔点在 88 ℃左右,由于软/硬段在熔融态是相容的,因此熔体黏度低。P(BAMO-GAP)基和 PBAMO-BAMO/AMMO 热塑性聚氨酯弹性体的感度要比 PBAMO-GN 和 P(BAMO-NMMO)聚氨酯热塑性弹性体低许多。

2)聚氨酯为硬段的 ETPE

聚氨酯为硬段的 ETPE 是聚氨酯加成法合成的另外一种 ETPE,如图 1-9 所示。加拿大 DREV 从 20 世纪 90 年代开始研究开发聚氨酯作为硬段的 ETPE[20,21]。与美国 ATK Thiokol 公司不同的是它们没有引入结晶性聚合物作为硬段,而是以存在氢键相互作用的氨基甲酸酯链段作为硬段。硬段选用线型的 MDI,易于分子链平行排列,而且苯环的 π—π 堆积倾向也有助于硬段分子链的聚集,从而产生物理交联作用。最先使用的软段是支化 GAP,但发现在制备热塑性聚氨酯弹性体的过程中易发生交联,导致加工成型困难,而后选用线型 GAP、PNMMO 和 PGN 作为软段。

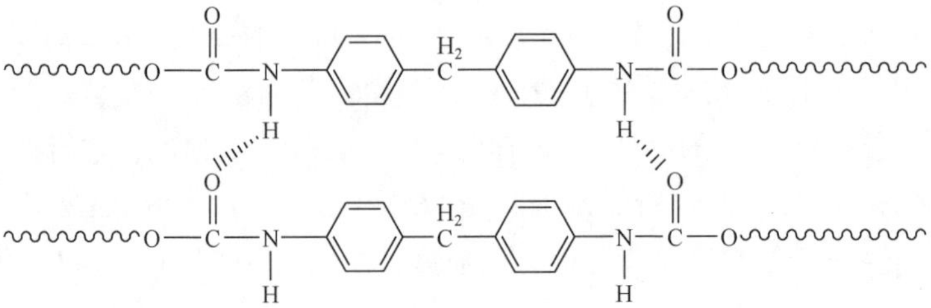

■ 含能热塑性弹性体

图 1-9 聚氨酯为硬段的 ETPE 的氢键示意图

除了水分和 NCO/OH 摩尔比这两个重要因素之外,加拿大 DREV 还指出了制备聚氨酯硬段 ETPE 时需要注意的其他因素:① 扩链剂的选择:伯羟基与异氰酸酯的反应活性是仲羟基的 10 倍左右,因此所选的扩链剂应和预聚体末端羟基类型相匹配,如果预聚体末端羟基是仲羟基,则所选扩链剂最好也是仲醇。否则,异氰酸酯优先和伯羟基反应,导致分子链中软段和硬段的分布不符合统计规律。例如,当以 GAP 为软段聚合时,GAP 的末端羟基多数为仲羟基,如果选择伯醇,则异氰酸酯优先和扩链剂反应,生成高聚合度的聚氨酯硬段,从溶液中沉淀出来,导致大量未反应的 GAP 残留。② 扩链剂的使用对分子链结构和性能的影响:在未使用扩链剂时得到的分子链结构简单,在没有副反应的理想情况下,软段和氨基甲酸酯硬段交替排列;使用扩链剂时,除氨基甲酸酯作为硬段外,扩链剂和异氰酸酯反应形成了聚合度不同的聚氨酯硬段,因此分子链结构复杂,存在软段和硬段的排列组合问题(图 1-10)。在相对分子质量相同的情况下,使用扩链剂的聚氨酯热塑性弹性体中硬段含量要比未使用扩链剂的高,因此拉伸强度上升,硬度增大,但断裂伸长率下降。③ 加料顺序对分子链结构及性能的影响:聚合时的加料顺序影响产物的分子链结构,进而影响到宏观性能。一般有两种加料顺序:一种是首先让预聚体和扩链剂混合均匀,然后加入等当量的二异氰酸酯反应;另一种是首先让扩链剂和过量的二异氰酸酯反应,生成异氰酸酯基封端的聚氨酯硬段,然后加入预聚体软段反应。两种加料顺序得到的分子链结构如图 1-11 所示。第一种加料顺序得到的分子链中,氨基甲酸酯链段的分布倾向于统计分布,因此第一种加料顺序得到弹性体较软。

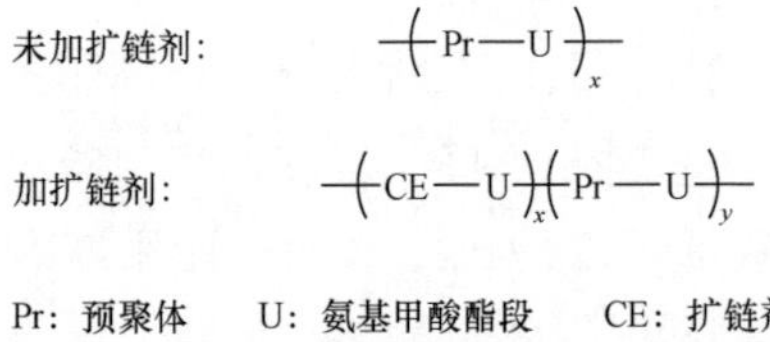

未加扩链剂: $-(Pr-U)_x-$ $-Pr-U-(CE-U)_x-(Pr-U)_y-(CE-U)_z-Pr-$

加扩链剂: $-(CE-U)_x-(Pr-U)_y-$ $-Pr-(U-(CE-U)_a-Pr-)_b-U-Pr-$

Pr: 预聚体　U: 氨基甲酸酯段　CE: 扩链剂　　　Pr: 预聚体　U: 氨基甲酸酯段　CE: 扩链剂

图 1-10 聚氨酯弹性体的分子链结构示意图 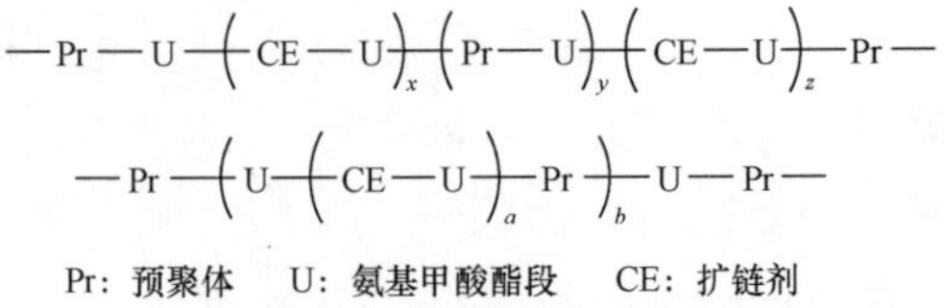　　图 1-11 两种加料顺序得到的分子链结构示意图

2010年，吕勇[22]以GAP为软段合成了聚氨酯硬段的ETPE并考察了其热分解性能。GAP基ETPE的热分解过程分为叠氮基团分解、硬段分解、软段主链分解三个阶段，热分解活化能为192 kJ·mol^{-1}，热分解反应机理为随机成核。

酒永斌[23]以2,2-二叠氮甲基-1,3-丙二醇为含能扩链剂，制备了含有聚氨酯硬段的GAP基和GAP-PET基ETPE。ETPE表现出明显的相分离结构，软段具有较低的玻璃化转变温度。随着硬段含量的增加，ETPE硬段的聚集能力增强，其拉伸强度增加大；当硬段含量为50%~55%时具有较佳的综合性能。

2016年，王刚[18]研究了P（BAMO-AMMO）基ETPE中不同异氰酸酯对聚氨酯硬段的影响，其中以TDI为异氰酸酯时，聚氨酯硬段的聚集能力最强，氢键化程度为69%，使其拉伸强度达5.24 MPa，断裂伸长率为390%。

张在娟[24]研究了不同碳链长度的小分子二元醇扩链剂（乙二醇、丙二醇、丁二醇、戊二醇和己二醇）对GAP基ETPE中聚氨酯硬段的影响，发现当扩链剂碳原子数为偶数时，ETPE的氢键化程度较高，力学性能较好；扩链剂碳原子数为奇数时，ETPE的氢键化程度较低，力学性能较差；扩链剂碳原子数为2时，由于链段很短，氢键化程度较低，性能较差。己二醇扩链的ETPE的综合性能最佳。

在聚氨酯为硬段的ETPE中，选择具有键合功能的扩链剂可以显著改善ETPE与火炸药组分的界面作用。张在娟[24]选用二元醇二羟甲基丙二酸二乙酯（DBM）为扩链剂，分别合成了键合功能型GAP基ETPE和PGN基ETPE。结果表明，DBM的加入增强了ETPE对黑索今（RDX）的黏附能力，提高了火炸药配方的力学性能。张在娟[24]还以氰乙基二乙醇胺（CBA）和BDO为混合扩链剂，合成了具有键合功能的P（BAMO-THF）基ETPE。该ETPE具有较低的玻璃化转变温度，拉伸强度为7.6 MPa，断裂伸长率为570%。当CBA与BDO的质量比为1:1时，ETPE对RDX具有较强的黏附能力，ETPE/RDX复合样品的拉伸强度为5.92 MPa，断裂伸长率为16.5%。

3）两种硬链段ETPE的物化性能比较

由于受分子链中硬段的限制，热塑性聚氨酯弹性体中软段的玻璃化转变温度通常比预聚物高，如GAP的玻璃化转变温度为-50 ℃左右，但是在聚氨酯TPE中GAP软段的玻璃化转变温度高于-30 ℃。

以PBAMO为硬链段的ETPE与以聚氨酯为硬段的ETPE相比，由于氨基甲酸酯段含量少，分子链间的氢键少，具有熔点低（70~85 ℃）、黏度低的优点，在100 ℃以下无须溶剂就可塑化加工成型。而聚氨酯为硬段的ETPE通常需要添加大量溶剂和增塑剂才能在100 ℃以下加工成型。从力学性能来看，聚氨酯为硬段的ETPE具有较高的拉伸强度、弹性模量和断裂伸长率；并且随着硬段含量的增加，ETPE 的拉伸强度和弹性模量上升。

2. 聚碳酸酯加成聚合法

ETPE 中软段和硬段的连接键除了氨基甲酸酯外，还可以是碳酸酯键。Manser[11]研究小组在合成含能热塑性聚氨酯弹性体之前，最先开始用的连接键就是碳酸酯键，形成的是二嵌段或三嵌段共聚物。反应过程如图 1–12 所示：首先将羟端基软段预聚体和过量光气反应，生成氯甲酸酯封端的软段；然后加入等当量或二倍当量的硬段预聚体，生成二嵌段或三嵌段的 ETPE。

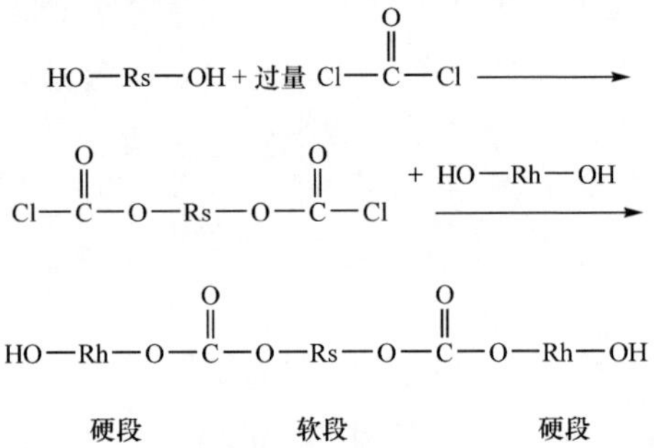

$$HO-Rs-OH + 过量\ Cl-\overset{O}{\underset{\|}{C}}-Cl \longrightarrow$$

$$Cl-\overset{O}{\underset{\|}{C}}-O-Rs-O-\overset{O}{\underset{\|}{C}}-Cl + HO-Rh-OH \longrightarrow$$

$$HO-Rh-O-\overset{O}{\underset{\|}{C}}-O-Rs-O-\overset{O}{\underset{\|}{C}}-O-Rh-OH$$

　　　硬段　　　　软段　　　　硬段

图 1–12　碳酸酯连接键形成的 ETPE 的反应过程

1.3.2　活性顺序聚合法

官能团预聚体法引入了连接键氨基甲酸酯和碳酸酯，而这两种连接键在环境水分的作用下会发生缓慢水解，并且分子链中大量氨基甲酸酯键的存在会导致分子链间大量氢键的生成，黏度增大，导致成型加工温度较高。因此，人们尝试采用活性顺序聚合法，不用其他连接键，直接将软硬段连接在一起合成 ETPE（图 1–13）。

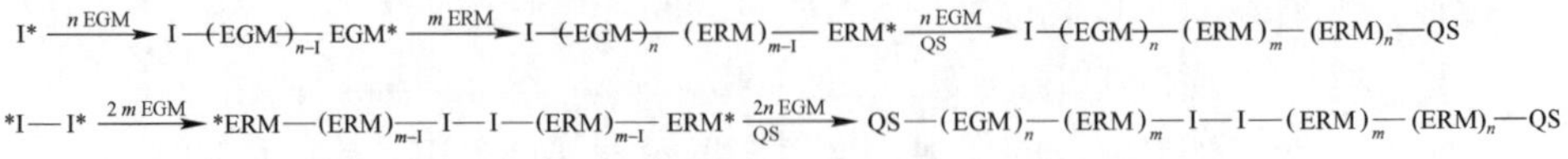

$$I^* \xrightarrow{n\,EGM} I-(EGM)_{n-1}-EGM^* \xrightarrow{m\,ERM} I-(EGM)_n-(ERM)_{m-1}-ERM^* \xrightarrow{n\,EGM}_{QS} I-(EGM)_n-(ERM)_m-(ERM)_n-QS$$

$$^*I-I^* \xrightarrow{2m\,EGM} ^*ERM-(ERM)_{m-1}-I-I-(ERM)_{m-1}-ERM^* \xrightarrow{2n\,EGM}_{QS} QS-(EGM)_n-(ERM)_m-I-I-(ERM)_m-(ERM)_n-QS$$

I*：活性种，ERM：形成含能软段的单体，EGM：形成含能硬段的单体，QS：链终止剂

图 1–13　活性顺序聚合法合成 ETPE 反应过程

活性聚合反应（Living Polymerization）是指不存在任何使聚合链增长反应停止或不可逆转副反应的聚合反应，一般活性聚合过程中聚合物链的末端始终保持有反应活性。

原则上，所有活性聚合方法都可用于含能嵌段共聚物的合成，但是由于目前所用单体多是环状醚类化合物，如 AMMO、BAMO、NMMO、GN 等，因此获得广泛应用的是阳离子活性顺序聚合法。合成三嵌段共聚物有两条合成路线[25]，如图 1-14 所示：① 用单官能度引发剂引发单体 A 开环聚合，单体 A 消耗完后，形成硬段 A，加入另一种单体 B 继续聚合，直至单体 B 消耗完，形成软段 B，接着再次加入单体 A 开环聚合，最终形成 A—B—A 三嵌段共聚物；② 用双官能度引发剂引发单体开环聚合，单体 B 消耗完后，形成两端带有聚合活性种的软段 B，引发另一种单体 A 聚合，形成 A—B—A 三嵌段共聚物。由于合成路线 2 工艺相对简单，目前多采用路线 2。

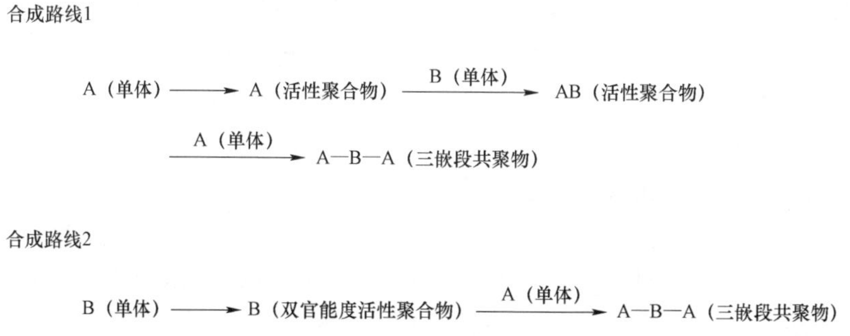

合成路线1

A（单体）⟶ A（活性聚合物）——B（单体）⟶ AB（活性聚合物）

——A（单体）⟶ A—B—A（三嵌段共聚物）

合成路线2

B（单体）⟶ B（双官能度活性聚合物）——A（单体）⟶ A—B—A（三嵌段共聚物）

图 1-14　A—B—A 三嵌段共聚物的活性顺序合成路线

活性顺序聚合的主要特征如下。

（1）聚合一直进行到单体全部转化，继续加入单体，大分子链又可继续增长；

（2）聚合产物的数均分子量与单体转化率呈线性增长关系；

（3）在整个聚合过程中，活性中心数保持不变；

（4）聚合物的相对分子质量可进行计量调控；

（5）当单体转化率达 100%后，向聚合体系中加入新单体，聚合反应继续进行，数均分子量进一步增加，并仍与单体转化率成正比，如图 1-15 所示；

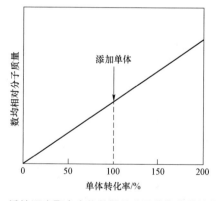

图 1-15　活性顺序聚合产物的数均分子量与单体转化率的关系

(6) 聚合产物数均相对分子质量具有单分散性，即 $M_w/M_n \rightarrow 1$；

(7) 聚合产物的数均聚合度等于消耗掉的单体浓度与活性中心浓度之比：$X_n = [M]_0 \times$ 转化率$/[I]_0$；

(8) 采用顺序加入不同单体的方法，可制备嵌段共聚物；

(9) 可合成链末端带功能化基团的聚合物。

1993 年，Manser 等人[26]以三氟化硼乙醚（$BF_3 \cdot Et_2O$）为催化剂，通过活性顺序引发不同氧丁环单体 BEMO、BAMO 和 AMMO 聚合，成功地制备了 BEMO–BAMO/AMMO–BEMO、BEMO–AMMO–BEMO 和 BEMO–BMMO/BAMO–BEMO 等三嵌段 ETPE。其中，BEMO–BAMO/AMMO–BEMO 顺序引发聚合过程：首先在无水二氯甲烷中加入新蒸馏的 BDO 和 $BF_3 \cdot Et_2O$，室温下搅拌反应 1 h；然后加入含有 BEMO 的二氯甲烷溶液，反应 1 h，接着在 5 min 内加入同时溶有 BAMO 和 AMMO 的二氯甲烷溶液，维持室温继续反应 16 h；最后加入 $BEMO/CH_2Cl_2$，反应 3 h 后用饱和食盐水溶液使反应中止。经过水洗、干燥、过滤和沉淀处理，即可得到 BEMO–BAMO/AMMO–BEMO 三嵌段共聚醚。

上述合成得到的 BEMO–BAMO/AMMO–BEMO 三嵌段 ETPE 的熔点为 86 ℃，差示扫描量热法（DSC）测试其玻璃化转变温度为 –53 ℃，凝胶渗透色谱（GPC）给出的数均相对分子质量约为 43 000 g·mol^{-1}。力学性能测试表明，当延伸率为 35% 时，所对应的最大强度为 4.16 MPa，这时样品出现收缩现象，表明样品中有球晶的生成。样品断裂伸长率为 600%，邵氏硬度为 89，与商品 TPE Kraton 力学性能相当。由于缺乏 NMR 分析数据，很难表明上述得到的 BEMO–BAMO/AMMO–BEMO 就是真正的 A—B—A 三嵌段 ETPE，存在 BEMO 未完全消耗之前与 BAMO/AMMO 形成梯度共聚醚的可能。

我国台湾的薛敬也等人[27-29]详细研究了阳离子活性顺序聚合制备 ETPE 的方法：分别采用本体聚合法和溶液聚合法，以三氟甲基磺酸酐为双官能度活性阳离子开环聚合引发剂，首先引发四氢呋喃（THF）聚合，同时产生两个链末端阳离子活性种，进而再分别引发不同的含能氧丁环单体，如 BAMO、AMMO 和 NMMO 等进行活性顺序聚合。经傅里叶变换红外光谱（FTIR）、核磁共振氢谱（^1H NMR）和碳谱（^{13}C NMR）测试证实所得到的聚合物结构为 A–B–A 三嵌段 ETPE，并且相对分子质量通过反应条件的控制是可以调节的，其重均相对分子质量 M_w = 12 000~66 000 g·mol^{-1}，分散度为 1.1~1.4，表明聚合物链增长过程是活性的，聚合反应为活性聚合。

值得注意的是，对于以 PTHF 为软段，PBAMO 为硬段的三嵌段 ETPE，尽管重均相对分子质量高达 66 000 g·mol^{-1}，但是其熔点却低于 BAMO 均聚物的熔点。其原因是共聚醚中两组分相容性较好,相分离不充分,导致硬段结晶程度不完善。

Mostafa 等人[30]采用 p-双(α,α-二甲基氯甲基)苯(p-DCC)与六氟锑酸银(AgSbF$_6$)预先反应所生成的碳阳离子活性中心,顺序引发 NMMO 和 BAMO 聚合,得到了 BAMO-NMMO-BAMO 三嵌段共聚 ETPE。他们设计的 BAMO-NMMO-BAMO 三嵌段共聚 ETPE 数均相对分子质量 M_n=260 000 g·mol^{-1},通过 GPC 实测 M_n=223 000,M_w=270 000,相对分子质量分布 M_w/M_n=1.2。可见采用 p-DCC 与 AgSbF$_6$ 反应所生成的碳阳离子活性中心,顺序引发 NMMO 和 BAMO 所得到的 BAMO-NMMO-BAMO 三嵌段共聚 ETPE,具有相当低的相对分子质量分布指数,并且相对分子质量设计值与实测值相符,说明链增长过程具有活性聚合的特征。DSC 分析表明,所得到的 BAMO-NMMO-BAMO 三嵌段 ETPE 的 T_g=-27 ℃,与 PNMMO 的接近。其熔点为 56 ℃,比 BAMO 均聚物低 30 ℃。

张弛[19]采用 BF$_3$·Et$_2$O/BDO 引发体系,利用阳离子开环活性顺序聚合法依次加入 3-叠氮甲基-3'-甲基氧丁环(AMMO)单体和 3,3'-双叠氮甲基氧丁环(BAMO)单体,合成了 BAMO-AMMO-BAMO 三嵌段 ETPE,其相对分子质量可控,相对分子质量分布较窄,软段与硬段之间产生了相分离,具有热塑性弹性体的性质。首先以 3,3-双溴甲基氧丁环(BBMO)和 3-甲基-3-溴甲基氧丁环(BrMMO)为单体,通过活性顺序聚合法合成了 BBMO-BrMMO-BBMO 三嵌段共聚物;然后进行叠氮化反应,实现了 BAMO-AMMO-BAMO 三嵌段共聚物的间接法合成。所合成的三嵌段 ETPE 数均相对分子量为 14 000 g·mol^{-1},相对分子质量分散系数为 1.47,并用定量 ^{13}C NMR 测定了其共聚组成和序列分布。结果表明,BAMO-AMMO-BAMO 三嵌段 ETPE 的聚合过程可控,共聚组成与单体投料比一致,其微相分离程度为 79.45%,PBAMO 链段的结晶度为 74.81%。由于部分软/硬段之间的互溶,导致三嵌段共聚物玻璃化转变温度的升高以及结晶度的降低。

1.3.3 大分子引发剂法

大分子引发剂法制备含能热塑性弹性体的研究始于 20 世纪 80 年代后期[31],是一种制备结构规整嵌段共聚物的方法。这种方法所用大分子是无定形的,作为弹性体的软段,其末端带有特殊官能团,能引发其他单体聚合。目前,常用的末端官能团为羟基,与共引发剂协同作用,可引发环氧单体或内酯单体进行阳离子开环聚合,形成结晶性的硬段。与活性顺序聚合法相比,大分子引发剂法可选用的单体范围更广。活性顺序聚合法中两种单体必须能够用同一种引发剂引发聚合，而大分子引发剂法则无此限制，大分子引发剂可以通过活性自由基聚合、活性阳离子聚合或活性阴离子聚合来制备，而引发第二单体聚合时可采用与制备大分子引发剂截然不同的聚合方法。活性顺序聚合法的一个主要缺点在于一种单体聚合完成后，除尽未聚合的单体是非常困难的，易与第二种单体发生共聚，造成第二嵌段不纯，从而影响性能。例如，Chiu 等人[28]在采用活性顺序聚合法制备 BAMO–THF–BAMO 三嵌段共聚物时，发现合成出的共聚物中 PBAMO 嵌段的熔点只有二十几摄氏度，远低于 PBAMO 均聚物熔点（根据分子量不同，PBAMO 均聚物的熔融温度为 80~95 ℃）。

Amplemann 等人[32]首先用 GAP/丁氧基锂作为大分子引发剂体系，引发 α–氯甲基–α–甲基–β–丙内酯（CMMPL）或 α–溴甲基–α–甲基–β–丙内酯（BMMPL）单体聚合生成 CMMPL–GAP–CMMPL 或 BMMPL–GAP–BMMPL 三嵌段共聚物；然后在有机溶剂中进行叠氮化反应，得到了 AMMPL–GAP–AMMPL 三嵌段 ETPE。

南洋理工大学的 Sreekumar[33]研究小组于 2007 年发表了 BAMO–GAP–BAMO 的合成研究结果。他们首先用端羟基 PECH/$BF_3 \cdot OEt_2$ 共引发体系引发 BCMO 开环聚合，生成 BCMO–ECH–BCMO 三嵌段共聚物；然后进行叠氮化反应，得到了 P（BAMO–GAP）–PBAMO 三嵌段 ETPE。赵一搏等人[34]以端羟基 GAP 为大分子引发剂，BAMO 为单体，利用阳离子开环聚合反应合成了 BAMO–GAP–BAMO 三嵌段 ETPE。该 ETPE 相对分子质量和官能度可控，起始分解温度为 229 ℃，具有较好的热稳定性。软段 GAP 与硬段 PBAMO 之间产生相分离，具有 TPE 的性质。

此外，近年来也有学者采用可控自由基聚合法合成 ETPE 的研究。2007 年，南非 Khalifa 等人[35]首先合成了含有 GAP 的大分子自由基，然后采用光引发甲基丙烯酸甲酯（MMA）聚合，从而合成了 GAP–PMMA–ETPE，并采用 FTIR 和 DSC 等手段表征了 GAP 基 ETPE 的结构和性能。

1.4 含能热塑性弹性体的应用

ETPE 既可以作为高能低易损性（HELOVA）火炮发射药和固体火箭推进剂的黏合剂，又可以作为 PBX 炸药的黏合剂。从 20 世纪 80 年代开始，以美国为首的西方国家开始研究 ETPE 在火炸药中的应用[11]。美国 ATK Thiokol 公司于

2004 年向美国国防部战略环境研究发展项目办公室提交了基于聚氨酯类 ETPE 的 HELOVA 火炮发射药的最终技术报告[36]。报告认为，基于线型聚氨酯类 ETPE 的发射药完全可以取代基于 NC 的发射药。根据 Wardle[37]等人和加拿大 DREV[38]的研究结果，基于聚氨酯类 ETPE 的 PBX 炸药与 Octol 炸药、PAX-2A 及 B 复合炸药相比，当爆炸性能相当时，感度可以大幅降低。总之，ETPE 作为新一代黏合剂，赋予火炸药高能量特性、低易损性、低特征信号和可回收性等优点。作为火炸药黏合剂的 ETPE 应具有如下的性能[11]。

（1）高能量；

（2）熔点为 70~95 ℃；

（3）在 100 ℃左右时的熔体黏度较低，适于添加大量固体氧化剂和金属燃料；

（4）玻璃化转变温度低（$T_g < -40$ ℃），具有良好的低温力学性能；

（5）感度较低；

（6）与火炸药其他组分有良好的相容性；

（7）储存性能好，在储存过程中能保持良好的力学性能，即具有较好的化学安定性、热稳定性和环境稳定性；

（8）具有较低的毒性，安全性能好。

采用 ETPE 可减少火炸药中固体填料的含量，同时能吸收外界冲击能，降低火炸药的冲击感度，从而提高加工、储存和使用的安全性。而且 ETPE 还能保持热塑性弹性体加工性能好的优点，满足压伸成型工艺要求。由此可以看出，ETPE 作为火炸药的黏合剂，具有力学性能好、加工性能优良、低成本、安全、易回收等优点；而且可以采用无溶剂加工方法，不需对现有设备进行改进，对于发展新一代高能低易损火炸药起着重要的作用。ETPE 作为一类前景广阔的黏合剂，国内外一直都在进行相关的应用研究。

1.4.1 含能热塑性弹性体在枪炮发射药中的应用

ETPE 应用于发射药时能在低固体含量时维持原有的能量水平，还能使配方的工艺和力学性能得以改进，并降低脆性。Braithwaite 等人[39]以 P(BAMO-AMMO) TPE 作为发射药黏合剂开展了大量的研究工作。目前，已基本解决了该类型发射药的配方和药型结构设计、成型加工、性能测试、质量控制、重复加工和回收利用等关键技术。美国计划用 P(BAMO-AMMO) TPE 发射药代替正在使用的 M30 发射药，用于"十字军战士"155 mm 榴弹炮模块火炮装药系统。Cordant 技术公司研制的以 P(BAMO-AMMO) 共聚物为含能黏合剂、RDX 和六硝基六氮杂异伍兹烷（CL-20）为高能填料的配方显示了良好的高能低敏感性能。

RDX/P（BAMO－AMMO）和 CL－20/P（BAMO－AMMO）（质量比均为 76:24）配方的火药力分别达到了 1 182 J·g^{-1} 和 1 291 J·g^{-1} 的能量水平，而且其火焰温度前者低于 2 900 K，后者低于 JA－2 的 3 400 K[40]。另一个高能低敏感发射药配方是以 RDX 和硝基胍为高能填料，PNMMO 为含能黏合剂，再辅以少量含能增塑剂 BDNPA/F（一种双二硝基丙基乙缩醛和双二硝基丙基甲缩醛的混合物），其火药力达到了 1 236 J·g^{-1}[41]。

目前，美国 ATK Thiokol 公司 P（BAMO－AMMO）基 TPE 的批生产量已达到几百千克，将 BAMO/AMMO 类型 ETPE 与 CL－20 结合研制了一类高能低易损发射药，据称其性能高于已装备的 LOVA 发射药。配方分三步成型：混合、栓塞式挤压、辊式碾压成型。其弹性模量为 41.0 MPa，最大应力为 12.2 MPa，应变为 49.7%，火药力提高了 10%，燃速与能量密度也有提高。据报道，美国陆"未来战斗系统"候选 120 mm 火炮 829E3 穿甲弹将采用 CL－20/含能氧丁环黏合剂所组成的发射药。他们认为与 NC/硝酸酯发射药相比，ETPE 基发射药具有能重复使用、回收再生、火焰温度和性能的平衡性好优点。美国绿色含能材料（GEM——Green Energetic Material）制造计划中的发射药项目也系统研究了 ETPE，确定了 P（BAMO－AMMO）对发射药性能的影响规律，并推荐将这种 ETPE 作更进一步的研究。

除此之外，他们将 TNAZ 与 P（BAMO－AMMO）组合在一起进行了相应的发射药配方研究。由于 TNAZ 熔点较低，因此加工更为方便，所形成的发射药的火药力和火焰温度与 CL－20/P（BAMO－AMMO）发射药相当。

美国 ATK Thiokol 公司研究的中型口径枪炮用 ETPE 发射药配方为 RDX/P（BAMO－AMMO）/GAP＝70.75/14.625/14.625，另外一种氧化剂含量稍高的配方为 RDX/P（BAMO－AMMO）＝75/25。实验结果表明用于 25 mm 炮是很成功的，但 30 mm 火炮做功时间大于军方标准，需要进一步研究[42]。

对于更高性能的发射药，美国也探索了 P（BAMO－AMMO）基 ETPE 作为黏合剂的应用，其在研的几种高能低敏感发射药中，最典型是 P（BAMO－AMMO）黏合剂与 TEX/CL－20 氧化剂组成的配方，其燃速由 10 cm·s^{-1} 以下（275.8 MPa）增至 38 cm·s^{-1}，火药力大于 1 350 J·g^{-1}。采用无溶剂双螺杆挤出工艺制成了密度大于 1.4 g·cm^{-3} 的各种药型[40]。

1.4.2 含能热塑性弹性体在固体火箭推进剂中的应用

ETPE 作为黏合剂引入到固体推进剂中之后，在相同固体含量下能显著增加配方能量；或比冲一定时能降低固体含量，改善加工性能，以其为黏合剂的固体推进剂具有高能、低感度、燃速可调、力学性能良好等优点。

ETPE 应用于推进剂最早是由美国的 ATK Thiokol 公司在 20 世纪 80 年代提出的，ATK Thiokol 公司在美国海军水面武器中心的资助下，开始了氧丁环聚合物基 ETPE 的合成及表征工作，筛选出了 P（BAMO－AMMO）热塑性弹性体，认为它是一种性能优良的含能黏合剂。他们完成了批量连续化生产，成功制造出了 ϕ105 mm 的推进剂药柱，并进行了全尺寸发动机（ϕ4.5 英寸，ϕ114.3 mm）的弹道性能测试，结果表明该推进剂点火性能良好、压力曲线平稳，满足使用要求。他们还多次向军方演示了推进剂生产过程中的 3R（Recycle，Recover，Reuse）特性[43]。美国海军水面武器中心用该 ETPE 作为黏合剂成功研制出了绿色含能材料（GEM）火箭推进剂，并且指出：采用 P（BAMO－AMMO）基 ETPE，借助于双螺杆压伸技术为基础的制备工艺是一种稳定的并且具有可重复性的连续成型工艺。ATK Thiokol 公司还对 ETPE 基固体推进剂的回收利用进行了研究。目前，已有两种方法用于含能配方的回收利用：一是直接将生产周期各个单元中产生的废料按配料计算，以一定比例重新加入生产线，这一方法相对简单，已在一些推进剂的生产中获得应用；二是采用溶剂溶解回收配方中各组分的方法，该方法目前还处在实验阶段。例如，以乙酸乙酯为溶剂，回收由 P（BAMO－AMMO）基 ETPE、Al、AP、催化剂组成的复合固体推进剂中各组分时，其回收过程大致如下（图 1-16）：① 将含 ETPE 的推进剂与水混合，加热搅拌粉碎，使 AP 溶解于水中，经过浓缩回收高氯酸铵，过滤分离出黏合剂、催化剂和铝粉；② 将黏合剂/催化剂/铝粉混合物加入乙酸乙酯之中，溶解、过滤，黏合剂溶解于溶剂之中，浓缩回收黏合剂；滤渣为催化剂和铝粉的混合物。回收的结果表明，AP 的回收率约为 98.9%，GPC 测试结果表明黏合剂的分子量没有发生明显的变化。采用此法在推进剂或发射药的整个生产过

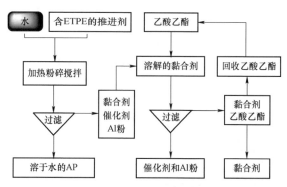

图 1-16　溶解法回收 ETPE 基固体推进剂的工艺流程

程中，废品率不大于 0.5%，并使传统混合—浇注—固化的推进剂生产工艺的废品率减少 85%[43]，具有很好的绿色特征。

20 世纪 90 年代，美国航空喷气固体推进公司、聚硫橡胶公司以及美国海军水面武器中心等，采用 BAMO、AMMO 这类不含增塑剂的叠氮类聚合物成功地研制出新型热塑性复合固体推进剂的配方[44]，如表 1-3 所示。结果表明，以该 ETPE 制备的固体推进剂具有较高的能量，适中的力学性能，其低温（-6 ℃）时强度 5.48 MPa，断裂伸长率 10%，常温（24 ℃）时强度达到 1.75 MPa，断裂伸长率达到 12%，高温（54 ℃）强度为 0.54 MPa，断裂伸长率 9%。

表 1-3 以 ETPE 为黏合剂的固体推进剂配方

组分	质量分数/%
ETPE [P（BAMO-AMMO）]	20.00
AP	63.00
Al	15.00
弹道添加剂	2.00

张弛[19]以交替嵌段型 P（BAMO-AMMO）基 ETPE 为黏合剂，制备了复合固体推进剂，配方为：ETPE 的质量分数为 15%；增塑剂 5%；高能固体填料 76.5%；燃速催化剂 3.5%。该推进剂的标准理论比冲为 275.45 s（10 MPa），密度为 1.81 g·cm^{-3}，爆热为 6 256 kJ·kg^{-1}，拉伸强度为 1.56 MPa，断裂伸长率为 20%。

王刚[18]以 P（BAMO-AMMO）基 ETPE 为黏合剂，采用压延工艺制备了固体推进剂（固含量 80%）。推进剂的静态拉伸强度为 1.22 MPa，断裂伸长率为 11.37%。包覆固体填料可显著降低推进剂预混物料的机械感度，使特性落高 H_{50} 增加 37 cm，摩擦感度下降 36%，6～15 MPa 压力范围内的燃速压力指数 $n = 0.37$。

1.4.3 含能热塑性弹性体在 PBX 炸药中的应用

熔铸 PBX 炸药是美国海军水面武器中心发展的以热固性橡胶为黏合剂的炸药，具有良好的安全性，而且能适应现有熔铸炸药的工业生产条件。目前，用于 PBX 炸药的黏合剂一般为化学交联型黏合剂，不可回收，同时有适用期短和在 60～80 ℃长时间固化等缺点。Ampleman 等人[38]以 ETPE 为黏合剂制备了钝感 PBX 炸药，其所使用的含能预聚物有 GAP、PNMMO、PGN、PAMMO、PBAMO 等，数均相对分子质量为 500～10 000 g·mol^{-1}，而扩链剂小分子二元醇为 2,4-戊二醇、2,3-丁二醇、1,4-丁二醇及二元胺等,二异氰酸酯选择 MDI、TDI 和 IPDI 等。其中,只有极少数的 ETPE 能够在 80~100 ℃熔融加工,很多 ETPE 的加工温度高于 100 ℃。同时考虑到 GAP 中叠氮基团的稳定性及黏合剂熔体的黏度较大,不能够对其进行熔融加工,因此使用熔融的 2,4,6-三硝基甲苯(TNT)作为溶剂,溶解此种 ETPE 以制备 PBX 炸药。最终发现 GAP 基 ETPE 可很好地溶于 TNT 中,通过改变弹性体的结构及其在 PBX 中的含量,可获得不同性能的 PBX 炸药。纯 TNT 撞击感度为 10 N/M,摩擦感度为 60 N,加入 ETPE 后制备的 PBX 炸药感度分别降为 25 N/M 和 360 N。同样,当 ETPE 与其他高能炸药混合后,也可获得低感度的炸药。

尽管 GAP/N100 体系有着含能、与 TNT 互溶的特点,依旧存在着固化周期长的问题。在采用 Shell 化学公司生产的商品牌号为 Kraton G1652 的 ABA 型 TPE(聚苯乙烯为 A 段,聚丁二烯为 B 段)作为黏合剂系统时,由于不需要使用交联剂与固化剂,从而省去了固化和混合工艺,缩短了生产周期,并且回避了异氰酸酯固化产生的气泡问题,产量有了大幅的提高。在实际使用时,可将聚合物/环烷烃或直链烷烃增塑剂/热熔性树脂组成的黏合剂系统在 90~100 ℃、低剪切力条件下与含能填料混合成型。推荐的一个配方是 Kraton G1652/Tufflo6016 油/RDX(C 级)/RDX(E 级)= 30/12/59.5/25.5,在 2 gal(约 9 L)锚式混合器中混合,93 ℃混合终点黏度为 3.5 千泊,不但能够顺利浇铸,炸药的固体含量、能量输出、力学性能均与热固性炸药 PBXW-108 近似,而且可利用现有的熔铸设备生产。

熔铸炸药制备简单,装填效率高,熔混时间短,无须固化,因此目前许多战斗部装药依然是 TNT 基的熔铸炸药。但由于存在高性能炸药含量不能太高,机械强度较差,装药在高温时有渗油,装药质量控制较难等缺点,迫切希望有一种能代替 TNT 的黏合剂。国外以 SIS 基 TPE(苯乙烯/异戊二烯/苯乙烯类型)为黏合剂,采用熔融浇注工艺制成了弹性 PBX 炸药,具有加工性能好、力学性能优良的特点。Ampleman 也开展了将 GAP 基 ETPE 用于 TNT 熔铸炸药的研究,结果表明在爆轰速度没有降低的情况下,感度明显降低[38]。

近年来,为了给精密制导弹头和爆炸成型的穿甲弹头提供性能更好的装药,需要在降低炸药感度的同时增加能量。美国海军水面武器中心提出了"CL-20 与 ETPE 压装 PBX 炸药论证及研究"的计划,并委托海军面展中心与聚硫橡胶公司联合承担此项研究,要求这些炸药在性能和低易损方面具有尽可能好的平衡。

1.5 含能热塑性弹性体的发展趋势

根据含能黏合剂的国内外研究现状可以看出，ETPE 是目前含能黏合剂的研究重点之一。结合未来武器系统能量高、爆温低、易损性低、力学性能好、安全环保等要求，ETPE 的主要发展方向有以下几种。

（1）合成多功能化的 ETPE。合成具有多种功能一体化的 ETPE，是当前含能材料的研究发展趋势（高能、钝感和低成本等）之一。ETPE 多功能一体化主要是指其既可作为黏合剂，也具备氧化剂、燃烧剂及催化剂等功能。ETPE 可以通过在软段、硬段、扩链剂、固化剂等分子结构中引入功能基团，实现 ETPE 的功能化。如聚醚软段使用硝酸酯类和二氟胺类含能预聚物时，即可得到具有氧化剂功能的 ETPE；扩链剂使用含有羰基、酰胺基、氨基、腈基等极性基团的小分子时，即可得到具有键合功能的 ETPE；使用含能单体与二茂铁衍生物的共聚物为聚醚软段即可得到具有催化功能的 ETPE。

（2）合成新型的 ETPE。文献报道的含能预聚物有叠氮类、硝酸酯类、硝胺类、硝基类和二氟氨类等，但是目前应用于 ETPE 合成的主要是叠氮类和硝酸酯类。随着武器装备的不断发展，需要不断尝试使用其他更多含能预聚物来制备 ETPE，如使用高密度比冲的二氟氨类含能预聚物。

（3）提高 ETPE 的相对分子质量。弹性体力学性能的优劣对火炸药的力学性能起着决定性的作用。通常高分子材料相对分子质量增大，其力学性能随之提高。因此，优化 ETPE 的分子结构、选用合适的合成方法，进一步提高 ETPE 的相对分子质量，获得力学性能优异的 ETPE 也是未来的发展方向之一。

（4）改善 ETPE 的加工性能。ETPE 在应用时常常需要加入溶剂以方便加工，带来了一系列的问题。所以发展低熔融温度、熔体黏度小、易加工的 ETPE，也是未来的发展方向。

（5）优化 ETPE 的结构。ETPE 由热力学上不相容的软段和硬段组成，常温下存在微相分离。软段和硬段的组成，对 ETPE 的性能具有重要的影响。需要在深入研究 ETPE 中软硬段的序列、相分离等微观结构与性能构效关系的基础上，选择合适的软硬段，进行结构优化，得到综合性能较好的弹性体，以满足应用需求。

（6）合成系列化 ETPE。通常一种弹性体很难同时满足发射药、推进剂、炸药的不同需求,针对不同应用需求,设计不同结构、不同性能的 ETPE,也是弹性体研究的关键。同时,拓展 ETPE 在发射药、推进剂、炸药之外的应用研究也至关重要。

参 考 文 献

[1] 金关泰,金日光,汤宗汤,等. 热塑性弹性体[M]. 北京:化学工业出版社,1983.

[2] Butler G B.Investigation of thermoplastic elastomers as propellant binders [R]. ADA 078691,1979.

[3] Henry C A.Thermoplastic composites rocket propellant [P]. US4361526,1982.

[4] Ernie D B.Process for preparing solid propellant grains using thermoplastic binders and product thereof [P]. US4764316,1986.

[5] 谭惠民. 硝酸酯增塑的 P(E-CO-T)推进剂[J]. 北京理工大学学报,1995,15(6):1-6.

[6] Klohn W.Base bleed solid propellant with thermoplastic elastomer as binder [C]. //The Proceedings of 12th ICT, Karlarule, Germany, 1981.

[7] James C W C.Annual report on thermoplastic elastomers as LOVA binders [R]. ADA137363,1983.

[8] Mulage K S.Studies on a novel thermoplastic polyurethane as a binder for extruded composite propellants [J]. Journal of Energetic Materials,2007,25:233-245.

[9] 张宝艳,谭惠民,姚维尚,等. 用于固体推进剂的新型热塑性聚氨酯弹性体的研究[J]. 兵工学报火化工分册,1996,(2):1-5.

[10] 陈福泰,多英全,罗运军,等. 新型热塑性聚氨酯弹性体黏合剂的合成与表征[J]. 导弹与航天运载技术,2001,(3):33-37.

[11] Manser G E, Ross D L.Energetic thermoplastic elastomers, Final report to office of naval research [R]. Arlington V A:ADA122909,1982.

[12] Sanderson A J, Edwards W.Synthesis of energetic thermoplastic elastomers containing oligomeric urethane linkages [P]. US6815522,2004.

[13] Manser G E, Fletcher R W, Shaw G C.High energetic binders, Summary report to office of naval research [R]. Arlington V A: ONR N-0014-82-C-0800, 1984.

[14] 李冰珺. CE-PBAMO 的合成及其在压装炸药中的应用研究 [D]. 北京: 北京理工大学, 2018.

[15] Wardle R B.Method of producing thermoplastic elastomers having alternate crystalline structure for use as binders in high energy compositions [P]. US4806613, 1989.

[16] Xu B P, Lin Y G, Chien J C W.Energetic ABA and (AB)$_n$ thermoplastic elastomers [J]. Journal of Applied Polymer Science, 1992, 46: 1603-1611.

[17] Sanderson A J, Edwards W, Wardle R B.Synthesis of energetic thermoplastic elastomers containing both polyoxirane and polyoxetane blocks [P]. US7101955, 2006.

[18] 王刚. PBA 含能热塑性弹性体的合成、表征及在固体推进剂中的应用研究 [D]. 北京: 北京理工大学, 2016.

[19] 张弛. BAMO-AMMO 含能黏合剂的合成、表征及应用研究 [D]. 北京: 北京理工大学, 2011.

[20] Ampleman G, Beaupré F.Synthesis of linear GAP-based energetic thermoplastic elastomers for use in HELOVA gun propellant formulations [R]. The Proceedings of 27th ICT, Karlarule, Germany, 1996.

[21] Ampleman G, Marois A, Désilets F, et al.Synthesis of Energetic copolyurethane thermoplastic elastomers based on glycidyl azide polymer [R]. The Proceedings of 29th ICT, Karlarule, Germany, 1998.

[22] 吕勇, 罗运军, 郭凯, 等. GAP 型含能热塑性聚氨酯弹性体热分解反应动力学研究 [J]. 固体火箭技术, 2010, 33 (03): 315-318.

[23] 酒永斌. 新型热塑性聚氨酯黏合剂的合成与应用研究 [D]. 北京: 北京理工大学, 2010.

[24] 张在娟. 含能热塑性聚氨酯弹性体的合成与表征 [D]. 北京: 北京理工大学, 2015.

[25] Wardle R B.Method of producing thermoplastic elastomers having alternate crystalline structure for use as binders in high energy compositions [P]. US4806613, 1989.

[26] Manser G E, Miller R S.Thermoplastic elastomer having alternate crystalline structure for use as high energy binders [P]. US5210153, 1993.

[27] Hsiue H J, LiuY L, Chiu Y S.Tetrahydrofuran and 3, 3-bis (chloromethyl) oxetane triblock copolymers synthesized by two-end living cationic polymerization[J]. Journal of Polymer Science, Part A: Polymer Chemistry, 1993, 31: 3371-3376.

[28] Hsiue H J, LiuY L, Chiu Y S.Triblock copolymers Based on cyclic ethers: preparation and properties of tetrahydrofuran and 3, 3-bis (azidomethyl) oxetane triblock copolymers[J]. Journal of Polymer Science, Part A: Polymer Chemistry, 1994, 32: 2155-2159.

[29] LiuY L, Hsiue H J, Chiu Y S.Studies on the polymerization mechanism of 3-nitratomethyl-3'-methyloxetane and 3-azidomethyl-3'-methyloxetane and the synthesis of their respective triblock copolymers with tetrahydrofuran [J]. Journal of Polymer Science, Part A: Polymer Chemistry, 1995, 33: 1607-1613.

[30] Mostafa A H T, Geoffrey A L.Synthesis and the preliminary analysis of block copolymers of 3,3'-bis (azidomethyl)-oxetane and 3-nitromethyl-3'-methyloxetane [J]. Journal of Polymer Science, Part A: Polymer Chemistry, 1990, 28: 2393-2401.

[31] Murphy E A, Ntozakhe T, Murphy C J, et al.Characterization of poly (3, 3'-bisethoxymethyl oxetane) and poly (3,3'-bisazidomethyl oxetane) and their block copolymers[J]. Journal of Applied Polymer Science, 1989, 37(1): 267-281.

[32] Ampleman G, Brochu S, Desjardins M. Synthesis of energetic polyester thermoplastic homopolymers and energetic thermoplastic elastomers formed thereform[R]. DREV TR-175, 2001.

[33] Sreekumar P, Ang H G. Synthesis and Thermal Decomposition of GAP-Poly (BAMO) Copolymer[J]. Polymer Degradation and Stability, 2007, 92: 1365-1377.

[34] 赵一搏, 罗运军, 李晓萌, 等. PBAMO-GAP 三嵌段共聚物的合成和表征[J]. 火炸药学报, 2012, 35(02): 58-61.

[35] Khalifa A, Albert V R.Synthesis of energetic thermoplastic elastomers by using controlled radical polymerization[C]. //Insensitive Munitions & Energetic Materials Technology Technology Symposium, Phoenix, Arizona, USA, 2007.

[36] Cramer M, Akester J.Environmentally Friendly Advanced Gun Propellants,

Final technical report for SERDP program office [R]. Arlington V A: ADA212744, 2004.

[37] Braithwait P, Edward W, Sanderson J, et al. The synthesis and combustion of high energy thermoplastic elastomers[C]. //The Proceedings of 32th ICT, Karlarule, Germany, 2001.

[38] Brousseau P, Ampleman G.New melt-cast explosives based on energetic thermoplastic elastomers [C]. //The Proceedings of 32th ICT, Karlarule, Germany, 2001.

[39] Haaland A C, Braithwaite P C, Hartwell J A.Process for the manufacture of high performance gun propellants [P]. US5759458, 1998.

[40] Leadore M G.The Mechanical Response of Virgin and Aged RDX/CL20IBAMO/AMMO-Based High-Energy Gun Propellants [R]. ARL-TR-2603, 2001.

[41] Simmons R L.Effect of Plasticzer on Performance of XM-39 LOVA [C]. The Proceedings of 27th ICT, Karlarule, Germany, 1996.

[42] Wallace I A.Evaluation of a homologous series of high energy oxetanet thermoplastic elastomer gun propellants[C]. //The Proceedings of 31th ICT, Karlarule, Germany, 2000.

[43] Hamilton R S, Wardle R B, Hughes C D, et al.A Fully Recyclable Oxetane TPE Rocket Propellant [C]. //The Proceedings of 30th ICT, Karlarule, Germany, 1999.

[44] Hamilton R S, Mancini V E, Sanderson A J.ETPE ManTech Program [C]. //2004 Insensitive Munitions and Energetic Materials Technology Symposium, San Francisco, CA 16, 2004.

第 2 章

聚叠氮缩水甘油醚基含能热塑性弹性体

2.1 概　　述

含能聚合物是一种分子链上带有大量含能基团的聚合物。这些含能基团主要包括—C—O—NO$_2$、—C—NO$_2$、—N—NO$_2$、—C—N$_3$和—C—NF$_2$等，它们最显著的特点就是燃烧时能够释放出大量的热，并生成大量低相对分子量的气体，从而提高火炸药的做功能力。表2–1列出了几种典型含能基团的生成焓。在这些含能基团中，生成焓最高的是叠氮基团，每个—C—N$_3$基团具有高达355 kJ·mol^{-1}的生成焓，因此叠氮类聚合物是目前研究最多的含能聚合物。

表2–1　含能基团的生成焓

基团	生成焓/(kJ·mol^{-1})
—C—O—NO$_2$	–81.2
—C—NO$_2$	–66.2
—N—NO$_2$	74.5
—C—N$_3$	355.0
—C—NF$_2$	–32.7

在叠氮含能聚合物中，研究最早、最多的就是聚叠氮缩水甘油醚（GAP），

其结构式如图 2-1 所示。GAP 具有较高的生成焓 490.7 kJ·mol^{-1}，能提高推进剂的燃速，且原材料易得，合成工艺成本低，是目前最具应用前景的含能聚合物之一[1]。因此，以 GAP 为链结构单元的 ETPE 也备受国内外含能材料工作者的重视。GAP 基 ETPE 的硬段一般由氨基甲酸酯构成，软段的一部分或全部由 GAP 构成。

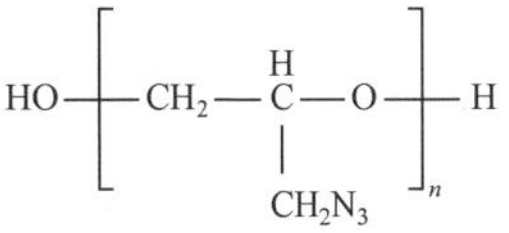

图 2-1 GAP 的结构式

本章主要介绍以不同异氰酸酯制备的 GAP 基 ETPE 及其性能，并讨论了硬段含量对 GAP 基 ETPE 的影响。为了增强火炸药中固体填料与黏合剂间的相互作用，改善"脱湿"现象，可采用有键合功能基团的小分子二元醇扩链剂制备 GAP 基 ETPE，本章对具有键合功能的 GAP 基 ETPE 也进行了介绍。

2.2 不同异氰酸酯制备 GAP 基含能热塑性弹性体

作为形成 ETPE 硬段的二异氰酸酯化合物，决定着弹性体的结构和分子间的相互作用，对 ETPE 的力学性能、热性能等有重要的影响。本节介绍了 2,4-甲苯二异氰酸酯（TDI）、异佛尔酮二异氰酸酯（IPDI）和 4,4'-二环己基甲烷基二异氰酸酯（HMDI）等三种异氰酸酯对 GAP 基 ETPE 性能的影响。

2.2.1 不同异氰酸酯制备 GAP 基含能热塑性弹性体的反应原理

不同异氰酸酯合成 GAP 基 ETPE 的反应原理如图 2-2 所示。

2.2.2 不同异氰酸酯制备 GAP 基含能热塑性弹性体的合成工艺

熔融二步法合成 ETPE 的过程主要包括预聚反应和扩链反应两个阶段。其中，预聚反应是用过量的二异氰酸酯将大分子二醇进行封端的过程，这一步反应在容器中进行。扩链反应一般也常称为"熟化"（curing），其反应过程是预聚反应的产物用小分子扩链剂进行扩链，使分子链延续的过程。根据操作工艺的要求，该过程通常又分为两个阶段：第一阶段的扩链过程是在反应容器中进行的，以利于反应体系的均匀和分散；第二阶段是将反应产物物料倒入模具中，在熟化烘箱中继续完成扩链过程。

熔融两步法合成 GAP 基 ETPE 的合成工艺流程如图 2-3 所示。

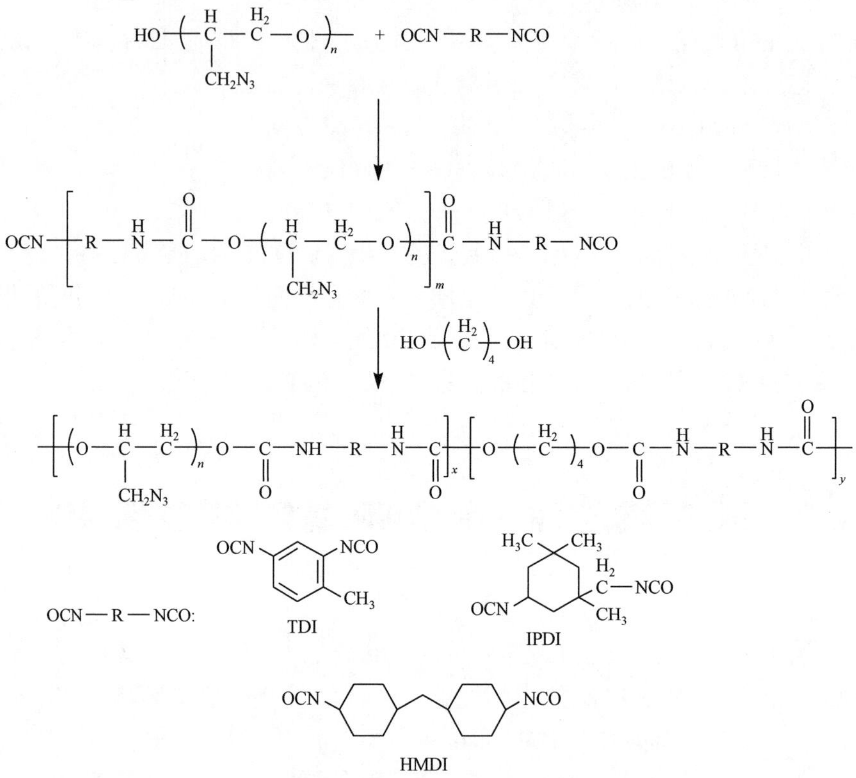

■ 含能热塑性弹性体

图 2-2 不同异氰酸酯 GAP 基 ETPE 的合成反应原理图

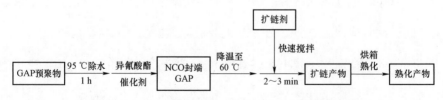

图 2-3 不同异氰酸酯 GAP 基 ETPE 的合成工艺流程

在合成过程中，当 NCO/OH 摩尔比不变的情况下，可以通过调节异氰酸酯、扩链剂和预聚物的质量比控制 ETPE 的硬段含量。ETPE 的硬段含量 H 可以用下式计算：

$$H = \frac{m_{\text{异氰酸酯}} + m_{\text{扩链剂}}}{m_{\text{异氰酸酯}} + m_{\text{扩链剂}} + m_{\text{高分子预聚物}}} \times 100\% \tag{2.1}$$

2.2.3 不同异氰酸酯制备 GAP 基含能热塑性弹性体的性能

1. 工艺性能

不同异氰酸酯具有不同的反应活性。TDI 是芳香族异氰酸酯,其中,两个—NCO 之间可发生诱导效应,当其中一个—NCO 参加反应时,另一个—NCO 可看作是吸电子取代基,使其反应活性增加。IPDI 和 HMDI 是脂肪族二异氰酸酯,与 TDI 相比反应活性较低;另外 IPDI 具有很强的位阻效应,其反应活性最低。三种异氰酸酯与 GAP 预聚物的反应活性大小顺序为 TDI>HMDI>IPDI。

因此,选用不同异氰酸酯合成 ETPE 时,在工艺过程中有一些不同。预聚时间长短顺序为 TDI<HMDI<IPDI;熟化时间长短顺序为 TDI<HMDI<IPDI。在加入小分子扩链剂后,体系黏度的增长速度有所不同:TDI 为固化剂时,体系黏度增长迅速,不易控制,实验可操作性较其他两者差;IPDI 为固化剂时,体系黏度增长较慢,需要的扩链搅拌时间较长,增加了反应周期;而 HMDI 为固化剂时,体系黏度增长速度适宜,易操作。由此可知,HMDI 为固化剂时,反应体系黏度增长速度适中,易操作,且反应周期较短,工艺性最好。

2. 相对分子质量与相对分子质量分布

聚氨酯弹性体的相对分子质量对其力学性能有非常重要的影响,是衡量 TPE 性能的重要参数。当硬段含量 H 均为 30% 时,以不同异氰酸酯制备的 ETPE 的相对分子质量和相对分子质量分布如表 2-2 所示。

表 2-2 不同异氰酸酯 GAP 基 ETPE 的相对分子质量和相对分子质量分布

性能	TDI 基 ETPE	IPDI 基 ETPE	HMDI 基 ETPE
$M_n/(g \cdot mol^{-1})$	32 100	31 500	33 000
M_w/M_n	2.22	2.15	2.10

从表 2-2 中数据可以看出,ETPE 的数均相对分子质量均为 30 000 g·mol^{-1} 左右,HMDI 所制备的弹性体数均相对分子质量最高。

3. 氢键化程度

聚氨酯由聚醚或聚酯等低聚物组成软段、由异氰酸酯和小分子扩链剂等组成硬段。根据相似相溶原理,组成聚合物的软段与硬段不相溶,因而有各自聚集成相的趋势。但是，由于彼此间靠共价键连接在一起，因此不可能发生宏观相分离现象，只能产生微观相分离，即微相分离。聚氨酯弹性体的力学性能和热性能等主要由弹性体的微相分离程度决定。

通过红外光谱可研究弹性体的氢键结构，并以此推断微相分离的大小[2]。二醇类扩链的线型聚氨酯弹性体，硬段上—NH 基团绝大部分参与形成氢键。而硬段中的—NH 和羰基间形成氢键的强弱，直接影响到硬段间内聚作用和硬段的有序结构，进而决定材料的宏观性能。所以，可以通过研究羰基区域的 FTIR 谱图，考察弹性体的氢键化程度。

以不同异氰酸酯制备的 ETPE 为例，对其氢键作用进行了比较，三种 GAP 基 ETPE 的红外光谱图如图 2-4 所示。

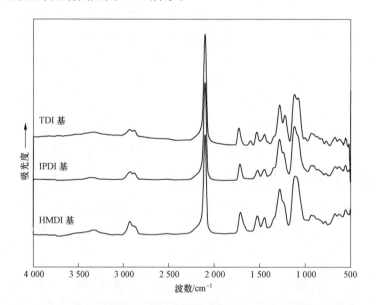

图 2-4　不同异氰酸酯 GAP 基 ETPE 的 FTIR 谱图和羰基吸收峰

三种弹性体的红外光谱图都能观察到聚氨酯弹性体的特征吸收峰，$1710\ cm^{-1}$ 左右的特征吸收峰是酰胺羰基—C=O 的伸缩振动峰，$3330\ cm^{-1}$ 左右的特征吸收峰是氨基甲酸酯连接键上胺基—NH 的伸缩振动峰。除此之外，TDI 基 ETPE 中，$1616\ cm^{-1}$、$1576\ cm^{-1}$、$1507\ cm^{-1}$ 和 $1456\ cm^{-1}$ 处为 TDI 苯环的骨架伸缩振动峰。

为进一步确定不同异氰酸酯合成的弹性体的羰基氢键化程度，将羰基伸缩振动峰区域放大，如图 2-5 所示。由于羰基伸缩振动区域存在多重谱带，因此对红外光谱图进行了分峰处理。形成氢键键合的羰基是质子受体，吸收峰向低波数方向移动[3]，由图 2-5 可知，三种弹性体的羰基峰可分为氢键化羰基和游离羰基。表 2-3 列出了拟合后各吸收峰的峰位、峰面积比例及氢键化程度。

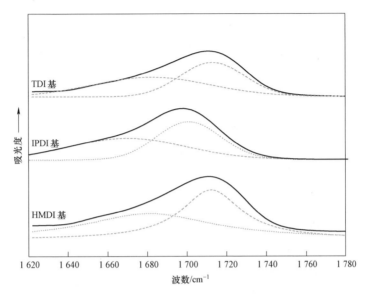

图 2-5　不同异氰酸酯 GAP 基 ETPE 的羰基吸收峰

表 2-3　不同异氰酸酯 GAP 基 ETPE 的氢键化比例

异氰酸酯种类	峰位/cm^{-1}		峰面积比例		氢键化比例/%
	氢键化羰基	游离羰基	氢键化羰基	游离羰基	
TDI 基	1 653	1 715	0.53	0.44	54.64
IPDI 基	1 683	1 701	0.67	0.35	65.69
HMDI 基	1 681	1 712	0.89	0.41	68.46

由表 2-3 中数据可以看出，HMDI 制备的 ETPE 的羰基氢键化程度最高，这主要是由三种异氰酸酯的结构决定的。HMDI 具有对称的椅式结构，所以分子链易规整排布，形成氢键。而 TDI 的苯环为平面形式，扩链剂的长侧链使硬段分子难以形成规则的排列，所以 TDI 的氢键化程度最低。

硬段—NH 和羰基间形成的氢键会加强硬段间内聚作用，促进微相分离程度的增大。微相分离的程度越高，弹性体的弹性模量和拉伸强度就越高。同时，随着微相分离程度提高，弹性体的玻璃化转变温度降低，低温力学性能提高，所以氢键化程度高的弹性体综合性能较好。

4. 玻璃化转变温度

DSC 是表征聚氨酯弹性体相分离的重要手段,若聚合物体系中各组分混合均匀,则会呈现出单一的玻璃化转变温度,而若发生相分离则显示出两个玻璃化转变温度,分别对应着软段的玻璃化转变温度 T_{gs} 和硬段的玻璃化转变温度 T_{gh}[4]。不同异氰酸酯制备的 GAP 基 ETPE 的 DSC 曲线如图 2-6 所示。由 DSC 曲线得出三种弹性体的 T_{gs} 和 T_{gh} 如表 2-4 所示。

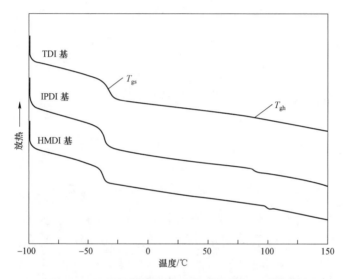

图 2-6　不同异氰酸酯 GAP 基 ETPE 的 DSC 曲线

表 2-4　不同异氰酸酯 GAP 基 ETPE 的 T_{gs} 和 T_{gh}

玻璃化转变温度	TDI 基 ETPE	IPDI 基 ETPE	HMDI 基 ETPE
T_{gs}/℃	-32.3	-35.6	-37.5
T_{gh}/℃	86.2	88.4	97.3

由图 2-6 和表 2-4 中数据可知,HMDI 基 ETPE 的 T_{gs} 较低,T_{gh} 较高,微相分离程度最大,这是因为 HMDI 结构对称,所以硬段分子链易规整排列,发生聚集,导致软段 GAP 溶入硬段的比例减少,所以软段的玻璃化转变温度较低。然而,TDI 结构不对称,不利于链段排列,硬段不易聚集,软段溶入的比例增加,硬段玻璃化转变温度升高。同时,硬段对软段的锚固作用增强,使其不易运动,软段玻璃化转变温度升高。

5. 热分解性能

图 2-7 所示为三种 GAP 基 ETPE 的热失重（TG）曲线及热失重微分（DTG）曲线。

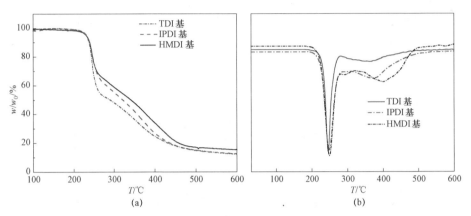

图 2-7　不同异氰酸酯 GAP 基 ETPE 的 TG 曲线和 DTG 曲线
(a) TG 曲线；(b) DTG 曲线

由图 2-7 可以发现，三种 GAP 基 ETPE 均具有较佳的热稳定性，在 200℃ 以下没有明显的热失重现象。三种 GAP 基 ETPE 中均含有叠氮基团，从 DTG 曲线可以看出它们的热分解过程可分为三个阶段：第一阶段失重为叠氮基团的热分解，第二阶段失重为硬段的热分解，第三阶段为剩余软段的分解，最后剩余在氮气环境下不能进一步发生分解的残碳。不同 GAP 基 ETPE 各分解阶段热失重数据如表 2-5 所示。

表 2-5　不同异氰酸酯 GAP 基 ETPE 的热失重数据

异氰酸酯种类	第一阶段			第二阶段			第三阶段		
	T_o/℃	T_e/℃	失重率/%	T_o/℃	T_e/℃	失重率/%	T_o/℃	T_e/℃	失重率/%
TDI	233.5	281.0	47.2	—	—	—	281.0	520.0	20.68
IPDI	233.5	281.0	37.6	281.0	318.0	7.94	318.0	520.0	22.35
HMDI	233.5	281.0	35.0	281.0	340.6	11.2	340.6	520.0	19.63

注：T_o 为分解起始温度，T_e 指分解阶段结束的温度。

第一分解阶段为—N_3 的分解，硬段含量为 30% 的弹性体的理论—N_3 含量为 29.70%，实验结果与理论含量基本符合。对比不同 GAP 基 ETPE 的第一阶段失重率可知，HMDI 基 ETPE 的第一阶段失重率最少，热稳定性最佳。

三种 GAP 基 ETPE 的第二和第三分解阶段的热分解出现重叠，而且重叠程度不尽相同。其中 HMDI 基 ETPE 的第二和第三分解阶段的重叠最少，第二分解阶段硬段的分解最明显，这是因为 HMDI 基 ETPE 的微相分离程度最高导致的。这与 DSC 分析结果一致。

综上所述，相同硬段含量时（H=30%），HMDI 基 ETPE 具备更高的微相分离程度、更低的软段玻璃化转变温度和更好的热稳定性，而且合成过程中实验可控性较好。

2.3 高软段含量 GAP 基含能热塑性弹性体

在实际应用中，不同软硬段含量 ETPE 的性能有较大差异，软硬段含量对 ETPE 的力学性能、加工性能、热性能等有重要的影响。一般随硬段含量的增加，弹性体的拉伸强度会增加，但是硬段含量的增加也会导致 ETPE 的能量下降。为了得到更高能量的弹性体，需要控制硬段的含量。本节主要介绍硬段含量在 10%～30% 的高软段 GAP 基 ETPE，并探讨硬段含量对弹性体性能的影响。

2.3.1 高软段含量 GAP 基含能热塑性弹性体的反应原理

高软段含量 GAP 基 ETPE 的合成反应原理与不同异氰酸酯制备 GAP 基 ETPE 的反应原理相似（2.2.1 节）。

2.3.2 高软段含量 GAP 基含能热塑性弹性体的合成工艺

本节介绍的高软段含量 GAP 基 ETPE 以二异氰酸酯选用 HMDI，二元醇扩链剂选用 BDO，异氰酸酯过量程度 R 值取 1.02 为例。通过调节 HMDI 和 BDO 的用量合成硬段含量分别为 10%、15%、20%、25% 和 30% 的高软段 ETPE，并分别命名为 GAP-BDO-10、GAP-BDO-15、GAP-BDO-20、GAP-BDO-25 和 GAP-BDO-30。其具体工艺流程与不同异氰酸酯制备 GAP 基 ETPE 相似（2.2.2 节）。

2.3.3 高软段含量 GAP 基含能热塑性弹性体的性能

1. 相对分子质量与相对分子质量分布

不同硬段含量时 ETPE 的相对分子质量与相对分子质量分布如表 2-6 所

示。从表中可以看出，ETPE 的相对分子质量均为 30 000 g·mol^{-1} 左右，相对分子质量分布为 2.0 左右。

表 2-6 高软段含量 GAP 基 ETPE 的相对分子质量和相对分子质量分布

性能	GAP-BDO-10	GAP-BDO-15	GAP-BDO-20	GAP-BDO-25	GAP-BDO-30
硬段含量/%	10	15	20	25	30
M_n/(g·mol^{-1})	30 691	31 902	29 303	30 283	29 128
M_w/M_n	2.00	1.98	2.03	1.99	2.02

2. 氢键化程度

不同硬段含量时 GAP 基 ETPE 的红外谱图如图 2-8 所示。

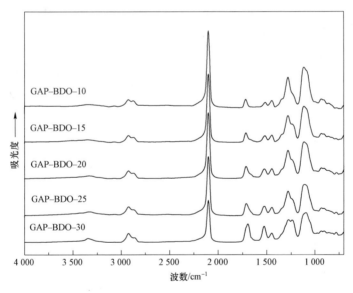

图 2-8 高软段含量 GAP 基 ETPE 的 FTIR 谱图

不同硬段含量时 GAP 基 ETPE 的 FTIR 谱图相似，都能观察到 GAP 基 ETPE 的特征吸收峰：2 925 cm^{-1}、2 875 cm^{-1} 为亚甲基的不对称和对称振动特征吸收峰，2 100 cm^{-1}、1 281 cm^{-1} 分别为叠氮基团不对称和对称伸缩振动特征吸收峰，1 127 cm^{-1} 为分子链上 C—O—C 的伸缩振动特征吸收峰。1 721 cm^{-1} 左右是酰胺羰基—C=O 伸缩振动特征吸收峰，3 330 cm^{-1} 左右是氨基甲酸酯连接键上胺基—NH 伸缩振动特征吸收峰。不同 GAP 基 ETPE 的—C=O 的特征吸收峰不同，随硬段含量的增加而增强，这是因为酰胺羰基是硬段的特征吸收峰，硬段含量增加，酰胺羰基的含量增加。

由于软段与硬段之间的热力学不相容性，聚氨酯弹性体的软段及硬段能够通过分散聚集形成独立的微区，并且表现出各自的玻璃化转变温度，发生微相分离。影响微相分离的一个重要因素是弹性体分子链间的氢键作用。弹性体中氢键形成方式主要有以下两种（图2-9）：① 羰基氢键，是硬段-硬段之间形成的氢键，羰基氢键比例增加代表硬段聚集能力增强，微相分离程度增加；② 醚键氢键，是硬段-软段之间形成的氢键，醚键氢键比例增加代表软硬段相溶性增加，微相分离程度减弱。

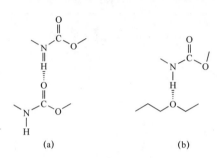

图2-9 氢键形成示意图
（a）羰基氢键；（b）醚键氢键

硬段中的—NH和羰基间形成氢键的强弱，即氢键化程度，直接影响到硬段间内聚作用和硬段的有序结构，进而影响弹性体的性能。为量化不同硬段含量的ETPE的氢键化程度，对弹性体的羰基吸收峰进行分峰处理，如图2-10所示，分峰拟合结果如表2-7所示。

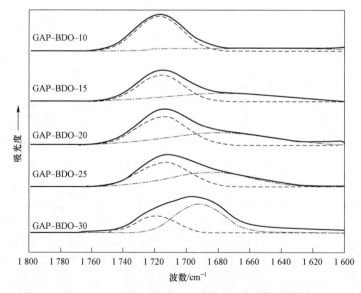

图2-10 高软段含量GAP基ETPE的羰基吸收峰

表 2-7 高软段含量 GAP 基 ETPE 的分峰拟合结果

硬段含量/%	峰位/cm^{-1}		峰面积比例		氢键化比例/%
	氢键化羰基	游离羰基	氢键化羰基	游离羰基	
10	1 651.5	1 716.6	0.23	0.33	41.1
15	1 679.0	1 715.6	0.35	0.42	45.0
20	1 680.3	1 714.9	0.51	0.54	49.0
25	1 684.7	1 713.6	0.53	0.53	50.0
30	1 695.5	1 722.8	0.81	0.4	67.0

从表 2-7 可以看出,随硬段含量增加羰基氢键化程度增加。这是因为随硬段含量的增加,硬段分子链之间的接触概率增加,链与链之间的氢键缔合数目增多,内聚强度增大,硬段聚集能力增强。

3. 硬段聚集尺寸

聚氨酯弹性体由于硬/软段不相容而导致电子密度的差异,若硬段区发生聚集,排列规整的硬段分子则会在小角范围内产生衍射。因此通过 SAXS 可以研究弹性体的微相分离程度[5]。

因 GAP-BDO-10 中软段含量高达 90%,很软难以成膜,不能进行 SAXS 测试。硬段含量分别为 15%、20%、25%、30% 的 ETPE 在室温下的 SAXS 谱图,如图 2-11 所示。由图可知,硬段含量为 25% 和 30% 时 ETPE 在散射因子

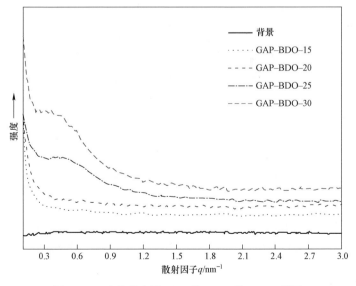

图 2-11 高软段含量 GAP 基 ETPE 的 SAXS 谱图

$q=0.5 \text{ nm}^{-1}$ 左右有明显的衍射峰，说明硬段含量为 25% 和 30% 时硬段区聚集能力较强，聚集尺寸较大。而硬段进一步降低时，与背景对比可以看出存在微弱的衍射，说明硬段含量较低时，硬段虽发生聚集，但聚集尺寸较小。

4. 玻璃化转变温度

不同硬段含量时 ETPE 的 DSC 曲线如图 2-12 所示，GAP 基 ETPE 的 T_{gs} 和 T_{gh} 如表 2-8 所示。

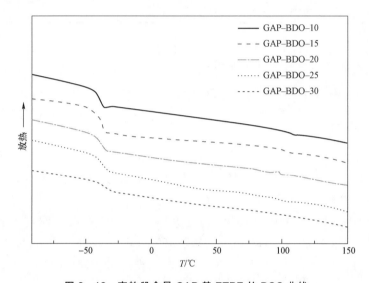

图 2-12 高软段含量 GAP 基 ETPE 的 DSC 曲线

表 2-8 高软段含量 GAP 基 ETPE 的 T_{gs} 和 T_{gh}

硬段含量/%	T_{gs}/℃	T_{gh}/℃
10	−41.5	106.1
15	−41.0	101.6
20	−40.5	97.3
25	−40.0	95.0
30	−39.4	93.4

由图 2-12 和表 2-8 可知，随着硬段含量的增加，软/硬段的玻璃化转变温度越来越靠近，微相分离程度降低，软/硬段间的相溶性增加。其中软段的相对分子质量大，柔顺性好，硬段含量对 T_{gs} 的影响比 T_{gh} 要小。同时，随着硬段含量的增加，硬段对软段的锚固作用增强，软段的运动受到制约，致使软段的玻璃化转变温度升高。

通过 GAP 基 ETPE 的 FTIR 和 SAXS 表征发现，随着硬段含量的增加，硬段区聚集能力增强，硬段区尺寸增大。DSC 测试表明，其相分离程度降低了，这是因为在生成更大的硬段微区的同时溶进了更多的软段。

5. 热分解性能

图 2-13 所示为不同硬段含量 GAP 基 ETPE 的 TG 曲线和 DTG 曲线。图 2-14 所示为纯硬段（HMDI-BDO）和纯软段（GAP）的 DTG 曲线，以及 GAP-BDO-30 的 DTG 曲线和它的拟合曲线，a、b、c、d 为 GAP-BDO-30 的四个拟合峰。

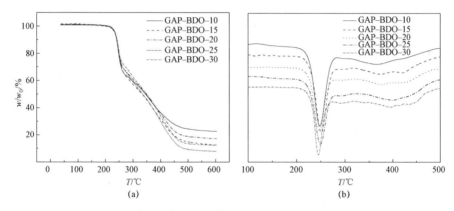

图 2-13　高软段含量 GAP 基 ETPE 的 TG 曲线和 DTG 曲线
(a) TG 曲线；(b) DTG 曲线

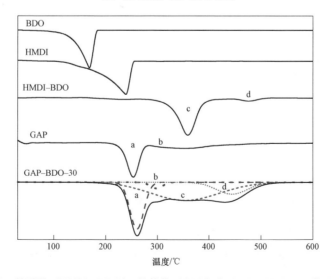

图 2-14　纯硬段（HMDI-BDO）、纯软段（GAP）和 GAP-BDO-30 的 DTG 曲线

图 2-14 中 GAP-BDO-30 拟合可得到的四个分解阶段，a、b 分解阶段与软段 GAP 的分解对应，c、d 分解阶段与硬段 HMDI-BDO 的分解对应。图 2-14 还给出了原料 HMDI 和 BDO 的 DTG 曲线。由图可见，HMDI-BDO 的分解温度比 HMDI 和 BDO 的都高，说明两者发生了聚合。由图 2-14 可见，随着硬段含量的增加，GAP 基 ETPE 的 c、d 分解阶段变的更加明显，这也说明了 c、d 分解阶段是硬段的分解。

因此，GAP 基 ETPE 的分解分为四个阶段：210~280℃为叠氮基团分解；280~350℃为聚醚主链的分解；350~400℃为氨基甲酸酯分解；400~500℃为残余硬段（环己基六元环）的分解。

对不同硬段含量 GAP 基 ETPE 第一分解阶段的热失重数据与叠氮基团的理论含量进行了比较，数据列于表 2-9 中。由表可见，所有弹性体的第一阶段失重率与理论叠氮含量相近，这也证明第一阶段为叠氮基团的分解。随着硬段含量的增加，GAP 基 ETPE 第一阶段失重率整体呈现下降趋势，这是因为弹性体中软段 GAP 含量降低，叠氮基团含量降低导致的。

表 2-9 高软段含量 GAP 基 ETPE 的热失重率

硬段含量/%	10	15	20	25	30
第一阶段失重率/%	37.4	38.7	35.3	35.2	31.9
叠氮基团理论含量/%	38.2	36.0	34.0	31.8	29.7

6. 力学性能

不同硬段含量 GAP 基 ETPE 的静态拉伸实验数据（拉伸强度 σ_m 和断裂伸长率 ε_b）如表 2-10 和图 2-15 所示。

表 2-10 高软段含量 GAP 基 ETPE 的 σ_m 和 ε_b

硬段含量/%	10	15	20	25	30
σ_m/MPa	—	3.50	4.10	4.50	4.80
ε_b/%	—	750.60	692.80	650.50	580.00

注：硬段含量为10%的弹性体太软没有力学性能数据。

由图 2-15 可知，随着硬段含量的增加，弹性体的最大拉伸强度升高，断裂伸长率降低。聚氨酯 ETPE 是由软段和硬段组成，其中软段赋予弹性体弹性，而硬段起物理交联点的作用，赋予弹性体强度。由上述 GAP 基的 ETPE 的 FTIR

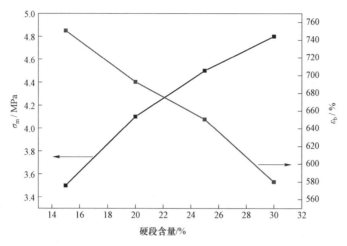

图 2-15 高软段含量 GAP 基 ETPE 的力学性能

和 SAXS 数据可知,随硬段含量增加,弹性体中硬段间的氢键化程度增加,硬段间聚集能力增强,所以弹性体最大拉伸强度增加;而软段的含量降低,分子链的柔顺性降低,断裂伸长率降低。

7. 表面性能

火炸药一般是以黏合剂为连续相,固体填料(Al、AP、RDX、HMX 等)为分散相的高分子填充材料,黏合剂与固体填料之间表面张力和黏附功反映了黏合剂与固体之间的浸润性及结合强度,是火炸药力学性能研究的基础。当黏合剂本身的力学性能、固体填料的几何尺寸、形状因子和粒度分布及装填体积分数等均已确定时,影响力学性能的主要因素是固体填料与黏合剂的黏结状况,良好的表面性能有利于火炸药力学性能的提高。

接触角法是一种常用的测试固体表面性能的方法,操作简单、快捷。当液体与固体填料表面接触,达到浸润平衡后,可得到固体对某种液体的接触角,根据下式得到固体的表面能[6]:

$$\gamma_{SL} = \gamma_S - \gamma_L \cos\theta \quad (\theta > 0) \tag{2.2}$$

式中,γ_L 为液体的表面张力;γ_S 为固体的表面能;γ_{SL} 为固-液两相间的表面张力;θ 为接触角。

液体在固体表面的黏附功由下面的 Dupre[7] 公式计算:

$$W_a = \gamma_S + \gamma_L - \gamma_{SL} = \gamma_L(1+\cos\theta) \tag{2.3}$$

固-液两相之间的表面张力 γ_{SL} 由式(2.4)给出,结合式(2.3),可由式(2.5)、式(2.6)求得两相之间的黏附功如下:

$$\gamma_{SL} = \gamma_S + \gamma_L - 2\sqrt{\gamma_S^d}\sqrt{\gamma_L^d} - 2\sqrt{\gamma_S^p}\sqrt{\gamma_L^p}$$
$$= (\gamma_S^d + \gamma_S^p) + (\gamma_L^d + \gamma_L^p) - 2\sqrt{\gamma_S^d}\sqrt{\gamma_L^d} - 2\sqrt{\gamma_S^p}\sqrt{\gamma_L^p} \quad (2.4)$$

$$W_a = 2\sqrt{\gamma_S^d}\sqrt{\gamma_L^d} + 2\sqrt{\gamma_S^p}\sqrt{\gamma_L^p} \quad (2.5)$$

$$\gamma_L(1+\cos\theta)/2\sqrt{\gamma_S^d} = \sqrt{\gamma_S^d} + \sqrt{\gamma_S^p} \times \sqrt{\gamma_L^p}/\sqrt{\gamma_L^d} \quad (2.6)$$

式中，γ_S^d 为固体表面的色散分量；γ_S^p 为固体表面的极性分量；γ_L^d 为液体的色散分量；γ_L^p 为液体的极性分量。

静态接触角测量仪是利用以上原理，通过测定固体与两种或者多种已知表面张力液体的接触角，求得固体表面的极性分量 γ_S^p 和色散分量 γ_S^d，进而求得两相间的黏附功 W_a 和表面张力 γ_{SL}。

表 2-11 列出了不同参比液在不同 GAP 基 ETPE 上的接触角。

表 2-11　高软段含量 GAP 基 ETPE 的不同参比液的接触角

弹性体	水/(°)	甲酰胺/(°)
GAP-BDO-10	97.8	81.5
GAP-BDO-15	96.1	81.0
GAP-BDO-20	97.2	83.0
GAP-BDO-25	95.6	80.7
GAP-BDO-30	95.1	80.3

GAP 基 ETPE 的表面能及其分量如表 2-12 所示。

表 2-12　高软段含量 GAP 基 ETPE 的表面能及其分量

弹性体	γ_{SL}/(mJ·m^{-2})	γ_{SL}^d/(mJ·m^{-2})	γ_{SL}^p/(mJ·m^{-2})
GAP-BDO-10	20.2	17.40	2.82
GAP-BDO-15	20.04	16.41	3.64
GAP-BDO-20	19.96	16.13	3.83
GAP-BDO-25	20.14	16.30	3.84
GAP-BDO-30	20.33	16.32	4.01

为了考察 GAP 基 ETPE 与固体填料之间相互作用的大小，以常用的硝胺固体填料 RDX 为例，计算了 ETPE 与 RDX 的表面张力 γ_{S1S2} 和黏附功 W_a，计算结果见表 2-13。其中，RDX 的表面能数据为理论计算值[8]：γ_{SL}=41.81 mJ·m^{-2}，γ_{SL}^d = 24.17 mJ·m^{-2}，γ_{SL}^p =17.64 mJ·m^{-2}。

表 2-13　高软段含量 GAP 基 ETPE 与 RDX 的表面张力和黏附功

弹性体	γ_{S1S2}/(mJ·m^{-2})	W_a/(mJ·m^{-2})
GAP-BDO-10	6.88	55.12
GAP-BDO-15	5.99	55.86
GAP-BDO-20	5.84	55.93
GAP-BDO-25	5.79	56.16
GAP-BDO-30	5.60	56.54

由表 2-13 可以看出,随着硬段含量的增加,GAP 基 ETPE 与 RDX 的表面张力略有减小,黏附功略有增加。这是因为随硬段含量增加,极性氨酯键的含量增加,增加了与固体填料之间的相互作用,但增加幅度不大。

2.4　高硬段含量 GAP 基含能热塑性弹性体

软/硬段比例对弹性体的性能有重要影响。对 GAP 基 ETPE 而言,软段含量高时含能的 GAP 占比较大,弹性体的能量水平提高,但硬段占比变少,不能形成足够的物理交联点,弹性体的拉伸强度较低;硬段含量高时弹性体内存在更多的物理交联点,拉伸强度提高,但能量水平降低,而且高硬段含量将提高弹性体的加工温度。因此,需要对 GAP 基 ETPE 的能量性能与其他性能进行综合平衡。在 2.3 节的基础上,本节对高硬段含量 GAP 基 ETPE 进行介绍。

2.4.1　高硬段含量 GAP 基含能热塑性弹性体的反应原理

高硬段含量 GAP 基 ETPE 的合成反应原理与不同异氰酸酯制备 GAP 基 ETPE 的反应原理相似(2.2.1 节)。

2.4.2　高硬段含量 GAP 基含能热塑性弹性体的合成工艺

本节所介绍的高硬段含量 GAP 基 ETPE 以二异氰酸酯选用 IPDI,二元醇扩链剂选用 BDO,R 值取 0.98~1.00 为例。通过调节 IPDI 和 BDO 的用量合成硬段含量分别为 35%、40%、45%、50%和 55%的高硬段 ETPE,并分别命名为 GAP-IPDI-BDO-35、GAP-IPDI-BDO-40、GAP-IPDI-BDO-45、GAP-IPDI-BDO-50 和 GAP-IPDI-BDO-55。各组分的组成如表 2-14 所示。

表2-14 高硬段含量 GAP 基 ETPE 的样品组成

弹性体	硬段含量/%	各组分质量/g			理论氮含量/%
		GAP	IPDI	BDO	
GAP – IPDI – BDO – 35	35	10	4.01	1.37	27
GAP – IPDI – BDO – 40	40	10	4.94	1.73	25
GAP – IPDI – BDO – 45	45	10	6.02	2.16	23
GAP – IPDI – BDO – 50	50	10	7.30	2.70	21
GAP – IPDI – BDO – 55	55	10	8.88	3.34	19

采用熔融两步法制备弹性体，其具体工艺流程与不同异氰酸酯制备 GAP 基 ETPE 相似（2.2.2 节）。

2.4.3 高硬段含量 GAP 基含能热塑性弹性体的性能

1. 相对分子质量与相对分子质量分布

不同硬段含量时 ETPE 的相对分子质量和相对分子质量分布如表 2-15 所示。由表中数据可以看出，高硬段含量 GAP 基 ETPE 有较合适的数均相对分子质量及分布，其数均相对分子质量为 30 000~40 000 g·mol^{-1}，略高于 2.3 节的高软段含量 GAP 基 ETPE。

表2-15 高硬段含量 GAP 基 ETPE 的相对分子质量和相对分子质量分布

性能	GAP – IPDI – BDO – 35	GAP – IPDI – BDO – 40	GAP – IPDI – BDO – 45	GAP – IPDI – BDO – 50	GAP – IPDI – BDO – 55
硬段含量/%	35	40	45	50	55
M_n/(10^4 g·mol^{-1})	3.2	2.9	3.6	3.3	3.8
M_w/M_n	1.8	2.0	1.9	1.6	2.1

2. 氢键化程度

不同硬段含量 GAP 基 ETPE 的 FTIR 谱图如图 2-16 所示。由图中可以看出，不同硬段含量时 GAP 基 ETPE 的 FTIR 谱图相似，都能观察到 GAP 基 ETPE 的特征吸收峰：3 333.7 cm^{-1} 为氨基吸收峰，2 925.8 cm^{-1}、2 875.8 cm^{-1} 为亚甲基的对称和不对称振动吸收峰，2 099.3 cm^{-1} 处出现了叠氮基团的特征吸收峰，1 704.8 cm^{-1}、1 516.4 cm^{-1}、1 243.5 cm^{-1} 为聚氨酯酰胺基团的特征吸收峰，

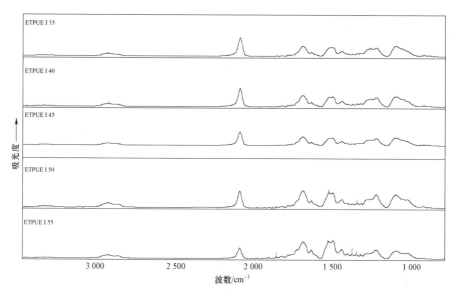

图 2-16　高硬段含量 GAP 基 ETPE 的 FTIR 谱图

1 704.8 cm^{-1} 处为形成了氢键的羰基吸收峰，1 121.5 cm^{-1} 处为醚键的吸收峰。在图 2-16 中出现了 1 649.7 cm^{-1} 的吸收峰，推断该处为脲羰基的吸收峰，说明反应中有副产物出现，这是因为 GAP 的仲羟基反应活性较低，微量水分会优先和异氰酸酯反应生成氨基，进一步反应生成了脲基。

为了深入分析羰基区的氢键化程度，利用傅里叶自解卷积法（Fourier Self-Deconvolution，FSD），对羰基区进行分峰处理，如图 2-17 所示。

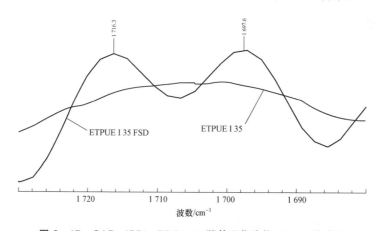

图 2-17　GAP-IPDI-BDO-35 羰基吸收峰的 FSD 红外谱图

通过面积计算工具，求出 GAP-IPDI-BDO-35 氢键化羰基的面积为 3.898，游离羰基的面积为 5.451，从而计算出 GAP-IPDI-BDO-35 羰基氢键化的比例为 41.69%。

在聚氨酯的红外谱图中，氢键键合的氨基一般为 3 300 cm^{-1} 左右的宽峰，自由氨基一般表现为 3 460 cm^{-1} 左右的相对较窄的峰。由氨基部分的红外谱图（图 2-18）可以看出，3 445.7 cm^{-1} 游离氨基的特征峰很弱，经过面积计算，3 333.7 cm^{-1} 处氢键键合氨基的比例为 95.7%，说明大部分氨基形成了氢键。从醚键吸收峰位移的变化看，GAP 原料的醚氧键的吸收峰为 1 124.6 cm^{-1}，生成弹性体后吸收峰出现在 1 121 cm^{-1} 处，这说明有部分氨基与软段中的醚氧基形成了氢键。

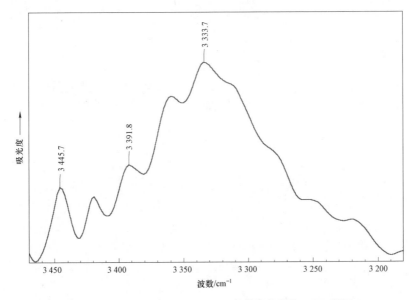

图 2-18　GAP-IPDI-BDO-35 氨基吸收峰的 FTIR 谱图

不同硬段含量 ETPE 的羰基和醚键的红外位移如表 2-16 所示。

表 2-16　高硬段含量 GAP 基 ETPE 羰基和醚键的红外位移

位移/cm^{-1}	GAP-IPDI-BDO-35	GAP-IPDI-BDO-40	GAP-IPDI-BDO-45	GAP-IPDI-BDO-50	GAP-IPDI-BDO-55
羰基	1 704.5	1 704.0	1 703.8	1 702.8	1 700.0
醚键	1 121.5	1 121.2	1 121.0	1 119.3	1 116.3

从表 2-16 可以看出，随着硬段含量的增加，羰基和醚键的氢键化程度都在增强，而醚键的氢键化发生在硬度和软段之间，氢键化增强说明相混溶程度增加，羰基的氢键化发生在硬段和硬段之间，代表着相分离的程度，因此硬段含量的增加对微相分离的影响是双重的。

对不同硬段含量 GAP 基 ETPE 的红外光谱图中羰基部分进行了 FSD 分析处理，如图 2-19 所示。

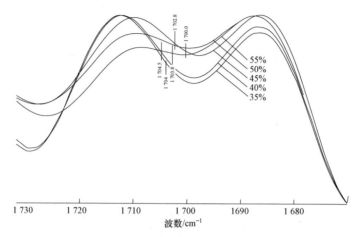

图 2-19　高硬段含量 GAP 基 ETPE 羰基吸收峰的 FSD 红外光谱图（图中数字为硬段含量）

由图 2-19 可以看出，随着硬段含量的增加，1 690 cm^{-1} 处的氢键化羰基峰逐渐增强，1 720 cm^{-1} 游离羰基峰逐渐减弱，氢键化的比例越来越高，吸收峰面积计算结果如表 2-17 所示。

表 2-17　高硬段含量 GAP 基 ETPE 的氢键化比例

弹性体	游离羰基吸收峰面积比	氢键化羰基吸收峰面积比	氢键化比例/%
GAP – IPDI – BDO – 35	3.898	5.451	41.69
GAP – IPDI – BDO – 40	4.724	5.751	54.90
GAP – IPDI – BDO – 45	2.935	5.384	64.72
GAP – IPDI – BDO – 50	1.715	5.489	76.19
GAP – IPDI – BDO – 55	1.01	4.148	80.42

从表 2-17 可以看出，弹性体中羰基部分的氢键化程度随硬段含量的增加而增大，表明聚氨酯弹性体微相分离程度增加，硬段间聚集能力增强。

3. 玻璃化转变温度

不同硬段含量 GAP 基 ETPE 的 DSC 曲线如图 2-20（a）所示。对其中的 DSC 曲线进行微分，DSC 微分曲线如图 2-20（b）所示，得出的玻璃化转变温度见表 2-18。

从图 2-20（a）可以看出，GAP 基 ETPE 软段的玻璃化转变温度相比于 GAP 预聚物有较大的升高，说明软段与硬段间存在一定程度的混溶，这是因为高极性的叠氮基团引入后,增加了软段的极性,与硬段相溶性增加;并且随着硬段含量的增加,软/硬段之间的相混溶程度增加,软段的玻璃化转变温度升高。本节所介绍的 ETPE 以 IPDI 为异氰酸酯,具有高度不对称的分子结构,因此,硬段的玻璃化转变温度 T_{gh} 总体上低于 2.3 节高软段含量 ETPE 的 T_{gh}。由于弹性体存在软/硬段两个玻璃化转变温度,说明弹性体存在微相分离,如表 2-18 所示。

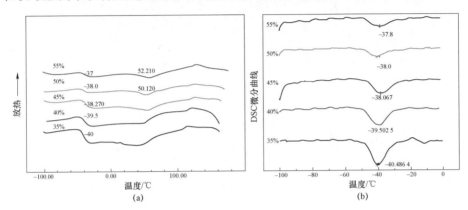

图 2-20 高硬段含量 GAP 基 ETPE 的 DSC 曲线和 DSC 微分曲线(图中数据为硬段含量)
(a) DSC 曲线;(b) DSC 微分曲线

Illinger 等人[9]的研究表明,一个完整的聚氨酯弹性体的 DSC 曲线除了软/硬段的玻璃化转变外,还应存在以下三个转变:软/硬段间氢键解离吸热峰(Ⅰ),硬段间的氢键解离吸热峰(Ⅱ),硬段晶区熔融吸热峰(Ⅲ)。然而,Seymour 等人[10]在研究退火处理对聚氨酯弹性体热行为的影响时发现,如果弹性体在较低温度下退火,并且时间足够长时,Ⅰ峰可能消失或与Ⅱ峰重合;在更高的温度下退火时,Ⅰ、Ⅱ峰均可能消失或与Ⅲ峰重合。由于采用熔融法合成 ETPE 时,其后熟化过程实质上已包括了一个退火处理过程,所以在 DSC 曲线上各种氢键解离峰已变得相对较弱或消失。此外,由于 IPDI 具有高度的不对称结构,且存在多种异构体,硬段基本上不结晶或仅以微晶存在,所以Ⅲ峰在 DSC 图上也没有表现出来。

表 2-18 高硬段含量 GAP 基 ETPE 的 T_{gs} 和 T_{gh}

硬段含量/%	T_{gs}/℃	T_{gh}/℃
35	-40.5	—
40	-39.5	—
45	-38.1	—
50	-38.0	50.1
55	-37.8	52.3

从 50℃开始出现的放热峰归属于氢键解离及硬段微晶融化放热峰,随着硬段含量的增加向高温方向移动。这是由于随硬段含量增加,硬段间聚集作用增强,氢键作用增强,解离温度升高。

4. 结晶性能

图 2-21 所示为硬段含量为 50% 时弹性体的 XRD 谱图。

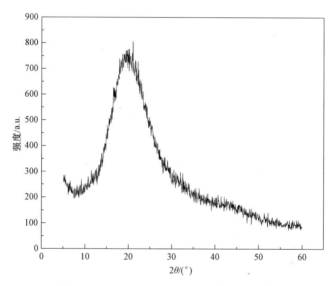

图 2-21　GAP-IPDI-BDO-50 的 XRD 谱图

从图 2-21 中可以看出,在 XRD 谱图上没有出现明显的结晶锐衍射峰,只是在 20°左右出现了一个漫散射峰,但宽化程度不大。表明以 GAP 为软段,IPDI 和 BDO 为硬段的 GAP 基 ETPE 不存在结晶形态。这是因为 IPDI 的分子结构是高度不对称的,而且存在多种异构体,因此以 IPDI 和 BDO 组成的硬段结晶能力较弱。

5. 力学性能

图 2-22 所示为不同硬段含量时高硬段含量 GAP 基 ETPE 单轴拉伸的最大拉伸强度和断裂伸长率。从图中可以看出,随着硬段含量的增加,GAP 基 ETPE 的抗拉强度不断增大,断裂伸长率则有降低的趋势。这是由于硬段的填料增强效应和材料的组成变化引起的,随着硬段含量的增加,GAP 基 ETPE 从软段为连续相逐渐过渡为硬段为连续相,在宏观性质上,则表现为材料从韧性转变为

脆性。当硬段含量为 50%时，综合力学性能最好，拉伸强度为 15.62 MPa，断裂伸长率达到 491%。

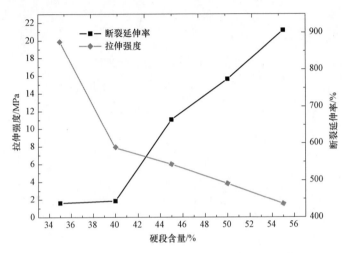

图 2-22 高硬段含量 GAP 基 ETPE 的力学性能

6. 热分解性能

GAP 基 ETPE 的热分解性能直接影响其在火炸药中的使用，因此需要对弹性体的热分解性能进行研究，计算热分解反应动力学常数，考察高温下弹性体的分解特性。采用 Kisinger 微分法和 Ozawa 积分法来求解动力学常数。根据 Kissinger 公式计算：

$$\ln(\beta/T_p^2) = \ln(AR/E) - E/(RT_p) \qquad (2.7)$$

式中，β 为升温速率（K·min^{-1}）；T_p 为分解温度（℃）；R 为气体常数（J·mol^{-1}·K^{-1}）；E 为活化能（kJ·mol^{-1}）；A 为指前因子（s^{-1}）。

由 $\ln(\beta/T_p^2)$ — $1/T_p$ 作图，应得到一条斜率为 $-E/R$ 的直线，即可求得表观活化能 E，再由截距 $\ln(AR/E)$ 求得表观指前因子 A。

根据 Flynn-Wall-Ozawa 法，采用 Ozawa 公式：

$$\lg\beta = (-0.456\,7E/RT_p) + \lg(AE/R) - \lg F(\alpha) - 2.315 \qquad (2.8)$$

式中，β 为升温速率（K·min^{-1}）；T_p 为分解温度（℃）；R 为气体常数（J·mol^{-1}·K^{-1}）；E 为活化能（kJ·mol^{-1}）；A 为指前因子（s^{-1}）。

当 α 为常数时，$F(\alpha)$ 是一定值，因此，在不同的升温速率 β 值下，根据该值与 $1/T$ 的线性关系，由直线的斜率计算出反应活化能。

不同硬段含量 GAP 基 ETPE 在不同升温速率下的 DSC 曲线如图 2-23 所示。

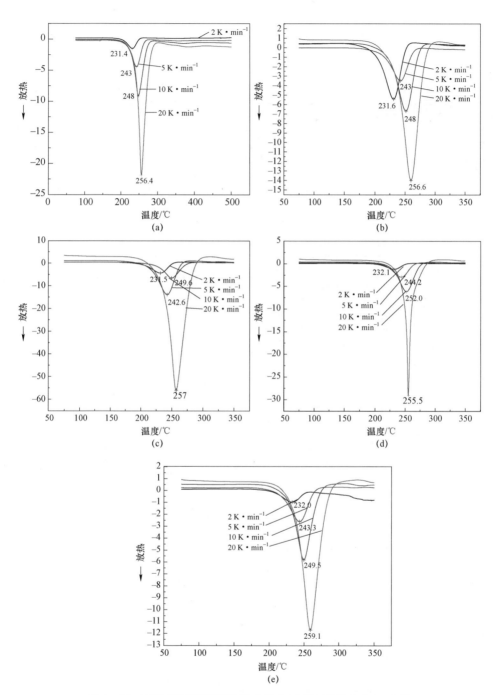

图 2-23　不同升温速率下高硬段含量 GAP 基 ETPE 的 DSC 曲线
（a）GAP-IPDI-BDO-35；（b）GAP-IPDI-BDO-40；（c）GAP-IPDI-BDO-45；
（d）GAP-IPDI-BDO-50；（e）GAP-IPDI-BDO-55

1）Ozawa 公式求热分解动力学常数

利用 Ozawa 公式求出热分解反应的活化能如表 2-19 所示。

表 2-19 高硬段含量 GAP 基 ETPE 的热分解活化能（Ozawa 法）

升温速率 β/ (K·min^{-1})	峰温/ ℃	峰温 T_p/ K	$1/T_p$/ ($\times 10^3$ K^{-1})	lg β	动力学参数
GAP-IPDI-BDO-35					
2	231.4	504.4	1.983	0.301	
5	243.1	516.1	1.938	0.699	
10	248	521	1.919	1	
20	256.4	529.4	1.889	1.301	活化能 E_a=197.452 kJ·mol^{-1}
GAP-IPDI-BDO-40					
2	231.6	504.6	1.982	0.301	
5	243	516	1.938	0.699 7	
10	248	521	1.919	1	
20	256.6	529.6	1.888	1.301	活化能 E_a=197.89 kJ·mol^{-1}
GAP-IPDI-BDO-45					
2	231.5	504.5	1.982	0.301	
5	242.6	515.6	1.939	0.699	
10	249.6	522.6	1.914	1	
20	257	530	1.887	1.301	活化能 E_a=191.222 kJ·mol^{-1}
GAP-IPDI-BDO-50					
2	232.1	505.1	1.979	0.301	
5	244.2	517.2	1.933	0.699	
10	252	525	1.905	1	
20	255.5	528.5	1.892	1.301	活化能 E_a=196.419 kJ·mol^{-1}
GAP-IPDI-BDO-55					
2	233	506	1.976	0.301	
5	243.4	516.4	1.936	0.699	
10	249.5	522.5	1.914	1	
20	259.1	532.1	1.879	1.301	活化能 E_a=190.813 kJ·mol^{-1}

从表 2-19 可以看出，随着硬段含量的增加，分解活化能变化不大，说明热分解的难易程度与硬段含量关系不大。

2）Kissinger 公式求热分解动力学常数

根据不同升温速率下的 DSC 曲线，利用 Kissinger 公式可以求出热分解反应的活化能，如表 2-20 所示。

表 2-20　高硬段含量 GAP 基 ETPE 的热分解活化能（Kissinger 法）

升温速率 β/ (K·min^{-1})	峰温/ ℃	峰温 T_p/ K	1/T_p/ (×10^3 K^{-1})	ln(β/T_p^2)/ (K^{-1}·min^{-1})	动力学参数
GAP-IPDI-BDO-35					
2	231.4	504.4	1.983	-11.754	A=35.660
5	243.1	516.1	1.938	-10.883	
10	248	521	1.919	-10.209	
20	256.4	529.4	1.889	-9.548	活化能 E_a= 199.053 kJ·mol^{-1}
GAP-IPDI-BDO-40					
2	231.6	504.6	1.982	-11.754	A=35.760
5	243	516	1.938	-10.883	
10	248	521	1.919	-10.209	
20	256.6	529.6	1.888	-9.549	活化能 E_a= 199.513 kJ·mol^{-1}
GAP-IPDI-BDO-45					
2	231.5	504.5	1.982	-11.754	A=34.097
5	242.6	515.6	1.939	-10.881	
10	249.6	522.6	1.913	-10.215	
20	257	530	1.887	-9.550	活化能 E_a= 192.495 kJ·mol^{-1}
GAP-IPDI-BDO-50					
2	232.1	505.1	1.979	-11.756	A=35.295
5	244.2	517.2	1.933	-10.887	
10	252	525	1.905	-10.224	
20	255.5	528.5	1.892	-9.544	活化能 E_a= 197.968 kJ·mol^{-1}
GAP-IPDI-BDO-55					
2	233	506	1.976	-11.759	A=33.893
5	243.4	516.4	1.936	-10.884	
10	249.5	522.5	1.914	-10.215	
20	259.1	532.1	1.879	-9.558	活化能 E_a= 192.032 kJ·mol^{-1}

将两种不同方法的处理结果进行对比分析,如表 2-21 所示。

表 2-21 两种不同方法求解高硬段含量 GAP 基 ETPE 热分解活化能的对比

硬段含量/%	E_a(Ozawa 法)/(kJ·mol^{-1})	E_a(Kissinger 法)/(kJ·mol^{-1})
35	197.452	199.053
40	197.890	199.513
45	191.222	192.495
50	196.419	197.967
55	190.813	192.032

由表 2-21 中数据可知,两种动力学处理方法结果基本上是一致的。由于固体分解的活化能区间一般为 80~250 kJ·mol^{-1},指前因子区间一般为 16.91~60.09,活化能与指前因子的计算结果比较合理。

3)热分解机理函数的确定

从不同硬段含量时的 TG 曲线可以看出,高硬段含量 GAP 基 ETPE 的热失重存在 3~4 个分解阶段。第一阶段主要是叠氮基团的放热分解过程,对 GAP 基 ETPE 在火炸药中的应用具有重要的影响,因此对第一阶段的热分解机理函数进行重点阐述。选择 9 种常用的机理函数进行拟合计算,如表 2-22 所示。

表 2-22 常用热分解机理函数[11]

序号	反应机理方程积分形式	机理方程
1	α^2	一维扩散
2	$(1-\alpha)\ln(1-\alpha)+\alpha$	二维扩散,圆柱形对称
3	$[1-(1-\alpha)^{1/3}]^2$	三维扩散,球形对称 Jander 方程
4	$(1-2\alpha/3)-(1-\alpha)^{2/3}$	三维扩散,球形对称 Ginstling-Brounshtein 方程
5	$-\ln(1-\alpha)$	随机成核,每一个粒子有一个核
6	$[-\ln(1-\alpha)]^{1/2}$	随机成核,Avrami 方程 I
7	$[-\ln(1-\alpha)]^{1/3}$	随机成核,Avrami 方程 II
8	$1-(1-\alpha)^{1/2}$	相界反应,圆柱形对称
9	$1-(1-\alpha)^{1/3}$	相界反应,球形对称

不同硬段含量的 GAP 基 ETPE 在 10 K·min^{-1} 下的 TG 曲线及 DTG 曲线如图 2-24 所示。

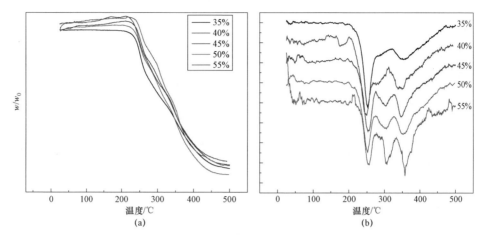

图 2-24 高硬段含量 GAP 基 ETPE 的 TG 曲线和 DTG 曲线（见彩插）
(a) TG 曲线；(b) DTG 曲线

根据图 2-24（a）TG 曲线，不同硬段含量 GAP 基 ETPE 的热分解峰温如表 2-23 所示。

表 2-23 高硬段含量 GAP 基 ETPE 的热分解峰温

弹性体	T_p叠氮基团分解/℃	T_p硬段分解/℃	T_p软段主链分解/℃
GAP-IPDI-BDO-35	252.27	—	352.672
GAP-IPDI-BDO-40	256.68	—	356.68
GAP-IPDI-BDO-45	252.96	303.36	345.56
GAP-IPDI-BDO-50	253.74	307.94	354.74
GAP-IPDI-BDO-55	256.13	307.14	357.55

随硬段含量的增加，307 ℃处的分解峰增强，这一分解峰归属于硬段的分解过程。已有研究表明[12]，普通聚醚聚氨酯的分解包括硬段分解和软段分解两个阶段：首先分解为异氰酸酯和端羟基聚醚；然后继续分解为小分子，通常软段含量越高，开始降解的温度越高，而且初始阶段失重越少。初始阶段的热失重主要由硬段降解引起的，硬段含量减小时，初始阶段分解活化能提高。GAP 基 ETPE 与普通聚氨酯的分解过程不同，首先发生放热分解的是软段中的叠氮侧基，因此 GAP 基 ETPE 的热分解分为三个阶段，分别为叠氮基团分解、硬段分解和软段主链分解。初始阶段的分解为叠氮基团的放热反应，因此反应的活化能变化、失重规律均和普通聚氨酯不同。硬段含量增加对该阶段分解活化能基本不产生影响。因此，以 GAP-IPDI-BDO-35 弹性体为例，根据在不同热失重反应程度和分解温度之间的关系，推导出热分解反应的机理函数，如表 2-24 所示。

表 2-24　GAP-IPDI-BDO-35 弹性体不同反应程度时 $1/T$ 与相应的机理函数

$1/T$ ($\times 10^3 K^{-1}$)	1	2	3	4	5	6	7	8	9
1.975 075	0.000 9	0.000 455	0.000 102	0.000 101	0.030 459	0.174 526	0.312 301	0.015 114	0.010 102
1.961 227	0.001 6	0.000 811	0.000 183	0.000 181	0.040 822	0.202 045	0.344 322	0.020 204	0.013 515
1.950 287	0.002 5	0.001 271	0.000 287	0.000 284	0.051 293	0.226 48	0.371 553	0.025 321	0.016 952
1.941 25	0.003 6	0.001 837	0.000 417	0.000 411	0.061 875	0.248 748	0.395 524	0.030 464	0.020 414
1.933 2	0.004 9	0.002 509	0.000 571	0.000 562	0.072 571	0.269 389	0.417 113	0.035 635	0.023 9
1.919 382	0.008 1	0.004 177	0.000 958	0.000 938	0.094 311	0.307 1	0.455 184	0.046 061	0.030 948
1.912 971	0.01	0.005 176	0.001 191	0.001 164	0.105 361	0.324 593	0.472 309	0.051 317	0.034 511
1.907 316	0.012 1	0.006 285	0.001 452	0.001 415	0.116 534	0.341 37	0.488 847	0.056 602	0.038 1
1.901 011	0.014 4	0.007 507	0.001 74	0.001 692	0.127 833	0.357 538	0.503 75	0.061 917	0.041 716
线性相关系数 R	-0.958 96	-0.957 47	-0.955 93	-0.956 96	-0.989 06	-0.998 3	-0.999 6	-0.989 93	-0.989 64

9 种机理函数方程的拟合曲线如图 2-25 所示。

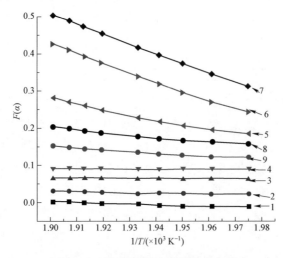

图 2-25　机理函数与 $1/T$ 的拟合直线

由 9 种机理函数方程的拟合曲线图及线性相关系数可知，函数 7 具有优异的线性关系，说明弹性体的分解机理函数与 Avrami 方程相吻合。因此，高硬段含量 GAP 基 ETPE 的热反应机理为随机成核机理（$n=1/3$）。

2.5 键合功能型 GAP 基含能热塑性弹性体

发射药、固体推进剂、PBX 混合炸药是以黏合剂为连续相,固体颗粒填料为分散相所构成的高分子填充体系,其力学性能与其微观结构有着密切的关系。在外力作用下,固体填料与黏合剂基体的界面和邻近区域会发生改变,导致两相界面出现孔洞,即发生"脱湿"[13]。界面脱湿是影响火炸药力学性能的关键因素。

目前,有许多研究已经证实了"脱湿"现象的存在:Rothon 等人[14]指出界面脱湿是导致材料损伤的重要破坏形式;郭翔等人[15]对 NEPE 推进剂的力学性能进行了分析,指出 NEPE 推进剂的拉伸强度和断裂伸长率主要受"脱湿"现象的影响;常武军等人[13]指出 HTPB 推进剂的力学性能变化与"脱湿"现象密不可分,所以黏合剂基体与固体颗粒间的黏结性能会严重影响推进剂的力学性能。

为了改善火炸药中固体填料和黏合剂界面之间的黏结强度,常在火炸药中加入小分子键合剂。键合剂分子上同时存在两类功能基团:一类是参与固化反应进入交联网络;另一类是与固体填料具有较强相互作用的基团,如可产生化学诱导、氢键等作用的基团,起增强黏合剂与固体填料之间界面的吸附作用。热塑性弹性体在火炸药中应用时,不存在化学反应,不能直接应用小分子键合剂。为此,提出了具有键合功能含能热塑性弹性体的概念。本节介绍具有键合功能的新型 GAP 基 ETPE 的合成与性能。选用含有键合功能基团的扩链剂,将键合功能基团引入到含能热塑性弹性体中,可制备出本身具有键合功能的 GAP 基 ETPE。进而提高弹性体本身与固体填料的相互作用,改善火炸药的"脱湿"现象。

酯基、氰基等基团与硝胺填料以及 AP 具有较强的相互作用[16],分别利用侧链含有酯基和氰基的小分子二元醇扩链剂:二羟甲基丙二酸二乙酯(DBM)和氰乙基二乙醇胺(CBA),将酯基和氰基引入到 GAP 基 ETPE 中,可以得到具有键合功能的 GAP 基 ETPE,提高弹性体与固体填料的相互作用。

2.5.1 DBM 扩链 GAP 基含能热塑性弹性体

1. DBM 扩链 GAP 基 ETPE 的反应原理

二羟甲基丙二酸二乙酯(DBM)是一种含有酯基的小分子二元醇,分子中的—COOEt 可与硝胺填料发生诱导作用,增强界面黏附性能,提高其在火炸药应用时的力学性能,所以选择 DBM 作为小分子二元醇扩链剂,将酯基引入到聚氨酯弹性体中,赋予 ETPE 键合功能。

DBM 是以丙二酸二乙酯和甲醛为原料,在碱性条件下通过缩醛[17]反应制备的,其分子结构如图 2-26 所示。

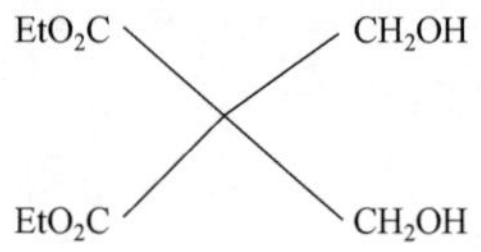

图 2-26 扩链剂 DBM 的结构式

DBM 扩链 GAP 基 ETPE 的合成反应原理如图 2-27 所示。

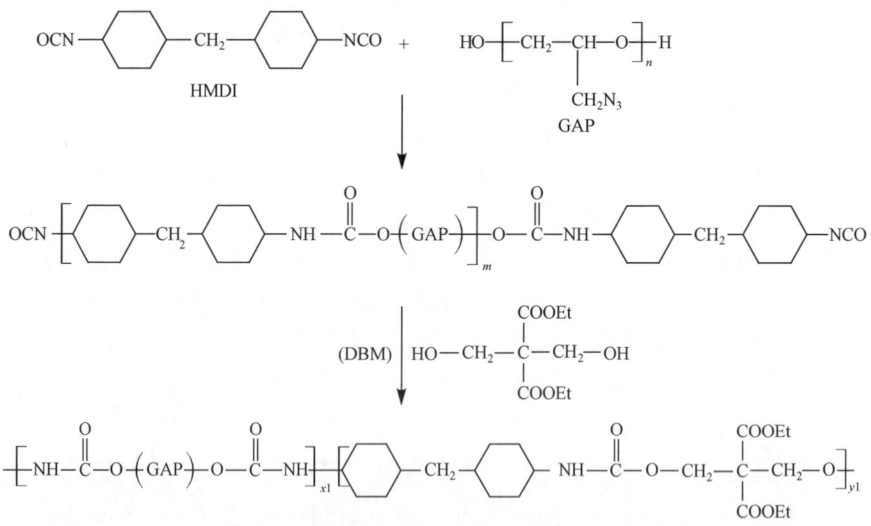

图 2-27 DBM 扩链 GAP 基 ETPE 的合成反应原理图

2. DBM 扩链 GAP 基 ETPE 的合成工艺

DBM 扩链 GAP 基 ETPE 的合成工艺流程如图 2-28 所示。

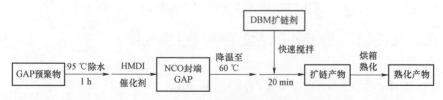

图 2-28 DBM 扩链 GAP 基 ETPE 的合成工艺流程

3. DBM 扩链 GAP 基 ETPE 的性能

本小节所介绍的 DBM 扩链的弹性体以二异氰酸酯选用 HMDI，扩链剂选用 DBM，R 值取 1.02 的高软段 ETPE 为例，硬段含量为 10%、15%、20%、25% 和 30%，分别命名为 GAP－DBM－10、GAP－DBM－15、GAP－DBM－20、GAP－DBM－25 和 GAP－DBM－30。

1）相对分子质量与相对分子质量分布

不同硬段含量 GAP 基 ETPE 的相对分子质量和相对分子质量分布如表 2－25 所示。从表中可以看出，GAP 基 ETPE 的相对分子质量均在 30 000 g·mol^{-1} 左右，相对分子质量分布为 2.0 左右。

表 2－25 DBM 扩链 GAP 基 ETPE 的相对分子质量与相对分子质量分布

性能	GAP－DBM－10	GAP－DBM－15	GAP－DBM－20	GAP－DBM－25	GAP－DBM－30
硬段含量/%	10	15	20	25	30
M_n/(g·mol^{-1})	31 691	30 902	29 303	30 013	29 828
M_w/M_n	2.00	2.10	1.99	2.09	2.01

2）氢键化程度

不同硬段含量 GAP 基 ETPE 的 FTIR 谱图如图 2－29 所示。

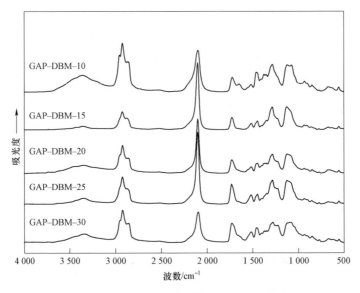

图 2－29 DBM 扩链 GAP 基 ETPE 的 FTIR 谱图

■ 含能热塑性弹性体

FTIR 谱图特征峰归属：2 925 cm^{-1}、2 875 cm^{-1} 是亚甲基的对称和非对称振动特征吸收峰，2 100 cm^{-1}、1 281 cm^{-1} 分别为叠氮基团不对称和对称伸缩振动特征吸收峰，1 127 cm^{-1} 为分子链上 C—O—C 的伸缩振动特征吸收峰。1 710 cm^{-1} 左右是酰胺羰基—C=O 伸缩振动特征吸收峰，3 330 cm^{-1} 左右是氨基甲酸酯连接键上胺基—NH 伸缩振动特征吸收峰。

为考察弹性体的氢键化程度，将羰基吸收峰区域放大，如图 2-30 所示。借助分峰拟合工具对其进行分峰处理，5 种不同硬段含量的弹性体的分峰拟合结果见表 2-26。

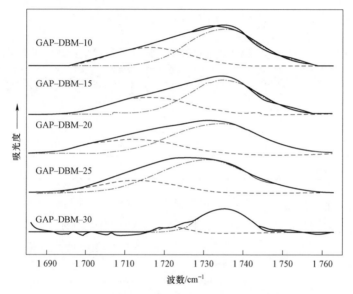

图 2-30 DBM 扩链 GAP 基 ETPE 的羰基吸收峰

表 2-26 DBM 扩链 GAP 基 ETPE 的氢键化比例

硬段含量/%	峰位/cm^{-1}		峰面积比例		氢键化比例/%
	氢键化羰基	游离羰基	氢键化羰基	游离羰基	
10	1 715	1 733	0.26	0.44	37.14
15	1 716	1 734	1.13	2.13	34.66
20	1 711	1 733	0.45	0.96	31.91
25	1 712	1 729	2.00	6.17	24.45
30	1 722	1 734	0.04	0.15	21.05

从表 2-26 可以看出，随硬段含量增加羰基氢键化程度降低，这与 DBM 与

异氰酸酯形成的硬段结构有关。

为更直观地考察 DBM 对硬段结构的影响，图 2-31 所示为用 Chenskech 软件模拟的 BDO-HMDI 和 DBM-HMDI 形成硬段的立体结构示意图。由图 2-31（a）可以看出，BDO 与 HMDI 形成的硬段分子结构排列规整，链与链之间易形成氢键，所以 BDO 扩链时随着硬段含量的增加，氢键化程度增加；而图 2-31（b）中 DBM 与 HMDI 形成的硬段分子结构中存在庞大的侧基部分，致使硬段分子链之间不易形成氢键，DBM 扩链时随着硬段含量的增加，氢键化程度降低。

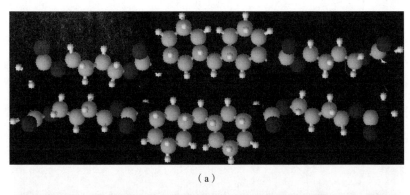

(a)

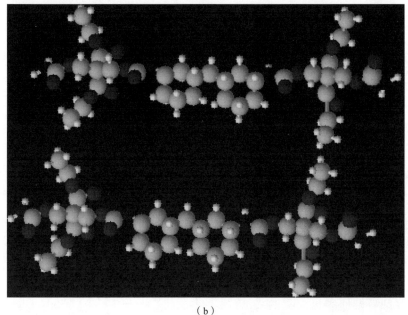

(b)

图 2-31　BDO、DBM 与 HMDI 所形成硬段的立体结构示意图
(a) BDO 与 HMDI 形成的硬段的立体结构；(b) DBM 与 HMDI 形成的硬段的立体结构

3）玻璃化转变温度

不同硬段含量 GAP 基 ETPE 的 DSC 曲线如图 2-32 所示，GAP 基 ETPE 的 T_{gs} 如表 2-27 所示。

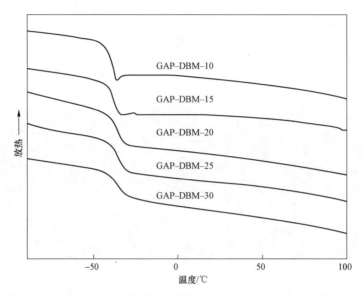

图 2-32　DBM 扩链 GAP 基 ETPE 的 DSC 曲线

表 2-27　DBM 扩链 GAP 基 ETPE 的 T_{gs}

硬段含量/%	T_{gs}/℃
10	-40.3
15	-38.1
20	-36.7
25	-35.9
30	-35.8

由图 2-32 可知，因为 DBM 侧链的位阻效应，硬段不易聚集，所以没有出现硬段的玻璃化转变温度。由表 2-27 可知随着硬段含量的增加，软段的玻璃化转变温度 T_{gs} 向高温方向移动，这是因为软硬段间的相溶性增加，更多硬段溶于软段中，对软段的锚固作用加强导致的。

4）热分解性能

图 2-33 所示为 DBM 扩链的不同硬段含量 GAP 基 ETPE 的 TG 曲线和 DTG 曲线。

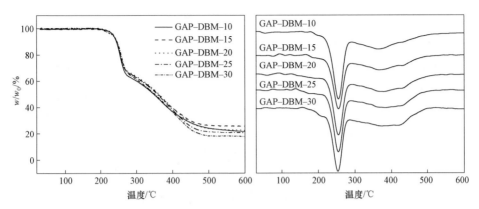

图 2-33 DBM 扩链 GAP 基 ETPE 的 TG 曲线和 DTG 曲线

图 2-34 所示为纯硬段（HMDI-DBM）和纯软段（GAP）的 DTG 曲线，以及 GAP-DBM-30 的 DTG 曲线和它的拟合曲线，a、b、c、d、e、f 为 GAP-DBM-30 的 6 个拟合峰。

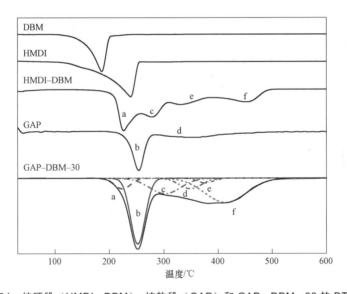

图 2-34 纯硬段（HMDI-DBM）、纯软段（GAP）和 GAP-DBM-30 的 DTG 曲线

图 2-34 中 GAP-DBM-30 拟合得到 6 个分解阶段，b、d 与软段 GAP 的分解对应，a、c、e、f 与硬段 HMDI-DBM 的分解对应。

由 2.4 节可知，氨基甲酸酯的分解在 300 ℃左右，再结合图 2-34 中 HMDI、DBM 和 HMDI-DBM 纯硬段的分解曲线可以得出，首先硬段发生分解时第一、第二阶段是 DBM 的分解；其次是氨基甲酸酯的分解；最后是剩余硬段（环己基六元环）的分解。

比较各拟合峰与软/硬段各阶段的分解可以得出，GAP 基 ETPE 分解时，拟合峰 a 是硬段中 DBM 的分解，拟合峰 b 是 GAP 中叠氮基团的分解，拟合峰 c 还是硬段 DBM 的分解，拟合峰 d 是 GAP 主链的分解，拟合峰 e 是硬段氨基甲酸酯的分解，拟合峰 f 是剩余硬段（环己基六元环）的分解。

DBM 扩链的各硬段含量弹性体的热分解趋势相同，初始分解温度均在 236 ℃左右，所以 DBM 扩链的 GAP 基 ETPE 仍具有良好的热稳定性。

5）表面性能

将 DBM 扩链的 GAP 基 ETPE 在室温下制成薄膜，选用蒸馏水和甲酰胺作为参比液，测定了两种液体在 GAP 基 ETPE 样片上的接触角。不同参比液在不同 GAP 基 ETPE 上的接触角如表 2-28 所示。

表 2-28 DBM 扩链 GAP 基 ETPE 的接触角

弹性体	水/(°)	甲酰胺/(°)
GAP-DBM-10	84.5	67.2
GAP-DBM-15	84.0	66.8
GAP-DBM-20	83.0	66.5
GAP-DBM-25	82.0	66.0
GAP-DBM-30	81.0	70.9

通过 SCA20 软件处理得到 GAP 基 ETPE 的表面能及其分量如表 2-29 所示。

表 2-29 DBM 扩链 GAP 基 ETPE 的表面能及其分量

弹性体	$\gamma_{SL}/(mJ \cdot m^{-2})$	$\gamma_{SL}^d/(mJ \cdot m^{-2})$	$\gamma_{SL}^p/(mJ \cdot m^{-2})$
GAP-DBM-10	28.43	22.13	6.3
GAP-DBM-15	28.64	22.11	6.53
GAP-DBM-20	28.67	21.43	7.24
GAP-DBM-25	28.9	21.01	7.89
GAP-DBM-30	29.67	21.17	8.50

为了直观认识 GAP 基 ETPE 与固体填料之间相互作用的大小，计算了 GAP 基 ETPE 与 RDX 的界面张力和黏附功，计算结果如表 2-30 所示。

表 2-30 DBM 扩链 GAP 基 ETPE 与 RDX 的界面张力和黏附功

弹性体	γ_{S1S2}/(mJ·m^{-2})	W_a/(mJ·m^{-2})
GAP-DBM-10	2.90	67.34
GAP-DBM-15	2.75	67.70
GAP-DBM-20	2.36	68.12
GAP-DBM-25	2.05	68.66
GAP-DBM-30	1.75	69.73

从表 2-30 中可以看出，随硬段含量增加，两相间的表面张力降低，黏附功增加。一部分是因为随硬段含量增加，氨基甲酸酯键的含量增加；另一部分原因是 DBM 扩链剂有较庞大的极性侧链，随着硬段含量的增加，极性侧链—COOCH$_2$CH$_3$ 占整个体系的百分含量从 1.13% 增加到 7.75%，增强了弹性体与固体填料之间的相互作用。相同硬段含量时，DBM 扩链的 GAP 基 ETPE 与 RDX 的黏附功高于 BDO 扩链的 GAP 基 ETPE，说明 DBM 的加入可以提高 GAP 基 ETPE 与 RDX 之间的相互作用。

2.5.2 CBA 扩链 GAP 基含能热塑性弹性体

1. CBA 扩链 GAP 基 ETPE 的反应原理

氰乙基二乙醇胺（CBA）是以二乙醇胺和丙烯腈为原料，通过迈克尔加成反应制备而成[18]，反应原理如图 2-35 所示。

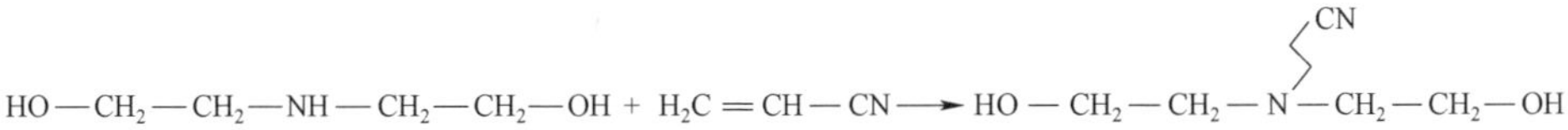

HO—CH$_2$—CH$_2$—NH—CH$_2$—CH$_2$—OH + H$_2$C=CH—CN ⟶ HO—CH$_2$—CH$_2$—N(CH$_2$CH$_2$CN)—CH$_2$—CH$_2$—OH

图 2-35 扩链剂 CBA 的合成反应原理图

CBA 扩链 GAP 基 ETPE 的反应原理与 DBM 扩链 GAP 基 ETPE 的反应原理相似（2.5.1 节）。

2. CBA 扩链 GAP 基 ETPE 的合成工艺

CBA 扩链 GAP 基 ETPE 的合成工艺流程如图 2-36 所示。

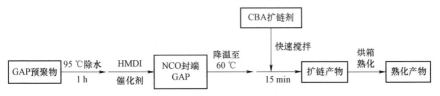

图 2-36 CBA 扩链 GAP 基 ETPE 的合成工艺流程

3. CBA 扩链 GAP 基 ETPE 的性能

本小节所介绍的 CBA 扩链 GAP 基 ETPE 以二异氰酸酯选用 HMDI，扩链剂选用 CBA，R 值取 1.02 的高软段 ETPE 为例，硬段含量为 10%、15%、20%、25% 和 30%，分别命名为 GAP–CBA–10、GAP–CBA–15、GAP–CBA–20、GAP–CBA–25 和 GAP–CBA–30。

1）相对分子质量与分子量分布

不同硬段含量 ETPE 的相对分子质量和相对分子质量分布如表 2–31 所示。从表中可以看出，ETPE 的相对分子质量均在 30 000 g·mol⁻¹ 左右，相对分子质量分布为 2.0 左右。

表 2–31 CBA 扩链 GAP 基 ETPE 的相对分子质量和相对分子质量分布

性能	GAP–CBA–10	GAP–CBA–15	GAP–CBA–20	GAP–CBA–25	GAP–CBA–30
硬段含量/%	10	15	20	25	30
M_n/(g·mol^{-1})	31 811	30 835	32 109	31 980	32 000
M_w/M_n	2.10	2.08	2.09	1.99	2.01

2）氢键化程度

不同硬段含量 GAP 基 ETPE 的 FTIR 谱图如图 2–37 所示。

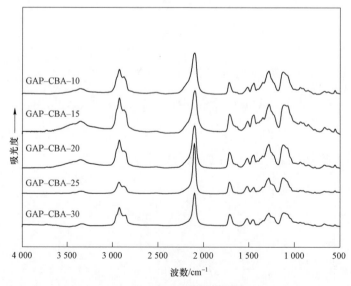

图 2–37 CBA 扩链 GAP 基 ETPE 的 FTIR 谱图

由图 2-37 可见，2 925 cm^{-1}、2 875 cm^{-1} 是亚甲基的对称和非对称振动特征吸收峰，2 100 cm^{-1}、1 281 cm^{-1} 分别为叠氮基团不对称和对称伸缩振动特征吸收峰，1 127 cm^{-1} 为分子链上 C—O—C 的伸缩振动特征吸收峰。1 700 cm^{-1} 左右是酰胺羰基—C=O 伸缩振动特征吸收峰，3 330 cm^{-1} 左右是氨基甲酸酯连接键上胺基—NH 伸缩振动特征吸收峰，2 245 cm^{-1} 出现—CN 的伸缩振动特征吸收峰，证明了 CBA 扩链 GAP 基 ETPE 的结构。

为考察弹性体的氢键化程度，将羰基吸收峰区域放大，如图 2-38 所示。借助分峰拟合工具对其进行分峰处理。

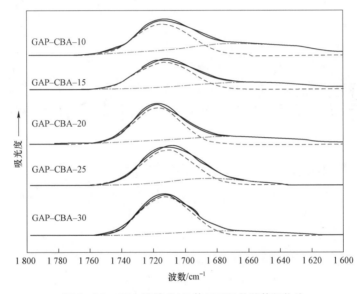

图 2-38 CBA 扩链 GAP 基 ETPE 的羰基吸收峰

5 种硬段含量的弹性体的分峰拟合结果如表 2-32 所示。

表 2-32 CBA 扩链 GAP 基 ETPE 的氢键化比例

硬段含量/%	峰位/cm^{-1}		峰面积比例		氢键化比例/%
	氢键化羰基	游离羰基	氢键化羰基	游离羰基	
10	1 663	1 713	4.76	6.98	40.50
15	1 661	1 712	4.93	7.81	38.69
20	1 673	1 717	2.78	4.89	36.24
25	1 685	1 711	1.11	3.61	23.51
30	1 673	1 712	4.69	18.71	20.04

从表 2-32 可以看出，随着硬段含量的增加羰基氢键化程度降低，这与 CBA 的侧链有关，虽然硬段含量增多，但受侧链影响不易形成氢键，不易聚集。

为了直观理解扩链剂不同对弹性体结构的影响，图 2-39 所示为用 Chenskech 软件模拟的 BDO-HMDI 和 CBA-HMDI 形成硬段的立体结构示意图。由图 2-39（a）可以看出，BDO 与 HMDI 形成的硬段分子结构排列规整，链与链之间易形成氢键；而图 2-39（b）中 CBA 与 HMDI 形成的硬段分子结构中存在庞大的侧基部分，致使硬段分子链之间不易形成氢键。

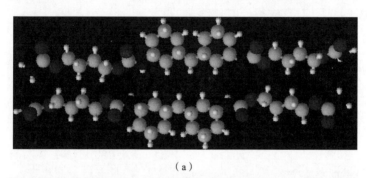

(a)

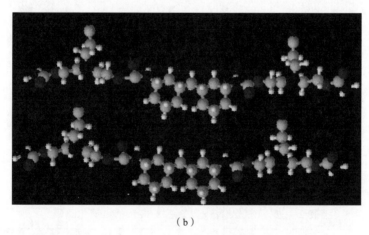

(b)

图 2-39　BDO、CBA 与 HMDI 形成硬段的立体结构示意图
（a）BDO 与 HMDI 形成的硬段的立体结构；（b）CBA 与 HMDI 形成的硬段的立体结构

对三种扩链剂 BDO、DBM 和 CBA 扩链合成的 ETPE 的氢键化程度进行了比较。不同扩链剂制备的 GAP 基 ETPE 氢键化程度如表 2-33 所示。由表可以看出，在相同硬段含量时，不同扩链剂的羰基氢键化程度大小顺序为 BDO>CBA>DBM，这是因为三种扩链剂的侧基体积大小顺序为 DBM>CBA>BDO，而侧基越大，越不利于分子链规整排列，氢键化程度越低。

表2-33 不同扩链剂合成 GAP 基 ETPE 的羰基氢键化程度比较

硬段含量/%	氢键化程度/%		
	BDO 扩链	CBA 扩链	DBM 扩链
10	41.10	40.50	37.14
15	45.00	38.69	34.66
20	49.00	36.24	31.91
25	50.00	23.51	24.45
30	67.00	20.04	21.05

3)玻璃化转变温度

不同硬段含量时 GAP 基 ETPE 的 DSC 曲线如图2-40所示。GAP 基 ETPE 的 T_{gs} 如表2-34所示。

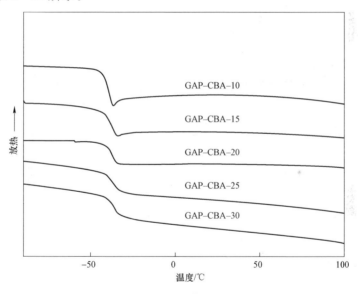

图2-40 CBA 扩链 GAP 基 ETPE 的 DSC 曲线

表2-34 CBA 扩链 GAP 基 ETPE 的 T_{gs} 比较

硬段含量/%	T_{gs}/℃
10	-40.7
15	-38.5
20	-37.8
25	-37.6
30	-37.5

由图 2-40 可知，由于 CBA 侧链的位阻效应，硬段不易聚集，所以没有出现明显的硬段玻璃化转变温度。由表 2-34 可知，随着硬段含量的增加，软段的玻璃化转变温度 T_{gs} 向高温方向移动。由前面 GAP 基 FTIR 的分析结果可以看出，随着硬段含量的增加，羰基氢键化程度降低，硬段之间的聚集能力降低，软/硬段间的相溶性增加，导致硬段对软段的锚固作用增强，进而导致 T_{gs} 向高温方向移动。

对三种扩链剂 BDO、DBM 和 CBA 扩链合成的 ETPE 的玻璃化转变温度进行比较，不同扩链剂制备的 GAP 基 ETPE 的玻璃化转变温度如表 2-35 所示。由表可以看出，当硬段含量较低（10%）时，T_{gs} 差距不大，这是因为此时溶入软段中的硬段含量较低，对软段玻璃化转变温度影响不大。当硬段含量增加（15%、20%、25%、30%）时，不同扩链剂合成的 GAP 基 ETPE 的 T_{gs} 大小顺序为 BDO 扩链 GAP 基 ETPE＜CBA 扩链 ETPE＜DBM 扩链 GAP 基 ETPE，由于 DBM 的侧基最大，不利于硬段聚集，硬段更易溶入软段中。因此，DBM 扩链的 GAP 基 ETPE 的硬段对软段的锚固作用最强，T_{gs} 最高。而 BDO 无侧链，链段规整排列，硬段易聚集形成微区，不易溶于软段中，BDO 扩链的 GAP 基 ETPE 硬段对软段的锚固作用最弱，所以其玻璃化转变温度最低。

表 2-35 不同扩链剂合成 GAP 基 ETPE 的 T_{gs}

硬段含量/%	T_{gs}/℃		
	BDO 扩链	CBA 扩链	DBM 扩链
10	-41.5	-40.7	-40.3
15	-41.0	-38.5	-38.1
20	-40.5	-37.8	-36.7
25	-40.0	-37.0	-35.9
30	-39.4	-36.6	-35.8

4）热分解性能

图 2-41 所示为 CBA 扩链的不同硬段含量 GAP 基 ETPE 的 TG 曲线和 DTG 曲线。

图 2-42 所示为纯硬段（HMDI-CBA）和纯软段（GAP）的 DTG 曲线，以及 GAP-CBA-30 的 DTG 曲线和它的拟合曲线，a、b、c、d、e 为 GAP-CBA-30 的 5 个拟合峰。

图 2-42 中 GAP-CBA-30 拟合得到的 5 个分解阶段，a、c 与软段 GAP 的分解对应，b、d、e 与硬段 HMDI-CBA 的分解对应。

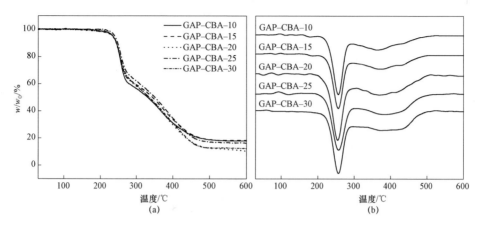

图 2-41　CBA 扩链 GAP 基 ETPE 的 TG 曲线和 DTG 曲线
（a）TG 曲线；（b）DTG 曲线

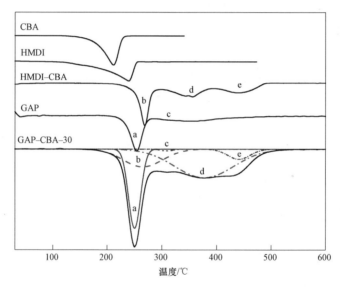

图 2-42　纯硬段（HMDI-CBA）、纯软段（GAP）和 GAP-CBA-30 的 DTG 曲线

由 2.4 节可知，氨基甲酸酯的分解发生在 300 ℃左右，结合图 2-24 中 HMDI、CBA 和 HMDI-CBA 纯硬段的分解曲线可以得出，硬段的分解峰 b 是 CBA 侧链的分解，d 是氨基甲酸酯的分解，e 是剩余硬段的分解。

比较各拟合峰与软/硬段各阶段的分解可以看出，GAP 基 ETPE 分解时，拟合峰 a 是 GAP 软段中叠氮基团的分解，拟合峰 b 是硬段 CBA 侧链的分解，拟合峰 c 是 GAP 聚醚主链的分解，拟合峰 d 是硬段氨基甲酸酯的分解，拟合峰 e 是剩余硬段的分解。

CBA 扩链的各硬段含量的弹性体的热分解趋势相同，初始分解温度均在

236 ℃左右，所以 CBA 扩链的 GAP 基 ETPE 仍具有良好的热稳定性。

5）表面性能

将 CBA 扩链的 GAP 基 ETPE 在室温下制成薄膜，选用蒸馏水和甲酰胺作为参比液，测定了两种液体在 GAP 基 ETPE 样片上的接触角，不同参比液在 GAP 基 ETPE 上的接触角如表 2-36 所示。

表 2-36 CBA 扩链 GAP 基 ETPE 的接触角

弹性体	水/(°)	甲酰胺/(°)
GAP-CBA-10	81.0	60.5
GAP-CBA-15	80.5	60.2
GAP-CBA-20	79.5	59.8
GAP-CBA-25	78.5	59.0
GAP-CBA-30	76.7	58.0

通过 SCA20 软件处理得到 GAP 基 ETPE 的表面能及其分量，并计算了 ETPE 与 RDX 的表面张力和黏附功，如表 2-37 所示。

表 2-37 CBA 扩链 GAP 基 ETPE 的表面能及其与 RDX 的表面张力和黏附功

弹性体	γ_{SL}/(mJ·m^{-2})	γ_{SL}^d/(mJ·m^{-2})	γ_{SL}^p/(mJ·m^{-2})	γ_{S1S2}/(mJ·m^{-2})	W_a/(mJ·m^{-2})
GAP-CBA-10	33.32	27.12	6.20	3.00	72.12
GAP-CBA-15	33.41	26.93	6.48	2.81	72.41
GAP-CBA-20	33.44	26.3	7.15	2.36	72.89
GAP-CBA-25	33.85	26.2	7.66	2.08	73.58
GAP-CBA-30	34.27	25.44	8.83	1.53	74.55

从表 2-37 可以看出，随着硬段含量的增加，两相间的表面张力降低，黏附功增加。一是因为随着硬段含量的增加，氨基甲酸酯键的含量增加；二是因为 CBA 扩链剂有极性侧链，随着硬段含量的增加，—CH$_2$CH$_2$—CN 侧链占整个体系的百分含量从 0.56% 增加到 3.28%，增强了弹性体与固体填料之间的相互作用。

将三种不同扩链剂扩链的不同硬段含量 GAP 基 ETPE 的表面性能进行对比，其黏附功如表 2-38 所示。

表 2-38　不同扩链剂合成 ETPE 与 RDX 的黏附功

硬段含量/%	W_a/(mJ·m^{-2})		
	BDO 扩链	CBA 扩链	DBM 扩链
10	55.12	72.12	67.34
15	55.86	72.41	67.70
20	55.93	72.89	68.12
25	56.16	73.58	68.66
30	56.54	74.55	69.73

由表 2-38 可以看出，当硬段含量增加时，三种扩链剂扩链的 GAP 基 ETPE 与 RDX 的黏附功都呈增加趋势，这是因为硬段含量的增加，硬段氨基甲酸酯键的含量也增加。由于 BDO 不含有极性侧链，而 DBM 和 CBA 因为含有极性侧链，在氨基甲酸酯键增加的同时，扩链剂极性侧链也增加，所以其增加幅度更大。

由表 2-38 还可以看出，当硬段含量相同时，不同扩链剂合成的 GAP 基 ETPE 与 RDX 的黏附功大小顺序为 BDO 扩链 GAP 基 ETPE＜DBM 扩链 GAP 基 ETPE＜CBA 扩链 GAP 基 ETPE。这是因为 DBM 和 CBA 均含有键合功能的侧链，所以其黏附功较大。

2.5.3　DBM/BDO 混合扩链 GAP 基含能热塑性弹性体

DBM 扩链的 GAP 基 ETPE 含有键合功能的酯基基团，可以增强与固体填料的相互作用，但是由于在硬段中引入了侧基，弹性体的力学性能有所降低。为了得到既具有键合功能，又具有良好力学性能的 GAP 基 ETPE，可以采用 DBM/BDO 混合扩链制备 GAP 基 ETPE。

1. DBM/BDO 混合扩链 GAP 基 ETPE 的反应原理

DBM/BDO 混合扩链 GAP 基 ETPE 的反应原理与 DBM 扩链 GAP 基 ETPE 的反应原理相似（2.5.1 节）。

2. DBM/BDO 混合扩链 GAP 基 ETPE 的合成工艺

以不同比例的 DBM 和 BDO 混合扩链，硬段含量为 30%的 GAP 基 ETPE 为例。当 DBM 占扩链剂的质量分数为 0、25%、50%、75%和 100%时，分别命名为 GAP-DBM-BDO-0、GAP-DBM-BDO-25、GAP-DBM-BDO-50、GAP-DBM-BDO-75、GAP-DBM-BDO-100。其具体工艺流程与 DBM 扩

链 GAP 基 ETPE 的合成工艺相似（2.5.1 节）。

3. DBM/BDO 混合扩链 GAP 基 ETPE 的性能

1）相对分子质量与相对分子质量分布

DBM/BDO 混合扩链时 GAP 基 ETPE 的相对分子质量和相对分子质量分布如表 2-39 所示。

表 2-39　DBM/BDO 混合扩链 GAP 基 ETPE 的相对分子质量和相对分子质量分布

性能	GAP-DBM-BDO-0	GAP-DBM-BDO-25	GAP-DBM-BDO-50	GAP-DBM-BDO-75	GAP-DBM-BDO-100
DBM 含量/%	0	25	50	75	100
M_n/(g·mol^{-1})	36 602	34 661	23 214	20 941	24 999
M_w/M_n	2.02	1.98	2.01	1.99	1.94

由表 2-39 中数据可以看出，当 DBM 含量增加时，DBM/BDO 混合扩链的 GAP 基 ETPE 的相对分子质量降低，这与 DBM 较大的侧基有关，侧基存在位阻，使 DBM 的扩链反应活性下降，相对分子质量降低。

2）氢键化程度

DBM/BDO 混合扩链时 GAP 基 ETPE 的 FTIR 谱图如图 2-43 所示。

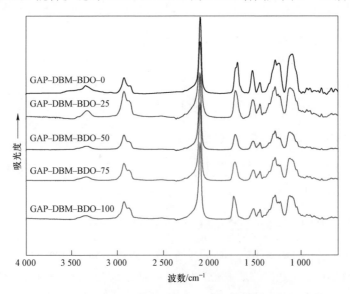

图 2-43　DBM/BDO 混合扩链 GAP 基 ETPE 的 FTIR 谱图

由图 2-43 可知，5 种弹性体的 FTIR 谱图都能观察到聚氨酯弹性体的特征吸收峰，1 710 cm^{-1} 左右是酰胺羰基—C=O 伸缩振动特征吸收峰，3 330 cm^{-1} 左右是氨基甲酸酯连接键上胺基—NH 伸缩振动特征吸收峰。

聚氨酯弹性体的氢键化程度，直接影响到硬段间内聚作用和硬段的有序结构，进而决定材料的微相分离程度，影响其力学性能和热性能等。为进一步考察 DBM 含量对弹性体氢键化程度的影响，将羰基吸收峰区域放大，如图 2–44 所示。

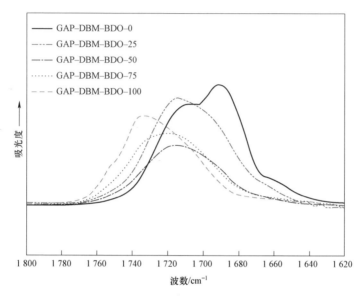

图 2–44　DBM/BDO 混合扩链 GAP 基 ETPE 的羰基吸收峰

对羰基峰进行分峰拟合，拟合结果如表 2–40 所示。

表 2–40　**DBM/BDO 混合扩链 GAP 基 ETPE 的氢键化比例**

DBM 含量/%	峰位/cm^{-1}		峰面积比例		氢键化比例/%
	氢键化羰基	游离羰基	氢键化羰基	游离羰基	
0	1 695	1 722	0.81	0.4	67.00
25	1 693	1 720	1.18	1.65	41.88
50	1 702	1 723	1.18	2.24	34.54
75	1 712	1 725	1.11	2.54	30.45
100	1 722	1 734	0.04	0.15	21.05

由表 2–40 可知，随着 DBM 含量的增加，羰基形成氢键的比例减少。DBM 含量为 0，即扩链剂全部为 BDO 时，弹性体的氢键化程度较高；而当 DBM 含

量为 100%，即扩链剂全部为 DBM 时，弹性体的氢键化程度较低，这是因为 DBM 含有较大体积侧基，导致分子链排列不规整。由前面提出的 BDO–HMDI 和 DBM–HMDI 的纯硬段模型（图 2–39）可以清楚地看出两者之间分子链排列的差别：DBM 含有较大侧基，不利于分子规整排列。所以，随着 DBM 含量的增加，分子链的规整性受到破坏，硬段不易聚集，氢键化程度降低。

3）玻璃化转变温度

DBM/BDO 混合扩链时 GAP 基 ETPE 的 DSC 曲线如图 2–45 所示，GAP 基 ETPE 的 T_{gs} 和 T_{gh} 如表 2–41 所示。

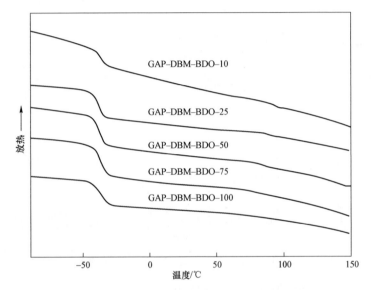

图 2–45　DBM/BDO 混合扩链 GAP 基 ETPE 的 DSC 曲线

表 2–41　DBM/BDO 混合扩链 GAP 基 ETPE 的 T_{gs} 和 T_{gh}

弹性体	T_{gs}/℃	T_{gh}/℃
GAP–DBM–BDO–0	–39.4	96.6
GAP–DBM–BDO–25	–39.0	86.6
GAP–DBM–BDO–50	–38.4	84.5
GAP–DBM–BDO–75	–37.9	80.9
GAP–DBM–BDO–100	–35.8	—

由图 2–45 和表 2–41 可知，随 DBM 含量的增加，DBM/BDO 混合扩链的 GAP 基 ETPE 的 T_{gs} 向高温方向移动，T_{gh} 向低温方向移动，即软硬段的相溶性增加，微相分离减弱，这与 GAP 基 ETPE 的分析结果一致。GAP 基 ETPE 的分

析表明，随着 DBM 含量的增加，羰基的氢键化程度降低，硬段不易聚集，更多的软段溶入硬段中，使弹性体的微相分离程度减弱。

4）表面性能

将 GAP 基 ETPE 溶解后制成薄膜，采用接触角测定仪测定其接触角。不同参比液与 GAP 基 ETPE 的接触角如表 2-42 所示。

表 2-42　DBM/BDO 混合扩链 GAP 基 ETPE 的接触角

接触角	GAP-DBM-BDO-0	GAP-DBM-BDO-25	GAP-DBM-BDO-50	GAP-DBM-BDO-75	GAP-DBM-BDO-100
水/(°)	95.1	88.5	85.5	83.1	81.0
甲酰胺/(°)	80.3	78.6	75.5	73.3	70.9

通过 SCA20 软件处理得到 GAP 基 ETPE 的表面能及其分量，如表 2-43 所示。

表 2-43　DBM/BDO 混合扩链 GAP 基 ETPE 的表面能及其分量

弹性体	$\gamma_{SL}/(mJ \cdot m^{-2})$	$\gamma_{SL}^d/(mJ \cdot m^{-2})$	$\gamma_{SL}^p/(mJ \cdot m^{-2})$
GAP-DBM-BDO-0	20.33	16.32	4.01
GAP-DBM-BDO-25	25.75	19.17	6.58
GAP-DBM-BDO-50	27.42	20.22	7.20
GAP-DBM-BDO-75	28.63	20.63	8.00
GAP-DBM-BDO-100	29.67	21.17	8.50

为了更加直观地考察 GAP 基 ETPE 与 RDX 相互作用的大小，对它们与 RDX 的黏附功进行了计算，计算结果如表 2-44 所示。

表 2-44　DBM/BDO 混合扩链 GAP 基 ETPE 与 RDX 的表面张力和黏附功

弹性体	$\gamma_{S1S2}/(mJ \cdot m^{-2})$	$W_a/(mJ \cdot m^{-2})$
GAP-DBM-BDO-0	5.60	56.54
GAP-DBM-BDO-25	2.96	64.59
GAP-DBM-BDO-50	2.47	66.75
GAP-DBM-BDO-75	2.02	68.42
GAP-DBM-BDO-100	1.75	69.73

由表2-44可以看出，随DBM比例的增加，GAP基ETPE与RDX的表面张力减小，润湿性能增加；黏附功增加，黏结性能增强。这是因为DBM有极性侧基，随着DBM比例的增加，极性侧基密度增大，弹性体与RDX的相互作用增强。

5）力学性能

上述GAP基ETPE的最大拉伸强度σ_m和断裂伸长率ε_b如图2-46和表2-45所示。

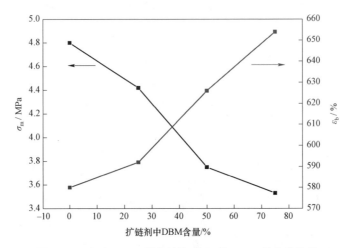

图2-46　DBM/BDO混合扩链GAP基ETPE的力学性能

表2-45　DBM/BDO混合扩链GAP基ETPE的σ_m和ε_b

力学性能	GAP-DBM-BDO-0	GAP-DBM-BDO-25	GAP-DBM-BDO-50	GAP-DBM-BDO-75	GAP-DBM-BDO-100
σ_m/MPa	4.80	4.42	3.75	3.53	—
ε_b/%	580.0	592.0	626.0	654.0	—

注：GAP-DBM-BDO-100弹性体太软不能进行力学性能测试。

当DBM含量为0时，纯BDO扩链弹性体的最大拉伸强度最高，可达4.80 MPa；而DBM含量为100%，即纯DBM扩链时，所形成的弹性体很软不能进行力学性能测试。

由图2-46和表2-45可以看出，随DBM比例增加，弹性体的最大拉伸强度降低，断裂伸长率增加。这是因为随DBM比例增加，侧基密度增大，硬段间氢键作用力减弱，所以弹性体的最大拉伸强度减小。当扩链剂全部使用没有侧基的BDO时，分子排列更加有序，硬段聚集能力强，拉伸强度大；

而当扩链剂全部使用 DBM 时，分子有序排列困难，硬段聚集能力弱，形成的弹性体很软。

2.5.4 CBA/BDO 混合扩链 GAP 基含能热塑性弹性体

1. CBA/BDO 混合扩链 GAP 基 ETPE 的反应原理

CBA/BDO 混合扩链 GAP 基 ETPE 的反应原理与 CBA 扩链 GAP 基 ETPE 的反应原理相似（2.5.2 节）。

2. CBA/BDO 混合扩链 GAP 基 ETPE 的合成工艺

以不同比例的 CBA 和 BDO 混合扩链，合成硬段含量为 30% 的 GAP 基 ETPE 为例。其中 CBA 占扩链剂的质量分数为 0、25%、50%、75% 和 100%，分别命名为 GAP–CBA–BDO–0、GAP–CBA–BDO–25、GAP–CBA–BDO–50、GAP–CBA–BDO–75、GAP–CBA–BDO–100。其具体工艺流程与 CBA 扩链 GAP 基 ETPE 的合成工艺相似（2.5.2 节）。

3. CBA/BDO 混合扩链 GAP 基 ETPE 的性能

1）相对分子质量与相对分子质量分布

CBA/BDO 混合扩链的 ETPE 的相对分子质量和相对分子质量分布如表 2–46 所示。

表 2–46　CBA/BDO 混合扩链 GAP 基 ETPE 的相对分子质量和相对分子质量分布

性能	GAP–CBA–BDO–0	GAP–CBA–BDO–25	GAP–CBA–BDO–50	GAP–CBA–BDO–75	GAP–CBA–BDO–100
CBA 含量/%	0	25	50	75	100
$M_n/(\text{g}\cdot\text{mol}^{-1})$	31 602	30 545	29 028	28 577	28 200
M_w/M_n	2.02	1.99	1.98	2.01	2.02

从表 2–46 中可以看出，当 CBA 的含量增加时，CBA/BDO 混合扩链的 GAP 基 ETPE 的分子量较低，这与 CBA 的较大侧基有关，较大侧基使 CBA 的扩链反应活性下降，相对分子质量降低。

2）氢键化程度

CBA/BDO 混合扩链的 GAP 基 ETPE 的 FTIR 谱图如图 2–47 所示。

5 种弹性体的红外谱图都能观察到聚氨酯弹性体中氨基甲酸酯键的特征吸

■ 含能热塑性弹性体

收峰,为进一步考察弹性体的氢键化程度,将羰基吸收峰区域放大,如图 2-48 所示。

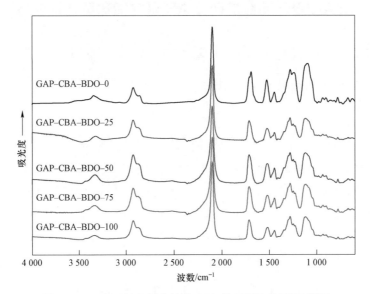

图 2-47 CBA/BDO 混合扩链 GAP 基 ETPE 的 FTIR 谱图

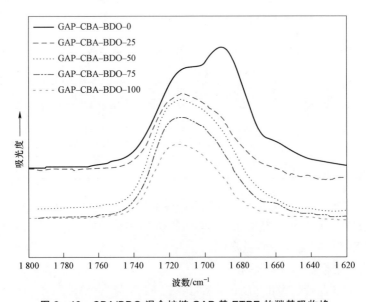

图 2-48 CBA/BDO 混合扩链 GAP 基 ETPE 的羰基吸收峰

羰基的吸收峰拟合结果如表 2-47 所示。

表 2-47　CBA/BDO 混合扩链 GAP 基 ETPE 的氢键化比例

CBA 含量/%	峰位/cm^{-1}		峰面积比例		氢键化比例/%
	氢键化羰基	游离羰基	氢键化羰基	游离羰基	
0	1 695	1 722	0.81	0.4	67.00
25	1 690	1 725	0.67	0.9	42.68
50	1 680	1 720	8.15	12.14	40.17
75	1 679	1 719	6.87	10.2	38.84
100	1 673	1 712	4.69	18.71	20.04

由表 2-47 可知，随着 CBA 含量的增加，羰基形成氢键比例减少。CBA 含量为 0%，即扩链剂全部为 BDO 时弹性体的氢键化程度较高；而当 CBA 含量为 100%，即扩链剂全部为 CBA 时弹性体的氢键化程度较低，这是因为 CBA 的侧基致使分子链排列不规整导致的。由前面提出的 BDO-HMDI 和 CBA-HMDI 的纯硬段模型（图 2-39）可以清楚地看出两者之间的分子链排列的差别，CBA 因含有侧基，分子排列不规整。所以随着 CBA 含量的增加，分子链的规整性受到破坏，氢键化程度降低，硬段不易聚集。

3）玻璃化转变温度

CBA/BDO 混合扩链的 GAP 基 ETPE 的 DSC 曲线如图 2-49 所示，GAP 基 ETPE 的 T_{gs} 和 T_{gh} 如表 2-48 所示。

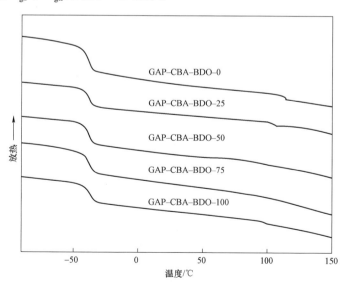

图 2-49　CBA/BDO 混合扩链 GAP 基 ETPE 的 DSC 曲线

表 2-48　CBA/BDO 混合扩链 GAP 基 ETPE 的 T_{gs} 和 T_{gh}

弹性体	T_{gs}/℃	T_{gh}/℃
GAP-CBA-BDO-0	-39.4	106.6
GAP-CBA-BDO-25	-38.5	101.8
GAP-CBA-BDO-50	-38.2	98.4
GAP-CBA-BDO-75	-37.8	93.7
GAP-CBA-BDO-100	-37.5	—

由图 2-49 和表 2-48 可知，随着 CBA 含量的增加，CBA/BDO 混合扩链 GAP 基 ETPE 的 T_{gs} 向高温方向移动，T_{gh} 向低温方向移动，软硬段的相容性增加，微相分离减弱。前面对 GAP 基 FTIR 的分析也可以得出相同的结论：随着 CBA 含量的增加，羰基的氢键化程度降低，所以硬段不易聚集，更多的软段溶入硬段中，弹性体的微相分离程度减弱。

4）表面性能

将 GAP 基 ETPE 溶解后制成薄膜，采用接触角测定仪测定其接触角，通过接触角法对 GAP 基 ETPE 的表面性能进行了表征。不同参比液与 GAP 基 ETPE 的接触角如表 2-49 所示。

表 2-49　CBA/BDO 混合扩链 GAP 基 ETPE 的接触角

接触角	GAP-CBA-BDO-0	GAP-CBA-BDO-25	GAP-CBA-BDO-50	GAP-CBA-BDO-75	GAP-CBA-BDO-100
水/(°)	95.1	82.0	80.6	79.5	76.7
甲酰胺/(°)	80.3	62.8	61.0	59.7	58.0

GAP 基 ETPE 的表面能及其分量如表 2-50 所示。

表 2-50　CBA/BDO 混合扩链 GAP 基 ETPE 的表面能及其分量

弹性体	γ_{SL}/(mJ·m^{-2})	γ_{SL}^d/(mJ·m^{-2})	γ_{SL}^p/(mJ·m^{-2})
GAP-CBA-BDO-0	20.33	16.32	4.01
GAP-CBA-BDO-25	31.55	25.17	6.38
GAP-CBA-BDO-50	32.72	25.97	6.75
GAP-CBA-BDO-75	33.53	26.43	7.10
GAP-CBA-BDO-100	34.27	25.44	8.83

同样计算了 ETPE 与 RDX 的表面张力和黏附功，如表 2-51 所示。

表 2-51 CBA/BDO 混合扩链 GAP 基 ETPE 与 RDX 的表面张力和黏附功

弹性体	γ_{S1S2}/(mJ·m^{-2})	W_a/(mJ·m^{-2})
GAP-CBA-BDO-0	5.60	56.54
GAP-CBA-BDO-25	2.81	70.55
GAP-CBA-BDO-50	2.60	71.93
GAP-CBA-BDO-75	2.41	72.93
GAP-CBA-BDO-100	1.53	74.55

由表 2-51 可以看出，随着 CBA 比例的增加，GAP 基 ETPE 与 RDX 的表面张力减小，润湿性能增加，黏附功增加，黏结性能增强。这是因为 CBA 有极性侧基，随 CBA 比例的增加，极性侧基密度增大，弹性体与 RDX 的相互作用增强。

5）力学性能

CBA/BDO 混合扩链 GAP 基 ETPE 的拉伸强度 σ_m 和断裂伸长率 ε_b，如表 2-52 和图 2-50 所示。

表 2-52 CBA/BDO 混合扩链 GAP 基 ETPE 的 σ_m 和 ε_b

性能	GAP-CBA-BDO-0	GAP-CBA-BDO-25	GAP-CBA-BDO-50	GAP-CBA-BDO-75	GAP-CBA-BDO-100
σ_m/MPa	4.80	4.52	4.43	3.64	—
ε_b/%	580.0	613.0	629.0	680.0	—

注：GAP-CBA-BDO-100 的弹性体太软，不能进行力学性能测试。

当 CBA 含量为 0，BDO 扩链的弹性体的拉伸强度最高，可达 4.80 MPa；而纯 CBA 扩链的弹性体很软，不能进行力学性能测试。

由表 2-52 和图 2-50 可以看出，与 DBM/BDO 混合扩链 GAP 基 ETPE 类似，弹性体随扩链剂中 CBA 比例的增加，最大拉伸强度减小，断裂伸长率增加。这是因为随着 CBA 比例的增加，较大侧基的数量增加，硬段间氢键作用力减弱，弹性体分子有序排列的难度变大。当扩链剂全部使用没有侧基的 BDO 时，分子排列更加有序，硬段聚集能力强，拉伸强度大；而当扩链剂全部使用 CBA 时，分子有序排列困难，硬段聚集能力弱，形成的弹性体很软，不能进行力学性能测试。

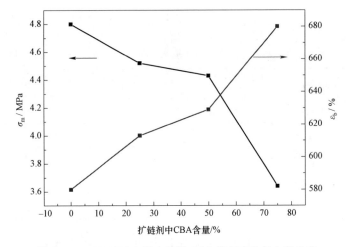

图 2-50 CBA/BDO 混合扩链 GAP 基 ETPE 的力学性能

2.6 GAP 基含能热塑性弹性体在火炸药中的应用

枪炮发射药、固体火箭推进剂、PBX 炸药的力学性能是其综合性能中的一个重要指标,而 GAP 基 ETPE 作为枪炮发射药、固体火箭推进剂、PBX 炸药的黏合剂和基体材料,对其力学性能有着直接影响。本节以 GAP 基 ETPE/RDX 为模型火炸药,阐述 GAP 基 ETPE 在火炸药中的应用,尤其是对力学性能的影响。

将本章前面所述的几种 GAP 基 ETPE 的性能进行对比,如表 2-53 所示。

表 2-53 GAP 基 ETPE 的性能比较

GAP 基 ETPE 类型	硬段含量/%	BDO 含量/%	固化剂类型	$M_r/(\times 10^4$ g·mol^{-1})	氢键化程度/%	T_{gs}/℃	与 RDX 黏附功/(mJ·m^{-2})	拉伸强度/MPa	断裂延伸率/%
高软段	10	100	HMDI	3.1	41.10	-41.5	55.12	—	—
	15	100	HMDI	3.2	45.00	-41.0	55.86	3.50	751
	20	100	HMDI	2.9	49.00	-40.5	55.93	4.10	693
	25	100	HMDI	3.0	50.00	-40.0	56.16	4.50	651
	30	100	HMDI	2.9	67.00	-39.4	56.54	4.80	580
高硬段	35	100	IPDI	3.2	41.69	-40.5	—	1.78	877
	40	100	IPDI	2.9	54.90	-39.5	—	1.96	592

续表

GAP基ETPE类型	硬段含量/%	BDO含量/%	固化剂类型	M_r/($\times 10^4$ g·mol^{-1})	氢键化程度/%	T_{gs}/℃	与RDX黏附功/(mJ·m^{-2})	拉伸强度/MPa	断裂延伸率/%
高硬段	45	100	IPDI	3.6	64.72	-38.1	—	11.11	545
	50	100	IPDI	3.3	76.19	-38.0	—	15.62	491
	55	100	IPDI	3.8	80.42	-37.8	—	21.18	442
DBM扩链	10	0	HMDI	3.2	37.14	-40.3	67.34	—	—
	15	0	HMDI	3.1	34.66	-38.1	67.70	—	—
	20	0	HMDI	2.9	31.91	-36.7	68.12	—	—
	25	0	HMDI	3.0	24.45	-35.9	68.66	—	—
	30	0	HMDI	3.0	21.05	-35.8	69.73	—	—
CBA扩链	10	0	HMDI	3.2	40.50	-40.7	72.12	—	—
	15	0	HMDI	3.1	38.69	-38.5	72.41	—	—
	20	0	HMDI	3.2	36.24	-37.8	72.89	—	—
	25	0	HMDI	3.2	23.51	-37.0	73.58	—	—
	30	0	HMDI	3.2	20.04	-36.6	74.55	—	—
DBM/BDO混合扩链	30	100	HMDI	3.7	67.00	-39.4	56.54	4.80	580
	30	75	HMDI	3.5	41.88	-39.0	64.59	4.42	592
	30	50	HMDI	2.3	34.54	-38.4	66.75	3.75	626
	30	25	HMDI	2.1	30.45	-37.9	68.42	3.53	654
	30	0	HMDI	2.5	21.05	-35.8	69.73	—	—
CBA/BDO混合扩链	30	100	HMDI	3.2	67.00	-39.4	56.54	4.8	580
	30	75	HMDI	3.1	42.68	-38.5	70.55	4.52	613
	30	50	HMDI	2.9	40.17	-38.2	71.93	4.43	629
	30	25	HMDI	2.9	38.84	-37.8	72.93	3.64	680
	30	0	HMDI	2.8	20.04	-37.5	74.55	—	—

由表2-53中的数据可以看出，由于采用相同的熔融两步法制备工艺流程，各类 GAP 基 ETPE 的相对分子质量较为接近，均在 3×10^4 g·mol^{-1} 左右。其中，相比于高软段含量 GAP 基 ETPE，高硬段含量 GAP 基 ETPE 具有更高的氢键化程度和力学性能，但是其能量水平较低；纯 DBM 和 CBA 扩链的 GAP 基 ETPE 虽然与 RDX 有更高的黏附功和界面作用，但是，由于较大侧基的存在，使其硬段的分子排列不规整，氢键化程度较差，导致力学性能不好；而

DBM/BDO 和 CBA/BDO 混合扩链的 GAP 基 ETPE 表现出更为优异的综合性能。下面主要介绍 DBM/BDO 和 CBA/BDO 混合扩链的 GAP 基 ETPE 在火炸药中的应用。

2.6.1 DBM/BDO 混合扩链 GAP 基 ETPE/RDX 模型火炸药的制备与性能

火炸药的断裂主要有两种情况：一是黏合剂内部的撕裂；二是填料和黏合剂界面间的剥离[19]。当火炸药受到载荷作用时，黏合剂与固体填料间的界面黏附失效而导致黏合剂从固体颗粒表面脱离，即出现"脱湿"现象。"脱湿"现象的发生，削弱了整个体系内应力的传递，并导致火炸药的力学性能下降。

由 2.5.3 节对 DBM 和 BDO 混合扩链的 ETPE 的力学性能和界面性能的分析可以看出，随着 DBM 比例增加，弹性体本身的力学性能有所下降，而与固体填料 RDX 的相互黏附作用有所增加。而火炸药的力学性能既与弹性体本身的力学性能有关，又与弹性体与固体填料的黏附作用有关，为了判断两种作用的共同效果，本节将不同 DBM/BDO 比例的弹性体与 RDX 复合制成 GAP 基 ETPE/RDX 模型火炸药，并通过对制得火炸药的力学性能表征，来考察 DBM 含量对火炸药整体性能的影响。

1. DBM/BDO 混合扩链 GAP 基 ETPE/RDX 火炸药的制备工艺

如图 2-51 所示，DBM/BDO 混合扩链 GAP 基 ETPE/RDX 火炸药的制备工艺流程为：首先将 GAP 基 ETPE（质量分数为 20%）搅拌溶解于 THF 中；然后将 RDX（质量分数为 80%）加入 GAP 基 ETPE 溶液中，充分搅拌，混合均匀；最后，在真空下将 THF 溶剂除去，并将得到的混合物用开炼机充分共混后，用平板硫化机压片，得到 ETPE/RDX 火炸药。

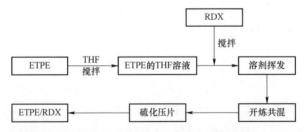

图 2-51 DBM/BDO 混合扩链 GAP 基 ETPE/RDX 模型火炸药的制备工艺流程

以不同 DBM/BDO 比例混合扩链的 GAP 基 ETPE 所制备的模型火炸药分别命名为 RDX/GAP-DBM-BDO-0、RDX/GAP-DBM-BDO-25、RDX/GAP-

DBM–BDO–50、RDX/GAP–DBM–BDO–75、RDX/GAP–DBM–BDO–100。

2. DBM/BDO 混合扩链 GAP 基 ETPE/RDX 模型火炸药的力学性能

表 2–54 给出了 5 种不同的 ETPE/RDX 模型火炸药的最大拉伸强度 σ_m、最大拉伸强度时的应变 ε_m、断裂拉伸强度 σ_b 和断裂伸长率 ε_b，图 2–52 所示为其应力—应变曲线。

表 2–54　DBM/BDO 混合扩链 GAP 基 ETPE/RDX 模型火炸药的 σ_m、ε_m、σ_b 和 ε_b

力学性能	RDX/GAP–DBM–BDO–0	RDX/GAP–DBM–BDO–25	RDX/GAP–DBM–BDO–50	RDX/GAP–DBM–BDO–75	RDX/GAP–DBM–BDO–100
σ_m/MPa	2.45	4.80	2.70	1.37	0.65
ε_m/%	9.98	10.30	8.30	14.56	16.04
σ_b/MPa	2.30	4.80	2.70	0.80	0.30
ε_b/%	12.60	10.30	8.30	32.60	52.20

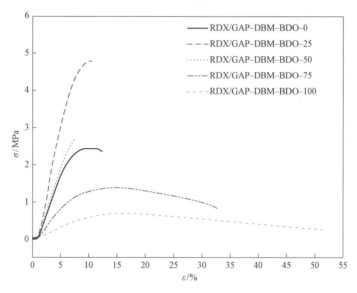

图 2–52　DBM/BDO 混合扩链 GAP 基 ETPE/RDX 模型火炸药的应力—应变曲线

由表 2–54 和图 2–52 可知，GAP–DBM–BDO–0 制备的模型火炸药存在明显的"脱湿"现象。GAP–DBM–BDO–25 制备的模型火炸药，最大拉伸强度高于 GAP–DBM–BDO–0 模型火炸药，而且无"脱湿"现象。

GAP–DBM–BDO–0 弹性体与 RDX 的黏附功 W_a 较低，只有 56.5 mJ·m^{-2}。

当受到载荷作用时弹性体与 RDX 间的表面黏附容易失效而导致黏合剂从固体颗粒表面脱离，发生脱湿断裂。所以，尽管 GAP‑DBM‑BDO‑0 弹性体本身的力学性能较好，但模型火炸药的力学性能较低。而 GAP‑DBM‑BDO‑25 弹性体中引入了酯基侧链，与 RDX 的黏附功增加，可达 64.59 mJ·m^{-2}，改善了表面的相互作用，不易发生脱湿。而且 GAP‑DBM‑BDO‑25 弹性体本身的力学性能也较高，所以制得的模型火炸药既不容易发生弹性体内部的撕裂也不容易发生"脱湿"，具有良好的力学性能。GAP‑DBM‑BDO‑50 弹性体本身的力学性能较低，所以制得的模型火炸药容易发生黏合剂内部断裂，力学性能较低；当 DBM 的含量进一步增加（不小于 75%）时，GAP‑DBM‑BDO 弹性体本身的拉伸强度较低，所以制得的模型火炸药拉伸强度较低，断裂伸长率较高。

综上所述，当 DBM/BDO 混合扩链剂中 DBM 的比例为 25% 时具有较好的综合性能，而且制备的 GAP 基 ETPE/RDX 模型火炸药无"脱湿"现象，具有良好的力学性能。

2.6.2 CBA/BDO 混合扩链 GAP 基 ETPE/RDX 模型火炸药的制备与性能

1. CBA/BDO 混合扩链 GAP 基 ETPE/RDX 火炸药的制备工艺

由 2.5.4 节对 CBA 和 BDO 混合扩链的 GAP 基 ETPE 的力学性能和表面性能的分析可以看出，随着 CBA 比例增加，弹性体本身的力学性能有所下降，而与固体填料 RDX 的相互黏附作用有所增加。而火炸药的力学性能既与弹性体本身的力学性能有关，又与弹性体与固体填料的黏附作用有关。为了判断两种作用的共同效果，本小节将介绍以不同比例的 CBA/BDO 弹性体与 RDX 复合制成的 GAP 基 ETPE/RDX 模型火炸药及其力学性能，并探讨 CBA 含量对火炸药性能的影响。

根据 2.6.1 节中的步骤用不同 CBA/BDO 混合比例的 GAP 基 ETPE，制备 GAP 基 ETPE/RDX 火炸药，分别命名为 RDX/GAP‑CBA‑BDO‑0、RDX/GAP‑CBA‑BDO‑25、RDX/GAP‑CBA‑BDO‑50、RDX/GAP‑CBA‑BDO‑75、RDX/GAP‑CBA‑BDO‑100。

2. CBA/BDO 混合扩链 GAP 基 ETPE/RDX 火炸药的力学性能

5 种不同的 GAP 基 ETPE/RDX 火炸药的 σ_m、ε_m、σ_b 和 ε_b 如表 2‑55 所示，相应的应力—应变曲线如图 2‑53 所示。

表 2-55 CBA/BDO 混合扩链 GAP 基 ETPE/RDX 火炸药的 σ_m、ε_m、σ_b 和 ε_b

力学性能	RDX/GAP-CBA-BDO-0	RDX/GAP-CBA-BDO-25	RDX/GAP-CBA-BDO-50	RDX/GAP-CBA-BDO-75	RDX/GAP-CBA-BDO-100
σ_m/MPa	2.45	4.44	3.80	1.58	0.60
ε_m/%	10.15	11.60	11.80	14.15	15.65
σ_b/MPa	2.30	4.20	3.80	0.80	0.10
ε_b/%	12.60	14.20	11.80	40.80	50.90

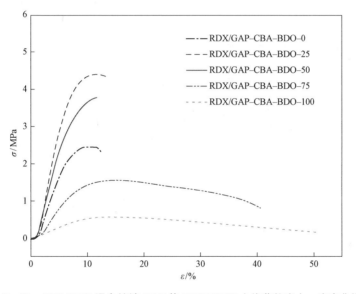

图 2-53 CBA/BDO 混合扩链 GAP 基 ETPE/RDX 火炸药的应力—应变曲线

由表 2-55 和图 2-53 可以看出，GAP-CBA-BDO-0 制备的火炸药存在明显的"脱湿"现象。RDX/GAP-CBA-BDO-50 火炸药的最大拉伸强度高于 RDX/GAP-CBA-BDO-0 火炸药，而且无"脱湿"现象。

2.5.4 节中给出 GAP-CBA-BDO-0 弹性体与 RDX 的黏附功 W_a 仅为 56.54 mJ·m^{-2}，弹性体与 RDX 间的表面黏附作用较弱。受到外力载荷作用时，黏合剂首先发生"脱湿"，从固体颗粒表面脱离。所以，尽管 GAP-CBA-BDO-0 弹性体本身的力学性能较好，但制得的火炸药容易发生"脱湿"，力学性能较低。GAP-CBA-BDO-25 弹性体中引入了氰基侧链，与 RDX 的黏附功增加，可达 70.55 mJ·m^{-2}，改善了表面的相互作用。但是，因为 GAP-CBA-BDO-25

弹性体本身的力学性能还是很高，最大拉伸强度达 4.52 MPa。受外力载荷作用时，弹性体内部不易撕裂，火炸药首先还是发生黏合剂和固体填料的脱离，所以 RDX/GAP‒CBA‒BDO‒25 火炸药依然存在"脱湿"现象。当 CBA 含量增加到 50%时，氰基侧链的含量进一步增加，与 RDX 的黏附功增加，而 GAP‒CBA‒BDO‒50 弹性体本身的力学性能下降，所以受到载荷作用时，首先发生黏合剂内部撕裂，不发生"脱湿"。当 CBA 含量进一步增加（不小于75%）时，GAP‒CBA‒BDO 弹性体本身的拉伸强度较低，所以制得的火炸药拉伸强度较低，断裂伸长率较高。

综上所述，当 CBA/BDO 混合扩链剂中 CBA 的比例为 50%时，合成的 GAP‒CBA‒BDO‒50 具有较好的综合性能，且制备的 GAP 基 ETPE/RDX 火炸药无"脱湿"现象，具有较好的力学性能。

2.6.3 不同 GAP 基 ETPE 模型火炸药的性能对比

通过前面对不同扩链剂扩链的 GAP 基 ETPE 的性能比较，可以看出三种弹性体均具有良好的低温性能（T_{gs} 均低于 -35 ℃）及热性能。其中，CBA 扩链 GAP 基 ETPE 与 RDX 填料的黏附作用最强，而 BDO 扩链 GAP 基 ETPE 的力学性能最好。为了获得能量较高和力学性能较好的火炸药，认为 CBA 和 BDO 混合扩链的 GAP 基 ETPE 更适宜作为火炸药的黏合剂。

对 CBA/BDO 不同混合比例的 GAP 基 ETPE 的表面性能分析发现，加入 CBA 后，弹性体与固体填料的黏附功增加，黏结性能增强，所以选择 CBA/BDO 混合扩链的 GAP 基 ETPE 有望得到性能较佳的火炸药。2.6.2 节中利用不同 CBA/BDO 混合比例的 GAP 基 ETPE 制备了模型火炸药，并给出了其力学性能，结果表明当扩链剂中 CBA 的比例为 50%时，其最大拉伸强度 σ_m 和断裂伸长率 ε_b 分别可达到 3.8 MPa 和 11.8%，具有良好的力学性能，未出现"脱湿"现象。

下面对优选出的以 CBA/BDO 混合扩链（CBA 占扩链剂质量分数为 50%）的 GAP 基 ETPE 的生成焓进行计算，图 2‒54 所示为 GAP‒CBA‒BDO‒50 的结构示意图。

R=1.0 时，原料的物质的量比满足 GAP：HMDI：BDO：CBA=1：n：0.637（$n-1$）：0.363（$n-1$），硬段含量 H=30%时，n=4.85。A_1 结构的生成焓为 -589×0.637($n-1$)= -1 444.5 kJ·mol^{-1}，A_2 结构的生成焓为 -413×0.363（$n-1$）= -577.2 kJ·mol^{-1}，B 结构的生成焓为 -381 kJ·mol^{-1}，C 结构的生成焓为 189×（4 000/99）=7 636.36 kJ·mol^{-1}，所以得到的 ETPE 的摩尔生成焓为 5 233.7 kJ·mol^{-1}。

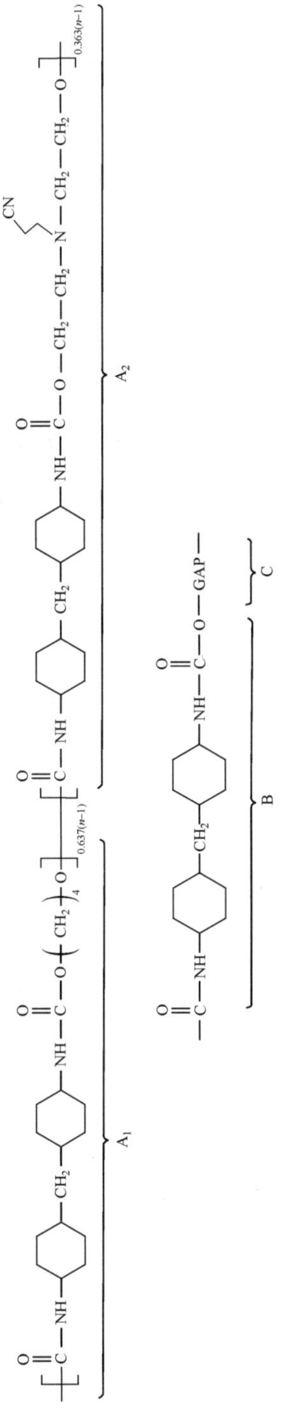

图 2-54 GAP-CBA-BDO-50 的结构示意图

本章主要介绍了不同异氰酸酯、高软段、高硬段和具有键合功能的 GAP 基 ETPE,探讨了其相对分子质量与相对分子质量分布、氢键化程度、玻璃化转变温度、结晶性能、热分解性能、表面性能和力学性能,并进行了对比。其中,以 CBA/BDO 为混合扩链剂(CBA 占扩链剂质量分数为 50%),硬段含量为 30% 的 GAP 基 ETPE 具有较高的生成焓(5 233.7 kJ·mol^{-1})和良好的力学性能(σ_m=4.43 MPa,ε_b=629.0%);而且因为含有键合功能的基团,与固体填料的黏附作用强,制得的模型火炸药的力学性能较好(σ_m=3.80 MPa,ε_b=11.80%),没有发生"脱湿"现象。

参 考 文 献

[1] Frankel M B, Flanngan J E. Energetic hydroxy – terminated azide polymer[P]. US4268450,1981.

[2] 张在娟,罗运军,李国平. 变温红外光谱法研究 GAP 与三种异氰酸酯的反应动力学[J]. 含能材料,2014,3:382–385.

[3] Macknight W J, Yang M. Property – structure relationships in polyurethanes,Infrared studies[J]. Journal of Polymer Science,Part C,1973,42:817–832.

[4] 张在娟,罗运军. 含不同扩链剂的聚叠氮缩水甘油醚基含能热塑性弹性体的合成与力学性能[J]. 高分子材料科学与工程,2014,11:5.

[5] Garrett J T, Xu R, Cho J, et al. Phase separation of diamine chain – extended poly (urethane) copolymers:FTIR spectroscopy and phase transitions[J]. Polymer,2003,44(9):2711–2719.

[6] Zhang Z,Wang G,Wang Z,et al. Synthesis and characterization of novel energetic thermoplastic elastomers based on glycidyl azide polymer (GAP) with bonding functions[J]. Polymer Bulletin,2015,72(8):1835–1847.

[7] 阿方萨斯波丘斯. 黏结与胶黏剂技术导论[M]. 潘顺龙,赵飞,许关利,译. 北京:化学工业出版社,2005.

[8] 杜美娜. 高能固体推进剂组分的界面性质研究[D]. 北京:北京理工大学,2008.

[9] Illinger J L,Schneider N S,Karasz F E. Low temperature dynamic mechanical properties of polyurethane – polyether block copolymers[J]. Polymer

Engineering Science, 1972, 12(1): 25-29.

[10] Seymour R W, Cooper S L. Thermal analysis of polyurethane block polymers [J]. Macromolecules, 1973, 6(1): 48-53.

[11] Shi Q Z, Zhao F Q, Yan H K, et al. Thermal Analysis Kinetics and Thermodynamics [M]. Xi'an: Science and Technology of Shanxi Press, 2001.

[12] 钟世云, 许乾慰, 王公善. 聚合物降解与稳定化 [M]. 北京: 化学工业出版社, 2002.

[13] 常武军, 鞠玉涛, 王蓬勃. HTPB 推进剂脱湿与力学性能的相关性研究 [J]. 兵工学报, 2012, 33(3): 261-266.

[14] Rothon R N. Particulate-filled polymer composites [M]. Shropshire: iSmithers Rapra Publishing, 2003.

[15] 郭翔, 张小平, 张炜. 拉伸速率对 NEPE 推进剂力学性能的影响 [J]. 固体火箭技术, 2007, 30(4): 321-323.

[16] 潘碧峰, 罗运军, 谭惠民. 树形分子键合剂包覆 AP 及其相互作用研究 [J]. 含能材料, 2004, 12(1): 6-9.

[17] Paul B J. Diethyl Bis(Hydroxymethyl) Malonate [J]. Organic Syntheses, 1973, 5: 381.

[18] 陈朝阳, 钟宏. N-(2.氰基乙基)丁胺的合成研究 [J]. 化学工程师, 2002, 92(5): 12-14.

[19] Zhang Z, Luo N, Deng J, et al. A kind of bonding functional energetic thermoplastic elastomers based on glycidyl azide polymer [J]. Journal of Elastomers and Plastics, 2016, 48(8): 728-738.

第 3 章
聚 3,3 - 双叠氮甲基氧丁环基含能热塑性弹性体

3.1 概　　述

随着叠氮类含能黏合剂的不断发展，PBAMO 作为其中能量水平最高的含能聚合物，越来越受到研究人员的重视，不论是对 PBAMO 合成方法的优化，还是对其各项性能的改善，以及在火炸药领域的应用，都开展了大量的研究。

PBAMO 是 3,3-双叠氮甲基氧丁环（BAMO）的均聚物，BAMO 是一种高度对称的单体，分子结构中含有两个叠氮基团，开环聚合后得到的聚合物 PBAMO 同样具有较高的结构规整性。图 3-1 所示为 BAMO 和 PBAMO 的结构示意图，表 3-1 列出了 PBAMO 的物理化学性质。从表中数据可以看出，PBAMO 具有较高的正生成焓，且密度大、含氮量高。

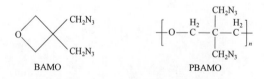

图 3-1　BAMO 和 PBAMO 的结构式

表 3-1 PBAMO 的理化性质

性　质	数　据
分子式	$HO\text{─}(C_5H_8N_6O)_n\text{─}H$
生成焓 ΔH_f	$2\,425\ kJ\cdot kg^{-1}$
密度 ρ	$1.35\ g\cdot cm^{-3}$
熔点 T_m	77~78 ℃
玻璃化转变温度 T_g	−30.5 ℃
10 MPa 下的绝热火焰温度 T_f	1 747 ℃

然而，由于 PBAMO 的侧链引入了极性较强的叠氮甲基，不利于主链的自由旋转，使主链的柔顺性降低，难以满足加工需求，故无法单独作为黏合剂使用。近年来研究人员通过扩链的方法制备热塑性聚氨酯扩链 PBAMO（CE-PBAMO）来改善 PBAMO 的性能[1]。CE-PBAMO 与 PBAMO 的共聚物相比，在保持 PBAMO 预聚物能量水平的同时，因其高结晶性和高密度的特点，兼具良好的韧性和强度，可作为热塑性含能黏合剂应用于固体推进剂、发射药和混合炸药等领域[2-4]。

本章主要介绍几种由不同结构的二异氰酸酯和不同功能的二元醇扩链剂所制备的 CE-PBAMO，并对其在压装混合炸药中的应用情况进行简要介绍。

3.2 不同异氰酸酯制备 PBAMO 基含能热塑性弹性体

采用二异氰酸酯将具有端羟基的低相对分子质量 PBAMO 偶联起来的方法是一种简单可行的扩链方法，二异氰酸酯会与 PBAMO 的端羟基反应生成氨基甲酸酯，氨基甲酸酯具有一定的刚性和极性，对所形成的扩链 PBAMO（CE-PBAMO）聚氨酯弹性体黏合剂的性能具有较大的影响[5]。因此，本节主要介绍了不同种类的二异氰酸酯扩链对 CE-PBAMO 的结晶性、力学性能、玻璃化转变温度、表面性能以及流变等性能的影响。

3.2.1　不同异氰酸酯扩链 PBAMO 的反应原理

不同异氰酸酯合成 CE-PBAMO 的反应原理如图 3-2 所示。

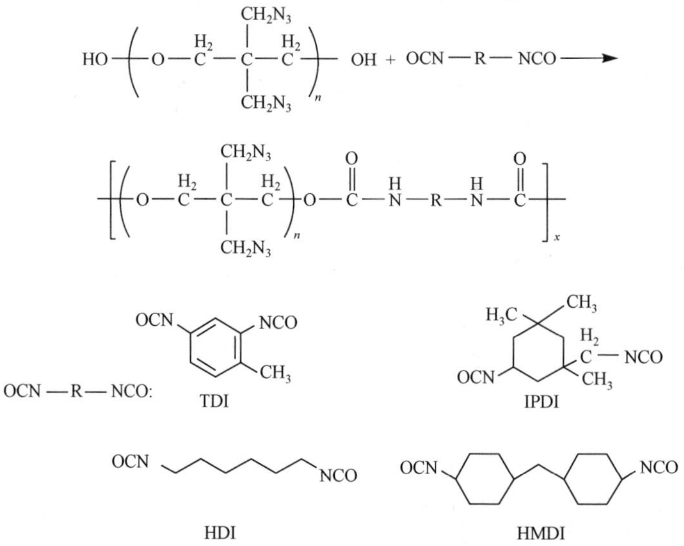

图 3-2　不同异氰酸酯扩链 PBAMO 的合成反应原理图

3.2.2　不同异氰酸酯扩链 PBAMO 的合成工艺

合成 PBAMO 基 ETPE 的具体工艺流程如图 3-3 所示。以异氰酸酯选择 HMDI、IPDI、TDI 和 HDI 为例，分别命名为 HMDI-CE-PBAMO、IPDI-CE-PBAMO、TDI-CE-PBAMO 和 HDI-CE-PBAMO。

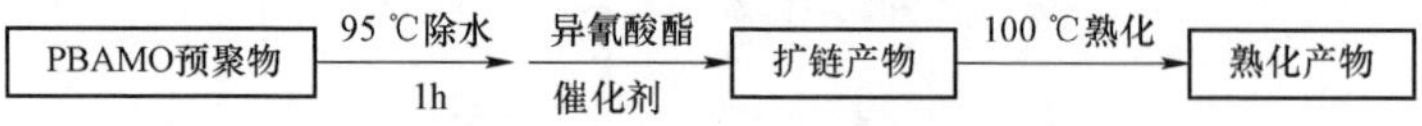

图 3-3　不同异氰酸酯扩链 PBAMO 的合成工艺流程

3.2.3　不同异氰酸酯扩链 PBAMO 的性能

1. 结晶度

不同异氰酸酯扩链 PBAMO 的 XRD 谱图如图 3-4 所示，通过计算得到 PBAMO 的结晶度，如表 3-2 所示。

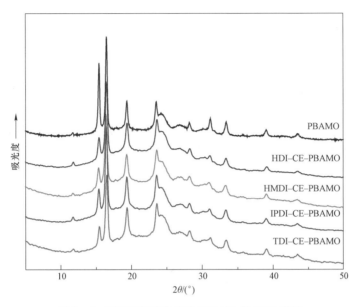

图 3-4 不同异氰酸酯扩链 PBAMO 的 XRD 谱图

扩链后的 CE-PBAMO 与 PBAMO 预聚物相比结晶度减小，这是因为扩链后分子链中引入了异氰酸酯结构并生成了氨基甲酸酯基团，从而破坏了 BAMO 分子链段的对称性和规整性，使其结晶度降低。

表 3-2 不同异氰酸酯扩链 PBAMO 的结晶度

性能	PBAMO	HMDI-CE-PBAMO	IPDI-CE-PBAMO	TDI-CE-PBAMO	HDI-CE-PBAMO
结晶峰的积分面积	6.357×10^5	3.704×10^5	3.322×10^5	3.147×10^5	4.803×10^5
总面积	11.952×10^5	12.140×10^5	10.964×10^5	10.473×10^5	12.041×10^5
结晶度/%	53.19	30.51	30.30	30.05	39.89

由表 3-2 可知，四种 CE-PBAMO 的结晶度大小顺序为：HDI-CE-PBAMO＞HMDI-CE-PBAMO＞IPDI-CE-PBAMO＞TDI-CE-PBAMO。TDI-CE-PBAMO 的结晶度最低，这是因为 TDI 分子结构中含有苯环，苯环刚性较大，它的引入会降低 BAMO 链段向结晶表面扩散的能力，使得链段难以有序排列，一定程度上减弱了聚合物的结晶能力；对于 HMDI 和 IPDI，二者均属脂环族分子，柔顺性优于芳香族，而 HMDI 分子结构较为对称，故相对于

IPDI-CE-PBAMO，HMDI-CE-PBAMO 的结晶度略高；HDI 为柔性的脂肪族且具有较为对称的结构，对其结晶能力影响较小，故 HDI-CE-PBAMO 的结晶度最高。

2. 玻璃化转变温度

不同异氰酸酯扩链 PBAMO 的 DSC 曲线如图 3-5 所示，由图 3-5 得到的玻璃化转变温度 T_g 如表 3-3 所示。

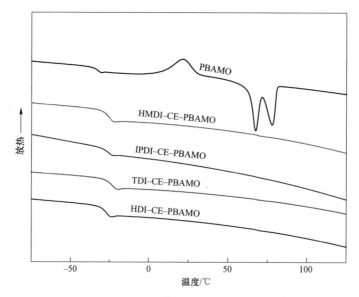

图 3-5　不同异氰酸酯扩链 PBAMO 的 DSC 曲线

表 3-3　不同异氰酸酯扩链 PBAMO 的 T_g

温度	PBAMO	HMDI-CE-PBAMO	IPDI-CE-PBAMO	TDI-CE-PBAMO	HDI-CE-PBAMO
$T_g/℃$	-33.18	-25.85	-26.85	-23.68	-27.68

由表 3-3 可以看出，CE-PBAMO 的 T_g 与预聚物 PBAMO 的 T_g 相比均有所增加。主要原因有两个：一是扩链后引入的二异氰酸酯结构降低了链段的柔顺性；二是生成的氨基甲酸酯基团具有一定的极性，极性基团的引入增强了分子间的作用力，限制了分子链的运动，二者综合的结果使得 T_g 升高。此外，CE-PBAMO 的 DSC 谱图中冷结晶峰和低温熔融峰均消失，也表明扩链后分子链段的结晶能力减弱，与 XRD 结果一致。

不同 CE-PBAMO 的玻璃化转变温度大小顺序为：TDI-CE-PBAMO＞HMDI-CE-PBAMO＞IPDI-CE-PBAMO＞HDI-CE-PBAMO，这与二异氰酸酯的结构有关，主链中引入刚性基团，链上可以内旋转的单键比例减少，分子链刚性增加，则 T_g 升高[6]。四种异氰酸酯中 TDI 含有苯环结构，其刚性最大，故 T_g 相对最高；HMDI 与 IPDI 均含有脂肪环，而 HMDI 的结构较为对称，较 IPDI 刚性大，HDI 有较好的柔顺性，T_g 最低，如图 3-6 所示。

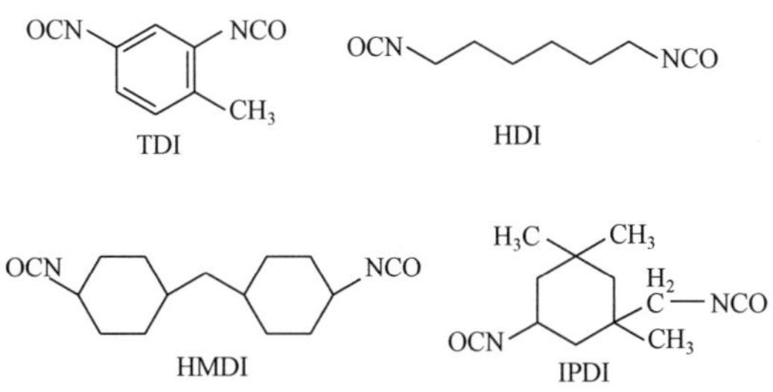

图 3-6 不同二异氰酸酯的结构式

3. 热分解性能

四种 CE-PBAMO 的 TG 及 DTG 曲线如图 3-7 所示，不同异氰酸酯扩链 PBAMO 的热失重数据见表 3-4。

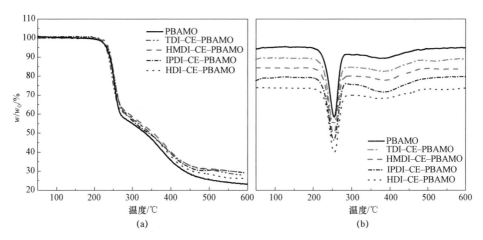

图 3-7 不同异氰酸酯扩链 PBAMO 的 TG 曲线和 DTG 曲线
（a）TG 曲线；（b）DTG 曲线

表 3–4　不同异氰酸酯扩链 PBAMO 的热失重数据

弹性体	第一阶段			第二阶段		残碳量/%
	分解峰温/℃	失重率/%	理论叠氮基团含量/%	分解峰温/℃	失重率/%	
PBAMO	254.8	43.5	49.6	375.7	38.0	18.5
HMDI–CE–PBAMO	253.7	39.8	46.5	382.8	35.4	24.8
IPDI–CE–PBAMO	252.7	40.7	46.9	382.4	34.9	24.4
TDI–CE–PBAMO	252.1	41.2	47.4	384.7	35.4	23.4
HDI–CE–PBAMO	253.4	41.9	47.5	377.7	36.6	21.5

根据图 3–7 和表 3–4 可知，四种 CE–PBAMO 均具有良好的热稳定性，其在 200 ℃以下没有明显的热失重。200 ℃以上的热失重过程主要分为两个阶段：第一阶段为叠氮基团分解，由于扩链后分子链上的叠氮基团相对含量会降低，因此第一阶段的失重率较扩链前减少；第二阶段的分解变得较为明显，这是因为此阶段的失重不仅含有聚醚主链的分解还有氨基甲酸酯链段的分解，二者的分解有重叠。

对比四种 CE–PBAMO 在第一阶段的分解峰温，均在 253 ℃左右，并无明显差别。从第一阶段的失重率来看，HMDI–CE–PBAMO 的失重率为 36.1%、IPDI–CE–PBAMO 的失重率为 36.8%、TDI–CE–PBAMO 是 37.4%、HDI–CE–PBAMO 是 37.9%，该阶段的失重率与叠氮基团的理论含量一致。

与 PBAMO 相比，四种 CE–PBAMO 第二阶段的分解峰温均有所升高，其热分解峰温按下列顺序递增：HDI–CE–PBAMO＜IPDI–CE–PBAMO＜HMDI–CE–PBAMO＜TDI–CE–PBAMO，这主要是因为 TDI 本身含有苯环，耐热性较好；HMDI–CE–PBAMO 与 IPDI–CE–PBAMO 相比，前者的分子结构中含有双脂肪碳环且对称规整，所以 HMDI–CE–PBAMO 热稳定性略优于 IPDI–CE–PBAMO。

为进一步理解 CE–PBAMO 的分解过程，以 IPDI–CE–PBAMO 为例，对其热分解产物进行了同步红外跟踪测试，如图 3–8 所示。

图 3–9 所示为不同分解时间（温度）下的 IPDI–CE–PBAMO 分解产物的红外光谱图。由图可见，升温 1 min（约 40 ℃）时的红外光谱图中并未出现基团的特征吸收峰，也就是说该温度下并没有气体分解产物放出，可作为背景谱图来对比分析。20 min（约 230 ℃）时的红外光谱图与 1 min 时相比，开始出现气体分解产物，在 930 cm^{-1}、965 cm^{-1}、2 100 cm^{-1}、2 200 cm^{-1} 及 1 050～1 150 cm^{-1} 处出现了较弱的吸收峰，分别对应 NH_3 和 HCN 的面外弯曲振动吸收峰，以及 N_3、N_2O 和 HCHO 的特征吸收峰，并在 2 265～2 345 cm^{-1} 处出现了 CO_2 的特征吸

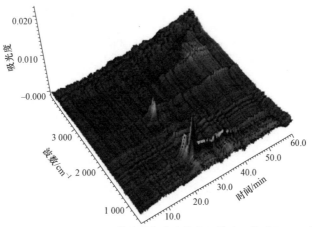

图 3-8　IPDI-CE-PBAMO 热分解气体产物的红外光三维谱图（见彩插）

收峰。当升温至 22 min（250 ℃）时，接近第一分解阶段的分解峰温，此时的红外吸收峰变得更加明显，说明该温度下分解放出了大量的气体产物，除了上一阶段的 NH_3、HCN、N_3、N_2O、HCHO 和 CO_2，还在 3 320 cm^{-1} 和 1 625 cm^{-1} 出现 N—H 的特征吸收峰。在分解的第二阶段，约 35 min（380 ℃）时仍存在 NH_3、HCN 和 CO_2 的特征吸收峰，但峰强已减弱，并出现了亚甲基—CH_2—（2 850～2 950 cm^{-1}）和不饱和烯烃双键上 C═C—H（3 020 cm^{-1}）的特征吸收峰。到了 45 min（480 ℃），与 35 min 时相比，NH_3 和 HCN 的特征吸收峰变的较弱，—CH_2—的吸收峰强度也减小，C═CH—的吸收峰略有增加，这说明亚甲基先于不饱和烯烃放出。55 min（580 ℃）时已经检测不到气体产物，热分解结束。

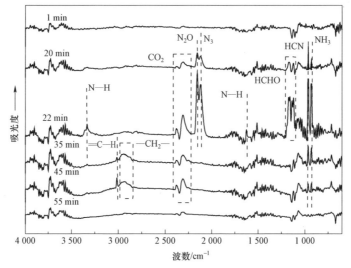

图 3-9　不同时间 IPDI-CE-PBAMO 分解产物的红外光谱图

■ 含能热塑性弹性体

　　根据以上分析，认为 IPDI－CE－PBAMO 第一阶段（叠氮基团）的分解与 PBAMO 类似，首先是侧链上的—CH_2N_3 以两种途径发生分解：一种分解方式是 R—N_2 键的断裂形成氮宾结构并产生 N_2（N_2 会结合 O 产生 N_2O），氮宾结构经重排后形成亚胺，亚胺经质子转移后与自由基结合产生 NH_3 和 HCN；另一种分解途径是 R—N_3 键的断裂产生—N_3，—N_3 与质子 H 结合生成 HN_3。与 PBAMO 分解相比，不同的是主链分解过程中，归属于 CO_2 和 HCHO 的特征吸收峰明显增强。这是因为此时不仅有醚键的断裂，还有氨基甲酸酯—NHCOO—的断裂，分解放出更多的 CO_2。在 380 ℃ 之后长的烷烃链开始分解并产生亚甲基—CH_2—和不饱和烯烃等小分子。IPDI－CE－PBAMO 的热分解机理如图 3－10 所示。

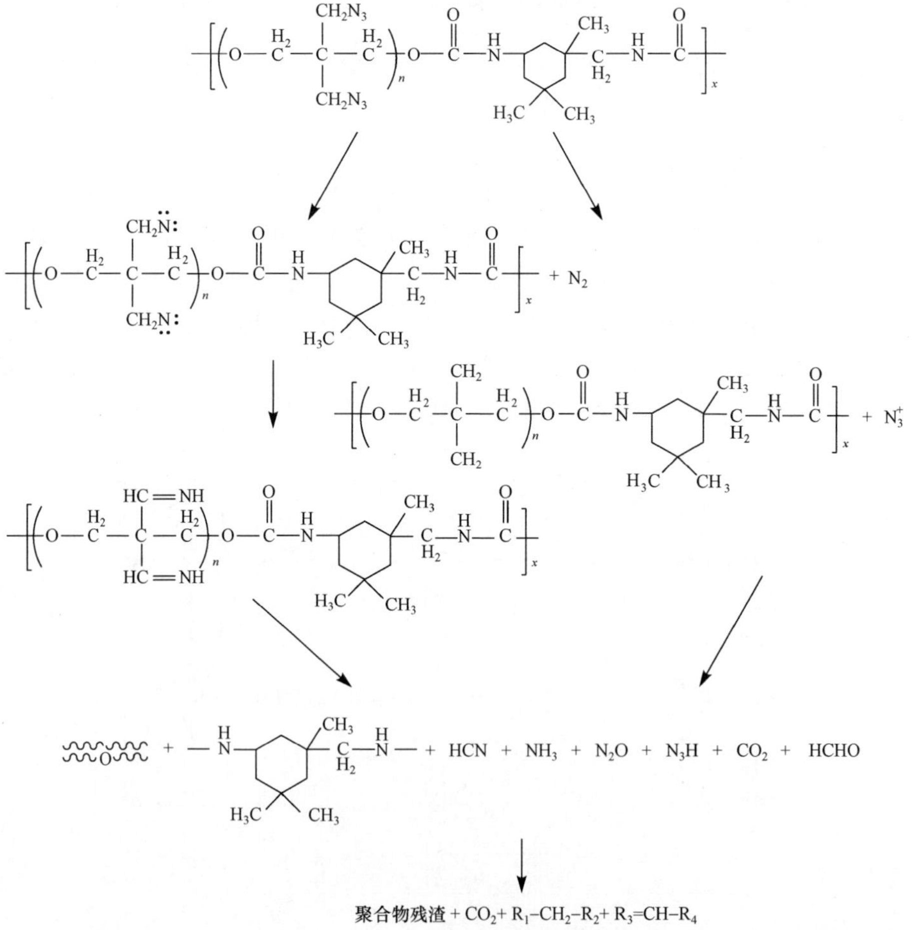

图 3－10　IPDI－CE－PBAMO 的热分解机理

4. 力学性能

四种 CE-PBAMO 的最大拉伸强度 σ_m 和断裂伸长率 ε_b 如表 3-5 和图 3-11 所示。

表 3-5 不同异氰酸酯扩链 PBAMO 的 σ_m 和 σ_b

力学性能	PBAMO	HDI-CE-PBAMO	HMDI-CE-PBAMO	IPDI-CE-PBAMO	TDI-CE-PBAMO
σ_m/MPa	1.42	4.77	5.55	5.43	5.57
ε_b/%	4.60	11.29	11.71	16.48	14.80

由表 3-5 可见，PBAMO 扩链之后，强度和延伸率均有明显提高。这是因为 PBAMO 与二异氰酸酯反应形成了氨基甲酸酯刚性基团，可以起到物理交联点的作用。此外，氨基甲酸酯基团中的亚氨基还会与叠氮基团形成氢键，增加了分子间作用力，而且扩链后相对分子质量增加，这些都使得 CE-PBAMO 的力学性能提升。

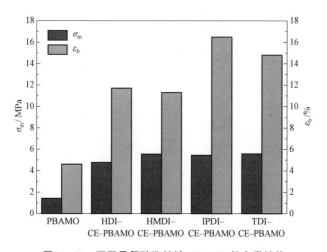

图 3-11 不同异氰酸酯扩链 PBAMO 的力学性能

不同异氰酸酯扩链后力学性能有所差别，这与二异氰酸酯的种类及形成氨基甲酸酯的分子结构有关。脂肪族 HDI-CE-PBAMO 的强度和延伸率都较低，一方面是由于其扩链后的相对分子量较小；另一方面是因为扩链引入的氨基甲酸酯基团含有直链烷烃，与其他芳香族和脂环族相比力学性能较差。芳香族 TDI-CE-PBAMO 的强度与脂环族 HMDI-CE-PBAMO 和 IPDI-CE-PBAMO 的相差不大，同为脂环族的 IPDI 扩链后强度要略低于 HMDI 扩链，而延伸率较高,这是因为 HMDI 结构对称且含有更多的脂环,分子链堆积更为紧密,强度略高。总体来看,IPDI – CE – PBAMO 兼具较高的强度和延伸率,力学性能比较好。

5. 表面性能

将不同异氰酸酯扩链 PBAMO 的样品制成平整的薄膜,分别选用一种非极性溶剂(二碘甲烷)和两种极性溶剂(蒸馏水,甲酰胺)作为参比液,测得 PBAMO 的接触角如表 3 – 6 所示。

表 3 – 6 不同异氰酸酯扩链 PBAMO 的接触角

弹性体	水/(°)	甲酰胺/(°)	二碘甲烷/(°)
PBAMO	88.41	66.23	58.80
HMDI – CE – PBAMO	60.01	48.45	38.12
IPDI – CE – PBAMO	59.55	48.31	39.16
TDI – CE – PBAMO	58.30	47.56	37.68
HDI – CE – PBAMO	65.37	51.21	41.98

根据接触角测试结果计算得到不同异氰酸酯扩链 PBAMO 的表面张力及其分量,如表 3 – 7 所示。

表 3 – 7 不同异氰酸酯扩链 PBAMO 的表面张力及其分量

弹性体	γ_{SL}/(mJ·m^{-2})	γ_{SL}^d/(mJ·m^{-2})	γ_{SL}^p/(mJ·m^{-2})
PBAMO	29.44	28.79	0.65
HMDI – CE – PBAMO	44.39	40.54	3.85
IPDI – CE – PBAMO	44.25	40.04	4.21
TDI – CE – PBAMO	45.07	40.79	4.28
HDI – CE – PBAMO	41.62	38.48	3.14

由表 3 – 7 可见,扩链后 CE – PBAMO 的表面张力以及色散分量和极性分量均有明显提高。其中,扩链反应形成的氨基甲酸酯基团具有较大的极性,可有效提高极性分量,此外还会与叠氮基团形成氢键;而且扩链后相对分子质量有所增加,这些都使得分子间作用力增强,色散分量增加。

不同 CE – PBAMO 的表面张力大小是由其极性分量和色散分量综合作用

的结果。对于极性分量而言,HDI-CE-PBAMO 和 HMDI-CE-PBAMO 分子链中引入的异氰酸酯结构较为对称,故其极性分量要低于 TDI-CE-PBAMO 和 IPDI-CE-PBAMO。此外,苯环的极性略大于环状烷烃大于直链烷烃,故四者极性分量大小顺序为:TDI-CE-PBAMO>IPDI-CE-PBAMO>HMDI-CE-PBAMO>HDI-CE-PBAMO。影响色散分量大小的主要因素是分子间作用力的大小,对于分子链中有苯环存在的 TDI-CE-PBAMO,由于其内聚能较大,分子间作用力略大;HMDI-CE-PBAMO 与 IPDI-CE-PBAMO 相比,结构更对称,脂环数量略多,相互作用较大。整体来看,TDI-CE-PBAMO、HMDI-CE-PBAMO 和 IPDI-CE-PBAMO 的表面张力相差不大,略高于 HDI-CE-PBAMO。

为了考察不同异氰酸酯扩链 PBAMO 与火炸药常用组分间的相互作用,分别测试并计算了各 CE-PBAMO 与 RDX,HMX,CL-20,Al 粉以及 AP 的表面张力 γ_{S1S2} 和黏附功 W_a,如表 3-8 所示。

表 3-8 不同异氰酸酯扩链 PBAMO 与火炸药常用组分的表面张力和黏附功

弹性体	RDX		HMX		CL-20		AP		Al 粉	
	γ_{S1S2}/(mJ·m^{-2})	W_a/(mJ·m^{-2})	γ_{S1S2}/(mJ·m^{-2})	W_a/(mJ·m^{-2})	γ_{S1S2}/(mJ·m^{-2})	W_a/(mJ·m^{-2})	γ_{S1S2}/(mJ·m^{-2})	W_a/(mJ·m^{-2})	γ_{S1S2}/(mJ·m^{-2})	W_a/(mJ·m^{-2})
PBAMO	11.73	59.51	3.44	75.75	1.40	70.68	2.75	62.05	1.68	64.80
HMDI-CE-PBAMO	7.11	79.10	0.16	94.00	0.29	86.76	1.16	78.61	0.41	79.35
IPDI-CE-PBAMO	6.60	79.46	0.18	93.83	0.39	86.51	1.00	78.62	0.35	79.27
TDI-CE-PBAMO	6.70	80.17	0.14	94.69	0.41	87.31	1.10	79.34	0.43	80.01
HDI-CE-PBAMO	7.55	75.89	0.37	91.01	0.15	84.13	1.10	75.90	0.30	78.38

黏附功是衡量两种固体间相互作用和黏结情况的重要参数,黏附功越大表明两相界面的黏结作用越强[7]。由表 3-8 可知,与 PBAMO 相比,CE-PBAMO 与火炸药配方组分之间的黏附功有较大幅度的提升,这主要是由于氨基甲酸酯极性基团的生成增强了 CE-PBAMO 与固体填料之间的黏结作用。

■ 含能热塑性弹性体

不同异氰酸酯扩链的 PBAMO 与火炸药配方组分之间的黏附功结果表明，极性最小且分子间作用力最弱的 HDI-CE-PBAMO 与固体填料的黏附功较小，其他三种体系的黏附功大小相差不大。其中，极性略大且分子间作用力较强的 TDI-CE-PBAMO 黏附功较大。总体来讲，扩链反应可以有效提升 PBAMO 与固体填料之间的相互作用，黏附功增大，有利于提高火炸药的力学性能。

6. 流变性能

不同异氰酸酯扩链 PBAMO 的储能模量 G' 和损耗模量 G'' 随频率扫描变化的曲线如图 3-12 和图 3-13 所示。由图可知，扩链 PBAMO 的 G' 和 G'' 都随振荡频率的增加逐渐增大。这是因为频率增加，分子链段在短时间内来不及运动，应变松弛效应减弱，弹性行为更加明显，从而使储能模量增加。损耗模量增加的原因是单位时间内克服分子间滑移所需摩擦和热损耗在高频下的增加。

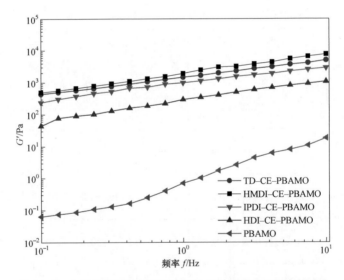

图 3-12　不同异氰酸酯扩链 PBAMO 的储能模量与频率关系图

由于流变性能测试在 80 ℃下进行，DSC 测试表明，BAMO 链段结晶熔融峰在 65～78 ℃，在 80 ℃下晶区已基本消失，可忽略结晶作用对模量的影响。而扩链之后 G' 和 G'' 均有明显增加，其原因主要有两个：一是由于扩链使其相对分子量增加；二是扩链产生了刚性的氨基甲酸酯基团，这些都限制了分子链的运动，使得储能模量和损耗模量提升。不同异氰酸酯扩链 PBAMO 的 G' 和 G'' 大小顺序为：TDI-CE-PBAMO > HMDI-CE-PBAMO > IPDI-CE-PBAMO >

HDI-CE-PBAMO。HDI-CE-PBAMO 的 G' 和 G'' 最小,主要原因有两个:一方面是由于扩链后的产物相对分子质量比其他三种扩链产物小;另一方面是 HDI 本身为柔性的脂肪结构,链段更易运动,则储能模量和损耗模量较小。TDI-CE-PBAMO 分子链中含有苯环刚性结构,而且内聚能较大,使得分子链段运动受阻,松弛时间延长,熔体的弹性形变松弛效应减弱,故储能模量较大。同时其分子链间的滑移阻力大,需要克服较大的阻力才能移动,故损耗模量也较大;同为脂环族的 HMDI 与 IPDI 相比,分子结构中脂肪环数量略多,刚性较大,G' 和 G'' 略大。

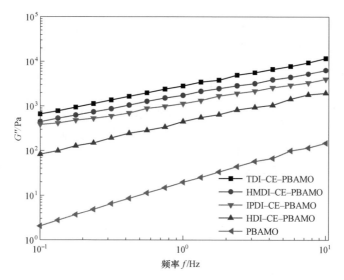

图 3-13 不同异氰酸酯扩链 PBAMO 的损耗模量与频率关系图

由以上分析可知,IPDI-CE-PBAMO 同时具有较高的相对分子质量、较佳的热稳定性、较好的力学性能,并与火炸药组分之间具有较高的黏附功,具有良好的应用前景。

3.3 不同二元醇制备 PBAMO 基含能热塑性弹性体

采用不同二异氰酸酯扩链 PBAMO 后,相对分子质量得以提高,力学性能及其与火炸药各组分之间的黏结作用也有所提升。由于引入的氨基甲酸酯链段较少，其性能仍可进一步改善，尤其对于力学性能，二异氰酸酯扩链 PBAMO 得到的断裂伸长率仍较低。本节介绍了通过小分子扩链剂，引入更多的氨基甲酸酯链段来进一步改善力学性能和表面性能的工作。

国内外在热塑性聚氨酯合成研究中，扩链剂多选用链段较短、相对分子质量较小的二官能度化合物，一般为小分子二元胺或小分子二元醇。对于二元胺类扩链剂，活性较高，反应较为剧烈，不易控制，容易发生凝胶化甚至交联[5]。相比之下，二元醇类扩链剂的活性适中，反应容易控制，也可达到改善性能的效果。

作为 CE-PBAMO 中氨基甲酸酯链段的重要组成部分，小分子二元醇的结构类型直接影响 CE-PBAMO 的各项性能。本节对几种不同结构类型的小分子二元醇：1,4-丁二醇（BDO）、1,6-己二醇（HDO）和一缩二乙二醇（DEG）作为扩链剂所制备的 CE-PBAMO 进行介绍。

3.3.1 不同二元醇制备 PBAMO 基含能热塑性弹性体的反应原理

不同二元醇合成 PBAMO 基 ETPE 的合成反应原理如图 3-14 所示。

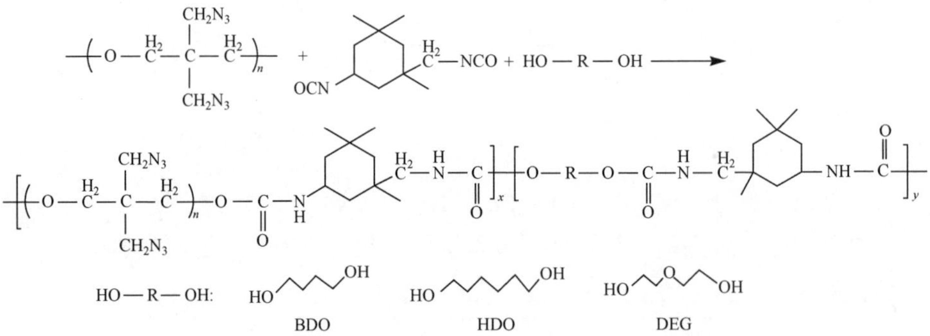

图 3-14 不同二元醇 PBAMO 基 ETPE 的合成反应原理图

3.3.2 不同二元醇制备 PBAMO 基含能热塑性弹性体的合成工艺

熔融两步法合成不同二元醇 PBAMO 基 ETPE 的合成工艺流程如图 3-15 所示。

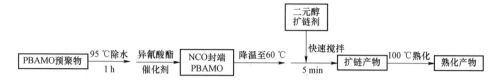

图3-15 不同二元醇PBAMO基ETPE的合成工艺流程

3.3.3 不同二元醇制备PBAMO基含能热塑性弹性体的性能

1. 氢键化程度

氢键化程度不仅影响了CE-PBAMO分子链的形态,还能从微观结构层面来揭示不同二元醇扩链PBAMO的结构与性能之间的关联,因此对其氢键化程度的研究有重要意义。已有研究表明,CE-PBAMO分子链中的亚氨基(—NH—)不仅会与羰基(—C=O)形成氢键,而且还会与叠氮基团(—N_3)产生氢键作用[8]。

图3-16所示为不同二元醇扩链剂CE-PBAMO的亚氨基吸收峰的FTIR谱图,图3-17所示是以IPDI-BDO-CE-PBAMO为例对亚氨基进行的红外分峰拟合图。

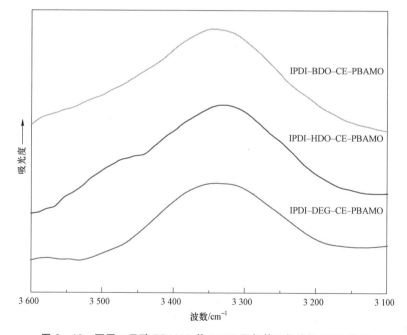

图3-16 不同二元醇PBAMO基ETPE亚氨基吸收峰的FTIR谱图

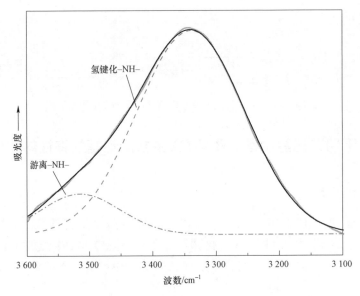

图 3-17 IPDI-BDO-CE-PBAMO 亚氨基的 FTIR 分峰拟合图

由图 3-17 可知，IPDI-BDO-CE-PBAMO 亚氨基部分可以分为两个峰，分别对应位于高波数游离的亚氨基和低波数氢键化的亚氨基。

图 3-18 所示为不同二元醇扩链 CE-PBAMO 时羰基区域的 FTIR 谱图，图 3-19 所示是以 IPDI-BDO-CE-PBAMO 为例对羰基进行的 FTIR 分峰拟合图。

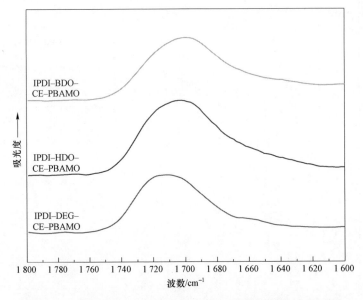

图 3-18 不同二元醇 PBAMO 基 ETPE 的羰基区域的 FTIR 谱图

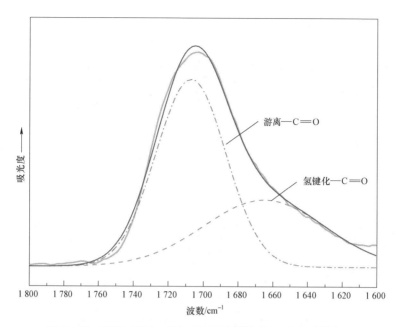

图 3-19 IPDI-BDO-CE-PBAMO 羰基的 FTIR 分峰拟合图

由图 3-19 可知，IPDI-BDO-CE-PBAMO 羰基部分同样可以分为两个峰，分别对应于高波数处游离的羰基和低波数氢键化的羰基。

分别对 CE-PBAMO 红外光谱图中亚氨基部分和羰基部分进行分峰拟合，计算结果见表 3-9。由表可见，IPDI-DEG-CE-PBAMO 中亚氨基的氢键化程度最高，其次为 IPDI-BDO-CE-PBAMO，最小的是 IPDI-HDO-CE-PBAMO；IPDI-BDO-CE-PBAMO 中羰基的氢键化程度最低，其次为 IPDI-HDO-CE-PBAMO，最小的是 IPDI-DEG-CE-PBAMO。

表 3-9 不同二元醇 PBAMO 基 ETPE 的氢键化比例

弹性体	—NH—				—C=O				X_N/%	X_C/%
	游离		氢键化		游离		氢键化			
	波数/cm^{-1}	峰面积比	波数/cm^{-1}	峰面积比	波数/cm^{-1}	峰面积比	波数/cm^{-1}	峰面积比		
IPDI-BDO-CE-PBAMO	3 514	0.08	3 339	0.53	1 704	0.70	1 661	0.45	86.89	39.13

续表

弹性体	—NH— 游离 波数/ cm^{-1}	峰面积比	氢键化 波数/ cm^{-1}	峰面积比	—C=O 游离 波数/ cm^{-1}	峰面积比	氢键化 波数/ cm^{-1}	峰面积比	X_N/ %	X_C/ %
IPDI-HDO-CE-PBAMO	3 491	0.09	3 332	0.33	1 707	0.45	1 665	0.28	78.57	38.36
IPDI-DEG-CE-PBAMO	3 513	0.03	3 321	0.32	1 712	0.60	1 669	0.27	91.43	31.03

注：X_N 为亚氨基中氢键化的亚氨基所占的比例；X_C 为羰基中氢键化的羰基所占的比例。

由表 3-9 可知，二元醇扩链 PBAMO 分子链中氨基甲酸酯基团的亚氨基大部分氢键化，而与羰基形成氢键的比例明显低于亚氨基，说明更多的亚氨基与叠氮基团产生氢键作用。这主要是因为叠氮基团本身带有负电荷，而且位于外侧的氮原子还可以提供孤对电子。此外，侧链上的叠氮基团体积较大，空间位阻效应使得亚氨基难以与羰基形成氢键。这些因素促进了叠氮基团与—NH 上的活泼氢发生氢键键合作用。其中，IPDI-DEG-CE-PBAMO 氢键化程度最高，IPDI-BDO-CE-PBAMO 次之，IPDI-HDO-CE-PBAMO 氢键化程度最低，而且 IPDI-DEG-CE-PBAMO 分子链中亚氨基与叠氮基团形成氢键的比例最高，这与不同种类二元醇的分子结构有关。相比于 HDO，扩链剂 BDO 和 DEG 具有更少的碳原子个数（BDO 和 DEG 均为 4 个碳原子，HDO 为 6 个碳原子），导致氨基甲酸酯键的密度增加，更有利于产生氢键键合作用[9]；而相比于 BDO，DEG 结构中含有较为柔顺的醚氧键，使得分子链中的亚氨基更易与叠氮基团接触而发生氢键键合。图 3-20 所示为 IPDI-DEG-CE-PBAMO 分子链中亚氨基与叠氮基团形成氢键的示意图。

2. 结晶性能

不同二元醇扩链 PBAMO 基 ETPE 的 XRD 谱图如图 3-21 所示，由图 3-21 得到 PBAMO 基 ETPE 的结晶度如表 3-10 所示。

扩链后 CE-PBAMO 的结晶度减小约 43%，这是因为扩链后产生的氨基甲酸酯基团破坏了分子链的对称性和规整性；加入二元醇后分子链中引入了更多的氨基甲酸酯基团，导致结晶度进一步降低。

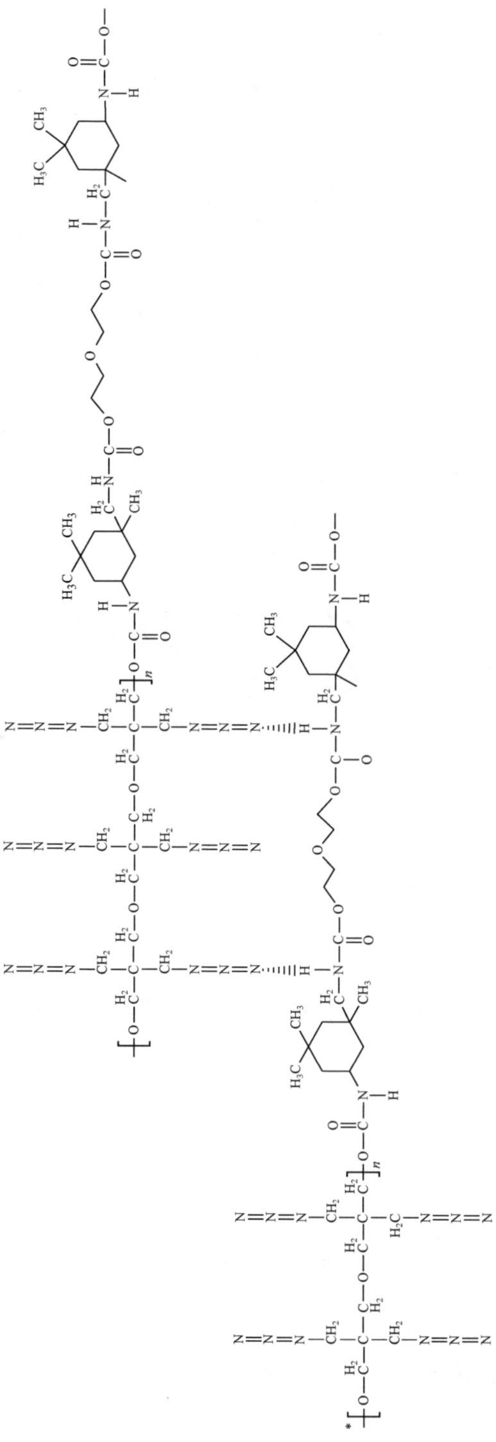

图 3-20　IPDI-DEG-CE-PBAMO 分子链中亚氨基与叠氮基团形成氢键的示意图

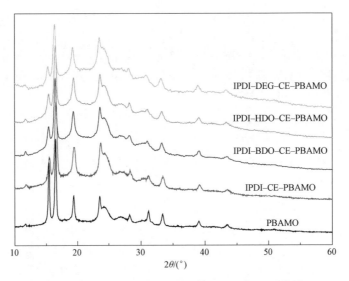

图 3-21 不同二元醇 PBAMO 基 ETPE 的 XRD 谱图

表 3-10 不同扩链剂 PBAMO 基 ETPE 的结晶度

弹性体	结晶度/%
PBAMO	53.19
IPDI-CE-PBAMO	30.30
IPDI-BDO-CE-PBAMO	27.03
IPDI-HDO-CE-PBAMO	28.85
IPDI-DEG-CE-PBAMO	25.30

从表 3-10 中的数据可以看出,三种二元醇 BDO、HDO 和 DEG 扩链的 PBAMO 结晶度大小不同,与 IPDI-CE-PBAMO 相比,结晶度分别下降了 10.79%、4.79%和 16.50%,这与氢键化程度的大小有关。氢键化程度结果表明,IPDI-DEG-CE-PBAMO 分子链中羰基形成氢键的比例最低,即亚氨基更多的是与 PBAMO 侧链上叠氮基团产生氢键作用,从而限制了 PBAMO 分子链排入晶格,结晶度降低;相比而言,IPDI-HDO-CE-PBAMO 中叠氮基团参与氢键键合的较少,对结晶破坏较小。不同二元醇扩链 PBAMO 的结晶度大小为:IPDI-HDO-CE-PBAMO > IPDI-BDO-CE-PBAMO > IPDI-DEG-CE-PBAMO。

3. 玻璃化转变温度

不同二元醇扩链 PBAMO 的 DSC 曲线如图 3-22 所示,由图 3-22 得到的玻璃化转变温度见表 3–11。

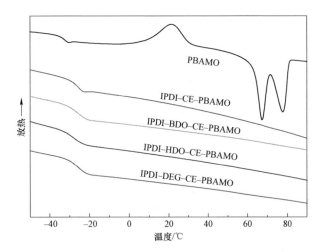

图 3–22 不同二元醇 PBAMO 基 ETPE 的 DSC 曲线

由图 3–22 可知，二元醇扩链后 IPDI–CE–PBAMO 的玻璃化转变温度均有所增加，冷结晶峰和低温熔融峰均消失。主要原因是二元醇扩链后引入了更多的氨基甲酸酯基团，破坏了分子链段的对称性。此外，极性氨基甲酸酯基团的引入，形成分子间氢键作用，限制了分子链的运动，降低了链段的运动能力，因此 T_g 升高，同时结晶能力减弱，冷结晶峰和结晶熔融峰消失。

表 3–11 不同二元醇 PBAMO 基 ETPE 的 T_g

弹性体	$T_g/℃$
PBAMO	−33.18
IPDI–CE–PBAMO	−26.85
IPDI–BDO–CE–PBAMO	−25.37
IPDI–HDO–CE–PBAMO	−26.11
IPDI–DEG–CE–PBAMO	−24.67

由表 3–11 可知，不同二元醇扩链 PBAMO 的玻璃化转变温度（T_g）大小顺序为：IPDI–DEG–CE–PBAMO＞IPDI–BDO–CE–PBAMO＞IPDI–HDO–CE–PBAMO，这与不同二元醇 CE–PBAMO 的氢键化程度大小有关，氢键化程度越高，对链段的限制作用越强，链段的运动能力越差，T_g 越高。IPDI–DEG–CE–PBAMO 氢键化程度最大，故 T_g 最高。

4. 热分解性能

三种二元醇扩链 PBAMO 的 TG 及 DTG 曲线如图 3-23 所示。

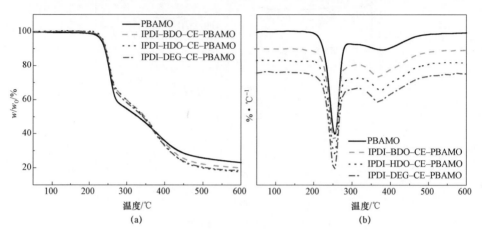

图 3-23 不同二元醇扩链 PBAMO 基 ETPE 的 TG 曲线和 DTG 曲线
（a）TG 曲线；（b）DTG 曲线

由图 3-23 可知，不同二元醇扩链的 PBAMO 均具有良好的热稳定性，在 200 ℃以前没有明显的热失重现象。热失重的分解阶段与 PBAMO 一样，主要可分为两个阶段：第一阶段为叠氮基团分解，图中可以看出第一阶段的失重率明显低于扩链之前，这是由于扩链后引入了更多的惰性基团，使叠氮基团的相对含量降低，因此第一阶段的失重率较扩链前减少；第二阶段的分解变得更加明显，因为这部分的失重不仅含有聚醚主链的分解还有氨基甲酸酯链段的分解，二元醇扩链后氨基甲酸酯基团含量增加，因此该阶段的分解更加明显。

为进一步认识二元醇 CE-PBAMO 的分解过程，以 IPDI-DEG-CE-PBAMO 为例，对其热分解产物进行同步红外跟踪测试，结果如图 3-24 所示。

图 3-25 所示为选取不同分解时间（温度）时 IPDI-DEG-CE-PBAMO 分解产物的 FTIR 谱图。由图可知，升温 1 min（约 40 ℃）时的红外谱图中并未出现基团的特征吸收峰，该温度下并没有气体分解产物放出，可作为背景谱图来对比分析。20 min（230 ℃）时的红外谱图与 1 min 时相比，开始出现分解产物，在 930 cm^{-1}、965 cm^{-1}、2 100 cm^{-1}、2 200 cm^{-1}、1 050~1 150 cm^{-1} 及 2 265~2 345 cm^{-1} 处出现了并不明显红外吸收峰，分别对应 NH_3 和 HCN 的面外弯曲振动峰，以及 N_3、N_2O、HCHO 和 CO_2 的特征吸收峰[10]。当升温至 22 min（250 ℃）时，接近第一分解阶段的分解峰温，红外吸收峰也变得更加明显，说明该温度

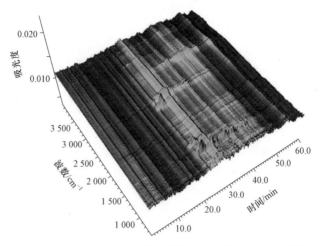

图 3-24　IPDI-DEG-CE-PBAMO 热分解气体产物的 FTIR 三维谱图（见彩插）

下分解放出了大量的气体产物。除了上一阶段的 NH_3、HCN、N_3、N_2O、HCHO 和 CO_2 的特征吸收峰，在 3 320 cm^{-1} 和 1 625 cm^{-1} 出现 N—H 的特征吸收峰。在分解的第二阶段，约 35 min（380 ℃）时仍存在 NH_3，HCN 和 CO_2 的特征吸收峰，但峰强已明显减弱，并出现了亚甲基—CH_2—（2 850～2 950 cm^{-1}）和不饱和烯烃双键上 C=CH—（3 020 cm^{-1}）的特征吸收峰[11]。与 35 min 时相比，到了 45 min（480 ℃），NH_3 和 HCN 的特征吸收峰明显减弱，—CH_2—和 CO_2 的吸收峰强度也有所减小，而 C=CH—的吸收峰略有增加，这说明亚甲基—CH_2—先于不饱和烯烃放出。55 min（580 ℃）时已经检测不到气体产物，热分解结束。

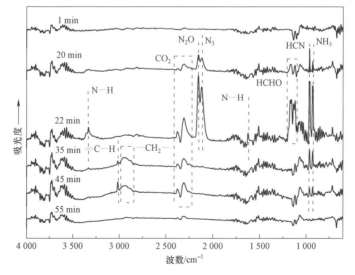

图 3-25　不同时间 IPDI-DEG-CE-PBAMO 分解产物的 FTIR 谱图

根据以上分析，IPDI-DEG-CE-PBAMO 第一阶段（叠氮基团）的分解与 PBAMO 类似，首先是侧链上的—CH_2N_3 以两种途径发生分解：一种是 RN—N_2 键的断裂形成氮宾结构并产生 N_2（N_2 会结合 O 产生 N_2O），氮宾经重排后形成亚胺，亚胺经质子转移后与自由基结合产生 NH_3 和 HCN；另一种是 R—N_3 键的断裂产生—N_3，—N_3 与质子 H 结合生成 HN_3。与 PBAMO 分解相比不同的是，由于主链中不仅有醚氧键还有氨基甲酸酯—NHCOO—，故第一阶段还会释放出更多 CO_2 和 HCHO 等小分子。同样，在第二阶段主链的分解过程中也产生更多的 CO_2，之后长的烷烃链分解产生亚甲基—CH_2—和不饱和烯烃等小分子。

5. 力学性能

图 3-26 所示为不同二元醇 PBAMO 基 ETPE 的应力—应变曲线，最大拉伸强度 σ_m、断裂强度 σ_b、最大强度处的延伸率 ε_m 和断裂伸长率 ε_b 的结果如表 3-12 所示。

由图 3-26 中的应力—应变曲线和表 3-12 的结果可以看出，加入二元醇扩链后，出现明显的屈服现象（$\sigma_b < \sigma_m$），试样由之前的脆性断裂变为韧性断裂；此外，拉伸强度和断裂伸长率均有明显提高，说明通过引入小分子二元醇来扩链可提高 PBAMO 的韧性，有效地改善了 PBAMO 的力学性能。

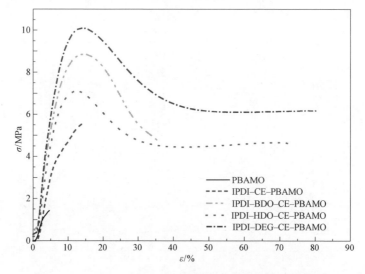

图 3-26 不同二元醇 PBAMO 基 ETPE 的应力—应变曲线

表 3-12 不同扩链剂 PBAMO 基 ETPE 的 σ_m、σ_b、ε_b 和 ε_m

力学性能	PBAMO	IPDI-CE-PBAMO	IPDI-BDO-CE-PBAMO	IPDI-HDO-CE-PBAMO	IPDI-DEG-CE-PBAMO
σ_m/MPa	1.42	5.43	8.56	7.06	9.80
σ_b/MPa	1.42	5.43	4.71	4.60	6.13
ε_b/%	4.60	16.48	37.97	70.52	81.19
ε_m/%	4.60	16.48	13.95	14.37	14.37

为进一步理解二元醇扩链剂对 CE-PBAMO 力学性能的影响，采用 SEM 对 CE-PBAMO 样品的拉伸断面进行观测，拉伸断面 SEM 照片如图 3-27 所示。

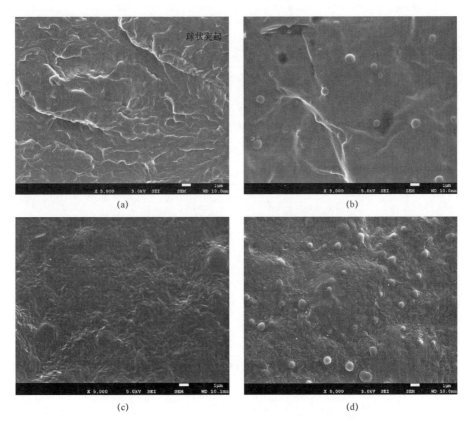

图 3-27 不同二元醇 PBAMO 基 ETPE 拉伸断面的 SEM 照片
（a）IPDI-CE-PBAMO；（b）IPDI-BDO-CE-PBAMO；
（c）IPDI-HDO-CE-PBAMO；（d）IPDI-DEG-CE-PBAMO

由图 3-27 可以看出，断裂伸长率较低的 IPDI-CE-PBAMO 和 IPDI-BDO-CE-PBAMO 的断面形貌为片层状，呈现出脆性断裂；而韧性较好的 IPDI-HDO-CE-PBAMO 和 IPDI-DEG-CE-PBAMO 断面为连续的整体且比较粗糙，呈现韧性断裂。此外，拉伸强度较大的 IPDI-BDO-CE-PBAMO 和 IPDI-DEG-CE-PBAMO 的断面扫描照片中出现了明显的小球状凸起，可见这些球状凸起的产生与其所展现出的力学性能特点有关。

以 IPDI-DEG-CE-PBAMO 断面为例，分别选取球状凸起和非球区域进行能谱分析，其结果见表 3-13。

表 3-13　IPDI-DEG-CE-PBAMO 不同区域的能谱分析结果

区域	C/%	N/%	O/%
球状凸起	58.05	22.82	19.13
非球区域	63.06	24.41	12.53

由表 3-13 可知，球状凸起区域的氧元素含量明显高于非球区域，而分子链中氧元素聚集的主要原因是小分子二元醇和二异氰酸酯扩链后分子间氢键的形成，如图 3-28 所示。亚氨基不仅与羰基形成氢键，还会与叠氮基团形成氢键，也就是说在氢键形成的这个聚集区域里，不仅有二元醇和二异氰酸酯链段还存在带有—N_3 基团的 BAMO 链段，这也是球状凸起和非球区域氧元素含量相差较大而氮含量相差相对较小的原因。由此可以推断，球状凸起是由于分子间形成的氢键引起的，并且在拉伸过程中起到了物理交联点的作用。

因此，分析二元醇扩链后拉伸强度增加的主要原因有两个：一是 PBAMO 与二异氰酸酯反应形成了氨基甲酸酯极性基团，增加了分子间作用力；二是氨基甲酸酯基团的引入形成了分子间的氢键，从而起到物理交联点的作用，这些都使得 CE-PBAMO 的拉伸强度增加。其中，IPDI-DEG-CE-PBAMO 形成的氢键作用最强，故其拉伸强度最大。断裂伸长率增加的原因是二元醇扩链后破坏了 PBAMO 本身的结晶性，在受到外力作用时分子链易发生相对滑移，断裂伸长率增加。其中，IPDI-DEG-CE-PBAMO 的断裂伸长率最大，这是因为 DEG 中的醚氧键柔顺性较好，非晶部分缠绕增加。在受力过程中，缠绕着的分子链伸展开来，断裂伸长率增加。

综上所述，IPDI-DEG-CE-PBAMO 兼具较高的拉伸强度和断裂伸长率，力学性能更好。

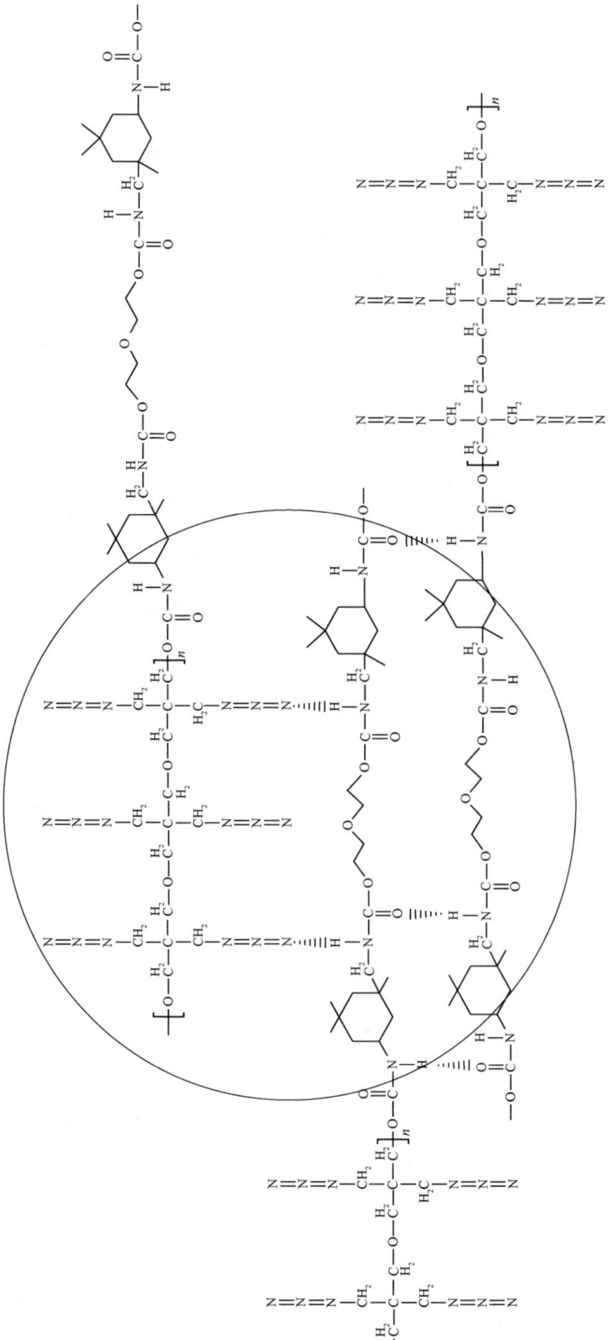

图 3-28　IPDI-DEG-CE-PBAMO 的氢键示意图

6. 表面性能

将不同二元醇扩链的 PBAMO 制成平整的薄膜，分别选用一种非极性溶剂（二碘甲烷）和两种极性溶剂（蒸馏水，甲酰胺）作为参比液，测得的接触角结果如表 3-14 所示。

表 3-14 不同二元醇 PBAMO 基 ETPE 的接触角

弹性体	水/(°)	甲酰胺/(°)	二碘甲烷/(°)
PBAMO	87.96	65.96	59.17
IPDI – CE – PBAMO	59.55	48.31	39.16
IPDI – BDO – CE – PBAMO	56.98	47.54	40.59
IPDI – HDO – CE – PBAMO	57.24	48.02	40.45
IPDI – DEG – CE – PBAMO	56.65	45.93	42.08

根据接触角测试结果，计算得到不同二元醇扩链 PBAMO 的表面张力及其分量，如表 3-15 所示。

表 3-15 不同二元醇 PBAMO 基 ETPE 的表面张力及其分量

弹性体	γ_{SL}/(mJ·m^{-2})	γ_{SL}^d/(mJ·m^{-2})	γ_{SL}^p/(mJ·m^{-2})
PBAMO	29.35	28.58	0.77
IPDI – CE – PBAMO	44.25	40.04	4.21
IPDI – BDO – CE – PBAMO	44.69	39.39	5.30
IPDI – HDO – CE – PBAMO	44.57	39.47	5.10
IPDI – DEG – CE – PBAMO	44.78	38.60	6.18

与预聚物 PBAMO 相比，扩链后的 PBAMO 基 ETPE 表面张力、极性分量以及色散分量均有明显增加，其中表面张力是由色散分量和极性分量组成的。色散分量增加的主要原因是扩链后相对分子质量明显增大，分子链的增长使得分子链的缠绕增加，分子间作用力增强，而极性分量增加是由于扩链形成的氨基甲酸酯基团具有更强的极性。

与 IPDI – CE – PBAMO 相比，在二元醇扩链后极性分量有所增加，因为形成了更多的氨基甲酸酯极性基团。其中，IPDI – DEG – CE – PBAMO 的极性分量最大，主要是因为 DEG 分子链中的醚氧键具有更强的极性。与此同时，由于二元醇扩链后的结晶度下降，降低了分子链堆砌紧密度，导致色散分量减弱。

为了考察不同二元醇扩链 PBAMO 与固体填料间相互作用的影响，表 3－16 列出了其与火炸药常用固体组分（RDX、HMX、CL－20、Al 粉及 AP）的表面张力 γ_{S1S2} 和黏附功 W_a。黏附功主要来自黏合剂与固体颗粒黏结表面之间的相互作用力。RDX、HMX 和 CL－20 分子中的硝胺基团（N—NO_2），AP 表面的高氯酸根（—ClO_4）以及 Al 粉表面的氧化铝都会与黏合剂分子中的羟基（—OH）、亚氨基（—NH—）发生键合作用[12]。结果表明，与 PBAMO 相比，CE－PBAMO 由于—NHCOO 的形成可有效提高与火炸药常用固体组分的黏附功；与 IPDI－CE－PBAMO 相比，加入二元醇扩链后，—NHCOO 基团数量增多，可进一步改善二者的界面作用。从整体来看，三种二元醇 CE－PBAMO 与其他组分之间的黏附功相差不大，其中 IPDI－DEG－CE－PBAMO 由于醚氧键的极性作用，与火炸药常用固体组分之间的黏附功略高。

表 3－16　不同二元醇 PBAMO 基 ETPE 与火炸药常用组分的表面张力和黏附功

弹性体	RDX		HMX		CL－20		AP		Al 粉	
	γ_{S1S2}/(mJ·m^{-2})	W_a/(mJ·m^{-2})	γ_{S1S2}/(mJ·m^{-2})	W_a/(mJ·m^{-2})	γ_{S1S2}/(mJ·m^{-2})	W_a/(mJ·m^{-2})	γ_{S1S2}/(mJ·m^{-2})	W_a/(mJ·m^{-2})	γ_{S1S2}/(mJ·m^{-2})	W_a/(mJ·m^{-2})
PBAMO	11.73	59.51	3.44	75.75	1.40	70.68	2.75	62.05	1.68	64.80
IPDI－CE－PBAMO	6.60	79.46	0.18	93.83	0.39	86.51	1.00	78.62	0.35	79.27
IPDI－BDO－CE－PBAMO	5.45	81.05	0.30	94.15	0.77	86.57	0.77	79.29	0.36	81.38
IPDI－HDO－CE－PBAMO	5.64	80.74	0.27	94.05	0.70	86.52	0.80	79.14	0.35	81.27
IPDI－DEG－CE－PBAMO	4.62	81.97	0.50	94.24	1.14	86.29	0.64	79.51	0.42	81.41

7. 流变性能

不同二元醇扩链 PBAMO 的储能模量和损耗模量随频率扫描变化的曲线，如图 3－29 和图 3－30 所示。

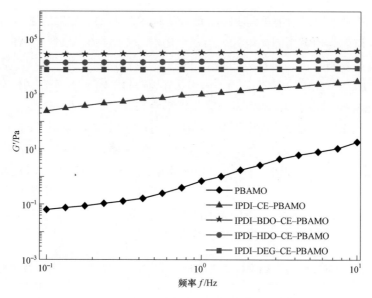

图 3-29　不同二元醇 PBAMO 基 ETPE 的储能模量与频率关系

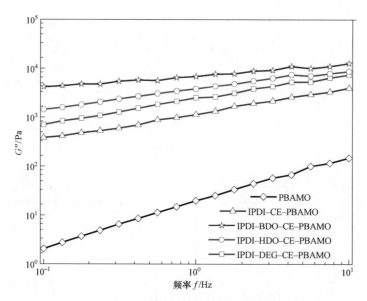

图 3-30　不同二元醇 PBAMO 基 ETPE 的损耗模量与频率关系

由图 3-29 和图 3-30 可知，二元醇扩链后 CE-PBAMO 的 G' 和 G'' 均有明显增加，一方面是由于扩链使其相对分子量增加；另一方面是由于二元醇扩链后引入了更多的异氰酸酯结构和氨基甲酸酯基团，破坏了链段本身的对称性和柔顺性，使得分子链段运动受阻，链段松弛时间延长，弹性形变松弛效应减弱，储能模量增加，而且会增加分子链间的滑移阻力，消耗更多的能量，损耗模量大幅提升。因此，与 IPDI – CE – PBAMO 相比，二元醇扩链 CE – PBAMO 的储能模量和损耗模量明显增加。

不同二元醇扩链 PBAMO 的 G' 和 G'' 大小顺序为：IPDI – BDO – CE – PBAMO＞IPDI – HDO – CE – PBAMO＞IPDI – DEG – CE – PBAMO。PBAMO 链段结晶熔融峰在 65～78 ℃，升温至 80 ℃后结晶基本消失，研究表明氢键作用会随温度的升高而明显减弱。此时，影响储能模量和损耗模量的主要因素就是分子链本身的柔顺性，分子链柔顺性越好，链段越容易运动，滑移阻力越小，G' 和 G'' 就越低。而 DEG 分子中较为柔顺的醚氧键的存在就使得 IPDI – DEG – CE – PBAMO 的 G' 和 G'' 较低。此外，从图 3 – 29 和图 3 – 30 可以看出，所有二元醇扩链 PBAMO 的 G' 和 G'' 都随振荡频率的增加逐渐增大，这是因为频率增加，分子链段在短时间内来不及运动，应变松弛效应减弱，显现出更多的弹性，储能模量 G' 增加。损耗模量 G'' 增加的原因是由于单位时间内克服分子间滑移所需摩擦和热损耗在高频下增加，在二元醇扩链后 G' 和 G'' 增加的幅度趋于平缓，这说明二元醇扩链后分子结构更加稳固，受频率的影响减弱。

图 3 – 31 所示为不同二元醇 CE – PBAMO 的 G' 和 G'' 随频率的变化曲线。由图可知，在扩链前，PBAMO 的 G'' 远大于 G'，表现出黏性特征；IPDI – CE – PBAMO 的 G'' 和 G' 较为接近，略显黏性；二元醇扩链后 G'' 小于 G'，表现为弹性特征。

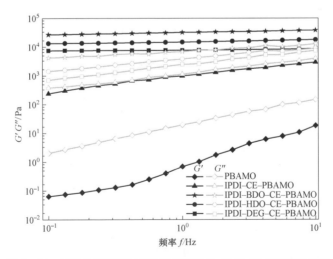

图 3 – 31 不同二元醇 PBAMO 基 ETPE 的 G' 和 G'' 与频率的关系

综上所述，IPDI-DEG-CE-PBAMO 同时具有较佳的热稳定性以及良好的力学性能，且与火炸药组分之间具有较高的黏附功，DEG 作为合成 CE-PBAMO 的小分子二元醇扩链剂具有更好的应用前景。

3.4 键合功能型 PBAMO 基含能热塑性弹性体

本节以二元醇扩链剂选用具有键合功能的二羟甲基丙二酸二乙酯（DBM），二异氰酸酯选用 IPDI 为例，介绍了具有键合功能的 PBAMO 基 ETPE 的合成和主要性能。

3.4.1 键合功能型 PBAMO 基含能热塑性弹性体的反应原理

键合功能型 PBAMO 基 ETPE 的合成反应原理如图 3-32 所示。

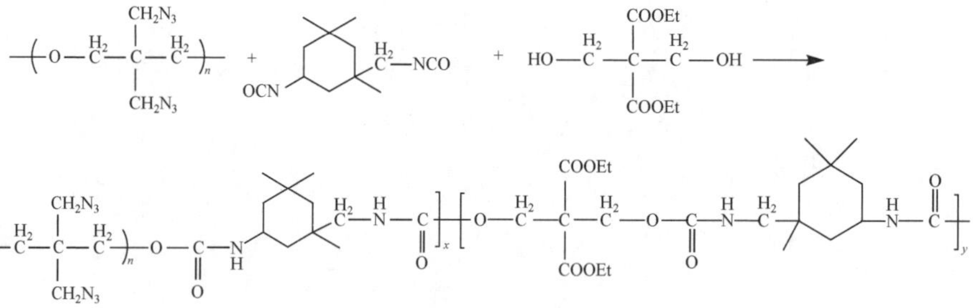

图 3-32 键合功能型 PBAMO 基 ETPE 的合成反应原理图

3.4.2 键合功能型 PBAMO 基含能热塑性弹性体的合成工艺

通过调节键合型扩链剂 DBM 的含量，合成 5 种不同 DBM 含量的 IPDI-DBM-CE-PBAMO：DBM-2%、DBM-4%、DBM-6%、DBM-8% 和 DBM-10%，其中，DBM 的质量分数分别为 2%、4%、6%、8% 和 10%。合成工艺流程如图 3-33 所示。

图 3-33 键合功能型 PBAMO 基 ETPE 的合成工艺流程

3.4.3 键合功能型 PBAMO 基含能热塑性弹性体的性能

1. 结晶性能

不同 DBM 含量时 IPDI-DBM-CE-PBAMO 的 XRD 谱图如图 3-34 所示,根据 Jade 5.0 软件计算得到平均微晶尺寸和结晶度,见表 3-17。

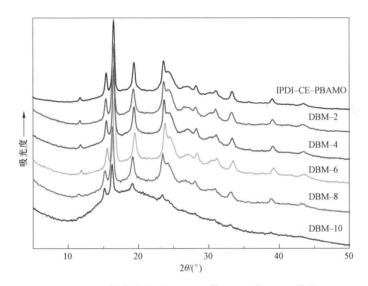

图 3-34 键合功能型 PBAMO 基 ETPE 的 XRD 谱图

表 3-17 键合功能型 **PBAMO** 基 **ETPE** 的结晶度

弹性体	IPDI-CE-PBAMO	DBM-2	DBM-4	DBM-6	DBM-8	DBM-10
结晶度/%	30.30	27.40	25.93	23.90	19.98	9.70
平均微晶尺寸/Å	203	162	151	137	128	107

由表 3-17 可见,加入 DBM 扩链后,IPDI-DBM-CE-PBAMO 的结晶度和平均微晶尺寸减小,且随着 DBM 含量的增加,结晶度和平均微晶尺寸减小幅度明显,结晶度从 30.30% 减小到 9.70%,微晶尺寸减小到 107Å。这是因为 DBM 分子两侧各带有一个侧基—COOEt,易形成较大的位阻效应,而且 DBM

的引入破坏了分子链的规整性,从而使得 BAMO 链段难以排入晶格,结晶度降低;同时,由于 DBM 的引入减弱了 BAMO 的结晶能力,限制了链段的有效堆砌,影响了晶粒的生长,因此平均微晶尺寸减小。

2. 玻璃化转变温度

不同 DBM 含量时 IPDI – DBM – CE – PBAMO 的 DSC 曲线如图 3 – 35 所示,由图得到 ETPE 的玻璃化转变温度 T_g 如表 3 – 18 所示。

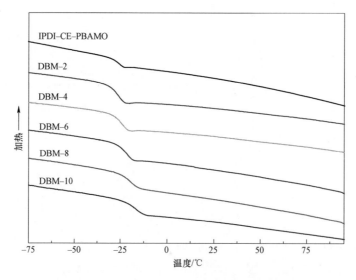

图 3 – 35 键合功能型 PBAMO 基 ETPE 的 DSC 曲线

表 3 – 18 键合功能型 PBAMO 基 ETPE 的 T_g

弹性体	IPDI – CE – PBAMO	DBM – 2	DBM – 4	DBM – 6	DBM – 8	DBM – 10
T_g/℃	– 26.85	– 26.45	– 24.41	– 22.35	– 19.98	– 17.15

加入具有键合功能的 DBM 扩链剂后,CE – PBAMO 的玻璃化转变温度从 – 26.85 ℃增加到 – 17.15 ℃。随着 DBM 含量的增加 T_g 逐渐增大,其原因主要是 DBM 分子中含有两个较大的侧基,而且随着 DBM 加入量的增加引入的氨基甲酸酯基团增多,DBM 侧基的位阻效应和氨基甲酸酯基团的引入均破坏了分子链的规整性和柔顺性,限制了分子链的运动,降低了链段的运动能力,因此 T_g 升高。

3. 热分解性能

不同 DBM 含量时 IPDI-DBM-CE-PBAMO 的 TG 曲线及 DTG 曲线如图 3-36 所示，IPDI-DBM-CE-PBAMO 的热失重数据，如表 3-19 所示。

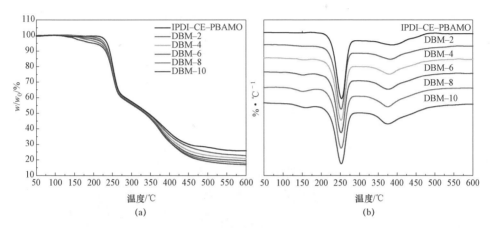

图 3-36 键合功能型 PBAMO 基 ETPE 的 TG 曲线和 DTG 曲线
（a）TG 曲线；（b）DTG 曲线

表 3-19 键合功能型 PBAMO 基 ETPE 的热失重数据

弹性体	第一阶段		第二阶段		第三阶段		残碳量/%
	分解峰温/℃	失重率/%	分解峰温/℃	失重率/%	分解峰温/℃	失重率/%	
IPDI-CE-PBAMO	—	—	252.7	40.7	382.4	34.9	24.4
DBM-2	153.7	1.0	251.1	39.8	381.4	36.6	22.6
DBM-4	153.8	1.5	251.9	39.2	379.9	38.5	20.8
DBM-6	151.6	2.2	252.0	38.6	376.6	39.8	19.4
DBM-8	151.4	3.5	252.3	37.7	375.1	40.9	17.9
DBM-10	154.0	4.9	252.7	36.5	374.7	41.8	16.8

由图 3-36 和表 3-19 可知，与 IPDI-CE-PBAMO 相比，IPDI-DBM-CE-PBAMO 均在 130~200 ℃ 出现第一个分解阶段，而且随着 DBM 含量的增加，该分解阶段的失重率从 1.0%增加到 4.9%。对于第二分解阶段（叠氮

分解），热分解峰温均在252 ℃左右，随着分子链中DBM含量的增加，BAMO链段相对减少，故第二分解阶段的失重率逐渐降低。第三分解阶段不仅包括聚醚主链的分解还有氨基甲酸酯链段的分解，随着DBM含量的增加，氨基甲酸酯链段含量增加，故该阶段的失重率逐渐增加。此外，由于DBM分子中较多氧原子的存在，使得残碳量减小，而且随着DBM含量的增加而逐渐降低。

为了进一步分析IPDI-DBM-CE-PBAMO的分解过程，以DBM-10%为例，对其热分解产物进行同步红外跟踪测试，结果如图3-37所示。

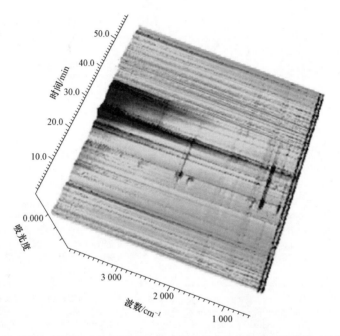

图3-37 IPDI-DBM-CE-PBAMO热分解气体产物的红外三维谱图（见彩插）

图3-38所示为不同分解时间（温度）时IPDI-DBM-CE-PBAMO分解产物的FTIR谱图，部分不同时间的红外谱图如图3-39所示。由图3-38可知，升温1 min（约40 ℃）时的红外谱图中并未出现基团的特征吸收峰，该温度下并没有气体分解产物放出，可作为背景谱图进行对比分析。13 min（160 ℃）时的红外谱图与1 min时相比，出现了分解产物，在2 265~2 345 cm^{-1}处出现了DBM侧链上—COOEt分解产生的CO_2的特征吸收峰；20 min（230 ℃）时的红外谱图，除了在2 265~2 345 cm^{-1}处仍然存在CO_2的特征吸收峰外，在

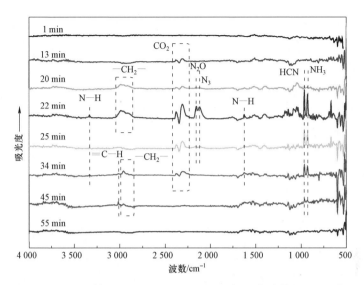

图 3-38　不同时间 IPDI-DBM-CE-PBAMO 分解产物的 FTIR 谱图

930 cm^{-1}、965 cm^{-1}、2 100 cm^{-1}、2 200 cm^{-1} 及 2 850~2 950 cm^{-1} 出现了红外吸收峰，分别对应 NH_3 和 HCN 的面外弯曲振动吸收峰，以及 N_3、N_2O 和小分子烷烃—CH_2 的特征吸收峰，表明该阶段仍伴随有侧链—COOEt 的进一步分解且有叠氮基团开始分解；升温至 22 min（250 ℃），此时接近叠氮分解的峰温，红外吸收峰也变得更加明显，说明该温度下分解放出了大量的气体产物，除了上一阶段的 NH_3、HCN、N_3、N_2O、CO_2 和小分子烷烃的特征吸收峰，还在 3 320 cm^{-1} 和 1 625 cm^{-1} 出现 N—H 的特征吸收峰；25 min（280 ℃）时的红外谱图显示，小分子烷烃的吸收峰消失，归属于 NH_3、HCN、N_3、N_2O 和 CO_2 的特征吸收峰明显减弱，说明此时侧链—COOEt 的分解基本结束，叠氮基团的分解速度也明显减缓；在分解的第三阶段，约 34 min（370 ℃）时仍存在 NH_3、HCN 和 CO_2 的特征吸收峰，但峰强已变得微弱，并再次出现了亚甲基—CH_2—（2 850~2 950 cm^{-1}）和不饱和烯烃双键上 C=C—H（3 020 cm^{-1}）的特征吸收峰，说明聚醚主链和氨基甲酸酯链段开始分解；与 34 min 时相比，到 45 min（480 ℃）时，NH_3 和 HCN 的特征吸收峰明显减弱，—CH_2—和 CO_2 的吸收峰强度降低，而 C=C—H 的吸收峰略有增加，说明亚甲基先于不饱和烯烃放出。55 min（580 ℃）时已经检测不到气体产物，热分解结束。

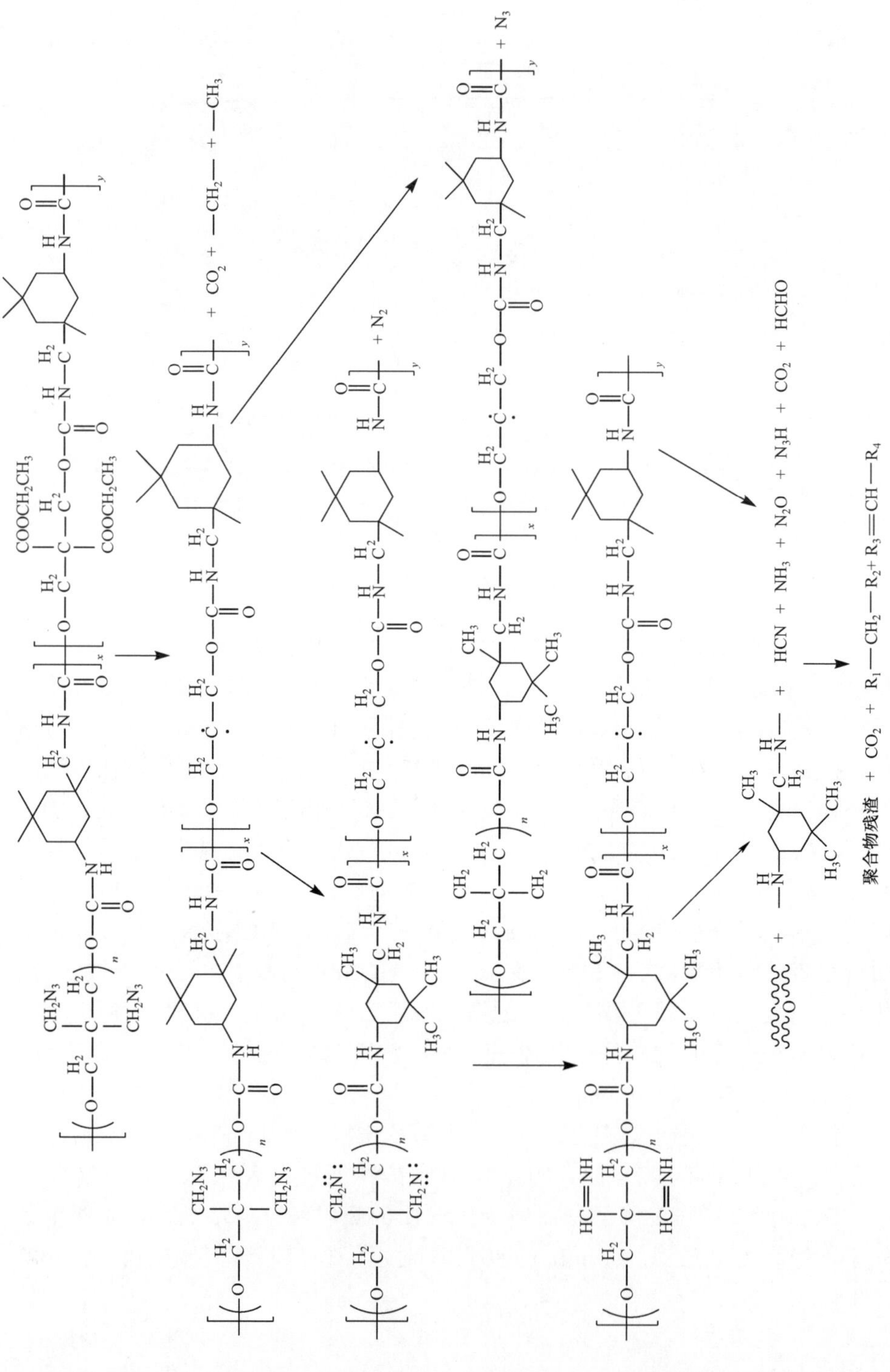

含能热塑性弹性体

图 3-39 IPDI-DBM-CE-PBAMO 的热分解机理

4. 力学性能

图 3-40 所示为不同 DBM 含量时 IPDI-DBM-CE-PBAMO 的应力—应变曲线，PBAMO 基 ETPE 的力学性能见表 3-20。

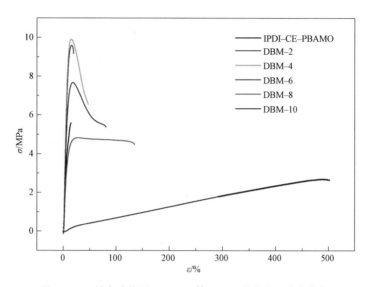

图 3-40　键合功能型 PBAMO 基 ETPE 的应力—应变曲线

从图 3-40 可以看出，未引入 DBM 的 IPDI-CE-PBAMO 样品没有出现屈服点，呈现出脆性材料的特征；DBM 含量为 2%~6% 时，样品在屈服点后断裂且未出现高弹形变，表现出半脆性材料的特点；而当 DBM 含量增加至 8% 时，样品出现高弹形变，具有韧性材料的特点；在 DBM 含量达到 10% 时，未出现屈服且延伸率很高，具有类似橡胶的特性。

表 3-20　键合功能型 PBAMO 基 ETPE 的力学性能

力学性能	IPDI-CE-PBAMO	DBM-2%	DBM-4%	DBM-6%	DBM-8%	DBM-10%
σ_m/MPa	5.43	9.48	9.77	7.57	4.55	2.67
σ_b/MPa	5.43	9.17	6.55	5.38	4.48	2.66
ε_m/%	16.48	16.73	16.67	17.98	26.64	520.59
ε_b/%	16.48	19.37	47.66	87.23	122.77	523.46

由表 3-20 可知，拉伸强度随着 DBM 含量的增加呈现先增加后减小的规律，这是因为其拉伸强度主要受到结晶的尺寸大小以及结晶程度两个方面因素的影响。DBM 含量较小时（小于 4%），结晶尺寸起主要作用，IPDI-CE-PBAMO 结晶能力较强，易形成较大球晶，而大的球晶内部缺陷较多，这些薄弱环节受力后更容易发生破坏，拉伸强度较低。在加入少量的 DBM 后，链段结晶能力减弱，微晶尺寸变小（表 3-17），这些小而分散的微晶区不仅内部缺陷少，还可以起到物理交联点的作用，使得拉伸强度增加；继续增加 DBM 的含量（大于 4%），微晶尺寸虽继续减小，但结晶区域大大减少，即结晶度降低（表 3-17）且起到主要作用，分子间作用力减弱，拉伸强度逐渐降低。此外，断裂伸长率结果表明，ε_b 随 DBM 含量的增加而逐渐升高，这是因为 DBM 的引入破坏了 BAMO 链段的结晶性。在受力过程中，分子链易发生相对滑移，而且非晶部分缠绕增加，缠绕的分子链逐步伸展，使断裂伸长率逐渐升高。

5. 表面性能

不同 DBM 含量时 IPDI-DBM-CE-PBAMO 与非极性溶剂（二碘甲烷）和极性溶剂（蒸馏水，甲酰胺）的接触角，如表 3-21 所示。

表 3-21 键合功能型 PBAMO 基 ETPE 的接触角

弹性体	水/(°)	甲酰胺/(°)	二碘甲烷/(°)
IPDI-CE-PBAMO	59.55	48.31	38.12
DBM-2	57.90	46.24	40.55
DBM-4	56.05	45.42	42.06
DBM-6	53.25	44.56	43.98
DBM-8	51.72	43.88	45.25
DBM-10	50.00	43.05	46.64

根据接触角测试结果，计算得到不同 DBM 含量扩链 PBAMO 基 ETPE 的表面张力及其分量，如表 3-22 所示。

表 3-22 键合功能型 PBAMO 基 ETPE 的表面张力及其分量

弹性体	$\gamma_{SL}/(mJ \cdot m^{-2})$	$\gamma_{SL}^d/(mJ \cdot m^{-2})$	$\gamma_{SL}^p/(mJ \cdot m^{-2})$
IPDI-CE-PBAMO	44.25	40.04	4.21
DBM-2	44.72	39.35	5.37

续表

弹性体	γ_{SL} / (mJ·m^{-2})	γ_{SL}^d / (mJ·m^{-2})	γ_{SL}^p / (mJ·m^{-2})
DBM-4	45.40	38.96	6.44
DBM-6	46.34	38.32	8.02
DBM-8	47.13	38.04	9.09
DBM-10	48.07	37.68	10.39

由表 3-22 可知,随着 DBM 含量的增加,CE-PBAMO 的极性分量逐渐增加,而色散分量与之相反。表面张力是由色散分量和极性分量共同作用的结果,呈现逐渐增加的规律。极性分量增加的主要原因是 DBM 侧链上的—COOEt 是一种具有极性的基团,引入后会增加分子链的极性。而色散分量略有降低是因为 DBM 较大的侧基一方面会形成一定的空间位阻效应;另一方面会降低结晶度,从而减弱分子间作用力,进而色散分量减弱,综合结果表现为表面张力逐渐增加。

测试并计算了不同 DBM 含量时扩链 PBAMO 基 ETPE 与火炸药常用固体组分(RDX、HMX、CL-20、Al 粉及 AP)的表面张力 γ_{S1S2} 和黏附功 W_a,如表 3-23 所示。

表 3-23 键合功能型 PBAMO 基 ETPE 与火炸药常用组分的表面张力和黏附功

弹性体	RDX		HMX		CL-20		AP		Al 粉	
	γ_{S1S2} / (mJ·m^{-2})	W_a / (mJ·m^{-2})	γ_{S1S2} / (mJ·m^{-2})	W_a / (mJ·m^{-2})	γ_{S1S2} / (mJ·m^{-2})	W_a / (mJ·m^{-2})	γ_{S1S2} / (mJ·m^{-2})	W_a / (mJ·m^{-2})	γ_{S1S2} / (mJ·m^{-2})	W_a / (mJ·m^{-2})
IPDI-CE-PBAMO	6.60	79.46	0.18	93.83	0.39	86.51	1.00	78.62	0.35	79.27
DBM-2	5.38	81.15	0.31	94.17	0.80	86.57	0.76	79.33	0.37	81.40
DBM-4	4.52	82.69	0.52	94.64	1.25	86.80	0.69	80.08	0.50	81.95
DBM-6	3.49	84.66	0.96	95.14	2.00	86.99	0.74	80.97	0.83	82.56
DBM-8	2.97	85.97	1.31	95.58	2.56	87.22	0.87	81.63	1.13	83.05
DBM-10	2.45	87.43	1.80	96.03	3.28	87.44	1.11	82.33	1.55	83.57

RDX、HMX 和 CL-20 分子中的硝胺基团（N—NO$_2$），AP 表面的高氯酸根（—ClO$_4$）以及 Al 粉表面的氧化铝都会与黏合剂分子中的羟基（—OH）、亚氨基（—NH—）等基团发生键合作用。随着 DBM 含量的增加，IPDI-DBM-CE-PBAMO 与火炸药常用组分的黏附功呈现逐渐增加的规律。一方面是因为—NHCOO 基团会随着 DBM 含量的增加而增加，从而增强了黏合剂与固体组分的氢键作用；另一方面，DBM 侧链含有极性基团酯基，与硝胺炸药、Al 粉和 AP 之间形成物理吸附或静电作用，产生诱导效应，从而增加二者之间的黏附功。DBM 的键合作用如图 3-41 所示。由此可知，DBM 的引入可有效增强 CE-PBAMO 与炸药组分之间的表面相互作用。

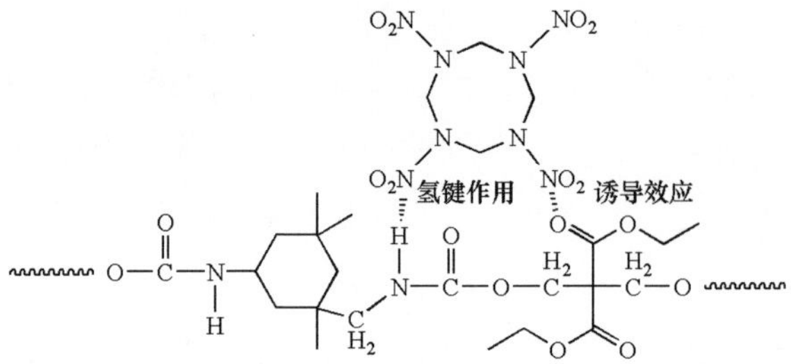

图 3-41 IPDI-DBM-CE-PBAMO 的键合作用示意图

6. 流变性能

不同 DBM 含量时 DBM/IPDI 扩链 PBAMO 的储能模量 G' 和损耗模量 G'' 随频率扫描变化的曲线，如图 3-42 和图 3-43 所示。

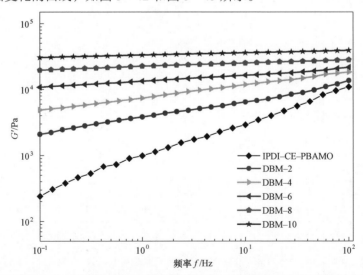

图 3-42 键合功能型 PBAMO 基 ETPE 的储能模量 G' 与频率关系

第3章 聚3,3-双叠氮甲基氧丁环基含能热塑性弹性体

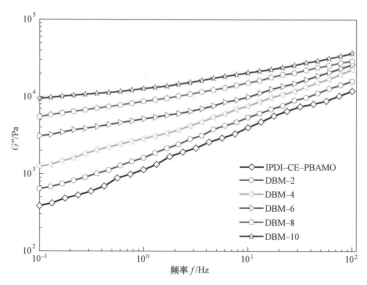

图 3-43 键合功能型 PBAMO 基 ETPE 的损耗模量 G'' 与频率关系

由图 3-42 和图 3-43 可以看出，G' 和 G'' 均随 DBM 含量的增加而增加，影响 G' 和 G'' 的主要因素是分子链的柔顺性。DBM 分子两侧存在着体积较大的—COOEt 基团，其位阻效应会使得分子链段的运动受阻，链段的松弛时间延长，发生弹性形变后的松弛效应会相应减弱，储能模量增加，而且还会增加分子链间的滑移阻力，运动需消耗更多的能量，故损耗模量会随之升高。

3.5　PBAMO 基含能热塑性弹性体在混合炸药中的应用

国内外对 CE-PBAMO 应用的研究报道较少，在第 32 届 ICT 年会上有研究者报道了有关扩链 PBAMO 的合成研究[13]，指出 CE-PBAMO 在能量和爆温两方面具有很好的平衡性，并且具有高密度、高生成焓以及较高的燃烧速率，认为 CE-PBAMO 非常适合作为高性能的含能黏合剂使用。

目前，混合炸药中的黏合剂使用较多的是氟橡胶、Estane（聚氨酯）和 CAB（醋酸丁酸纤维素）等非含能聚合物[14-16]，该类惰性聚合物的加入势必会降低体系的能量。PBAMO 作为一种具有正生成焓的含能聚合物，其扩链产物 CE-PBAMO 有望作为含能黏合剂应用到压装混合炸药中，提高体系的能量性

能和做功能力,满足武器装备对高能量的需求。下面主要对 IPDI-CE-PBAMO 和 IPDI-DEG-CE-PBAMO 作为黏合剂的压装混合炸药进行简要介绍。

3.5.1 扩链 PBAMO 与常用单质炸药的界面作用

CE-PBAMO 作为黏合剂使用在 PBXs 炸药中,主要起到包覆、黏合和钝感的作用,并利用其良好的力学性能赋予混合炸药一定的成型性,以满足应用要求。混合炸药配方中的单质炸药主要以固体颗粒的形态出现,与黏合剂之间存在大量的界面,二者之间的界面作用直接影响黏合剂与炸药的黏合性能,进而影响黏合剂对炸药的包覆效果和混合炸药的成型性能。因此,本节对 CE-PBAMO 与常用单质炸药之间的界面作用进行了介绍,为 CE-PBAMO 黏合混合炸药的配方设计提供参考。

CE-PBAMO 分别与非极性溶剂(二碘甲烷)和极性溶剂(蒸馏水,甲酰胺)在室温下的接触角如表 3-24 所示。

表 3-24 扩链 PBAMO 的接触角

弹性体	水/(°)	甲酰胺/(°)	二碘甲烷/(°)
IPDI-CE-PBAMO	59.55	48.31	39.16
IPDI-DEG-CE-PBAMO	56.65	45.93	42.08
IPDI-DBM-DEG-CE-PBAMO	51.36	43.45	45.88

根据接触角测试结果,计算得到黏合剂的表面张力及其分量,如表 3-25 所示。

表 3-25 扩链 PBAMO 的表面张力及其分量

弹性体	γ_{SL}/(mJ·m^{-2})	γ_{SL}^d/(mJ·m^{-2})	γ_{SL}^p/(mJ·m^{-2})
IPDI-CE-PBAMO	44.25	40.04	4.21
IPDI-DEG-CE-PBAMO	44.78	38.60	6.18
IPDI-DBM-DEG-CE-PBAMO	47.54	37.97	9.57

表 3-25 中数据表明,三种 CE-PBAMO 极性分量的大小顺序为:IPDI-DBM-DEG-CE-PBAMO>IPDI-DEG-CE-PBAMO>IPDI-CE-PBAMO,色散分量结果反之。与 IPDI-CE-PBAMO 相比,由于引入了小分子二元醇,IPDI-DEG-CE-PBAMO 中含有更多的氨基甲酸酯和醚氧键等极性基团,在

增加极性分量的同时也限制了分子链排入晶格，使结晶度有所下降，降低了分子链堆砌紧密度，使色散分量减小。此外，与 IPDI-DEG-CE-PBAMO 相比，IPDI-DBM-DEG-CE-PBAMO 的极性分量增加是因为其侧链上带有极性基团—COOEt，增加了分子链的极性。同时，—COOEt 具有一定的空间位阻效应，可降低结晶性，减弱分子间作用力，从而使色散分量减小。

CE-PBAMO 与 RDX、HMX 和 CL-20 的黏附功如表 3-26 所示。

表 3-26　扩链 PBAMO 与 RDX、HMX 和 CL-20 的黏附功

弹性体	$W_a/(mJ \cdot m^{-2})$		
	RDX	HMX	CL-20
IPDI-CE-PBAMO	79.46	93.83	86.51
IPDI-DEG-CE-PBAMO	81.97	94.24	86.29
IPDI-DBM-DEG-CE-PBAMO	86.57	95.82	87.37

从表 3-26 可以看出，对于同种单质炸药，IPDI-DEG-CE-PBAMO 与炸药的黏附功略高于 IPDI-CE-PBAMO，原因是 IPDI-DEG-CE-PBAMO 中含有更多的氨基甲酸酯—NHCOO 极性基团，氨基甲酸酯上的亚氨基—NH—会与 N—NO$_2$ 基团形成氢键，提高黏附功；含有键合基团—COOEt 的黏合剂 IPDI-DBM-DEG-CE-PBAMO 与炸药之间的黏附功最大，这是因为—COOEt 上的 O 具有较强的电负性，吸引硝胺炸药中 N—NO$_2$ 上 N 的价电子而产生诱导作用，使黏附功增强。此外，对比相同黏合剂与不同单质炸药的黏附功发现，三种 CE-PBAMO 与 HMX 的黏附功最大，CL-20 次之，RDX 最弱，这是因为硝胺类炸药中与黏合剂产生相互作用的位点为 N—NO$_2$ 基团，相比于 RDX 分子结构，HMX 分子中 N—NO$_2$ 含量较多，黏附功较大，而 CL-20 由于其特殊的三维立体笼形结构，与其他物质的相互作用会减弱[17]，故其黏附功小于 HMX。

3.5.2　扩链 PBAMO 与常用单质炸药的相容性

相容性是评价火炸药储存安定性与使用可靠性的一项重要指标，也是评价弹药在设计、生产和储存过程中有无潜在危险性的重要依据。因此，在应用之前必须对 CE-PBAMO 与炸药常用组分的相容性做出评价。根据 GJB 772A-97 中 502.1 真空安定性法（VST）测试的黏合剂 CE-PBAMO 与炸药组分的相容性结果，见表 3-27。

根据真空安定性测定相容性的标准要求,通过反应放气量 R 来评价相容性, R 根据下式计算:

$$R = V_C - (V_A + V_B) \quad (3.1)$$

式中,R 为反应放气量(mL);V_C 为混合试样放气量(mL);V_A 为炸药试样放气量(mL);V_B 为黏合剂试样放气量(mL)。

以真空安定性评价相容性的判据为 $|R|<3.0$ mL,相容;$|R|=3.0\sim5.0$ mL,中等反应;$|R|>5.0$ mL,不相容。

表 3-27 扩链 PBAMO 与 RDX、HMX 及 CL-20 的反应放气量和相容性评价结果

体系	R/mL	等级
IPDI-CE-PBAMO/RDX	1.49	相容
IPDI-CE-PBAMO/HMX	0.65	相容
IPDI-CE-PBAMO/CL-20	5.90	不相容
IPDI-DEG-CE-PBAMO/RDX	1.60	相容
IPDI-DEG-CE-PBAMO/HMX	1.31	相容
IPDI-DEG-CE-PBAMO/CL-20	5.24	不相容
IPDI-DBM-DEG-CE-PBAMO/RDX	—	不相容
IPDI-DBM-DEG-CE-PBAMO/HMX	—	不相容
IPDI-DBM-DEG-CE-PBAMO/CL-20	—	不相容

从表 3-27 可以看出,IPDI-CE-PBAMO,IPDI-DEG-CE-PBAMO 与 RDX,HMX 的放气量均小于 3.0 mL,相容;三种 CE-PBAMO 黏合剂与 CL-20 产生的放气量均较多(不相容),由此可见该类 CE-PBAMO 无法应用在 CL-20 基混合炸药中。此外,IPDI-DBM-DEG-CE-PBAMO 与所有单质炸药混合样品测试后,由于此时体系的真空度过低而导致仪器无法测定出准确的放气量,这可能与 IPDI-DBM-DEG-CE-PBAMO 分子侧链上—COOEt 较早的分解有关。长时间放置于高温环境中,—COOEt 会受热分解放出 CO_2,导致体系真空度大幅降低。因此,为保证实验的安全稳定性,混合炸药体系中不选取 IPDI-DBM-DEG-CE-PBAMO 作为黏合剂。

综上所述,IPDI-CE-PBAMO,IPDI-DEG-CE-PBAMO 与 RDX、HMX

具有良好的相容性。

3.5.3 扩链 PBAMO/HMX 压装混合炸药造型粉的制备工艺

根据表面作用和相容性的测试结果，选取 HMX 为主体炸药，IPDI–CE–PBAMO 和 IPDI–DEG–CE–PBAMO 为黏合剂分别制备压装混合炸药。

压装混合炸药的制备首先要制备主体炸药和黏合剂的造型粉。目前，造型粉的制备方法主要有溶液–水悬浮法、溶液悬浮–沉淀法，共沉淀法以及水悬浮–熔融包覆法等。国内外采用最多的是溶液–水悬浮法制备压装混合炸药造型粉，该方法适用性较广，操作简单安全，而且得到的造型粉密实圆滑，粒度均匀。溶液–水悬浮法制备造型粉的工艺流程如图 3–44 所示。

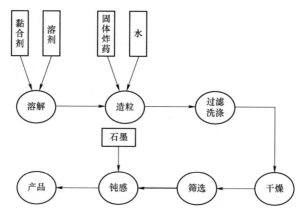

图 3–44　溶液–水悬浮法制备造型粉的工艺流程

3.5.4 扩链 PBAMO/HMX 压装混合炸药造型粉的性能

1. 包覆效果

造型粉的外观和形状在一定程度上可以表征黏合剂对炸药的包覆性能，造型粉表面光滑密实，呈球形或类球形，未包覆的粉尘较少，则包覆效果较好。图 3–45 所示分别为 IPDI–CE–PBAMO/HMX 和 IPDI–DEG–CE–PBAMO/HMX 造型粉裹石墨前、后的外观照片。

从图 3–45 可以看出，两种 CE–PBAMO 黏合剂包覆 HMX 的造型粉表面都比较密实，大多呈类球形，均可满足造型粉的制备要求。与 IPDI–CE–PBAMO/HMX 造型粉相比，IPDI–DEG–CE–PBAMO/HMX 的造型粉颗粒大小更均匀，形状更均一，基本上没有细粉，可见 IPDI–DEG–CE–PBAMO/HMX

包覆 HMX 的效果更好。

图 3-45 扩链 PBAMO/HMX 造型粉外观照片
（a）IPDI-CE-PBAMO/HMX 造型粉；（b）IPDI-CE-PBAMO/HMX 造型粉裹石墨后；
（c）IPDI-DEG-CE-PBAMO/HMX 造型粉；
（d）IPDI-DEG-CE-PBAMO/HMX 造型粉裹石墨后

为进一步观察 CE-PBAMO 包覆 HMX 后的表观形貌，图 3-46 所示为两配方造型粉颗粒的 SEM 照片。由图可知，与外观图片结果类似，两种 CE-PBAMO 黏合剂包覆 HMX 后，造型粉表面密实，未发现孔洞和明显的 HMX 晶体裸露现象，而且大多为近似球形的颗粒状，包覆效果良好。此外，比较两种 CE-PBAMO 的包覆效果可以看出，IPDI-CE-PBAMO/HMX 造型粉表面较为粗糙，且存在较小的造型粉颗粒，而以 IPDI-DEG-CE-PBAMO 包覆的造型粉表面更加光滑致密，包覆效果更好。

由图 3-45 可见，IPDI-CE-PBAMO 和 IPDI-DEG-CE-PBAMO 黏合剂对 HMX 均有较好的包覆效果，其中 IPDI-DEG-CE-PBAMO 的包覆性能更佳。前面对 CE-PBAMO 与炸药之间的界面作用分析中得出，相比于 IPDI-CE-PBAMO，IPDI-DEG-CE-PBAMO 分子链中含有更多的极性基团，与 HMX 之间具有较高的黏附功和结合能，因此 IPDI-DEG-CE-PBAMO 对 HMX 有较好的黏结和包覆效果。

图 3-46　扩链 PBAMO/HMX 造型粉的 SEM 照片

（a）IPDI-CE-PBAMO/HMX 造型粉 100X；（b）IPDI-CE-PBAMO/HMX 造型粉 200X；
（c）IPDI-DEG-CE-PBAMO/HMX 造型粉 100X；
（d）IPDI-DEG-CE-PBAMO/HMX 造型粉 200X

2. 晶型

造型粉在制备过程中，涉及溶剂、温度和搅拌等实验条件，这些因素都可能会对 HMX 的晶型产生影响，为了分析扩链 PBAMO/HMX 造型粉制备过程对

HMX 晶型稳定性的影响，图 3-47 所示为 HMX、IPDI-CE-PBAMO/HMX 和 IPDI-DEG-CE-PBAMO/HMX 造型粉的 XRD 谱图。

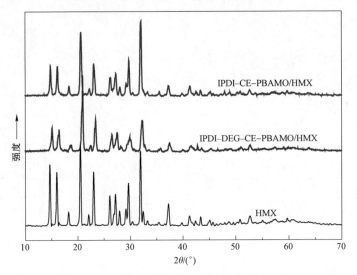

图 3-47 扩链 PBAMO/HMX 造型粉的 XRD 谱图

从图 3-47 可以看出，两种 CE-PBAMO 黏合剂包覆 HMX 后 XRD 衍射谱图中特征峰的位置与 HMX 的基本吻合，说明在造型粉的制备过程中并未引起 HMX 的晶型转变。

3. 机械感度

感度是判断造型粉安全与否的重要技术指标，按照 GJB 772A—97 中 601.1 爆炸概率法测试的扩链 PBAMO/HMX 造型粉的机械感度，见表 3-28。

表 3-28 扩链 PBAMO/HMX 混合炸药的感度

样品	撞击感度/%	摩擦感度/%
HMX	100	100
IPDI-CE-PBAMO/HMX	4	4
IPDI-DEG-CE-PBAMO/HMX	0	0

高分子黏合剂主要通过包覆后的缓冲和润滑作用来降低炸药的感度[18]。黏合剂包覆 HMX 后，会在 HMX 晶体表面形成一层薄膜，当炸药受到外界作用时，外界作用力会在黏合剂薄膜的作用下得到缓冲并被均匀分散；此外，黏合

剂薄膜还可以在 HMX 晶体颗粒之间起到隔离润滑的作用，减少炸药晶体间的相互摩擦，降低感度。

表 3-28 的数据表明，黏合剂 IPDI-CE-PBAMO 和 IPDI-DEG-CE-PBAMO 包覆 HMX 制备造型粉后，撞击感度和摩擦感度均有明显降低，说明黏合剂 CE-PBAMO 对 HMX 晶体具有很好的包覆性能，起到良好的钝感效果。比较两种造型粉的感度发现，IPDI-DEG-CE-PBAMO/HMX 的撞击感度和摩擦感度均可达到 0，钝感效果略优于 IPDI-CE-PBAMO/HMX 的 4%，这一点从两种黏合剂的包覆情况也能看出，IPDI-DEG-CE-PBAMO 包覆 HMX 后表面更加光滑，几乎没有裸露的 HMX 晶体，可以起到很好的黏结包覆和钝感作用。

4. 热分解性能

含能材料的热分解行为与其热安全性能密切相关，图 3-48 和图 3-49 分别给出了 IPDI-CE-PBAMO/HMX 和 IPDI-DEG-CE-PBAMO/HMX 的 TG 曲线和 DTG 曲线，相应的热失重数据结果见表 3-29。

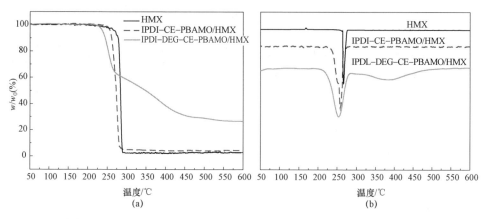

图 3-48　IPDI-CE-PBAMO/HMX 的 TG 曲线和 DTG 曲线（见彩插）
（a）TG 曲线；（b）DTG 曲线

由图 3-48 可见，制得混合炸药后扩链 PBAMO/HMX 的热分解温度受到黏合剂 CE-PBAMO 的影响，与单质 HMX 相比，初始分解温度和分解峰温均有不同程度的提前。对于初始分解温度，与 HMX 相比，IPDI-CE-PBAMO/HMX 和 IPDI-DEG-CE-PBAMO/HMX 的初始分解 T_o 分别提前了 12.9 ℃ 和 21.7 ℃，分解峰温 T_p 分别提前了 8.6 ℃ 和 9.1 ℃。这主要是因为黏合剂

CE-PBAMO 的热分解温度比 HMX 略早，包覆在炸药颗粒表面的黏合剂首先受热分解，这一过程中所释放的热量促进了 HMX 的分解，因而 CE-PBAMO/HMX 混合炸药的热分解温度有所降低。但从整体来看，两种 CE-PBAMO 黏合剂配方在 200 ℃之前并无明显失重现象，仍具有较好的热稳定性。

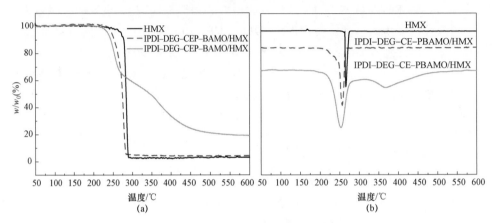

图 3-49　IPDI-DEG-CE-PBAMO/HMX 的 TG 曲线和 DTG 曲线（见彩插）
（a）TG 曲线；（b）DTG 曲线

表 3-29　扩链 PBAMO/HMX 弹性体的热失重数据

样品	热分解初始温度 T_o/℃	热分解峰温 T_p/℃
HMX	261.3	265.9
IPDI-CE-PBAMO	226.2	252.7
IPDI-DEG-CE-PBAMO	227.1	253.4
IPDI-CE-PBAMO/HMX	248.4	257.3
IPDI-DEG-CE-PBAMO/HMX	239.6	256.8

5. 成型和能量性能

压装混合炸药的成型工艺和能量性能是关乎其应用的两个重要参数。混合炸药的成型和能量性能的研究首先要将造型粉压制成药柱；然后通过观察药柱的外观、密度等因素考察其成型性能，对药柱进行爆速测定来考量其能量性能。

扩链 PBAMO/HMX 药柱的外观形貌如图 3-50 所示，由图可见，两种

CE-PBAMO 黏合剂制备的药柱外观形状规整，表面光滑。

图 3-50　扩链 PBAMO/HMX 药柱外观形貌
（a）IPDI-CE-PBAMO/HMX；（b）IPDI-DEG-CE-PBAMO/HMX

造型粉的压装特性不仅是考察混合炸药成型工艺的重要因素，也是指导后续实际应用的重要物性参数。图 3-51 所示为 CE-PBAMO/HMX 的压力—密度曲线。由图可见，随着加压压力的不断增加，两种黏合剂药柱的压装密度均呈现先增大后逐渐平稳的规律，即二者的压力—密度曲线呈现出相似的变化规律和形状，均在 300 MPa 后密度趋于稳定，而且最终药柱的密度可达 1.82 g·cm^{-3} 以上。对比二者的相对密度可以发现，IPDI-CE-PBAMO/HMX 的相对密度可达 97.7%，略高于 IPDI-DEG-CE-PBAMO/HMX（97.3%）。

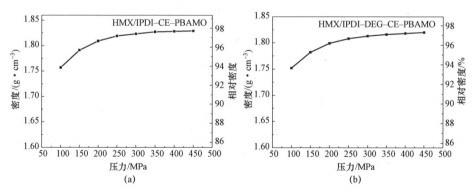

图 3-51　扩链 PBAMO/HMX 的压力—密度曲线

CE-PBAMO/HMX 药柱的密度和爆速如表 3-30 所示。结果表明，两种 CE-PBAMO 黏合剂制备的混合炸药密度可达 1.82 g·cm^{-3} 以上，相对密度在 97% 以上，爆速在 8 600 m·s^{-1} 左右。

表 3-30　CE-PBAMO/HMX 药柱的密度和爆速

样品	密度/(g·cm^{-3})	相对密度/%	爆速/(m·s^{-1})
IPDI-CE-PBAMO/HMX	1.829	97.7	8 607
IPDI-DEG-CE-PBAMO/HMX	1.820	97.3	8 583

由图 3-30 可知，两种 CE-PBAMO 黏合剂压制的药柱均展现出较好的成型性能和能量特性，其中，IPDI-CE-PBAMO 黏合剂所制药柱的爆速和密度都略高于 IPDI-DEG-CE-PBAMO/HMX，这与黏合剂本身的性能密切相关。IPDI-DEG-CE-PBAMO/HMX 在分子结构上由于引入了 DEG 这一非含能部分，相比而言，叠氮基团含量略低于 IPDI-CE-PBAMO/HMX。IPDI-CE-PBAMO/HMX 和 IPDI-DEG-CE-PBAMO/HMX 的密度分别为 1.31 g·cm^{-3} 和 1.28 g·cm^{-3}，通过计算得到二者的生成焓分别为 2 005 kJ·kg^{-1} 和 1 537 kJ·kg^{-1}。由此可见，IPDI-CE-PBAMO/HMX 的密度和生成焓均较高，故其所制备的混合炸药爆速略高。

6. 力学性能

为确保药柱在加工、装配和运输和使用等过程中具有较好的适应性，要求药柱具有一定的抗压强度和抗拉强度。压装混合炸药的力学性能主要采用的是巴西实验测试方法[19]。实验过程中采用圆柱形药柱，在截面上施加径向或轴向的对称且平衡的载荷，使得样品中心区域产生形变而断裂。

图 3-52 所示为扩链 PBAMO/HMX 药柱抗拉测试后的断面形貌，扩链 PBAMO/HMX 药柱的抗压强度和抗拉强度，见表 3-31。

(a)　　　　　　　　　　　　(b)

图 3-52　扩链 PBAMO/HMX 药柱的抗拉断面形貌
(a) IPDI-CE-PBAMO/HMX；(b) IPDI-DEG-CE-PBAMO/HMX

一般而言，压装炸药的抗拉强度要远低于其抗压强度。两种 CE-PBAMO 黏合剂压制的药柱都具有较高的抗压强度，在仪器测试范围内均未发生断裂。

表 3–31　扩链 PBAMO/HMX 药柱的抗压强度和抗拉强度

样品	抗压强度/MPa	抗拉强度/MPa
IPDI–CE–PBAMO/HMX	>14.33	1.36
IPDI–DEG–CE–PBAMO/HMX	>14.33	1.63

对比黏合剂 IPDI–CE–PBAMO 和 IPDI–DEG–CE–PBAMO 所制药柱的抗拉强度可知，IPDI–DEG–CE–PBAMO/HMX 的抗拉强度达到 1.63 MPa，明显高于 IPDI–CE–PBAMO/HMX 的 1.36 MPa。考虑其原因主要有两点：一是与黏合剂本身的力学性能有关；二是受到黏合剂与单质炸药 HMX 之间的黏结作用的影响。一方面，IPDI–DEG–CE–PBAMO 分子链中较多的氨基甲酸酯刚性基团和氢键作用使其抗拉强度明显优于 IPDI–CE–PBAMO。另一方面，DEG 的加入提高了 IPDI–CE–PBAMO 的韧性，CE–PBAMO 从脆性断裂转为韧性断裂。

从图 3–52 可以看出，一方面，IPDI–CE–PBAMO/HMX 药柱（a）的断裂面比较平整，而 IPDI–DEG–CE–PBAMO/HMX 药柱（b）相比而言较为粗糙，这说明药柱（a）更脆，而药柱（b）表现出更好的韧性；另一方面，从前面黏合剂的表面性能数据（表 3–26）来看，IPDI–DEG–CE–PBAMO 与 HMX 之间的黏附功高于 IPDI–CE–PBAMO。因此，IPDI–DEG–CE–PBAMO/HMX 药柱比 IPDI–CE–PBAMO/HMX 展现出更优异的力学性能。

本章主要介绍了不同异氰酸酯、不同二元醇和具有键合功能的 CE–PBAMO，并探讨了其结晶性能、玻璃化转变温度、热分解性能、界面性能、力学性能和流变性能。其中，以 IPDI 作为异氰酸酯、DEG 为扩链剂的 CE–PBAMO 具有更加优异的综合性能。将这两种 CE–PBAMO（IPDI–CE–PBAMO 和 IPDI–DEG–CE–PBAMO）作为黏合剂用于压装混合炸药时，IPDI–DEG–CE–PBAMO 对 HMX 可以起到很好的黏结包覆和钝感作用，药柱的抗拉强度达到 1.63 MPa；而 IPDI–CE–PBAMO/HMX 药柱具有更高的密度（1.829 g·cm^{-3}）、爆速（8 607 m·s^{-1}）和生成焓（2 005 kJ·kg^{-1}）。

参考文献

[1] 罗运军，葛震. 叠氮类含能黏合剂研究进展 [J]. 精细化工，2014，30：

374-377.

[2] Kanti S A, Reddy S.Review on energetic thermoplastic elastomers(ETPEs) for military science[J]. Propellants, Explosives, Pyrotechnics, 2013, 38 (1): 14-28.

[3] 严文荣, 王琼林, 张玉成, 等. 发射装药用可燃紧塞元件的力学强度及燃尽性试验[J]. 火炸药学报, 2017, 40(5): 78-81.

[4] Capellos C, Travers B E.High energy melt cast explosives[P]. US5717158, 1998.

[5] 左海丽. GAP基含能热塑性弹性体研究[D]. 南京: 南京理工大学, 2011.

[6] 何曼君, 陈维孝, 董西侠. 高分子物理[M]. 上海: 复旦大学出版社, 1990.

[7] 朱瑶, 赵振国. 界面化学基础[M]. 北京: 化学工业出版社, 1996.

[8] 张弛, 李杰, 罗运军, 等. 交替嵌段型BAMO-AMMO热塑性弹性体的性能[J]. 高分子材料科学与工程, 2014, 30(1): 62-65.

[9] Sanchez-Adsuar M S, Mart I N-Mart I Nez J M.Influence of the length of the chain extender on the properties of thermoplastic polyurethanes[J]. Journal of adhesion science and technology, 1997, 11(8): 1077-1087.

[10] 张弛, 李杰, 罗运军, 等. PBAMO的热分解反应机理[J]. 高分子材料科学与工程, 2012, 28(10): 22-25.

[11] Zhang C, Li J, Luo Y, et al.Synthesis and thermal decomposition of 3, 3'-bis-azidomethyl oxetane-3-azidomethyl-3'-methyl oxetane random copolymer [J]. Soft Materials, 2016, 14(1): 9-14.

[12] 蔚红建, 付小龙, 邓重清, 等. 星型GAP与固体推进剂填料的表界面性能[J]. 固体火箭技术, 2011, 34(2): 211-213.

[13] Sanderson A J, Wadle R B, Braithwaite P C, et al.The synthesis and combustion of high energy thermoplastic elastomer binders.32th International Annual Conference of the Fraunhofer ICT[C]//Karlsruhe: Fraunhofer Institut Chemische Technologie, 2001.

[14] Yan Q, Zeman S, Elbeih A.Recent advances in thermal analysis and stability evaluation of insensitive plastic bonded explosives(PBXs)[J]. Thermochimica acta, 2012, 537: 1-12.

[15] 赵超. 高能钝感混合炸药的研究进展及发展趋势[J]. 兵工自动化, 2013 (1): 67-70.

[16] Wang X, Wu Y, Huang F.Numerical mesoscopic investigations of dynamic

damage and failure mechanisms of polymer bonded explosives[J]. International Journal of Solids and Structures,2017,129:28-39.

[17] 张斌,罗运军,谭惠民. 多种键合剂与 CL-20 界面的相互作用机理[J]. 火炸药学报,2005,28(3):23-26.

[18] 吴娜娜. NTO/HMX 基钝感压装炸药研究[D]. 太原:中北大学,2016.

[19] Palmer S J P,Field J E,Huntley J M.Deformation,strengths and strains to failure of polymer bonded explosives[J]. Proceedings Mathematical and Physical Sciences,1993,440(1909):399-419.

第 4 章

聚缩水甘油醚硝酸酯基含能热塑性弹性体

4.1 概　　述

在硝酸酯增塑的火炸药中，黏合剂和增塑剂的良好相容性是获得高性能火炸药的重要条件之一[1]。使用与硝酸酯增塑剂具有良好相容性的黏合剂，是未来火炸药用黏合剂的发展方向之一。

聚缩水甘油醚硝酸酯（PGN—Polyglycidyl Nitrate）是一种高能、钝感、洁净的富氧含能预聚物，其侧链上含有—ONO_2基团，与硝酸酯有很好的相容性，在提高推进剂能量水平的同时可降低推进剂的感度；氧含量高（大于50%），可极大改善推进剂燃烧过程的氧平衡[2-4]。PGN基ETPE是以PGN为聚醚软段形成的聚氨酯ETPE，可作为火炸药的黏合剂，与硝酸酯增塑剂有良好的相容性，并能满足火炸药高能、钝感的要求，有较好的应用前景。

本章介绍了以1,4-丁二醇（BDO）为扩链剂制备的不同硬段含量PGN基ETPE；为了提高黏合剂与固体填料间的相互作用，同时介绍了以含有键合基团的扩链剂（二羟甲基丙二酸二乙酯，DBM）制备的具有键合功能的PGN基ETPE。

4.2 不同硬段含量 PGN 基含能热塑性弹性体

在实际应用中，不同硬段含量 PGN 基 ETPE 的性能有很大差异，硬段含量对 PGN 基 ETPE 的力学性能、加工性能、热性能等有重要的影响。以 HMDI 为二异氰酸酯，BDO 为二元醇扩链剂，R 值取 1.00 为例，通过调节 HMDI 和 BDO 的用量合成硬段含量分别为 10%、15%、20%、25% 和 30% 的 PGN 基 ETPE，分别命名为 PGN-BDO-10、PGN-BDO-15、PGN-BDO-20、PGN-BDO-25、PGN-BDO-30，并介绍硬段含量对弹性体性能的影响。

4.2.1 不同硬段含量 PGN 基含能热塑性弹性体的反应原理

合成反应原理与 GAP 基 ETPE 类似，PGN 基 ETPE 合成反应原理如图 4-1 所示。

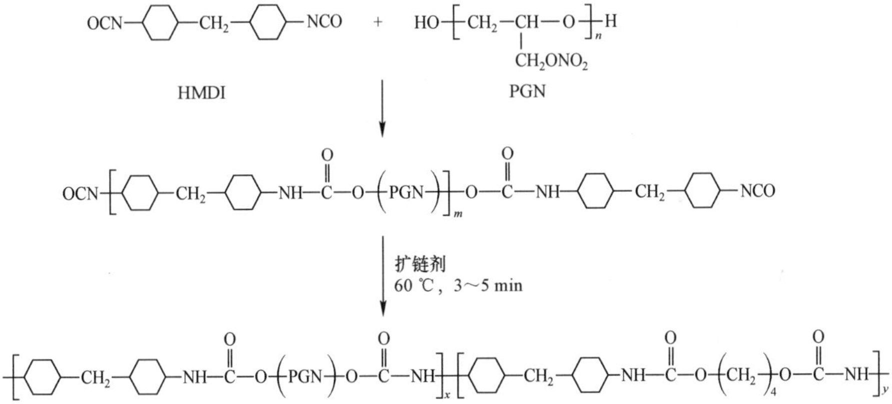

图 4-1 不同硬段含量 PGN 基 ETPE 的合成反应原理图

4.2.2 不同硬段含量 PGN 基含能热塑性弹性体的合成工艺

熔融两步法合成 PGN 基 ETPE 的合成工艺流程如图 4-2 所示。

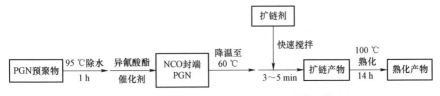

图 4-2 不同硬段含量 PGN 基 ETPE 的合成工艺流程

4.2.3 不同硬段含量 PGN 基含能热塑性弹性体的性能

1. 相对分子质量与相对分子质量分布

表 4-1 列出了 GPC 测定的 ETPE 的相对分子质量与相对分子质量分布。从表 4-1 可以看出，不同硬段含量时 PGN 基 ETPE 的数均相对分子质量均为 30 000 g·mol^{-1} 左右，相对分子质量分布为 2.0 左右。

表 4-1 不同硬段含量 PGN 基 ETPE 的相对分子质量和相对分子质量分布

性能	PGN-BDO-10	PGN-BDO-15	PGN-BDO-20	PGN-BDO-25	PGN-BDO-30
硬段含量/%	10	15	20	25	30
M_n/(g·mol^{-1})	31 200	29 900	30 033	30 830	31 023
M_w/M_n	2.10	2.08	2.12	2.20	2.13

2. 氢键化程度

图 4-3 所示为 PGN 预聚物、HMDI 和 PGN 基 ETPE 的 FTIR 谱图。

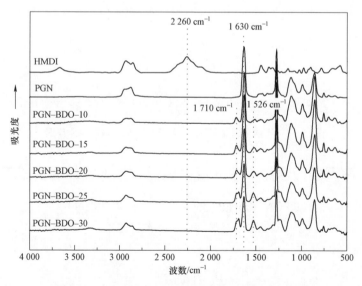

图 4-3 不同硬段含量 PGN 基 ETPE 的 FTIR 谱图

由图 4-3 可以看出，PGN 预聚物的红外谱图中，1 630 cm^{-1}、1 280 cm^{-1} 左右是—ONO$_2$ 的不对称和对称伸缩振动特征吸收峰，3 400 cm^{-1} 左右为—OH 的伸缩振动特征吸收峰，2 940 cm^{-1}、2 874 cm^{-1} 为亚甲基的对称和非对称振动特征吸收峰；HMDI 中 2 260 cm^{-1} 左右为—NCO 的不对称伸缩振动特征吸收峰；PGN 基 ETPE 中 2 260 cm^{-1} 左右的—NCO 吸收峰消失，在 3 320 cm^{-1} 左右出现了氨基伸缩振动特征吸收峰，1 710 cm^{-1}、1 526 cm^{-1} 出现了酰胺羰基—C=O 伸缩振动特征吸收峰。

将羰基吸收峰区域放大，如图 4-4 所示。

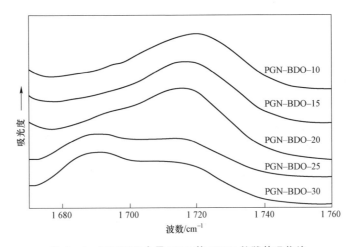

图 4-4　不同硬段含量 PGN 基 ETPE 的羰基吸收峰

由图 4-4 可知，硬段含量较低时羰基吸收峰在 1 720 cm^{-1}，为自由羰基。当硬段含量较高时，吸收峰明显由两部分组成，借助分峰拟合工具对其进行分峰处理。不同硬段含量时 PGN 基 ETPE 的分峰拟合结果见表 4-2。

表 4-2　不同硬段含量 PGN 基 ETPE 的氢键化比例

硬段含量/%	峰位/cm^{-1}		峰面积比例		氢键化比例/%
	氢键化羰基	游离羰基	氢键化羰基	游离羰基	
10	1 684.0	1 716.0	0.48	0.50	48.9
15	1 674.5	1 717.0	0.51	0.46	52.6
20	1 684.4	1 716.4	0.53	0.45	54.1
25	1 689.1	1 717.0	0.54	0.38	58.7
30	1 688.9	1 716.4	0.64	0.41	61.0

从表 4-2 可以看出，随硬段含量的增加，羰基氢键化程度增加，这是因为随硬段含量的增加，硬段分子链之间的接触增加，硬段聚集能力增强。

3. 硬段聚集尺寸

小角 X 射线散射对于电子密度的不均匀性特别敏感，凡是在纳米尺度上电子密度不均匀的体系均会产生小角散射现象[5]，可以通过小角 X 射线衍射研究弹性体的微相分离程度。因硬段含量为 10%、15%的弹性体，软段含量较高，很软不可成膜，不能进行 SAXS 测试。图 4-5 所示为在室温下硬段含量 20%、25%、30%的 PGN 基 ETPE 的 SAXS 谱图。

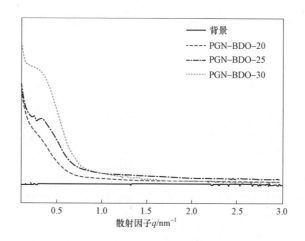

图 4-5　不同硬段含量 PGN 基 ETPE 的 SAXS 谱图

由图 4-5 可知，PGN 基 ETPE 在硬段含量为 25%和 30%时，在 $q=0.5$ nm^{-1} 左右有明显的衍射峰，说明硬段区聚集能力较强，硬段区聚集尺寸较大，这也证明弹性体存在微相分离。而硬段降低时，没有明显的衍射峰，说明硬段含量较低时，硬段聚集能力较弱。这与 PGN 基 FTIR 表征结果一致。

4. 玻璃化转变温度

图 4-6 所示为不同硬段含量时 PGN 基 ETPE 的 DSC 曲线，PGN 基 ETPE 的 T_{gs} 和 T_{gh} 如表 4-3 所示。

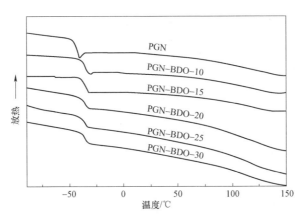

图 4-6 不同硬段含量 PGN 基 ETPE 的 DSC 曲线

表 4-3 不同硬段含量 PGN 基 ETPE 的 T_{gs} 和 T_{gh}

硬段含量/%	T_{gs}/℃	T_{gh}/℃
10	-38.0	136.0
15	-37.8	127.0
20	-37.2	121.0
25	-36.8	118.0
30	-36.4	114.8

由图 4-6 和表 4-3 可见，形成弹性体以后，PGN 基 ETPE 软段的 T_{gs} 均比原料 PGN 预聚物的 T_g（-43.24 ℃）高。这是因为硬段与软段之间的相互作用（如亚氨基与醚键的氢键作用），限制了软段分子链的运动，导致软段的玻璃化转变温度升高。随硬段含量增加，软段玻璃化转变温度升高，硬段玻璃化转变温度降低，两相的相容性增加，这是因为随硬段含量的增加，硬段与软段间的氢键作用增加，软段的分子链运动受到限制导致的。

5. 热分解性能

图 4-7 所示为不同硬段含量时 PGN 基 ETPE 的 TG 曲线和 DTG 曲线，图 4-8 所示为纯硬段 HMDI-BDO 和纯软段 PGN 的 DTG 曲线，以及 PGN-BDO-30 的 DTG 曲线和它的拟合曲线，a、b、c、d 为 PGN-BDO-30 的四个拟合峰。

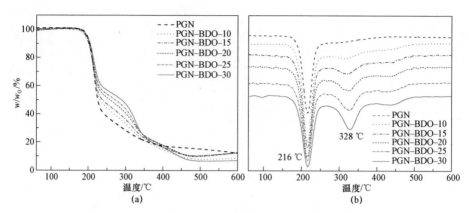

图 4-7 不同硬段含量 PGN 基 ETPE 的 TG 曲线及 DTG 曲线
(a) TG 曲线；(b) DTG 曲线

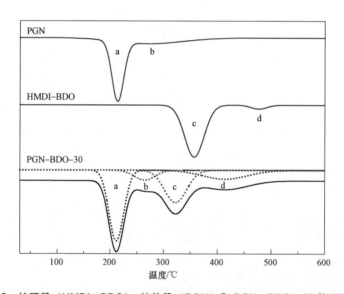

图 4-8 纯硬段（HMDI-BDO）、纯软段（PGN）和 PGN-BDO-30 的 DTG 曲线

由图 4-8 可见，随着硬段含量的增加，PGN 基 ETPE 的 c、d 分解阶段变得更加明显，说明 c、d 分解阶段是硬段的分解。图 4-8 中 PGN-BDO-30 拟合得到的四个分解阶段，a、b 与软段的分解重合，c、d 与硬段的分解重合。

因此，PGN 基 ETPE 的分解分为四个阶段：170～240 ℃为硝酸酯基的分解；240 ℃开始为醚键分解；280 ℃开始氨基甲酸酯的分解；370～500 ℃为残余硬段的分解。

6. 力学性能

不同硬段含量时 PGN 基 ETPE 的最大拉伸强度 σ_m 和断裂伸长率 ε_b，如表 4-4 和图 4-9 所示。

表 4-4 不同硬段含量 PGN 基 ETPE 的 σ_m 和 ε_b

弹性体	σ_m/MPa	ε_b/%
PGN-BDO-10	—	—
PGN-BDO-15	2.20	389.4
PGN-BDO-20	3.50	365.5
PGN-BDO-25	4.60	324.0
PGN-BDO-30	4.90	312.1

注：硬段含量为 10% 的弹性体太软，不能测试。

由表 4-4 可知，随着硬段含量的增加，弹性体的最大拉伸强度增加，断裂伸长率降低。由上面的 PGN 基 FTIR 和 SAXS 结果可知，随着硬段含量的增加，弹性体中硬段间的氢键化程度增加，硬段间聚集能力增强，所以弹性体的拉伸强度增加；而软段含量减少，分子链的柔顺性降低，所以断裂伸长率降低。与 BDO 扩链的 GAP 基 ETPE 相比，PGN 基 ETPE 的断裂伸长率偏小。

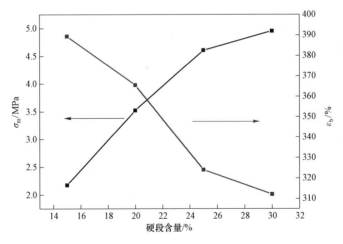

图 4-9 不同硬段含量 PGN 基 ETPE 的力学性能

7. 表面性能

黏合剂和固体填料之间的表面性能是影响火炸药力学性能的重要因素。下

■ 含能热塑性弹性体

面对通过接触角法测定的不同硬段含量 PGN 基 ETPE 的表面性能进行介绍。在室温下，选用蒸馏水和甲酰胺作为参比液，测定了两种液体在 PGN 基 ETPE 薄膜样片上的接触角，如表 4-5 所示。

表 4-5　不同硬段含量 PGN 基 ETPE 的接触角

弹性体	水/(°)	甲酰胺/(°)
PGN-BDO-10	106.0	96.4
PGN-BDO-15	105.8	96.2
PGN-BDO-20	105.2	96.0
PGN-BDO-25	105.5	95.7
PGN-BDO-30	104.9	95.8

通过 SCA20 软件处理得到 PGN 基 ETPE 的表面能及其分量，如表 4-6 所示。

表 4-6　不同硬段含量 PGN 基 ETPE 的表面能及其分量

弹性体	γ_{SL}/(mJ·m^{-2})	γ_{SL}^{d}/(mJ·m^{-2})	γ_{SL}^{p}/(mJ·m^{-2})
PGN-BDO-10	11.51	8.2	3.31
PGN-BDO-15	11.60	8.24	3.36
PGN-BDO-20	11.67	8.03	3.64
PGN-BDO-25	11.83	8.48	3.35
PGN-BDO-30	11.76	8.01	3.75

根据计算得到的 PGN 基 ETPE 与 RDX 的表面张力和黏附功，如表 4-7 所示。

表 4-7　不同硬段含量 PGN 基 ETPE 与 RDX 的表面张力和黏附功

弹性体	$\gamma_{S_1S_2}$/(mJ·m^{-2})	W_a/(mJ·m^{-2})
PGN-BDO-10	9.88	43.44
PGN-BDO-15	9.79	43.62
PGN-BDO-20	9.59	43.89
PGN-BDO-25	9.63	44.01
PGN-BDO-30	9.48	44.09

由表 4-7 中数据可知，随着硬段含量的增加，PGN 基 ETPE 与 RDX 的表

面张力略有减小，黏附功略有增加。这是因为随着硬段含量的增加，极性氨酯键的含量增加，增加了与固体填料之间的相互作用，但增加幅度不大。

4.3 键合功能型 PGN 基含能热塑性弹性体

为了改善火炸药的"脱湿"现象，可将键合功能基团引入到 PGN 基 ETPE 中，以期制备出具有键合功能的 PGN 基 ETPE，从而提高弹性体本身与固体填料的相互作用。第 2 章和第 3 章分别介绍了侧链含有酯基和氰基的小分子二元醇扩链剂：二羟甲基丙二酸二乙酯（DBM）和氰乙基二乙醇胺（CBA），可将酯基和氰基引入到弹性体中。

以 CBA 为扩链剂合成 PGN 基 ETPE 时，发现加入 CBA 后发生了交联。这可能与吸电子基团硝基的存在有关，硝基化合物可与氰离子发生 von Richter 重排反应[6]，Roseblum 等人提出了如下反应机制[7]：

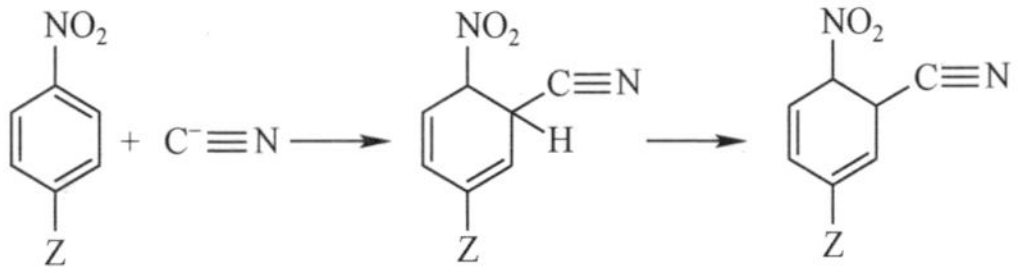

结合该反应机制及加入 CBA 后体系的反应情况，认为因有吸电子基团 —ONO_2 存在，PGN 会与氰基发生反应，导致发生交联，失去扩链剂功能，可能的反应机理如下：

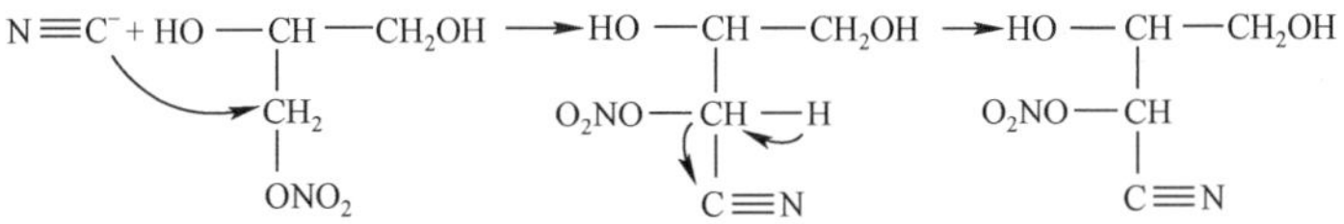

所以，不能使用 CBA 作为 PGN 基 ETPE 的扩链剂。本节只介绍以含有酯基的 DBM 作为扩链剂，制备具有键合作用的 PGN 基 ETPE。

4.3.1 DBM 扩链 PGN 基含能热塑性弹性体

1. DBM 扩链 PGN 基 ETPE 的反应原理

DBM 扩链 PGN 基 ETPE 的合成反应原理如图 4-10 所示。

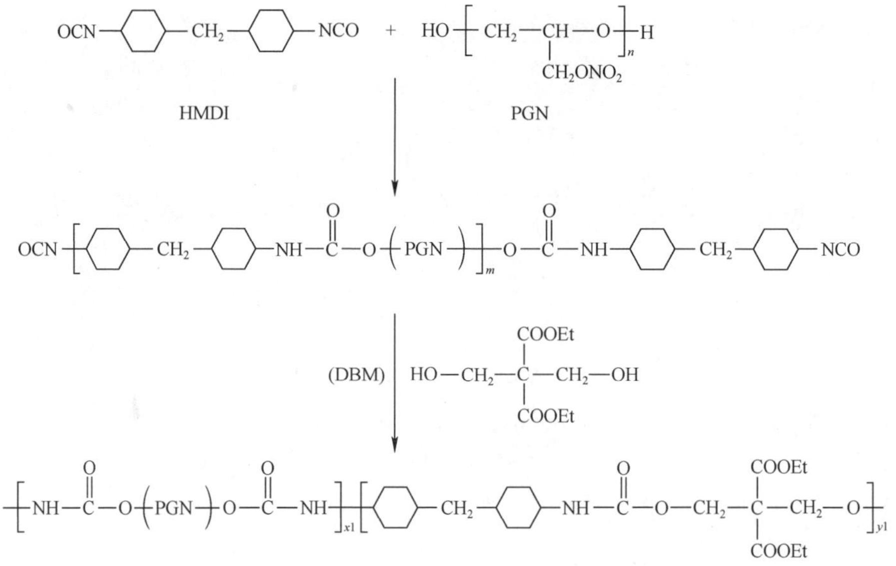

[图示：HMDI 与 PGN 反应，再经 DBM 扩链，生成 ETPE 的化学结构式]

图 4-10　DBM 扩链 PGN 基 ETPE 的合成反应原理图

2. DBM 扩链 PGN 基 ETPE 的合成工艺

以二异氰酸酯 HMDI，扩链剂 DBM，R 值取 1.00 为例，通过调节 HMDI 和 DBM 的用量合成硬段含量分别为 10%、15%、20%、25%和 30%的高软段 PGN 基 ETPE，分别记为 PGN-DBM-10、PGN-DBM-15、PGN-DBM-20、PGN-DBM-25 和 PGN-DBM-30。

熔融两步法合成 DBM 扩链的 PGN 基 ETPE 的合成工艺流程如图 4-11 所示。

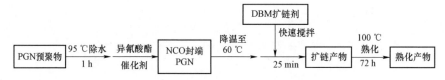

图 4-11　DBM 扩链的 PGN 基 ETPE 的合成工艺流程

3. DBM 扩链 PGN 基 ETPE 的性能

1）相对分子质量与相对分子质量分布

DBM 扩链的 PGN 基 ETPE 的相对分子质量和相对分子质量分布如表 4-8 所示。从表中可以看出，PGN 基 ETPE 的相对分子质量均为 20 000 g·mol^{-1} 左右，相对分子质量分布为 2.0 左右。DBM 扩链的 PGN 基 ETPE 数均相对分子质量比 BDO 扩链的 PGN 基 ETPE 要低。由于 DBM 具有较大的侧基，其位阻效应影响了 DBM 的扩链反应效果。

表 4-8　DBM 扩链 PGN 基 ETPE 的相对分子质量和相对分子质量分布

性能	PGN-DBM-10	PGN-DBM-15	PGN-DBM-20	PGN-DBM-25	PGN-DBM-30
硬段含量/%	10	15	20	25	30
$M_n/(\mathrm{g \cdot mol^{-1}})$	21 133	20 181	21 546	19 563	20 472
M_w/M_n	2.15	2.30	1.94	2.20	1.89

2）氢键化程度

图 4-12 所示为 DBM 扩链的 PGN 基 ETPE 的 FTIR 谱图。

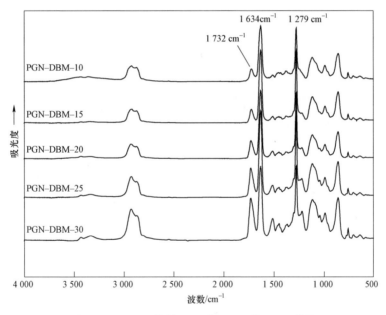

图 4-12　DBM 扩链 PGN 基 ETPE 的 FTIR 谱图

由图 4-12 可以看出，不同硬段含量下，DBM 扩链的 PGN 基 ETPE 的红外谱图相近，均有聚氨酯弹性体的特征吸收峰。其中，1 630 cm^{-1}、1 280 cm^{-1} 左右是—ONO$_2$ 的不对称和对称伸缩振动特征吸收峰，2 940 cm^{-1}、2 874 cm^{-1} 为亚甲基对称和非对称振动特征吸收峰，3 320 cm^{-1} 左右为氨基伸缩振动特征吸收峰，1 710 cm^{-1}、1 526 cm^{-1} 为酰胺羰基—C=O 伸缩振动特征吸收峰。

将羰基吸收峰区域放大所得的吸收峰曲线，如图 4-13 所示。借助分峰拟合工具对其进行分峰处理，5 种弹性体的分峰拟合结果见表 4-9。

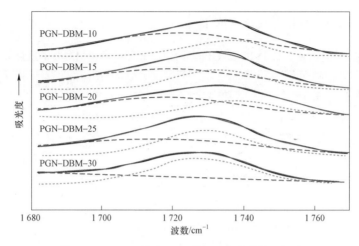

图 4-13　DBM 扩链 PGN 基 ETPE 的羰基吸收峰

表 4-9　DBM 扩链 PGN 基 ETPE 的氢键化比例

硬段含量/%	峰位/cm^{-1}		峰面积比例		氢键化比例/%
	氢键化羰基	游离羰基	氢键化羰基	游离羰基	
10	1 721.4	1 735.3	2.96	3.19	48.1
15	1 717.7	1 733.0	2.58	2.9	47.0
20	1 716.9	1 738.6	2.65	3.05	46.5
25	1 713.6	1 729.0	1.51	1.85	44.9
30	1 685.8	1 727.4	0.85	2.12	28.6

从表 4-9 可以看出，随着硬段含量的增加羰基氢键化程度降低，这与 DBM 与异氰酸酯形成的硬段结构有关。DBM 与 HMDI 形成的硬段结构中存在庞大的侧基部分，致使硬段之间不易形成氢键。

对 BDO 和 DBM 扩链合成的 PGN 基 ETPE 的氢键化程度进行比较，其氢键化程度见表 4-10。对比可以看出，当硬段含量相同时，BDO 扩链 ETPE 的羰基氢键化程度较高，这是因为 BDO 无侧基，分子链排列规整，易形成氢键。

表 4-10　不同扩链剂 PGN 基 ETPE 的羰基氢键化程度比较

硬段含量/%	氢键化程度/%	
	BDO 扩链	DBM 扩链
10	48.9	48.1
15	52.6	47.0

续表

硬段含量/%	氢键化程度/%	
	BDO 扩链	DBM 扩链
20	54.1	46.5
25	58.7	44.9
30	61.0	39.7

3）玻璃化转变温度

图 4-14 所示为 DBM 扩链的 PGN 基 ETPE 的 DSC 曲线，不同硬段含量的 PGN 基 ETPE 的 T_{gs} 如表 4-11 所示。

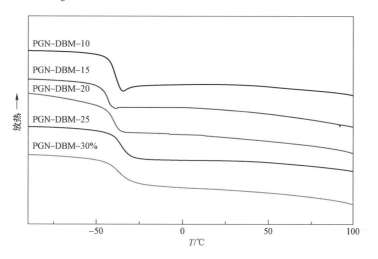

图 4-14　DBM 扩链 PGN 基 ETPE 的 DSC 曲线

由图 4-14 可知，因为 DBM 侧链的位阻效应，而且所合成的 PGN 基 ETPE 硬段含量较低，导致硬段不易聚集，所以没有出现硬段的玻璃化转变温度。

表 4-11　DBM 扩链 PGN 基 ETPE 的 T_{gs}

硬段含量/%	T_{gs}/℃
10	-35.8
15	-34.8
20	-32.8
25	-31.3
30	-30.0

由表 4-11 可知，随着硬段含量的增加，DBM 扩链的 PGN 基 ETPE 的 T_{gs} 向高温方向移动，这是因为软/硬段间的相容性增加，更多硬段溶于软段中，对软段的锚固作用加强导致的。

与 BDO 扩链的 PGN 基 ETPE 进行比较，两种弹性体的玻璃化转变温度 T_{gs} 见表 4-12。可以看出，硬段含量相同时，DBM 扩链的 PGN 基 ETPE 的 T_{gs} 较高，这是因为侧链酯基形成的硬段不易聚集，更易溶入软段中，对软段的锚固作用较强，限制了软段分子链的运动，所以 T_{gs} 较高。

表 4-12 不同扩链剂 PGN 基 ETPE 的 T_{gs}

硬段含量/%	T_{gs}/℃	
	BDO 扩链	DBM 扩链
10	-38.0	-35.8
15	-37.8	-34.8
20	-37.2	-32.8
25	-36.8	-31.3
30	-36.4	-30.0

4）热分解性能

图 4-15 所示为 DBM 扩链的 PGN 基 ETPE 的 TG 曲线和 DTG 曲线。

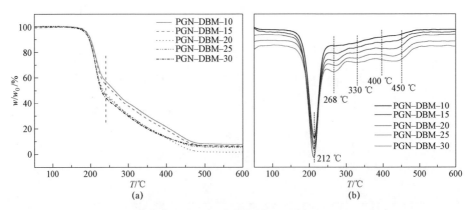

图 4-15 DBM 扩链 PGN 基 ETPE 的 TG 曲线及 DTG 曲线（见彩插）
(a) TG 曲线；(b) DTG 曲线

图 4-16 所示为纯硬段 HMDI-DBM、纯软段 PGN 以及 PGN-DBM-30 的 DTG 曲线。

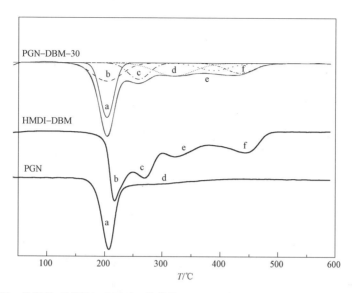

图 4-16 纯硬段(HMDI-DBM)、纯软段(PGN)和 PGN-DBM-30 的 DTG 曲线

由图 4-15 可知,不同硬段含量的 PGN 基 ETPE 具有类似的热分解曲线。由 HMDI-DBM、PGN、PGN-DBM-30 的 DTG 曲线(图 4-16)可知,弹性体存在 6 个分解阶段,6 个阶段最大分解速率处的温度分别为 212 ℃、215 ℃、268 ℃、330 ℃、400 ℃和 450 ℃。图 4-16 中 PGN-DBM-30 拟合得到的 6 个分解阶段,a、d 与软段 PGN 的分解对应,b、c、e、f 与硬段 HMDI-DBM 的分解对应。

比较各拟合峰与软/硬段各阶段的分解反应,可以得出,ETPE 分解时,拟合峰 a 是硬段中 DBM 侧链的分解,拟合峰 b 是 PGN 中硝酸酯基的分解,拟合峰 c 还是硬段 DBM 的分解,拟合峰 d 是 PGN 主链的分解,拟合峰 e 是硬段氨基甲酸酯的分解,拟合峰 f 是剩余硬段的分解。并且发现随着硬段含量的增加,c 阶段(268 ℃)、e 阶段(400 ℃)和 f 阶段(450 ℃)的分解越来越明显,说明 c、e、f 分解阶段分别对应于硬段不同结构的分解。

5) 表面性能

将 DBM 扩链的 PGN 基 ETPE 制成薄膜,在室温下选用蒸馏水和甲酰胺作为参比液,测定了两种液体在 PGN 基 ETPE 样片上的接触角。不同参比液在不同 PGN 基 ETPE 上的接触角,如表 4-13 所示。

表 4-13 DBM 扩链 PGN 基 ETPE 的接触角

弹性体	水/(°)	甲酰胺/(°)
PGN-DBM-10	98.5	87.3
PGN-DBM-15	97.2	86.8

续表

弹性体	水/(°)	甲酰胺/(°)
PGN–DBM–20	96.5	86.2
PGN–DBM–25	95.5	85.8
PGN–DBM–30	94.7	85

计算得到 PGN 基 ETPE 的表面能及其与 RDX 的表面张力和黏附功，如表 4–14 所示。

表 4–14 DBM 扩链 PGN 基 ETPE 的表面能及其与 RDX 的表面张力和黏附功

弹性体	γ_{SL}/ (mJ·m^{-2})	γ_{SL}^{d}/ (mJ·m^{-2})	γ_{SL}^{p}/ (mJ·m^{-2})	$\gamma_{S_1S_2}$/ (mJ·m^{-2})	W_a/ (mJ·m^{-2})
PGN–DBM–10	15.99	11.45	4.54	6.63	51.17
PGN–DBM–15	16.22	10.96	5.26	6.21	51.82
PGN–DBM–20	16.54	11.02	5.52	5.97	52.38
PGN–DBM–25	16.78	10.66	6.12	5.71	52.88
PGN–DBM–30	17.23	10.85	6.38	5.43	53.61

由表 4–14 中数据可见，随着硬段含量的增加，极性基团（氨基甲酸酯键、DBM 的酯基侧链）密度增加，导致表面张力降低、黏附功增加，增强了弹性体与固体填料之间的相互作用。

DBM 和 BDO 扩链的 PGN 基 ETPE 的黏附功，如表 4–15 所示。

表 4–15 不同扩链剂 PGN 基 ETPE 与 RDX 的黏附功

硬段含量/%	W_a/(mJ·m^{-2})	
	BDO 扩链	DBM 扩链
10	43.44	51.17
15	43.62	51.82
20	43.89	52.38
25	44.01	52.88
30	44.09	53.61

由表 4–15 可以看出，当硬段含量增加时，两种扩链剂扩链的 ETPE 与 RDX 的黏附功都逐渐增加，这是因为硬段含量增加，硬段氨基甲酸酯键的含量增加导致的。由于 BDO 不含有极性侧基，所以其增加幅度很小；而 DBM 因为含有

极性侧基，在氨基甲酸酯键增加的同时，扩链剂极性侧基的含量也增加，所以其黏附功增加幅度较大。

由表 4-15 还可以看出，当硬段含量相同时，BDO 扩链 ETPE 与 RDX 的黏附功小于 DBM 扩链的 ETPE。这是因为 DBM 含有极性侧链—COOCH$_2$CH$_3$，可以与 RDX 的硝胺基团发生相互作用，增强 ETPE 与 RDX 的黏附功。

4.3.2　DBM/BDO 混合扩链 PGN 基含能热塑性弹性体

DBM 扩链的 PGN 基 ETPE 在硬段中引入了极性侧基，导致弹性体力学性能较差。为了制备既具有键合功能，又具有良好力学性能的 PGN 基 ETPE，可采用 BDO 和 DBM 混合扩链的方式合成 ETPE。

1. DBM/BDO 混合扩链 PGN 基 ETPE 的反应原理

DBM/BDO 混合扩链的 PGN 基 ETPE 的反应原理与纯 BDO 扩链的 PGN 基 ETPE（图 4-1）和纯 DBM 扩链的 PGN 基 ETPE（图 4-10）相同。

2. DBM/BDO 混合扩链 PGN 基 ETPE 的合成工艺

以二异氰酸酯选用 HMDI 为例，扩链剂为不同比例的 DBM 和 BDO 混合物，合成硬段含量为 30% 的 ETPE。DBM 所占的质量分数分别为 0、25%、50%、75%、100%，分别命名为 PGN-DBM-BDO-0、PGN-DBM-BDO-25、PGN-DBM-BDO-50、PGN-DBM-BDO-75 和 PGN-DBM-BDO-100。

熔融两步法合成 DBM/BDO 混合扩链的 PGN 基 ETPE 的合成工艺流程，如图 4-17 所示。

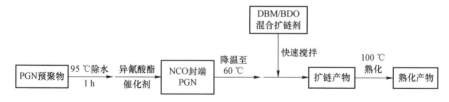

图 4-17　DBM/BDO 混合扩链的 PGN 基 ETPE 的合成工艺流程

3. DBM/BDO 混合扩链 PGN 基 ETPE 的性能

1）相对分子质量与相对分子质量分布

用 GPC 测定的 DBM/BDO 混合扩链 PGN 基 ETPE 的相对分子质量和相对分子质量分布，如表 4-16 所示。

表 4-16 DBM/BDO 混合扩链 PGN 基 ETPE 的相对分子质量和相对分子质量分布

性能	PGN–DBM–BDO–0	PGN–DBM–BDO–25	PGN–DBM–BDO–50	PGN–DBM–BDO–75	PGN–DBM–BDO–100
DBM 含量/%	0	25	50	75	100
M_n/(g·mol^{-1})	31 023	29 530	27 453	19 824	19 700
M_w/M_n	2.13	1.83	1.97	1.91	1.89

从表 4-16 可以看出，DBM/BDO 混合扩链的 PGN 基 ETPE 的相对分子质量为 20 000～30 000 g·mol^{-1}，相对分子质量分布为 2.0 左右。而且随着混合扩链剂中 DBM 含量的增加，PGN 基 ETPE 的相对分子质量逐渐降低，这是因为 DBM 有较大的侧基，影响了扩链反应的活性。

2）氢键化程度

图 4-18 所示为不同比例 DBM/BDO 混合扩链 PGN 基 ETPE 的 FTIR 谱图。

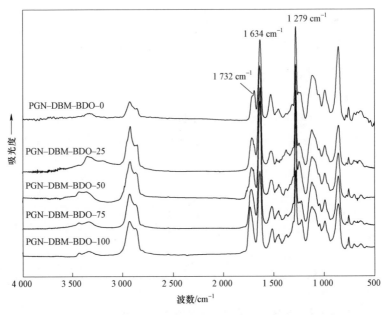

图 4-18 DBM/BDO 混合扩链 PGN 基 ETPE 的 FTIR 谱图

由图 4-18 可以看出，DBM/BDO 混合扩链 PGN 基 ETPE 的红外谱图中，1 634 cm^{-1} 和 1 279 cm^{-1} 左右是—ONO$_2$ 的不对称和对称伸缩振动特征吸收峰，3 320 cm^{-1} 左右是氨基伸缩振动特征吸收峰，1 710 cm^{-1}、1 526 cm^{-1} 是酰胺羰基—C=O 伸缩振动特征吸收峰，证明了目标产物的结构。

对羰基吸收峰进行局部放大，如图 4-19 所示。

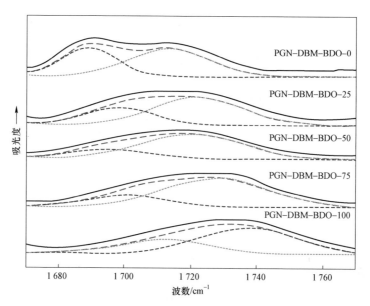

图4-19　DBM/BDO 混合扩链 PGN 基 ETPE 的羰基吸收峰

对羰基的吸收峰进行分峰拟合处理,可得各吸收峰的峰位、峰面积比例及氢键化程度,如表4-17所示。

表4-17　DBM/BDO 混合扩链 PGN 基 ETPE 的氢键化比例

DBM 含量/ %	峰位/cm⁻¹		峰面积比例		氢键化比例/ %
	氢键化羰基	游离羰基	氢键化羰基	游离羰基	
0	1 689.1	1 713.4	0.97	0.68	58.8
25	1 698.7	1 722.1	0.67	0.72	48.2
50	1 695.4	1 720.4	0.46	0.76	37.7
75	1 701.2	1 727.4	0.36	0.82	30.5
100	1 685.8	1 727.4	0.85	2.12	28.6

从表4-17可以看出,随扩链剂中 DBM 含量的增加,羰基的氢键化程度降低,这是因为 DBM 含有体积较大的侧链,分子链不易规整排列。所以随着 DBM 含量的增加,分子链的规整性受到破坏,硬段不易聚集,氢键化程度降低。

3) 玻璃化转变温度

DBM/BDO 混合扩链的 PGN 基 ETPE 的 DSC 曲线如图4-20所示,PGN 基 ETPE 的软段玻璃化转变温度 T_{gs} 和硬段玻璃化转变温度 T_{gh} 如表4-18所示。

■ 含能热塑性弹性体

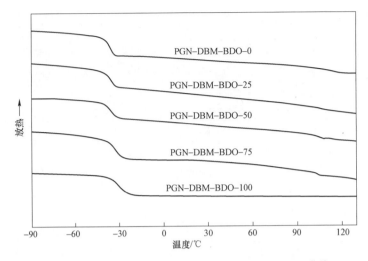

图4-20　DBM/BDO混合扩链PGN基ETPE的DSC曲线

表4-18　DBM/BDO混合扩链PGN基ETPE的 T_{gs} 和 T_{gh}

弹性体	T_{gs}/℃	T_{gh}/℃
PGN-DBM-BDO-0	-36.4	114.8
PGN-DBM-BDO-25	-35.6	105.7
PGN-DBM-BDO-50	-34.7	105.5
PGN-DBM-BDO-75	-33.4	102.8
PGN-DBM-BDO-100	-30.0	—

由图4-20和表4-18可知，随着DBM含量的增加，DBM/BDO混合扩链ETPE的软/硬段相容性增加，微相分离减弱，导致ETPE的 T_{gs} 向高温方向移动，T_{gh} 向低温方向移动。

4）表面性能

将制得的PGN基ETPE溶解后制成薄膜样品，采用接触角测定仪测定其接触角。不同参比液与PGN基ETPE的接触角如表4-19所示。

表4-19　DBM/BDO混合扩链PGN基ETPE的接触角

弹性体	水/(°)	甲酰胺/(°)
PGN-DBM-BDO-0	104.9	95.8
PGN-DBM-BDO-25	100.5	91.0
PGN-DBM-BDO-50	98.8	89.2
PGN-DBM-BDO-75	97.3	87.3
PGN-DBM-BDO-100	94.7	85.0

通过 SCA20 软件处理得到 ETPE 的表面能及其分量，如表 4-20 所示。

表 4-20 DBM/BDO 混合扩链 PGN 基 ETPE 的表面能及其分量

弹性体	$\gamma_{SL}/(mJ \cdot m^{-2})$	$\gamma_{SL}^{d}/(mJ \cdot m^{-2})$	$\gamma_{SL}^{p}/(mJ \cdot m^{-2})$
PGN-DBM-BDO-0	11.76	8.01	3.75
PGN-DBM-BDO-25	14.05	9.34	4.71
PGN-DBM-BDO-50	14.96	9.81	5.15
PGN-DBM-BDO-75	15.95	10.54	5.41
PGN-DBM-BDO-100	17.23	10.85	6.38

DBM/BDO 混合扩链 PGN 基 ETPE 与硝胺固体填料 RDX 的表面张力和黏附功，如表 4-21 所示。

表 4-21 DBM/BDO 混合扩链 PGN 基 ETPE 与 RDX 的表面张力和黏附功

弹性体	$\gamma_{S_1S_2}/(mJ \cdot m^{-2})$	$W_a/(mJ \cdot m^{-2})$
PGN-DBM-BDO-0	9.48	44.09
PGN-DBM-BDO-25	7.58	48.28
PGN-DBM-BDO-50	6.91	49.86
PGN-DBM-BDO-75	6.30	51.46
PGN-DBM-BDO-100	5.43	53.61

从表 4-21 中数据可以看出，加入 DBM 后弹性体的黏附功均比未加 DBM 的弹性体的黏附功有所提高，而且随着扩链剂中 DBM 比例的增加，弹性体与固体填料之间的黏附功增加。

5）力学性能

给出了 DBM/BDO 混合扩链 ETPE 的最大拉伸强度 σ_m 和断裂伸长率 ε_b，如表 4-22 和图 4-21 所示。

表 4-22 DBM/BDO 混合扩链 PGN 基 ETPE 的 σ_m 和 ε_b

力学性能	PGN-DBM-BDO-0	PGN-DBM-BDO-25	PGN-DBM-BDO-50	PGN-DBM-BDO-75	PGN-DBM-BDO-100
σ_m/MPa	4.96	4.00	3.65	3.50	—
ε_b/%	312.1	342.0	352.0	401.0	—

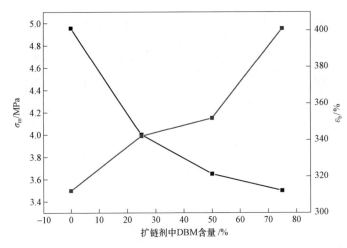

图 4-21 DBM/BDO 混合扩链 PGN 基 ETPE 的力学性能

由表 4-22 和图 4-21 可以看出，随 DBM 比例增加，弹性体力学性能变化规律是最大拉伸强度减小，断裂伸长率增加。这是因为硬段中 DBM 侧基数量增加，硬段间氢键作用力减弱，硬段不易聚集，弹性体分子间短程有序排列的难度变大，弹性体的拉伸强度减小，断裂伸长率增加。

4.4　PGN 基含能热塑性弹性体在火炸药中的应用

本节以 DBM/BDO 混合扩链 PGN 基 ETPE 为例，介绍 PGN 基 ETPE 在火炸药中的应用。选取不同比例 DBM/BDO 扩链的 ETPE，分别制备 ETPE/RDX 模型火炸药。所制备的模型火炸药分别命名为 RDX/PGN-DBM-BDO-0、RDX/PGN-DBM-BDO-25、RDX/PGN-DBM-BDO-50、RDX/PGN-DBM-BDO-75、RDX/PGN-DBM-BDO-100。

5 种不同的 ETPE/RDX 样品的力学性能见表 4-23，其应力—应变曲线如图 4-22 所示。

表 4-23　DBM/BDO 混合扩链 PGN 基 ETPE/RDX 样品的力学性能

力学性能	RDX/PGN-DBM-BDO-0	RDX/PGN-DBM-BDO-25	RDX/PGN-DBM-BDO-50	RDX/PGN-DBM-BDO-75	RDX/PGN-DBM-BDO-100
σ_m/MPa	4.23	3.93	3.64	4.40	2.48

续表

力学性能	RDX/PGN–DBM–BDO–0	RDX/PGN–DBM–BDO–25	RDX/PGN–DBM–BDO–50	RDX/PGN–DBM–BDO–75	RDX/PGN–DBM–BDO–100
$\varepsilon_m/\%$	2.83	3.10	3.02	5.20	5.43
σ_b/MPa	4.10	3.90	3.60	4.40	2.20
$\varepsilon_b/\%$	3.50	3.30	3.20	5.20	9.00

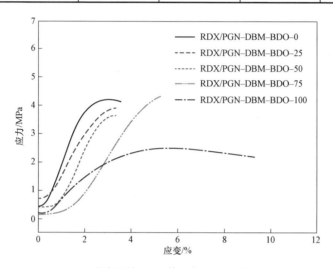

图4-22　DBM/BDO 混合扩链 PGN 基 ETPE/RDX 样品的应力—应变曲线

由表4-23和图4-22可知，当 DBM/BDO 混合扩链剂中 DBM 的比例为75%时，制备的 ETPE/RDX 样品无"脱湿"现象。

PGN-DBM-BDO-0 弹性体中不含有键合功能的基团，与 RDX 的黏附功作用较弱，制备的模型火炸药存在明显的"脱湿"现象。随着扩链剂中 DBM 含量的增加（25%和50%时），弹性体与 RDX 的黏附作用进一步增加。但是，弹性体本身的力学性能也还较高，受到外力载荷时，黏合剂还是倾向于首先从固体颗粒表面脱离，存在轻微"脱湿"现象。当 DBM 比例增加至75%时，弹性体与 RDX 的黏附功高达 $51.46\ mJ \cdot m^{-2}$，而 PGN-DBM-BDO-75 弹性体的最大拉伸强度也有所降低。样品受到外力作用时，不易发生"脱湿"，力学性能良好。而 DBM 含量进一步增加至100%时，由于弹性体本身力学性能过低，导致样品的力学性能较低。

由此可见，当 DBM/BDO 混合扩链剂中 DBM 的比例为75%时，制备的 ETPE/RDX 样品无"脱湿"现象，具有较好的力学性能。

■ 含能热塑性弹性体

　　本章主要介绍了不同硬段含量和具有键合功能的 PGN 基 ETPE，给出了其相对分子质量与相对分子质量分布、氢键化程度、玻璃化转变温度、热分解性能、表面性能和力学性能。其中，以 DBM/BDO 为混合扩链剂（DBM 占扩链剂质量分数为 75%），硬段含量为 30%的 PGN 基 ETPE 具有良好的表面性能（RDX 的黏附功为 51.46 mJ·m^{-2}）和力学性能（σ_m=3.50 MPa，ε_b=401.0%）；而且因含有键合功能的基团，与固体填料的黏附作用强，制得的模型火炸药的力学性能较好（σ_m=4.40 MPa，ε_b=5.20%），没有发生"脱湿"现象。

参 考 文 献

[1] Highsmith T K, Sanderson A J, Cannizzo L F, et al. Polymerization of poly (glycidyl nitrate) from high purity glycidyl nitrate synthesized from glycerol [P]. US6362311, 2002.

[2] Sanderson A J, Martins L J, Dewey M A. Process for making stable cured poly (glycidyl nitrate) and energetic compositions comprising same [P]. US6861501, 2005.

[3] Sanderson A J, Martins L J. Process for making stable cured poly (glycidyl nitrate) [P]. US6730181, 2004.

[4] Willer R L, McGrath D K. Polyglycidyl nitrate [P]. US5591936, 1997.

[5] Chen K S, Yu T L, Tseng Y H. Effect of polyester zigzag structure on the phase segregation of polyester-based polyurethanes [J]. Journal of Polymer Science Part A: Polymer Chemistry, 1999, 37 (13): 2095-2104.

[6] Shine H J. Aromatic rearrangements [M]. New York: Elsevier, 1967.

[7] Curphey T J, Santer J O, Rosenblum M, et al. Protonation of metallocenes by strong acids. Structure of the cation [J]. Journal of the American Chemical Society, 1960, 82 (19): 5249-5250.

第 5 章

3,3-双叠氮甲基氧丁环-四氢呋喃共聚醚基含能热塑性弹性体

5.1 概　　述

  3,3-双叠氮甲基氧丁环（BAMO）均聚物具有高的正生成焓（2 456 kJ·kg^{-1}），但结构中存在大体积的叠氮甲基，分子链柔顺性差。将BAMO与四氢呋喃（THF）进行共聚，生成3,3-双叠氮甲基氧丁环-四氢呋喃共聚醚（P（BAMO-THF）共聚醚，简称为PBT），可改善分子链的柔顺性，提高黏合剂的低温力学性能。研究表明，采用官能团预聚体法，以PBT聚醚为软段、IPDI和BDO为硬段合成的PBT基ETPE具有良好的力学性能。

  本章主要介绍以PBT为软段，HMDI为异氰酸酯固化剂，BDO为扩链剂，不同硬段含量的PBT基ETPE的合成和性能。为了提高黏合剂与固体填料间的相互作用，同时介绍了使用含有键合功能的小分子扩链剂（二羟甲基丙二酸二乙酯DBM和氰乙基二乙醇胺CBA），将酯基和氰基引入到含能热塑性聚氨酯弹性体中，所制备的具有键合功能的PBT基ETPE的合成与性能。

5.2 不同硬段含量 PBT 基含能热塑性弹性体

5.2.1 不同硬段含量 PBT 基含能热塑性弹性体的反应原理

与 GAP 基 ETPE 类似，PBT 基 ETPE 的合成反应原理如图 5-1 所示。

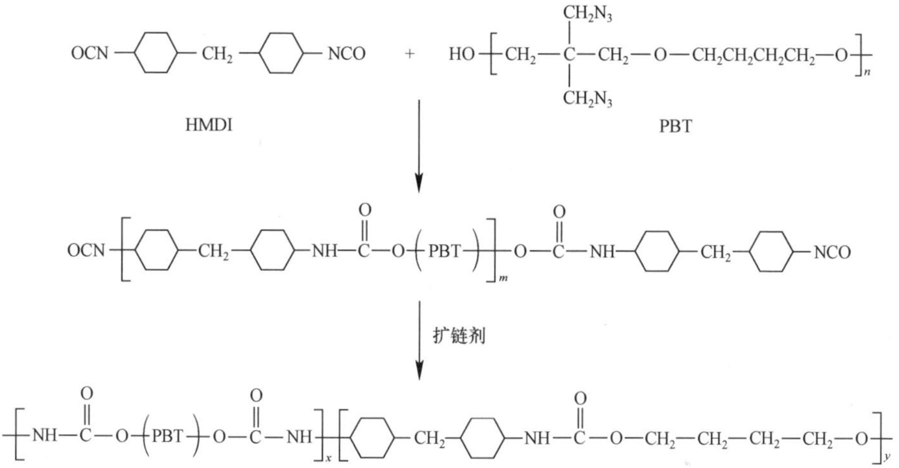

图 5-1 不同硬段含量 PBT 基 ETPE 的合成反应原理图

5.2.2 不同硬段含量 PBT 基含能热塑性弹性体的合成工艺

以 HMDI 为二异氰酸酯，BDO 为二元醇扩链剂，R 值取 0.98 为例，通过调节 HMDI 和 BDO 的用量合成硬段含量分别为 10%、15%、20%、25%和 30%的 ETPUE，分别命名为 PBT-BDO-10、PBT-BDO-15、PBT-BDO-20、PBT-BDO-25、PBT-BDO-30。

熔融两步法合成 PBT 基 ETPE 的合成工艺流程如图 5-2 所示。

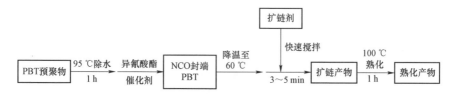

图 5-2 不同硬段含量 PBT 基 ETPE 的合成工艺流程

5.2.3 不同硬段含量 PBT 基含能热塑性弹性体的性能

1. 相对分子质量与相对分子质量分布

不同硬段含量 PBT 基 ETPE 的相对分子质量和相对分子质量分布如表 5-1 所示。从表中可以看出，PBT 基 ETPE 的相对分子质量均为 35 000 g·mol^{-1} 左右，相对分子质量分布为 2.0 左右。

表 5-1 不同硬段含量 PBT 基 ETPE 的相对分子质量和相对分子质量分布

性能	PBT-BDO-10	PBT-BDO-15	PBT-BDO-20	PBT-BDO-25	PBT-BDO-30
硬段含量/%	10	15	20	25	30
M_n/(g·mol^{-1})	35 691	36 902	35 303	34 283	35 128
M_w/M_n	1.92	2.10	2.05	1.95	2.23

与 BDO 扩链的 GAP 基 ETPE 相比，BDO 扩链的 PBT 基 ETPE 的相对分子质量较高，这是因为所用 PBT 预聚物的端羟基为伯羟基，反应活性较高，同时 PBT 本身的相对分子质量较大。

2. 氢键化程度

图 5-3 所示为原料 HMDI、PBT 预聚物和不同硬段含量 PBT 基 ETPE 的 FTIR 谱图。

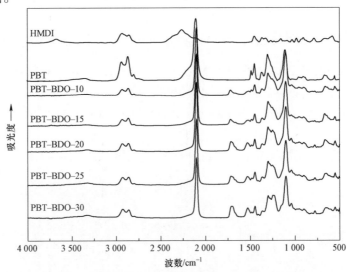

图 5-3 不同硬段含量 PBT 基 ETPE 的 FTIR 谱图

由图 5-3 可见，不同硬段含量 PBT 基 ETPE 的 FTIR 谱图相似。在原料 HMDI 的红外谱图中，2 259 cm^{-1} 为—NCO 的不对称伸缩振动特征吸收峰，2 854 cm^{-1}、2 930 cm^{-1} 是亚甲基的对称和非对称振动特征吸收峰。在原料 PBT 的 FTIR 谱图中，3 446 cm^{-1} 为羟基—OH 伸缩振动特征吸收峰，2 925 cm^{-1}、2 875 cm^{-1} 是亚甲基的对称和非对称振动特征吸收峰，2 100 cm^{-1}、1 281 cm^{-1} 分别为叠氮基团不对称和对称伸缩振动特征吸收峰，1 127 cm^{-1} 为分子链上 C—O—C 的伸缩振动特征吸收峰。在 PBT 基 ETPE 的红外谱图中，—NCO 和—OH 特征吸收峰消失；叠氮基团的特征吸收峰仍然存在，而且在 3 345 cm^{-1} 处出现氨基甲酸酯连接键上胺基—NH 伸缩振动特征吸收峰，1 700 cm^{-1} 处出现酰胺羰基—C=O 伸缩振动特征吸收峰。以上分析证明了 PBT 基 ETPE 的结构。

硬段中的—NH 和羰基间形成氢键的强弱，直接影响到硬段间内聚作用和硬段的有序结构。通过研究羰基区域的 FTIR 谱图，可以考察弹性体的氢键化程度。

对 PBT 基 ETPE 的羰基吸收峰区域进行局部放大，如图 5-4 所示。

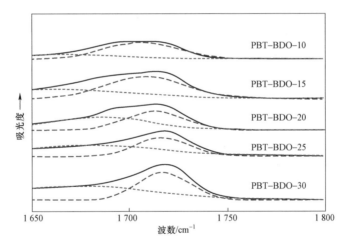

图 5-4 不同硬段含量 PBT 基 ETPE 的羰基吸收峰

对羰基峰进行分峰处理得到 PBT 基 ETPE 的氢键化比例，如表 5-2 所示。

表 5-2 不同硬段含量 PBT 基 ETPE 的氢键化比例

硬段含量/%	峰位/cm^{-1}		峰面积比例		氢键化比例/%
	氢键化羰基	游离羰基	氢键化羰基	游离羰基	
10	1 668	1 705	0.49	0.65	43.00
15	1 661	1 707	0.53	0.589	47.36

续表

硬段含量/%	峰位/cm^{-1}		峰面积比例		氢键化比例/%
	氢键化羰基	游离羰基	氢键化羰基	游离羰基	
20	1 684	1 712	0.515	0.43	54.50
25	1 680	1 717	0.375	0.247	60.29
30	1 673	1 717	0.402	0.258	61.00

从表 5-2 可以看出，随着硬段含量的增加，羰基氢键化程度增加。这是因为随硬段含量的增加，硬段聚集能力增强，使弹性体的微相分离程度增加，进而影响其力学性能。

3. 硬段聚集尺寸

硬段和软段之间电子密度存在差异，所以可以通过小角 X 射线散射对弹性体的微结构进行表征。图 5-5 所示为不同硬段含量时 PBT 基 ETPE 在室温下的 SAXS 谱图。由图可见，硬段含量为 25%和 30%时 ETPE 在散射因子 q = 0.5 nm^{-1} 左右有衍射峰，说明硬段含量为 25%和 30%时硬段区聚集能力较强，聚集尺寸较大，这也证明弹性体存在微相分离。而硬段含量较低（15%、20%）时，没有明显的衍射峰，说明硬段含量较低时，硬段虽发生聚集，但聚集能力较弱。这与 PBT 基 ETPE 的分析结果一致。

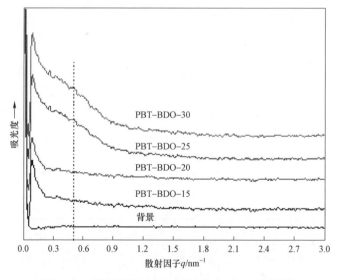

图 5-5　不同硬段含量 PBT 基 ETPE 的 SAXS 谱图

4. 玻璃化转变温度

不同硬段含量时 PBT 基 ETPE 的 DSC 曲线如图 5-6 所示。

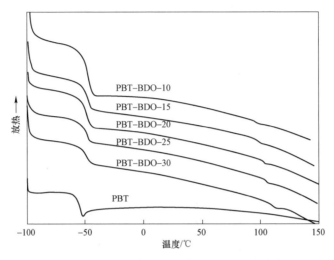

图 5-6　不同硬段含量 PBT 基 ETPE 的 DSC 曲线

PBT 基 ETPE 的软段玻璃化转变温度 T_{gs} 和硬段玻璃化转变温度 T_{gh}，如表 5-3 所示。

表 5-3　不同硬段含量 PBT 基 ETPE 的 T_{gs} 和 T_{gh}

硬段含量/%	T_{gs}/℃	T_{gh}/℃
10	−48.0	95.8
15	−47.8	100.3
20	−47.5	105.3
25	−47.0	108.9
30	−46.8	110.3

由图 5-6 和表 5-3 可知，随着硬段含量的增加，PBT 基 ETPE 的 T_{gh} 明显向高温方向移动；而 T_{gs} 只是略有增加，受硬段含量变化的影响不明显。

不同硬段含量 PBT 基 ETPE 软段的玻璃化转变温度 T_{gs} 均比 PBT 原料的玻璃化转变温度（−48.51 ℃）略高，这是因为硬段的加入阻碍了软段链段的运动。由 Ang 等人[1]提出的热塑性聚氨酯弹性体的结构模型（图 5-7）可以看出，硬段对软段的存在"锚固"作用。因为 PBT 的柔顺性很好，而且合成的弹性体硬段含量较低（不大于 30%），所以软段的 T_{gs} 受硬段含量变化的影响不明显。然而，随着硬段含量的增加，硬段的 T_{gh} 明显向高温方向移动，这是因为随着硬段含量的增加，弹性体中羰基的氢键化程度增加,硬段的聚集能力增强导致的。Schneider 等人在研究不同软段的 MDI-BDO 聚醚型弹性体的性能时也发现了类似的现象[2]。

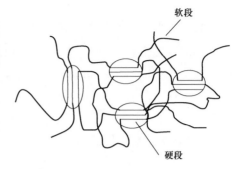

图 5-7　弹性体的微相分离结构示意图

5. 热分解性能

图 5-8 为不同硬段含量时 PBT 基 ETPE 的 TG 曲线和 DTG 曲线。

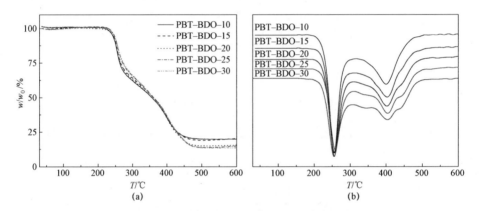

图 5-8　不同硬段含量 PBT 基 ETPE 的 TG 曲线及 DTG 曲线
（a）TG 曲线；（b）DTG 曲线

图 5-9 为纯硬段 HMDI-BDO、纯软段 PBT 以及 PBT-BDO-30 的 DTG 曲线及其拟合曲线，其中 a、b、c、d 为 PBT-BDO-30 的四个拟合峰。

由图 5-9 可见，随着硬段含量的增加，PBT 基 ETPE 的 b、d 分解阶段变得更加明显，这说明 b、d 分解阶段是硬段的分解。图 5-9 中 PBT-BDO-30 拟合得到的四个分解阶段，a、c 与软段的分解重合，b、d 与硬段的分解重合。

图 5-9 中 PBT 的 DTG 曲线表明，PBT 的热分解分为两个阶段，温度范围分别为 210～280 ℃和 350～400 ℃，分别对应叠氮基团和聚醚主链的分解。纯硬段的热分解分为两步：氨基甲酸酯和剩余硬段的分解，温度范围分别为 280～350 ℃和 400～500 ℃。因此，PBT 基 ETPE 的分解分为四个阶段：210～280 ℃为叠氮基团分解；280～350 ℃为氨基甲酸酯分解；350～400 ℃为聚醚主链的分解；400～500 ℃为残余硬段的分解。

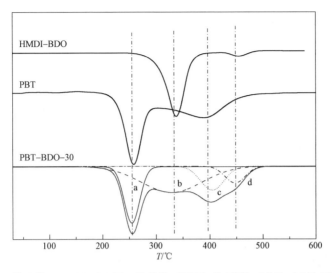

图5-9 纯硬段（HMDI-BDO）、纯软段（PBT）和PBT-BDO-30的DTG曲线

6. 力学性能

表5-4和图5-10分别给出了不同硬段含量PBT基ETPE的最大拉伸强度σ_m和断裂伸长率ε_b。

表5-4 不同硬段含量PBT基ETPE的σ_m和ε_b

硬段含量/%	10	15	20	25	30
σ_m/MPa	4.50	4.20	9.90	10.00	10.40
ε_b/%	861.6	791.7	672.8	479.0	495.6

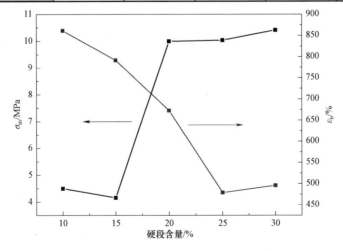

图5-10 不同硬段含量PBT基ETPE的力学性能

由图 5-10 可知，随着硬段含量的增加，最大拉伸强度升高，断裂伸长率降低。这是因为硬段含量增加时，硬段间聚集能力增强，硬段的增强效应使拉伸强度升高；而连续相软段的含量降低，断裂伸长率降低。同时，硬段含量增加时，含能软段的含量降低，会导致弹性体的能量水平降低。所以，硬段的变化对弹性体性能的影响是多方面的，应当综合考虑。

7. 表面性能

将上述 PBT 基 ETPE 制成薄膜，室温下选用蒸馏水和甲酰胺作为参比液，测定了两种液体在 PBT 基 ETPE 样片上的接触角，如表 5-5 所示。

表 5-5 不同硬段含量 PBT 基 ETPE 的接触角

弹性体	水/(°)	甲酰胺/(°)
PBT-BDO-10	93.5	78.6
PBT-BDO-15	93.0	78.3
PBT-BDO-20	92.6	78.0
PBT-BDO-25	92.2	77.8
PBT-BDO-30	91.0	76.2

通过 SCA20 软件处理得到 PBT 基 ETPE 的表面能及其分量，如表 5-6 所示。

表 5-6 不同硬段含量 PBT 基 ETPE 的表面能及其分量

弹性体	γ_{SL}/(mJ·m^{-2})	γ_{SL}^{d}/(mJ·m^{-2})	γ_{SL}^{p}/(mJ·m^{-2})
PBT-BDO-10	21.28	16.86	4.42
PBT-BDO-15	21.39	16.75	4.64
PBT-BDO-20	21.54	16.74	4.8
PBT-BDO-25	21.60	16.60	5.00
PBT-BDO-30	22.60	17.39	5.21

表 5-7 给出了 PBT 基 ETPE 与 RDX 的表面张力和黏附功。其中 RDX 的表面能数据为理论计算值[3]：$\gamma_{S_2}=41.81$ mJ·m^{-2}，$\gamma_{S_2}^{d}=24.17$ mJ·m^{-2}，$\gamma_{S_2}^{p}=17.64$ mJ·m^{-2}。

由表 5-7 可知，随着硬段含量的增加，PBT 基 ETPE 与 RDX 的表面张力略有减小，黏附功略有增加。这是因为随着硬段含量的增加，极性氨酯键含量的增加，增加了与固体填料之间的相互作用，但是增加幅度不大。

表 5-7 不同硬段含量 PBT 基 ETPE 与 RDX 的表面张力和黏附功

弹性体	$\gamma_{S_1S_2}/(mJ \cdot m^{-2})$	$W_a/(mJ \cdot m^{-2})$
PBT-BDO-10	5.06	58.03
PBT-BDO-15	4.86	58.33
PBT-BDO-20	4.71	58.63
PBT-BDO-25	4.56	58.84
PBT-BDO-30	4.23	60.18

5.3 键合功能型 PBT 基含能热塑性弹性体

分别利用侧链含有酯基和氰基的小分子二元醇扩链剂：二羟甲基丙二酸二乙酯（DBM）和氰乙基二乙醇胺（CBA），将酯基和氰基引入到 PBT 基 ETPE 中，提高 PBT 基 ETPE 与固体填料的相互作用。

5.3.1 DBM 扩链 PBT 基含能热塑性弹性体

1. DBM 扩链 PBT 基 ETPE 的反应原理

DBM 扩链 PBT 基 ETPE 的合成反应原理如图 5-11 所示。

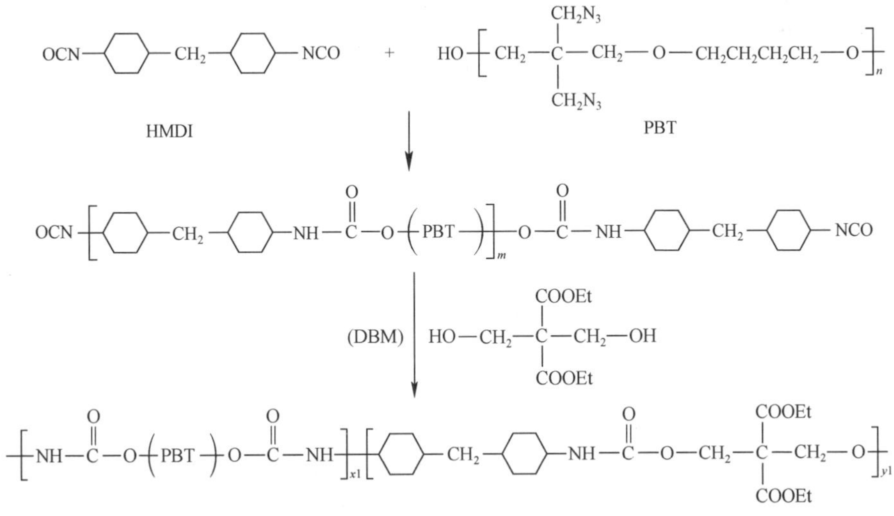

图 5-11 DBM 扩链 PBT 基 ETPE 的合成反应原理图

2. DBM 扩链 PBT 基 ETPE 的合成工艺

以 HMDI 为二异氰酸酯，DBM 为扩链剂，R 值取 0.98 为例，通过调节 HMDI 和 DBM 的用量合成硬段含量分别为 10%、15%、20%、25% 和 30% 的高软段 ETPE，分别记为 PBT-DBM-10、PBT-DBM-15、PBT-DBM-20、PBT-DBM-25 和 PBT-DBM-30。

熔融两步法合成 DBM 扩链的 PBT 基 ETPE 的合成工艺流程如图 5-12 所示。

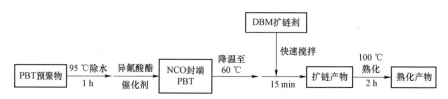

图 5-12　DBM 扩链 PBT 基 ETPE 的合成工艺流程

3. DBM 扩链 PBT 基 ETPE 的性能

1）相对分子质量与相对分子质量分布

GPC 测定的 PBT 基 ETPE 的相对分子质量与相对分子质量分布如表 5-8 所示。从表中数据可以看出，DBM 扩链的 PBT 基 ETPE 的相对分子质量均在 30 000 g·mol^{-1} 以上。

表 5-8　DBM 扩链 PBT 基 ETPE 的相对分子质量和相对分子质量分布

性能	PBT-DBM-10	PBT-DBM-15	PBT-DBM-20	PBT-DBM-25	PBT-DBM-30
硬段含量/%	10	15	20	25	30
M_n/(g·mol^{-1})	32 775	33 482	33 295	33 024	31 427
M_w/M_n	1.65	1.60	1.64	1.60	1.74

2）氢键化程度

图 5-13 所示为 DBM 扩链的 PBT 基 ETPE 的 FTIR 谱图。由图可见，不同硬段含量下，DBM 扩链的 PBT 基 ETPE 的 FTIR 谱图相似，都出现了聚氨酯弹性体的特征吸收峰，2 925 cm^{-1}、2 875 cm^{-1} 是亚甲基的对称和非对称振动特征吸收峰，2 100 cm^{-1}、1 281 cm^{-1} 分别为叠氮基团不对称和对称伸缩振动特征吸收峰，1 127 cm^{-1} 为分子链上 C—O—C 的伸缩振动特征吸收峰，1 730 cm^{-1} 左右是酰胺羰基—C=O 伸缩振动特征吸收峰，3 330 cm^{-1} 左右是氨基甲酸酯连接

键上胺基—NH 伸缩振动特征吸收峰。

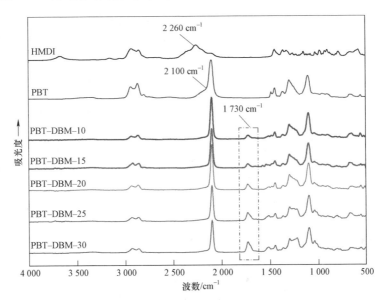

图 5-13　DBM 扩链 PBT 基 ETPE 的 FTIR 谱图

将羰基吸收峰区域局部放大，如图 5-14 所示。

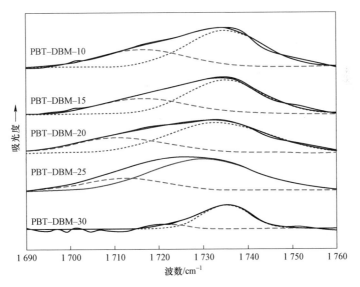

图 5-14　DBM 扩链 PBT 基 ETPE 的羰基吸收峰

借助分峰拟合工具对其进行分峰处理，5 种弹性体的分峰拟合结果如表 5-9 所示。

表 5-9　DBM 扩链 PBT 基 ETPE 的氢键化比例

硬段含量/%	峰位/cm⁻¹		峰面积比例		氢键化比例/%
	氢键化羰基	游离羰基	氢键化羰基	游离羰基	
10	1 714	1 732	0.265	0.442	37.48
15	1 716	1 733	0.410	0.920	30.82
20	1 711	1 733	0.394	0.895	30.56
25	1 710	1 728	2.051	6.172	24.94
30	1 722	1 734	0.038	0.152	20.00

从表 5-9 可以看出，随着硬段含量的增加，羰基氢键化程度降低，这与 DBM 较大的侧链有关。受侧基影响，硬段分子链间距离增加，不易形成氢键，不易聚集。与 DBM 扩链的 GAP 基 ETPE 分子结果一致。

3）玻璃化转变温度

DBM 扩链的 PBT 基 ETPE 的 DSC 曲线如图 5-15 所示，PBT 基 ETPE 的玻璃化转换温度 T_{gs} 如表 5-10 所示。

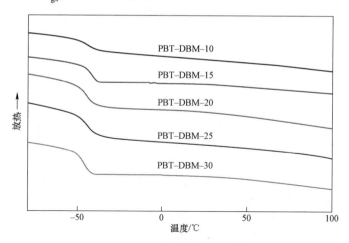

图 5-15　DBM 扩链 PBT 基 ETPE 的 DSC 曲线

表 5-10　DBM 扩链 PBT 基 ETPE 的 T_{gs}

硬段含量/%	T_{gs}/℃
10	-46.1
15	-45.0
20	-44.3
25	-43.7
30	-42.3

由图 5-15 可知，由于 DBM 侧基的位阻效应，硬段不易聚集，所以没有测到硬段的玻璃化转变温度。由表 5-10 可知，随着硬段含量的增加，软段的玻璃化转变温度 T_{gs} 向高温方向移动。根据 FTIR 表征结果，随着硬段含量的增加，受侧基影响，硬段分子链不易形成氢键，聚集能力变弱，致使软/硬段的相容性增加，软段的玻璃化转变温度升高。

4）热分解性能

DBM 扩链的 PBT 基 ETPE 的 TG 曲线和 DTG 曲线如图 5-16 所示。

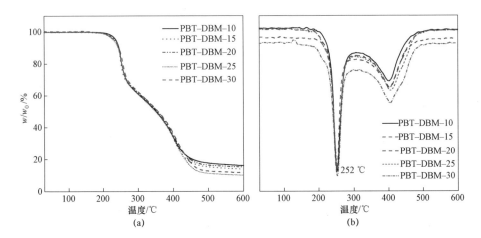

图 5-16 DBM 扩链 PBT 基 ETPE 的 TG 曲线及 DTG 曲线
（a）TG 曲线；（b）DTG 曲线

纯硬段 HMDI-DBM、纯软段 PBT 以及 PBT-DBM-30 弹性体的 DTG 曲线，如图 5-17 所示。

图 5-17 中 PBT-DBM-30 弹性体拟合得到 5 个分解阶段，其中 b、d 与软段 PBT 的分解对应，a、c、e 与硬段 HMDI-DBM 的分解对应。

由图 5-17 中 HMDI-BDO 和 HMDI-DBM 纯硬段的分解曲线可以得出，硬段发生分解时 a 阶段首先发生 DBM 侧链的分解；然后开始氨基甲酸酯的分解；最后是剩余硬段的分解。

比较各拟合峰与软/硬段各阶段的分解可以得出，DBM 扩链的 PBT 基 ETPE 分解时，拟合峰 a 是硬段中 DBM 的分解；拟合峰 b 是 PBT 中叠氮基团的分解；拟合峰 c 是硬段氨基甲酸酯的分解；拟合峰 d 是聚醚主链的分解；拟合峰 e 是剩余硬段的分解。

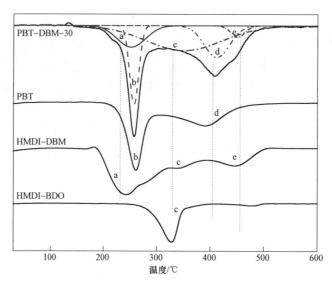

图 5-17　纯硬段（HMDI-DBM）、纯软段（PBT）和 PBT-DBM-30 的 DTG 曲线

由以上分析可知，不同硬段含量时 DBM 扩链的弹性体的热分解趋势相同，初始分解温度均在 236 ℃左右，所以 DBM 扩链的 PBT 基 ETPE 仍具有良好的热稳定性。

5）表面性能

将 DBM 扩链的 PBT 基 ETPE 制成薄膜，通过接触角测试对其表面性能进行表征。不同参比液的接触角如表 5-11 所示。

表 5-11　DBM 扩链 PBT 基 ETPE 的接触角

弹性体	水/(°)	甲酰胺/(°)
PBT-DBM-10	86.0	71.5
PBT-DBM-15	85.5	71.0
PBT-DBM-20	85.0	70.8
PBT-DBM-25	84.5	70.5
PBT-DBM-30	82.5	69.8

计算得到 PBT 基 ETPE 的表面能及其分量，如表 5-12 所示。

表 5-12　DBM 扩链 PBT 基 ETPE 的表面能及其分量

弹性体	$\gamma_{SL}/(mJ \cdot m^{-2})$	$\gamma_{SL}^{d}/(mJ \cdot m^{-2})$	$\gamma_{SL}^{p}/(mJ \cdot m^{-2})$
PBT-DBM-10	25.33	18.25	7.08

续表

弹性体	$\gamma_{SL}/(mJ \cdot m^{-2})$	$\gamma_{SL}^d/(mJ \cdot m^{-2})$	$\gamma_{SL}^p/(mJ \cdot m^{-2})$
PBT–DBM–15	25.63	18.37	7.26
PBT–DBM–20	25.73	18.12	7.61
PBT–DBM–25	25.9	18	7.9
PBT–DBM–30	26.36	16.91	9.45

PBT 基 ETPE 与 RDX 的表面张力和黏附功，如表 5–13 所示。

表 5–13　DBM 扩链 PBT 基 ETPE 与 RDX 的表面张力和黏附功

弹性体	$\gamma_{S_1S_2}/(mJ \cdot m^{-2})$	$W_a/(mJ \cdot m^{-2})$
PBT–DBM–10	2.78	64.36
PBT–DBM–15	2.66	64.78
PBT–DBM–20	2.51	65.02
PBT–DBM–25	2.38	65.32
PBT–DBM–30	1.91	66.26

由表 5–13 中数据可知，随着硬段含量的增加，两相间的黏附功增加。一方面是因为随硬段含量的增加，氨基甲酸酯键含量的增加；另一方面是因为随硬段含量的增加，DBM 的极性侧基 $-COOCH_2CH_3$ 所占比例增加，增强了弹性体与固体填料之间的相互作用。硬段含量相同时，DBM 扩链的 PBT 基 ETPE 与 RDX 的黏附功比 BDO 扩链的 PBT 基 ETPE 与 RDX 的黏附功高，证明 DBM 的加入可以增强 PBT 基 ETPE 与 RDX 之间的相互作用。

5.3.2　CBA 扩链 PBT 基含能热塑性弹性体

1. CBA 扩链 PBT 基 ETPE 的反应原理

CBA 扩链 PBT 基 ETPE 的合成反应原理如图 5–18 所示。

2. CBA 扩链 PBT 基 ETPE 的合成工艺

以 HMDI 为固化剂，CBA 为扩链剂，R 值取 0.98 为例，通过调节 HMDI 和 CBA 的用量合成硬段含量分别为 10%、15%、20%、25%和 30%的高软段 PBT 基 ETPE，分别命名为 PBT–CBA–10、PBT–CBA–15、PBT–CBA–20、PBT–CBA–25 和 PBT–CBA–30。

熔融两步法合成 CBA 扩链的 PBT 基 ETPE 的具体工艺流程如图 5–19 所示。

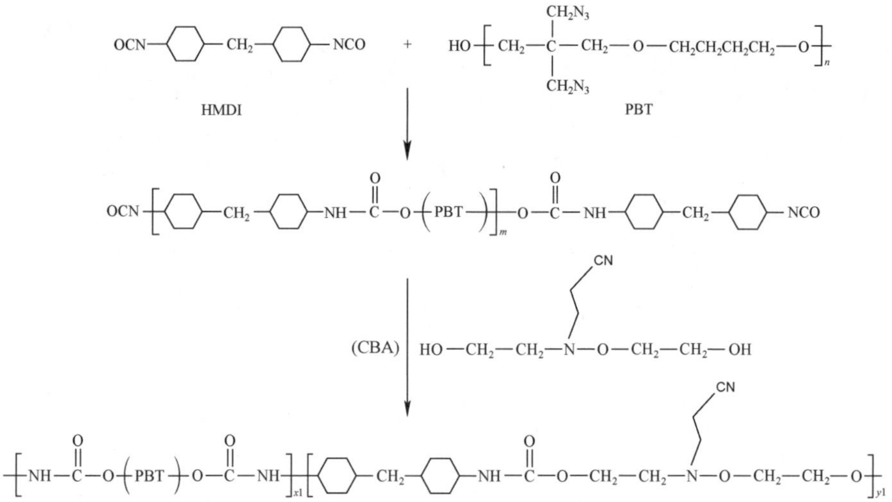

含能热塑性弹性体

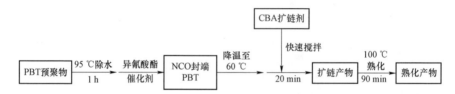

图 5-18 CBA 扩链 PBT 基 ETPE 的合成反应原理图

图 5-19 CBA 扩链 PBT 基 ETPE 的合成工艺流程

3. CBA 扩链 PBT 基 ETPE 的性能

1）相对分子质量与相对分子质量分布

CBA 扩链的 PBT 基 ETPE 的相对分子质量与相对分子质量分布如表 5-14 所示，从表中可以看出，PBT 基 ETPE 的相对分子质量均为 30 000 g·mol^{-1} 以上，相对分子质量为 2.0 左右。

表 5-14 CBA 扩链 PBT 基 ETPE 的相对分子质量和相对分子质量分布

性能	PBT-CBA-10	PBT-CBA-15	PBT-CBA-20	PBT-CBA-25	PBT-CBA-30
硬段含量/%	10	15	20	25	30
M_n/(g·mol^{-1})	31 275	31 582	32 095	31 654	32 127
M_w/M_n	2.05	2.09	2.10	2.13	2.12

2）氢键化程度

CBA 扩链的 PBT 基 ETPE 的 FTIR 谱图如图 5-20 所示。

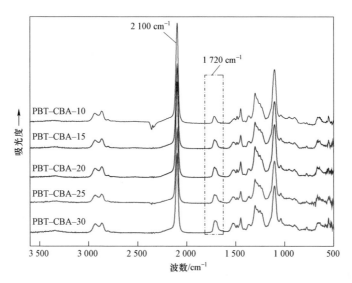

图 5-20　CBA 扩链 PBT 基 ETPE 的 FTIR 谱图

不同硬段含量时 CBA 扩链的 PBT 基 ETPE 的红外谱图相似，都出现了聚氨酯弹性体的特征吸收峰。$2\,925\,\text{cm}^{-1}$、$2\,875\,\text{cm}^{-1}$ 是亚甲基的对称和非对称振动特征吸收峰，$2\,100\,\text{cm}^{-1}$、$1\,281\,\text{cm}^{-1}$ 分别为叠氮基团不对称和对称伸缩振动特征吸收峰，$1\,127\,\text{cm}^{-1}$ 为分子链上 C—O—C 的伸缩振动特征吸收峰，$1\,720\,\text{cm}^{-1}$ 左右是酰胺羰基—C═O 伸缩振动特征吸收峰，$3\,330\,\text{cm}^{-1}$ 左右是氨基甲酸酯连接键上胺基—NH 伸缩振动特征吸收峰，$2\,245\,\text{cm}^{-1}$ 处是—CN 的特征吸收峰，证明了弹性体的结构。

将 PBT 基 ETPE 的羰基吸收峰区域局部放大，如图 5-21 所示。

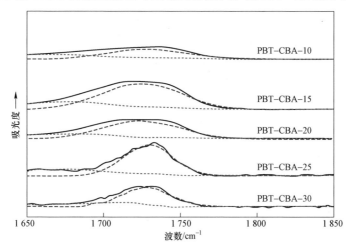

图 5-21　CBA 扩链 PBT 基 ETPE 的羰基吸收峰

借助分峰拟合工具对其进行分峰处理，5 种弹性体的分峰拟合结果如表 5-15 所示。

表 5-15　CBA 扩链 PBT 基 ETPE 的氢键化比例

硬段含量/%	峰位/cm^{-1}		峰面积比例		氢键化比例/%
	氢键化羰基	游离羰基	氢键化羰基	游离羰基	
10	1 665	1 712	0.430	0.592	42.07
15	1 660	1 726	1.132	2.134	34.66
20	1 661	1 726	0.451	0.962	31.91
25	1 673	1 729	0.145	0.389	27.15
30	1 670	1 727	0.161	0.435	27.01

从表 5-15 可以看出，随着硬段含量的增加，受 CBA 较大的侧基影响，硬段分子链间不易聚集，羰基氢键化程度降低。

三种扩链剂 BDO、DBM 和 CBA 扩链的 PBT 基 ETPE 的氢键化程度，如表 5-16 所示。比较表中数据可以看出，相同硬段含量时，不同扩链剂的羰基氢键化程度大小顺序为 BDO 扩链 PBT 基 ETPE＞CBA 扩链 PBT 基 ETPE＞DBM 扩链 PBT 基 ETPE，这是因为 DBM 扩链剂的侧基最大，不利于分子链规整排列，硬段间的氢键作用最弱。所以，三种弹性体的硬段聚集能力大小为 BDO 扩链 PBT 基 ETPE＞CBA 扩链 PBT 基 ETPE＞DBM 扩链 PBT 基 ETPE。

表 5-16　不同扩链剂合成 PBT 基 ETPE 的羰基氢键化程度比较

硬段含量/%	氢键化程度/%		
	BDO 扩链	DBM 扩链	CBA 扩链
10	43.00	37.48	42.07
15	47.36	30.82	34.66
20	54.50	30.56	31.91
25	60.29	24.94	27.15
30	61.00	20.00	27.01

3）玻璃化转变温度

CBA 扩链的 PBT 基 ETPE 的 DSC 曲线如图 5-22 所示，PBT 基 ETPE 的玻璃化转变温度 T_{gs} 如表 5-17 所示。

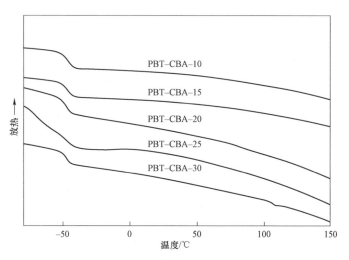

图 5-22　CBA 扩链 PBT 基 ETPE 的 DSC 曲线

表 5-17　CBA 扩链 PBT 基 ETPE 的 T_{gs}

硬段含量/%	T_{gs}/℃
10	-47.0
15	-46.2
20	-45.1
25	-44.1
30	-42.8

由图 5-22 可知，因为氰乙基二乙醇胺侧基的位阻效应，硬段不易聚集，所以没有出现硬段的玻璃化转变温度。由表 5-17 可以看出，随着硬段含量的增加，软段的玻璃化转变温度 T_{gs} 向高温方向移动，这是因为软/硬度间的相容性增加，更多硬段溶于软段中，限制了软段分子链的运动。

三种扩链剂 BDO、DBM 和 CBA 扩链合成的 PBT 基 ETPE 的玻璃化转变温度，如表 5-18 所示。由表可以看出，DBM 和 CBA 扩链的 PBT 基 ETPE 的玻璃化转变温度比 BDO 扩链的要高，这是因为这两种扩链剂含有庞大侧基，导致硬段之间不易聚集，更多的硬段溶于软段中，限制了软段分子链的运动。DBM 的侧基体积比 CBA 的大，硬段之间的聚集能力最差，导致软/硬度间的相容性最好，玻璃化转变温度最高。

表 5-18 不同扩链剂合成 PBT 基 ETPE 的 T_{gs}

硬段含量/%	T_{gs}/℃		
	BDO 扩链	CBA 扩链	DBM 扩链
10	-48.0	-47.0	-46.1
15	-47.8	-46.2	-45.0
20	-47.5	-45.1	-44.3
25	-47.0	-44.1	-43.7
30	-46.8	-42.8	-42.3

4）热分解性能

CBA 扩链的 PBT 基 ETPE 的 TG 曲线和 DTG 曲线如图 5-23 所示。

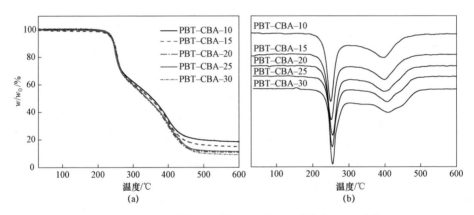

图 5-23 CBA 扩链 PBT 基 ETPE 的 TG 曲线和 DTG 曲线
(a) TG 曲线；(b) DTG 曲线

图 5-24 所示为纯硬段 HMDI-CBA、纯软段 PBT 以及 PBT-CBA-30 的 DTG 曲线及其拟合曲线，a、b、c、d、e 为 PBT-CBA-30 的 5 个拟合峰。

图 5-24 中 PBT-CBA-30 拟合得到的 5 个分解阶段，a、d 与软段 PBT 的分解对应，b、c、e 与硬段 HMDI-CBA 的分解对应。HMDI-CBA 纯硬段的分解分为三个阶段：首先是 CBA 侧基的分解；其次是氨基甲酸酯的分解；最后是剩余硬段的分解。

比较各拟合峰与软/硬段各阶段的分解可以得出，拟合峰 a 是 PBT 中叠氮基团的分解，拟合峰 b 是硬段 CBA 的侧链分解，拟合峰 c 是硬段氨基甲酸酯的分解，拟合峰 d 是 PBT 主链的分解，拟合峰 e 是剩余硬段的分解。

由以上分析可知，不同硬段含量时，CBA 扩链的弹性体的热分解规律相同，初始分解温度均在 230 ℃左右，所以 CBA 扩链的 PBT 基 ETPE 仍具有良好的热稳定性。

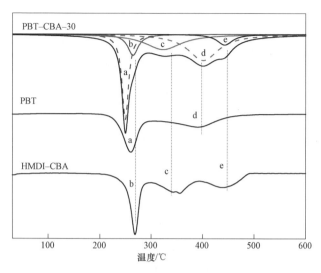

图 5-24 纯硬段（HMDI-CBA）、纯软段（PBT）和 PBT-CBA-30 的 DTG 曲线

5）表面性能

将 PBT 基 ETPE 制成薄膜，通过接触角测量仪对其表面性能进行了测试。PBT 基 ETPE 的不同参比液的接触角如表 5-19 所示。

表 5-19 CBA 扩链 PBT 基 ETPE 的接触角

弹性体	水/(°)	甲酰胺/(°)
PBT-CBA-10	81.5	61.0
PBT-CBA-15	80.5	60.6
PBT-CBA-20	78.0	60.5
PBT-CBA-25	76.6	60.0
PBT-CBA-30	76.0	60.0

通过 SCA20 软件处理得到的 PBT 基 ETPE 的表面能及其与 RDX 的表面张力和黏附功，如表 5-20 所示。

表 5-20 CBA 扩链 PBT 基 ETPE 的表面能及其与 RDX 的表面张力和黏附功

弹性体	γ_{SL}/(mJ·m^{-2})	γ_{SL}^d/(mJ·m^{-2})	γ_{SL}^p/(mJ·m^{-2})	$\gamma_{S_1S_2}$/(mJ·m^{-2})	W_a/(mJ·m^{-2})
PBT-CBA-10	33.04	27.03	6.01	3.14	71.71
PBT-CBA-15	33.05	26.39	6.66	2.67	72.19
PBT-CBA-20	32.54	23.69	8.85	1.50	72.85

续表

弹性体	γ_{SL}/ (mJ·m^{-2})	γ_{SL}^d/ (mJ·m^{-2})	γ_{SL}^p/ (mJ·m^{-2})	$\gamma_{S_1S_2}$/ (mJ·m^{-2})	W_a/ (mJ·m^{-2})
PBT-CBA-25	32.76	22.8	9.96	1.11	73.46
PBT-CBA-30	32.74	22.16	10.58	0.94	73.61

由表 5-20 可以看出，随着硬段含量的增加，弹性体中极性基团的比例增加，导致弹性体的极性分量增加；此外，CBA 中极性侧基—CH_2CH_2—CN 的比例同时增加，增强了弹性体与固体填料之间的相互作用，使弹性体与 RDX 的黏附功增加。

三种不同扩链剂扩链的 PBT 基 ETPE 的表面性能如表 5-21 所示。

表 5-21 不同扩链剂合成 PBT 基 ETPE 与 RDX 的黏附功

硬段含量/%	W_a/(mJ·m^{-2})		
	BDO 扩链	CBA 扩链	DBM 扩链
10	58.03	71.71	64.36
15	58.33	72.19	64.78
20	58.63	72.85	65.02
25	58.84	73.46	65.32
30	60.18	73.61	66.26

由表 5-21 可以看出，当硬段含量增加时，三种扩链剂扩链的 PBT 基 ETPE 与 RDX 的黏附功都呈增加趋势，这是因为硬段含量和硬段氨基甲酸酯键含量的增加导致的。但是，由于 BDO 不含有极性侧基，所以增加幅度很小，而 DBM 和 CBA 因为含有极性侧基，在氨基甲酸酯键增加的同时，扩链剂极性侧基含量也增加，所以其黏附功增加幅度较大。

由表 5-21 还可以看出，当硬段含量相同时，不同扩链剂合成的 PBT 基 ETPE 与 RDX 的黏附功大小顺序为 BDO 扩链 PBT 基 ETPE＜DBM 扩链 PBT 基 ETPE＜CBA 扩链 PBT 基 ETPE。这是因为 DBM 和 CBA 均含有键合功能的侧基，所以其黏附功较大，而 CBA 的键合效果优于 DBM。

5.3.3 DBM/BDO 混合扩链 PBT 基含能热塑性弹性体

DBM 扩链的 PBT 基 ETPE 中含有键合功能的酯基基团，可以增强与固体填料的相互作用，但是由于在硬段中引入了侧基，弹性体的力学性能有所降低。为了得到既有键合功能，又有良好力学性能的 PBT 基 ETPE,本小节介绍以 BDO 和 DBM 为混合扩链剂制备的 PBT 基 ETPE。

1. DBM/BDO 混合扩链 PBT 基 ETPE 的反应原理

DBM/BDO 混合扩链 PBT 基 ETPE 的反应原理与 DBM 扩链 PBT 基 ETPE 的反应原理相似（5.3.1 节）。

2. DBM/BDO 混合扩链 PBT 基 ETPE 的合成工艺

利用不同混合比例的 DBM 和 BDO 为扩链剂合成硬段含量为 30%的 PBT 基 ETPE，其中 DBM 占扩链剂的质量分数为 0、25%、50%、75%和 100%，分别命名为 PBT－DBM－BDO－0、PBT－DBM－BDO－25、PBT－DBM－BDO－50、PBT－DBM－BDO－75、PBT－DBM－BDO－100。

熔融两步法合成 DBM/BDO 混合扩链的 PBT 基 ETPE 的合成工艺流程，如图 5－25 所示。

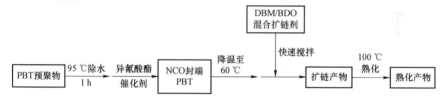

图 5－25　DBM/BDO 混合扩链 PBT 基 ETPE 的合成工艺流程

3. DBM/BDO 混合扩链 PBT 基 ETPE 的性能

1）相对分子质量与相对分子质量分布

DBM/BDO 混合扩链的 PBT 基 ETPE 的相对分子质量与相对分子质量分布如表 5－22 所示。

表 5－22　DBM/BDO 混合扩链 PBT 基 ETPE 的相对分子质量和相对分子质量分布

性能	PBT－DBM－BDO－0	PBT－DBM－BDO－25	PBT－DBM－BDO－50	PBT－DBM－BDO－75	PBT－DBM－BDO－100
DBM 含量/%	0	25	50	75	100
M_n/(g·mol^{-1})	31 127	30 465	30 175	29 905	29 852
M_w/M_n	2.08	2.11	2.10	2.07	2.09

从表 5－22 可以看出，当 DBM 含量的增加时，DBM/BDO 混合扩链 PBT 基 ETPE 的相对分子质量较低，这与 DBM 的庞大侧基有关。因为受 DBM 较大侧基空间位阻作用的影响，扩链反应活性降低，分子链不易继续增长，所以得到 PBT 基 ETPE 的相对分子质量较低。

2）氢键化程度

DBM/BDO 混合扩链的 PBT 基 ETPE 的红外谱图如图 5-26 所示。

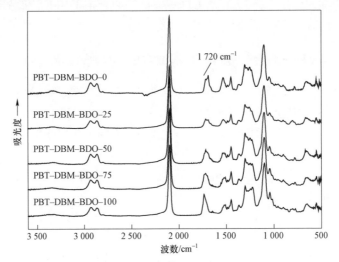

图 5-26　DBM/BDO 混合扩链 PBT 基 ETPE 的 FTIR 谱图

DBM 的含量不同时 PBT 基 ETPE 的红外谱图都能观察到聚氨酯弹性体的特征吸收峰，1 720 cm^{-1} 左右是酰胺羰基—C=O 伸缩振动特征吸收峰，3 330 cm^{-1} 左右是氨基甲酸酯连接键上胺基—NH 伸缩振动特征吸收峰，证明了 DBM/BDO 混合扩链 PBT 基 ETPE 的结构。

将羰基吸收峰区域局部放大，如图 5-27 所示。

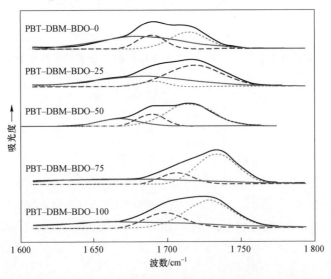

图 5-27　DBM/BDO 混合扩链 PBT 基 ETPE 的羰基吸收峰

对羰基峰进行分峰拟合,拟合结果如表 5-23 所示。

表 5-23 DBM/BDO 混合扩链 PBT 基 ETPE 的氢键化比例

DBM 含量/%	峰面积比例			氢键化程度/%
	有序氢键化	无序氢键化	游离羰基	
0	0.591	0.198	0.50	61.00
25	0.47	0.156	0.414	60.20
50	0.273	0.328	0.843	41.62
75	0.212	0.259	0.93	33.62
100	0.100	0.165	1.050	20.00

由表 5-23 可知,随着 DBM 含量的增加,羰基形成氢键的比例减少。这是因为酯基侧链的增多使硬段不易聚集,不易形成氢键。

3) 玻璃化转变温度

DBM/BDO 混合扩链 PBT 基 ETPE 的 DSC 曲线如图 5-28 所示,PBT 基 ETPE 的玻璃化转变温度 T_{gs} 和 T_{gh} 如表 5-24 所示。

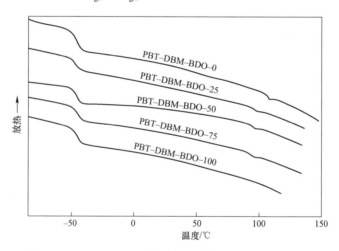

图 5-28 DBM/BDO 混合扩链 PBT 基 ETPE 的 DSC 曲线

表 5-24 DBM/BDO 混合扩链 PBT 基 ETPE 的 T_{gs} 和 T_{gh}

弹性体	T_{gs}/℃	T_{gh}/℃
PBT-DBM-BDO-0	-46.8	110.3
PBT-DBM-BDO-25	-45.2	95.8
PBT-DBM-BDO-50	-44.8	93.4

续表

弹性体	T_{gs}/℃	T_{gh}/℃
PBT–DBM–BDO–75	−43.0	93.0
PBT–DBM–BDO–100	−42.3	—

由图 5–28 和表 5–24 可知，随 DBM 含量的增加，DBM/BDO 混合扩链 PBT 基 ETPE 的 T_{gs} 向高温方向移动，T_{gh} 向低温方向移动，软/硬段的相容性增加，微相分离减弱。与 FTIR 谱图对 PBT 基 ETPE 的氢键化程度的分析结果一致。

4）表面性能

将 PBT 基 ETPE 样品溶解后制成薄膜，采用接触角测量仪测定其接触角。在不同参比液中 PBT 基 ETPE 的接触角如表 5–25 所示。

表 5–25　DBM/BDO 混合扩链 PBT 基 ETPE 的接触角

弹性体	水/(°)	甲酰胺/(°)
PBT–DBM–BDO–0	91.0	76.2
PBT–DBM–BDO–25	86.6	72.0
PBT–DBM–BDO–50	85.0	70.5
PBT–DBM–BDO–75	84.5	70.0
PBT–DBM–BDO–100	82.5	69.8

计算得到 PBT 基 ETPE 的表面能及其分量，如表 5–26 所示。

表 5–26　DBM/BDO 混合扩链 PBT 基 ETPE 的表面能及其分量

弹性体	γ_{SL}/(mJ·m^{-2})	γ_{SL}^{d}/(mJ·m^{-2})	γ_{SL}^{p}/(mJ·m^{-2})
PBT–DBM–BDO–0	22.6	17.39	5.21
PBT–DBM–BDO–25	25.03	18.23	6.8
PBT–DBM–BDO–50	25.94	18.49	7.45
PBT–DBM–BDO–75	26.25	18.6	7.65
PBT–DBM–BDO–100	26.36	16.91	9.45

PBT 基 ETPE 与 RDX 的表面张力和黏附功，如表 5–27 所示。

表 5-27 DBM/BDO 混合扩链 PBT 基 ETPE 与 RDX 的表面张力和黏附功

弹性体	$\gamma_{s_1 s_2}/(mJ \cdot m^{-2})$	$W_a/(mJ \cdot m^{-2})$
PBT-DBM-BDO-0	4.23	60.18
PBT-DBM-BDO-25	2.95	63.89
PBT-DBM-BDO-50	2.54	65.21
PBT-DBM-BDO-75	2.42	65.64
PBT-DBM-BDO-100	1.91	66.26

由表 5-27 可以看出，扩链剂中加入 DBM 后，PBT 基 ETPE 与 RDX 的黏附功明显增加，都比纯 BDO 扩链的 PBT 基 ETPE 要高；且随 DBM 比例的增加，黏附功增加。说明扩链剂中加入 DBM 后，制得的弹性体具有键合功能，可以明显提高与固体填料之间的相互作用。

5）力学性能

PBT 基 ETPE 本身的力学性能对火炸药的力学性能具有重要影响，DBM/BDO 混合扩链 ETPE 的最大拉伸强度 σ_m 和断裂伸长率 ε_b 如表 5-28 和图 5-29 所示。

表 5-28 DBM/BDO 混合扩链 PBT 基 ETPE 的 σ_m 和 ε_b

力学性能	PBT-DBM-BDO-0	PBT-DBM-BDO-25	PBT-DBM-BDO-50	PBT-DBM-BDO-75	PBT-DBM-BDO-100
σ_m/MPa	10.41	9.10	5.80	5.00	—
ε_b/%	495.6	520.5	580.2	590.6	—

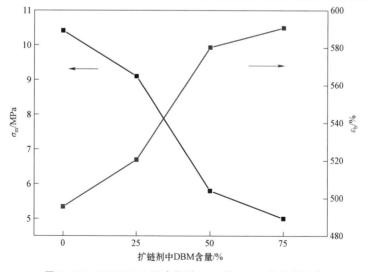

图 5-29 DBM/BDO 混合扩链 PBT 基 ETPE 的力学性能

由表 5-28 中数据可以看出，纯 BDO 扩链的弹性体的最大拉伸强度最高，可达 10.41 MPa；而纯 DBM 扩链的弹性体，力学性能最差，以至于难以进行力学性能测试。

由图 5-29 和表 5-28 可知，随着扩链剂中 DBM 比例的增加，弹性体的最大拉伸强度降低，断裂伸长率增加。这与分子中氢键作用一致：随着 DBM 比例的增加，庞大侧基的数量增加，硬段间氢键作用力减弱，分子间的短程有序排列难度变大，所以弹性体的拉伸强度减小；当扩链剂为 BDO 时，分子有序排列容易，硬段聚集能力强，所以拉伸强度高。

5.3.4 CBA/BDO 混合扩链 PBT 基含能热塑性弹性体

1. CBA/BDO 混合扩链 PBT 基 ETPE 的反应原理

CBA/BDO 混合扩链 PBT 基 ETPE 的反应原理与 CBA 扩链 PBT 基 ETPE 的反应原理相似（5.3.2 节）。

2. CBA/BDO 混合扩链 PBT 基 ETPE 的合成工艺

利用不同混合比例的 CBA 和 BDO 为扩链剂合成硬段含量为 30%的 PBT 基 ETPE，其中 CBA 占扩链剂的质量分数为 0%、25%、50%、75%和 100%，分别命名为 PBT-CBA-BDO-0、PBT-CBA-BDO-25、PBT-CBA-BDO-50、PBT-CBA-BDO-75、PBT-CBA-BDO-100。

熔融两步法合成 CBA/BDO 混合扩链的 PBT 基 ETPE 的合成工艺流程，如图 5-30 所示。

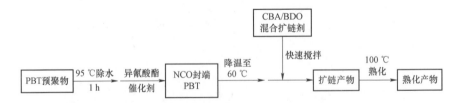

图 5-30　CBA/BDO 混合扩链 PBT 基 ETPE 的合成工艺流程

3. CBA/BDO 混合扩链 PBT 基 ETPE 的性能

1）相对分子质量与相对分子质量分布

CBA/BDO 混合扩链的 PBT 基 ETPE 的相对分子质量和相对分子质量分布，如表 5-29 所示。

表5–29　CBA/BDO混合扩链PBT基ETPE的相对分子质量和相对分子质量分布

性能	PBT–CBA–BDO–0	PBT–CBA–BDO–25	PBT–CBA–BDO–50	PBT–CBA–BDO–75	PBT–CBA–BDO–100
CBA含量/%	0	25	50	75	100
$M_n/(\text{g}\cdot\text{mol}^{-1})$	34 027	33 275	32 582	32 054	31 595
M_w/M_n	2.15	2.08	2.16	2.04	2.11

从表5–29中数据可以看出，CBA/BDO混合扩链的PBT基ETPE相对分子质量均在30 000 g·mol^{-1}以上，当CBA的含量增加时，相对分子质量略有降低，这与CBA的侧基有关。因为受CBA较大侧基空间位阻作用的影响，扩链反应活性降低，分子链增长困难，所以得到的PBT基ETPE相对分子质量略低。

2) 氢键化程度

CBA/BDO混合扩链的PBT基ETPE的红外谱图如图5–31所示。

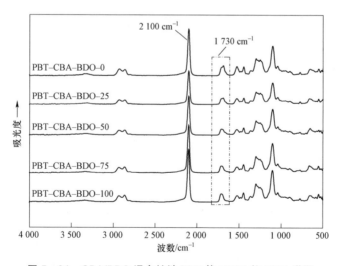

图5–31　CBA/BDO混合扩链PBT基ETPE的FTIR谱图

将羰基吸收峰区域局部放大，如图5–32所示。

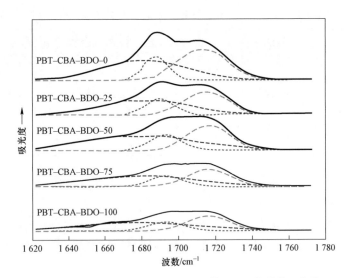

图 5-32 CBA/BDO 混合扩链 PBT 基 ETPE 的羰基吸收峰

PBT 基 ETPE 的羰基吸收峰的分峰拟合结果如表 5-30 所示。

表 5-30 CBA/BDO 混合扩链 PBT 基 ETPE 的氢键化比例

弹性体	峰面积比例			氢键化程度/%
	有序氢键化	无序氢键化	游离羰基	
PBT-CBA-BDO-0	0.591	0.198	0.502	61.00
PBT-CBA-BDO-25	0.315	0.576	0.58	60.57
PBT-CBA-BDO-50	0.30	0.12	0.46	47.70
PBT-CBA-BDO-75	0.059	0.17	0.38	37.60
PBT-CBA-BDO-100	0.031	0.11	0.38	27.06

由表 5-30 可知，随着 CBA 含量的增加，羰基形成氢键比例减少。这是因为侧链氰基的增多，使硬段不易聚集，硬段分子链间的规整排列难度增加导致的。

弹性体的氢键化程度会影响其硬段聚集能力，进而影响其力学性能。将 DBM/BDO 和 CBA/BDO 两种混合扩链的弹性体的氢键化程度进行比较，其结果如表 5-31 所示。

表 5-31 不同混合扩链剂合成 PBT 基 ETPE 的氢键化程度比较

CBA 或 DBM 比例/%	氢键化程度/%	
	DBM/BDO 扩链	CBA/BDO 扩链
0	61.00	61.00
25	60.20	60.57
50	41.62	47.70
75	33.62	37.60
100	20.00	27.06

由表 5-31 可以看出,扩链剂中加入 DBM 或 CBA 后,弹性体氢键化程度明显降低,而且随着混合扩链剂中 CBA 或 DBM 比例的增加而逐渐降低。但是,加入同比例的 CBA 或 DBM 时,DBM/BDO 混合扩链 PBT 基 ETPE 的氢键化程度更低,这是因为 DBM 扩链剂的侧基体积更大,硬段更不易聚集。

3)玻璃化转变温度

CBA/BDO 混合扩链 PBT 基 ETPE 的 DSC 曲线如图 5-33 所示,PBT 基 ETPE 玻璃化转变温度 T_{gs} 和 T_{gh} 如表 5-32 所示。

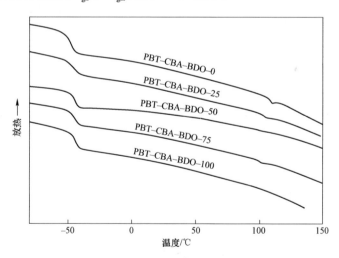

图 5-33 CBA/BDO 混合扩链 PBT 基 ETPE 的 DSC 曲线

表 5-32 CBA/BDO 混合扩链 PBT 基 ETPE 的 T_{gs} 和 T_{gh}

弹性体	T_{gs}/℃	T_{gh}/℃
PBT-CBA-BDO-0	-46.8	110.3
PBT-CBA-BDO-25	-45.5	106.8

续表

弹性体	$T_{gs}/℃$	$T_{gh}/℃$
PBT-CBA-BDO-50	-43.6	102.3
PBT-CBA-BDO-75	-43.1	98.75
PBT-CBA-BDO-100	-42.8	—

由图 5-33 和表 5-32 可知，以 CBA/BDO 为扩链剂制备的 PBT 基 ETPE，随 CBA 含量的增加，PBT 基 ETPE 的 T_{gs} 向高温方向移动，T_{gh} 向低温方向移动，软/硬段的相容性增加。这与 FTIR 图谱对弹性体氢键化程度的分析结果一致：随着 CBA 比例的增加，氢键化程度降低，硬段聚集难度增加，软/硬段的相溶性增加。

4）表面性能

将 CBA/BDO 混合扩链的 PBT 基 ETPE 溶解后制成薄膜，并进行接触角测试。不同参比液与 PBT 基 ETPE 的接触角如表 5-33 所示。

表 5-33 CBA/BDO 混合扩链 PBT 基 ETPE 的接触角

弹性体	水/(°)	甲酰胺/(°)
PBT-CBA-BDO-0	91.0	76.2
PBT-CBA-BDO-25	82.0	67.0
PBT-CBA-BDO-50	80.0	64.8
PBT-CBA-BDO-75	78.5	63.0
PBT-CBA-BDO-100	76.0	60.0

表 5-34 列出了计算得到 PBT 基 ETPE 的表面能，表 5-35 列出了 PBT 基 ETPE 与 RDX 的表面张力和黏附功。

表 5-34 CBA/BDO 混合扩链 PBT 基 ETPE 的表面能

弹性体	$\gamma_{SL}/(mJ·m^{-2})$	$\gamma_{SL}^{d}/(mJ·m^{-2})$	$\gamma_{SL}^{p}/(mJ·m^{-2})$
PBT-CBA-BDO-0	22.6	17.39	5.21
PBT-CBA-BDO-25	28.17	19.77	8.4
PBT-CBA-BDO-50	29.59	20.43	9.16
PBT-CBA-BDO-75	30.77	21.09	9.68
PBT-CBA-BDO-100	32.74	22.16	10.58

第5章 3,3-双叠氮甲基氧丁环-四氢呋喃共聚醚基含能热塑性弹性体

表 5-35 CBA/BDO 混合扩链 PBT 基 ETPE 与 RDX 的表面张力和黏附功

弹性体	$\gamma_{s_1s_2}$/(mJ·m^{-2})	W_a/(mJ·m^{-2})
PBT-CBA-BDO-0	4.23	60.18
PBT-CBA-BDO-25	1.92	68.06
PBT-CBA-BDO-50	1.53	69.87
PBT-CBA-BDO-75	1.29	71.29
PBT-CBA-BDO-100	0.94	73.61

由表 5-34 和表 5-35 中的数据可以看出,随着 CBA 比例的增加,PBT 基 ETPE 与 RDX 的表面张力减小,润湿性能增加,黏附功增加,黏结性能增强。这是因为 CBA 有极性侧基,随 CBA 比例的增加,极性侧基密度增加,弹性体与 RDX 的相互作用增强。

将 DBM/BDO 和 CBA/BDO 两种混合扩链的弹性体的黏附功进行比较分析,所得结果如表 5-36 所示。

表 5-36 不同混合扩链剂合成 PBT 基 ETPE 的表面张力和黏附功比较

CBA 或 DBM 比例/%	W_a/(mJ·m^{-2})	
	DBM/BDO 扩链	CBA/BDO 扩链
0	60.18	60.18
25	63.89	68.06
50	65.21	69.87
75	65.64	71.29
100	66.26	73.61

由表 5-36 可以看出,扩链剂中加入 DBM 或 CBA 后,弹性体与 RDX 的黏附功均有明显提高;而且随着混合扩链剂中 CBA 或 DBM 比例的增加,黏附功增强。但是,加入 CBA 扩链时,其黏附功增加幅度可高达 22.3%,而加入 DBM 时,最多增长 10.1%。这也表明 CBA 的键合效果优于 DBM。

5) 力学性能

CBA/BDO 混合扩链 PBT 基 ETPE 的最大拉伸强度 σ_m 和断裂伸长率 ε_b 如表 5-37 所示,σ_m 和 ε_b 随 CBA 含量变化的关系曲线如图 5-34 所示。

表 5-37 CBA/BDO 混合扩链 PBT 基 ETPE 的 σ_m 和 ε_b

力学性能	PBT-CBA-BDO-0	PBT-CBA-BDO-25	PBT-CBA-BDO-50	PBT-CBA-BDO-75	PBT-CBA-BDO-100
σ_m/MPa	10.41	9.30	7.60	4.90	—
ε_b/%	495.6	550.5	570.1	600.6	—

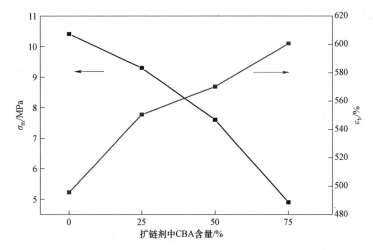

图 5-34 CBA/BDO 混合扩链 PBT 基 ETPE 的力学性能

由表 5-37 和图 5-34 可以看出，随着 CBA 含量的增加，弹性体的力学性能总体趋势是最大拉伸强度降低，断裂伸长率增加。这是因为 CBA 侧基数量的增加，硬段间氢键作用力减弱，硬段不易聚集，弹性体分子间短程有序排列的难度变大，弹性体的最大拉伸强度降低。

将 DBM/BDO 和 CBA/BDO 两种混合扩链 PBT 基 ETPE 的最大拉伸强度 σ_m 进行比较分析，其结果如表 5-38 所示。

表 5-38 不同混合扩链剂合成 PBT 基 ETPE 的拉伸强度

CBA 或 DBM 比例/%	σ_m/MPa	
	DBM/BDO 扩链	CBA/BDO 扩链
0	10.41	10.41
25	9.10	9.30
50	5.80	7.60
75	5.00	4.90
100	—	—

由表 5-38 可以看出，扩链剂中加入 DBM 或 CBA 后，弹性体的最大拉伸强度降低，而且随着混合扩链剂中 CBA 或 DBM 含量的增加而逐渐降低。这是因为 CBA 或 DBM 含量的增加导致硬段氢键化程度降低（表 5-23 和表 5-30）。当加入的 CBA 或 DBM 比例相同时，DBM/BDO 混合扩链的弹性体的拉伸强度更低，这是由于 DBM 扩链剂侧基的体积更大，其硬段氢键化程度更低。

5.4 PBT 基含能热塑性弹性体在火炸药中的应用

5.4.1 DBM/BDO 混合扩链 PBT 基 ETPE/RDX 模型火炸药的制备与性能

由力学性能和界面性能的分析可以看出，随着 DBM 比例的增加，弹性体本身的力学性能有所下降，而与固体填料 RDX 的黏附作用有所增加。为了判断两者共同作用的效果，可以制备 PBT 基 ETPE/RDX 模型火炸药，通过对其力学性能的表征进行分析。

1. DBM/BDO 混合扩链 PBT 基 ETPE/RDX 模型火炸药的制备工艺

采用不同 DBM/BDO 混合比例的 PBT 基 ETPE，分别制备 PBT 基 ETPE/RDX 模型火炸药，制备的样品分别命名为 RDX/PBT-DBM-BDO-0、RDX/PBT-DBM-BDO-25、RDX/PBT-DBM-BDO-50、RDX/PBT-DBM-BDO-75、RDX/PBT-DBM-BDO-100。具体的制备工艺流程如图 5-35 所示。

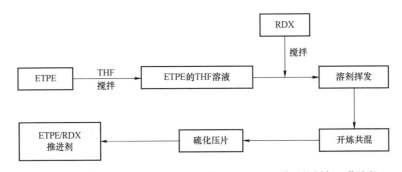

图 5-35　DBM/BDO 混合扩链 PBT 基 ETPE/RDX 样品的制备工艺流程

2. DBM/BDO 混合扩链 PBT 基 ETPE/RDX 模型火炸药的力学性能

5 种不同的 PBT 基 ETPE/RDX 样品的力学性能如表 5-39 所示，PBT 基 ETPE/RDX 样品的应力—应变曲线如图 5-36 所示。

表 5-39 DBM/BDO 混合扩链 PBT 基 ETPE/RDX 样品的力学性能

力学性能	RDX/PBT-DBM-BDO-0	RDX/PBT-DBM-BDO-25	RDX/PBT-DBM-BDO-50	RDX/PBT-DBM-BDO-75	RDX/PBT-DBM-BDO-100
σ_m/MPa	5.37	6.32	4.39	1.80	2.45
ε_m/%	9.43	14.25	12.98	10.70	17.30
σ_b/MPa	5.06	6.32	4.39	1.01	1.97
ε_b/%	11.53	14.25	12.98	27.97	33.39

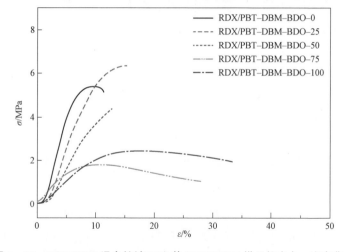

图 5-36 DBM/BDO 混合扩链 PBT 基 ETPE/RDX 样品的应力—应变曲线

由表 5-39 和图 5-36 可知，PBT-DBM-BDO-0 制备的模型火炸药存在明显的"脱湿"现象。PBT-DBM-BDO-25 制备的模型火炸药的最大拉伸强度高于 PBT-DBM-BDO-0 制备的模型火炸药，没有出现"脱湿"现象。

由于 PBT-DBM-BDO-0 弹性体与 RDX 的黏附功 W_a 较低，当受到载荷作用时弹性体与 RDX 间的界面黏附容易失效而导致黏合剂从固体颗粒表面脱离，发生"脱湿"破坏，所以尽管 PBT-DBM-BDO-0 弹性体本身的力学性能较好，但制得的样品力学性能相对较低；而 PBT-DBM-BDO-25 弹性体中引入了酯基侧链，与 RDX 的黏附功增加，改善了界面的相互作用，不易发生

"脱湿";而且 PBT-DBM-BDO-25 弹性体本身的力学性能相对较高,所以制得的样品既不容易发生弹性体内部的撕裂也不容易发生"脱湿"破坏,具有良好的力学性能。当 DBM 含量进一步增加(不小于 50%)时,PBT-DBM-BDO 弹性体本身的拉伸强度较低,所以制得的样品拉伸强度较低,断裂伸长率较高。

综上所述,当 DBM/BDO 混合扩链剂中 DBM 的比例为 25% 时,弹性体本身具有较好的力学性能,而且制备的 PBT 基 ETPE/RDX 样品无"脱湿"现象。

5.4.2 CBA/BDO 混合扩链 PBT 基 ETPE/RDX 模型火炸药的制备与性能

由力学性能和表面性能的分析可以看出,随着 CBA 含量增加,弹性体本身的力学性能有所下降,而与固体填料 RDX 的黏附作用有所增加。为了判断两者的共同作用的效果,可以制备 PBT 基 ETPE/RDX 模型火炸药样品,并对其力学性能进行表征。

1. CBA/BDO 混合扩链 PBT 基 ETPE/RDX 模型火炸药的制备工艺

采用不同 CBA/BDO 混合比例的 PBT 基 ETPE,制备 PBT 基 ETPE/RDX 样品,制备的样品分别命名为 RDX/PBT-CBA-BDO-0、RDX/PBT-CBA-BDO-25、RDX/PBT-CBA-BDO-50、RDX/PBT-CBA-BDO-75、RDX/PBT-CBA-BDO-100。其具体工艺流程与 DBM/BDO 混合扩链 PBT 基 ETPE/RDX 模型火炸药的制备工艺流程相似(5.4.1 节)。

2. CBA/BDO 混合扩链 PBT 基 ETPE/RDX 模型火炸药的力学性能

5 种不同的 PBT 基 ETPE/RDX 样品的力学性能如表 5-40 所示,PBT 基 ETPE/RDX 样品的应力—应变曲线如图 5-37 所示。

表 5-40 CBA/BDO 混合扩链 PBT 基 ETPE/RDX 样品的力学性能

力学性能	RDX/PBT-CBA-BDO-0	RDX/PBT-CBA-BDO-25	RDX/PBT-CBA-BDO-50	RDX/PBT-CBA-BDO-75	RDX/PBT-CBA-BDO-100
σ_m/MPa	5.37	5.02	5.92	1.42	1.80
ε_m/%	9.43	9.70	16.50	9.07	20.02
σ_b/MPa	5.06	4.98	5.92	0.51	1.40
ε_b/%	11.53	10.00	16.50	36.40	37.80

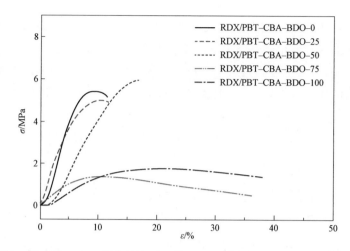

图 5-37　CBA/BDO 混合扩链 PBT 基 ETPE/RDX 样品的应力—应变曲线

由表 5-40 和图 5-37 可知，PBT-CBA-BDO-0 制备的样品存在明显的"脱湿"现象。PBT-CBA-BDO-50 制备的样品最大拉伸强度大于 PBT-CBA-BDO-0 的拉伸强度，且未出现"脱湿"。

由于 PBT-CBA-BDO-0 弹性体与 RDX 的黏附功较低，弹性体与 RDX 间的界面黏附作用较弱，受到外力载荷时，制得的样品容易发生黏合剂和固体填料之间的脱离，力学性能较低；PBT-CBA-BDO-25 弹性体中引入了氰基侧链，与 RDX 的黏附功增加。但是，因为 PBT-CBA-BDO-25 弹性体本身的力学性能还是很高，受外力载荷时，样品不易发生黏合剂内部撕裂，而是先发生"脱湿"破坏，所以 RDX/PBT-CBA-BDO-25 样品仍存在"脱湿"现象。当 CBA 含量增加到 50%时，氰基侧链的含量进一步增加，与 RDX 的黏附功进一步增加，而弹性体本身的力学性能也不高。所以受到载荷作用时，首先发生黏合剂内部撕裂，不发生"脱湿"破坏，样品力学性能较好。而 CBA 含量进一步增加（不小于 75%）时，PBT-CBA-BDO 弹性体本身的最大拉伸强度较低，所以制得的样品最大拉伸强度较低，断裂伸长率较高。

综上所述，当 CBA/BDO 混合扩链剂中 CBA 的比例为 50%时，合成的 PBT-CBA-BDO-50 具有较好的力学性能，而且制备的 ETPE/RDX 样品无"脱湿"现象。

通过对不同扩链剂 PBT 基 ETPE 的性能比较可以看出，BDO、DBM、CBA 扩链的三种弹性体均具有良好的力学性能和热性能。其中，CBA 扩链的 PBT 基 ETPE 与 RDX 填料的黏附作用最强，而 BDO 扩链的 PBT 基 ETPE 力学性能最好。为了获得能量较高和力学性能较好的火炸药，认为 CBA 和 BDO 混合扩链的 PBT 基 ETPE 更适宜作为火炸药的黏合剂。

对不同比例的 CBA/BDO 混合扩链 PBT 基 ETPE 的表面性能分析表明，加入 CBA 后，弹性体与固体填料的黏附功增加，黏结性能增强，所以选择 CBA/BDO 混合扩链的 PBT 基 ETPE 有望得到性能较佳的火炸药。CBA/BDO 混合扩链 PBT 基 ETPE 模型火炸药的力学性能测试结果表明，当扩链剂中 CBA 的比例为 50% 时，其最大拉伸强度 σ_m 和断裂伸长率 ε_b 分别可达到 5.92 MPa 和 16.5%，具有良好的力学性能，没有"脱湿"现象发生。

参 考 文 献

[1] Ang H G, Pisharath S. Energetic polymers: binders and plasticizers for enhancing performance [M]. John Wiley & Sons, 2012.

[2] Schneider N S. Thermal Transition Behavior of Polyurethanes Based on Toluene Diisocyanate [J]. Macromolecules, 1975, 8 (1): 62–67.

[3] 杜美娜. 高能固体推进剂组分的界面性质研究 [D]. 北京: 北京理工大学, 2008.

第 6 章

聚 3,3 - 双叠氮甲基氧丁环 - 叠氮缩水甘油醚基含能热塑性弹性体

6.1 概　　述

PBAMO 是能量水平较高的含能聚合物之一，但是由于 PBAMO 具有较强的结晶性，不能作为黏合剂直接使用，但可作为制备 ETPE 较为理想的硬段大分子预聚物。GAP 在常温下是淡黄色黏稠液体，玻璃化转变温度约为 -50 ℃，具有较高的生成焓、密度以及良好的热稳定性，线型 GAP 可以作为 ETPE 的软段使用。将 PBAMO 和 GAP 相结合制备 P（BAMO-GAP）（PBG）基 ETPE 有望发挥两者的优点，使其在具有较高能量水平的同时可以保持较好的力学性能，是一类具有重要应用前景的 ETPE。

目前，PBG 基 ETPE 的合成路线主要有两种：一种是以 PBAMO 和 GAP 为预聚物，采用小分子二元醇和异氰酸酯扩链形成大分子，该方法所合成的 PBG 基 ETPE 分子中结晶性硬段 PBAMO 与软段 GAP 的连接和排列是无序的，称为无规嵌段型 PBG 基 ETPE；另一种是首先采用活性顺序聚合法合成端羟基 BAMO-GAP-BAMO 三嵌段共聚物，然后经小分子二元醇和异氰酸酯扩链形成大分子，该方法所合成的 PBG 基 ETPE 分子中 BAMO 链段与 GAP 链段呈交替排列，称为交替嵌段型 PBG 基 ETPE。本章介绍了无规嵌段型和交替嵌段型 PBG 基 ETPE 的合成、性能及其在火炸药中的应用基础性能，并以固体推进剂为例，介绍了无规嵌段型 PBG 基 ETPE 在火炸药中的应用效果。

6.2 无规嵌段型 PBG 基含能热塑性弹性体

6.2.1 无规嵌段型 PBG 基 ETPE 的反应原理

无规嵌段型 PBG 基 ETPE 的合成采用两步法,首先利用 TDI 对 PBAMO 和 GAP 预聚物进行封端;然后加入 BDO 进行扩链,合成反应原理如图 6-1 所示。

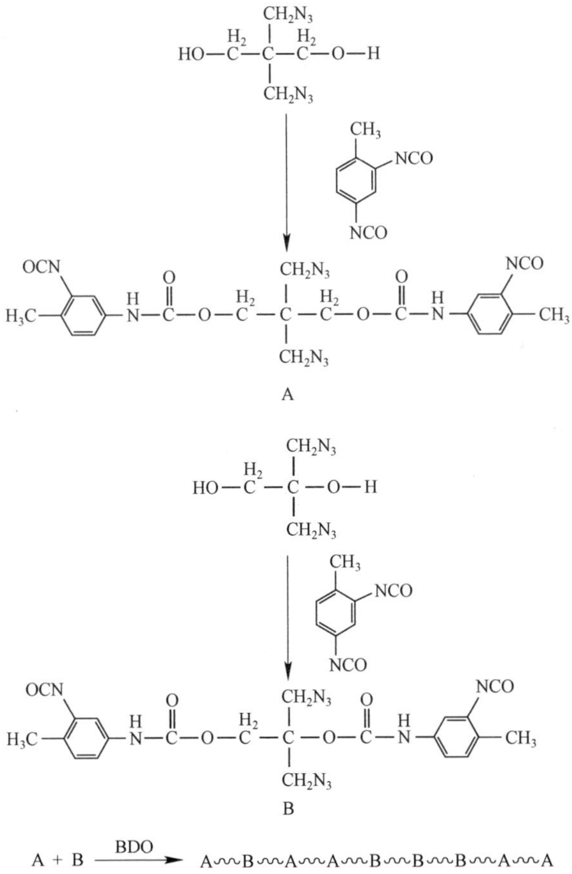

图 6-1 无规嵌段型 PBG 基 ETPE 的合成反应原理图

6.2.2 无规嵌段型 PBG 基 ETPE 的合成工艺

以二异氰酸酯 TDI，扩链剂 BDO 为例，通过调节 TDI 和 BDO 的用量合成硬段含量分别为 10%、20%、30% 和 40% 的 PBG 基 ETPE，分别记为 PBG – WG – 10、PBG – WG – 20、PBG – WG – 30 和 PBG – WG – 40。PBG 基 ETPE 的合成工艺流程如图 6 – 2 所示。

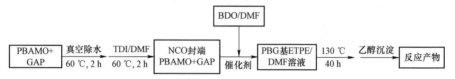

图 6 – 2　无规嵌段型 PBG 基 ETPE 的合成工艺流程

6.2.3 无规嵌段型 PBG 基 ETPE 的性能

1. 相对分子质量与相对分子质量分布

无规嵌段型 PBG 基 ETPE 的相对分子质量和相对分子质量分布如表 6 – 1 所示。由表可见，随着硬段含量的增加，弹性体的相对分子质量逐渐增大；当硬段含量大于 20% 时，弹性体的数均相对分子质量均在 30 000 g·mol^{-1} 以上，而相对分子质量分布相对较窄。

表 6 – 1　无规嵌段型 PBG 基 ETPE 的相对分子质量和相对分子质量分布

弹性体	硬段含量/%	M_n/(g·mol^{-1})	M_w/(g·mol^{-1})	M_w/M_n
PBG – WG – 10	10	26 830	44 000	1.64
PBG – WG – 20	20	30 400	50 400	1.66
PBG – WG – 30	30	34 570	57 040	1.65
PBG – WG – 40	40	35 100	57 900	1.65

2. 红外光谱分析

图 6 – 3 所示为无规嵌段型 PBG 基 ETPE 的红外谱图。由图可见，2 102 cm^{-1} 处是—N$_3$ 的特征吸收峰，1 720 cm^{-1} 处为氨基甲酸酯结构中羰基的特征吸收峰，1 600 cm^{-1} 处是苯环的特征吸收峰，证明了 PBG 基 ETPE 的结构。

对 3 100~3 600 cm^{-1} 的宽峰进行分峰拟合，发现该峰由三个峰组成，分别对应于自由氨基 3 529 cm^{-1}，部分氢键键合的氨基 3 473 cm^{-1} 和氢键键合的氨基

$3\,320\ cm^{-1}$,三者的积分面积比例为 1:4.8:30,表明无规嵌段型 PBG 基 ETPE 中大部分的氨基是以氢键键合的形式存在,分子间的氢键作用较强。

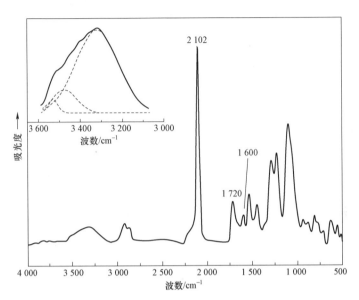

图 6-3　无规嵌段型 PBG 基 ETPE 的 FTIR 谱图

3. 玻璃化转变温度

图 6-4 所示为无规嵌段型 PBG 基 ETPE 的 DSC 曲线。

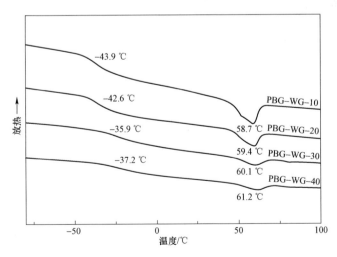

图 6-4　无规嵌段型 PBG 基 ETPE 的 DSC 曲线

随着硬段含量的增加，弹性体中氨基甲酸酯含量增加，表明氢键作用和物理交联点增加，对链段运动的锚固作用增强，因此 PBG 基 ETPE 的 T_g 随之升高，而且玻璃化转变过程变得不明显。由于氨基与叠氮基团之间也存在氢键作用，会减弱 PBAMO 链段排列的规整性，因此 60 ℃左右 PBAMO 结晶熔融焓逐渐减小。同时，由于硬段对 PBAMO 链段具有一定的限制作用，导致 PBAMO 链段的结晶熔融温度随之升高。

4. 结晶度

由于 PBAMO 具有一定的结晶性，理论上可以在 PBG 基 ETPE 结构中作为硬段，形成物理交联点，以增强其力学性能。图 6-5 所示为无规嵌段型 PBG 基 ETPE 的 XRD 谱图。

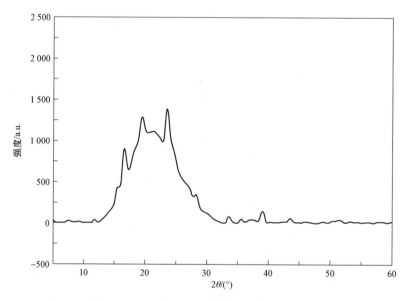

图 6-5　无规嵌段型 PBG 基 ETPE 的 XRD 谱图

由图 6-5 可以看出，无规嵌段型 PBG 基 ETPE 中 PBAMO 链段的结晶性明显降低，这是由于在弹性体结构中 TDI 和 BDO 所形成的硬段对 PBAMO 的链段运动具有一定的限制作用，阻碍了其结晶过程。同时，由于氨基与 PBAMO 链段的叠氮基团之间存在着氢键作用，也导致 PBAMO 链段的结晶性下降。通过 Jade 软件对 PBG 基 ETPE 的 XRD 谱图进行全谱拟合，拟合结果如图 6-6 所示，计算得出其结晶度为 16.6%。

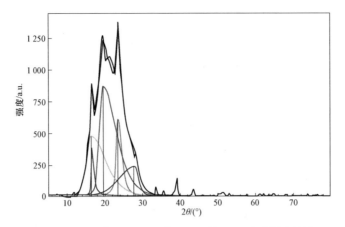

图6-6　无规嵌段型PBG基ETPE的XRD全谱拟合结果

5. 热分解性能

不同硬段含量时无规嵌段型PBG基ETPE的TG曲线和DTG曲线，如图6-7和图6-8所示。

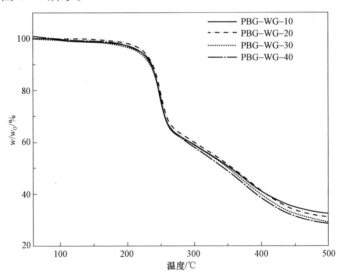

图6-7　无规嵌段型PBG基ETPE的TG曲线

从图6-7可以看出，无规嵌段型PBG基ETPE的热分解从230 ℃左右开始，最终完全分解时质量损失为66%～70%，而且随着体系中硬段含量的增加而增加。

从图6-8可以看出，无规嵌段型PBG基ETPE的热分解分为三个阶段：第一阶段对应于叠氮基团的热分解，分解起始温度在230 ℃左右；第二个阶段在270～330 ℃，对应于聚氨酯硬段的热分解；第三个阶段在330～500 ℃，为聚醚主链的热分解过程。随着体系中 TDI 和 BDO 含量的增加，叠氮基团含量降低，DTG 曲线中叠氮基团的失重峰逐渐减小，而第二和第三阶段的失重峰逐渐增强变宽，聚氨酯和聚醚主链的分解速率加快，质量损失增加。

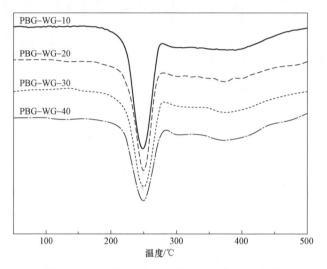

图 6-8　无规嵌段型 PBG 基 ETPE 的 DTG 曲线

6. 力学性能

不同硬段含量时无规嵌段型 PBG 基 ETPE 的拉伸强度和断裂伸长率如图 6-9 所示。随着硬段含量的增加，弹性体中物理交联密度增加，同时对软段

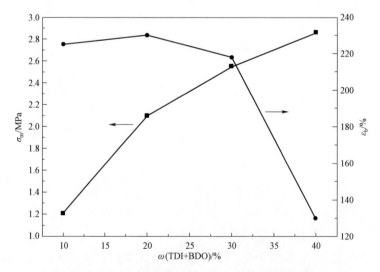

图 6-9　无规嵌段型 PBG 基 ETPE 的力学性能

自由运动的束缚作用更强,因此拉伸强度逐渐增加,断裂伸长率逐渐下降。当硬段含量为30%时,PBG基ETPE具有较好的力学性能,拉伸强度为2.55 MPa,断裂伸长率为211%。

6.3 交替嵌段型PBG基含能热塑性弹性体

6.3.1 交替嵌段型PBG基ETPE的反应原理

交替嵌段型 PBG 基 ETPE 的合成,首先采用活性顺序聚合法合成 BAMO – GAP – BAMO 三嵌段共聚物;然后利用二异氰酸酯 TDI 进行封端;最后用小分子二元醇 BDO 进行扩链。PBG 基 ETPE 的合成反应原理如图 6 – 10 所示。

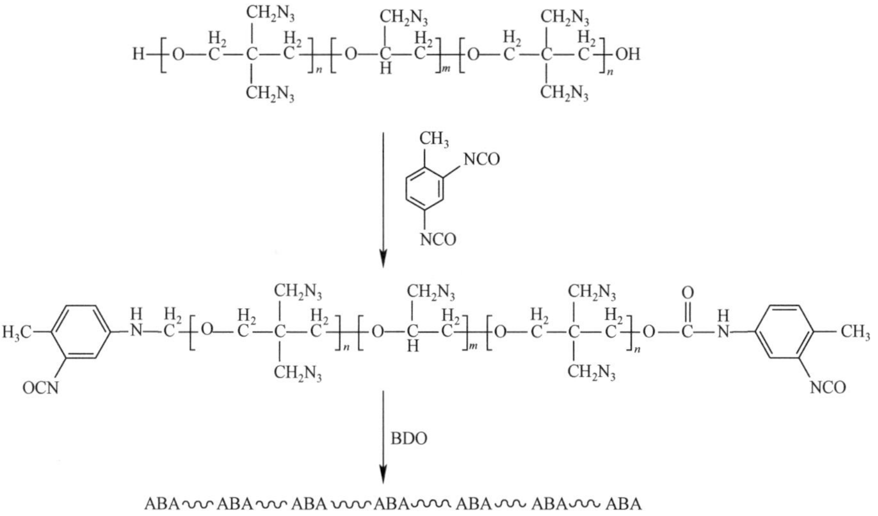

图 6 – 10 交替嵌段型 PBG 基 ETPE 的合成反应原理图

6.3.2 交替嵌段型 PBG 基 ETPE 的合成工艺

以二异氰酸酯 TDI,扩链剂 BDO 为例,通过调节 TDI 和 BDO 的用量合成硬段含量分别为10%、20%、30%和40%的PBG基ETPE,分别记为PBG – JT – 10、

PBG-JT-20、PBG-JT-30 和 PBG-JT-40。PBG 基 ETPE 的合成工艺流程如图 6-11 所示。

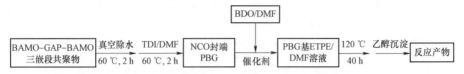

图 6-11 交替嵌段型 PBG 基 ETPE 的合成工艺流程

6.3.3 交替嵌段型 PBG 基 ETPE 的性能

1. 相对分子质量与相对分子质量分布

交替嵌段型 PBG 基 ETPE 的相对分子质量和相对分子质量的分布如表 6-2 所示。由表可见，随着硬段含量的增加，弹性体的分子量逐渐增大；当硬段含量大于 20% 时，弹性体的相对分子质量均在 30 000 g·mol^{-1} 以上，且相对分子质量分布相对较窄。

表 6-2 交替嵌段型 PBG 基 ETPE 的相对分子质量和相对分子质量分布

弹性体	硬段含量/%	M_n/(g·mol^{-1})	M_w/(g·mol^{-1})	M_w/M_n
PBG-JT-10	10	28 700	47 400	1.65
PBG-JT-20	20	32 100	52 300	1.63
PBG-JT-30	30	35 600	58 000	1.63
PBG-JT-40	40	36 300	59 500	1.64

2. 红外光谱分析

交替嵌段型 PBG 基 ETPE 的 FTIR 谱图如图 6-12 所示。图中 2 103 cm^{-1} 处为叠氮基团的特征吸收峰，1 725 cm^{-1} 处为羰基的特征吸收峰。1 649 cm^{-1} 和 1 605 cm^{-1} 处是苯环的特征吸收峰，证明了 PBG 基 ETPE 的结构。对 3 200~3 600 cm^{-1} 氨基的特征吸收峰进行了分峰拟合，得到三个特征吸收峰：3 556 cm^{-1} 处自由氨基的特征吸收峰，3 426 cm^{-1} 处部分氢键结合的氨基的特征吸收峰，3 315 cm^{-1} 处氢键键合的氨基的特征吸收峰，三者的积分面积比为 1:3:1。与无规嵌段型 PBG 基 ETPE 相比，氢键键合氨基所占的比例明显减小，这是由于 BAMO-GAP-BAMO 三嵌段共聚物中 PBAMO 链段的长度较小，同时不具有氨基甲酸酯为端基的 GAP 链段，因此体系中氢键作用明显减弱。

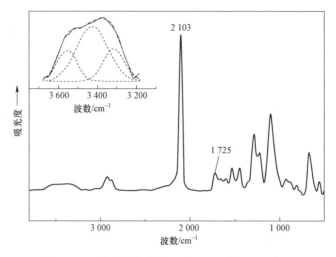

图 6-12　交替嵌段型 PBG 基 ETPE 的 FTIR 谱图

3. 玻璃化转变温度

不同硬段含量时交替嵌段型 PBG 基 ETPE 的 DSC 曲线如图 6-13 所示。

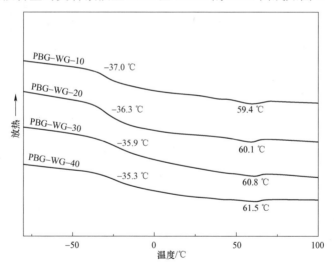

图 6-13　交替嵌段型 PBG 基 ETPE 的 DSC 曲线

由于在相对分子质量相近时，BAMO–GAP–BAMO 三嵌段共聚物中 BAMO 的链段较短，易受到相邻氨基甲酸酯硬段的制约，结晶性较差，所以 PBG 基 ETPE 的 DSC 曲线中仅有一个很小的结晶熔融峰。与无规嵌段型的弹性体类似，随着硬段含量的增加，弹性体的 T_g 逐渐升高，而玻璃化转变过程变得不明显。同时，BAMO 链段的结晶熔融焓降低，熔融峰温升高，当硬段含量高于 30%

时,交替嵌段型 PBG 基 ETPE 的 DSC 曲线中只能观察到一个很小的结晶熔融峰。

4. 结晶度

交替嵌段型 PBG 基 ETPE 的 XRD 谱图如图 6-14 所示。

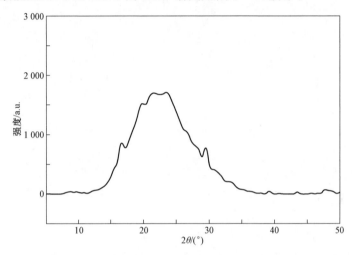

图 6-14 交替嵌段型 PBG 基 ETPE 的 XRD 谱图

由于合成弹性体所用的预聚物是 BAMO-GAP-BAMO 三嵌段共聚物,其中 BAMO 链段较短,容易受到相邻氨基甲酸酯硬段的制约,结晶性较差。同时,因弹性体中叠氮基团与氨基之间存在氢键作用,因此交替嵌段型 PBG 基 ETPE 的结晶性较差。PBG 基 ETPE 的 XRD 谱图全谱拟合结果如图 6-15 所示,计算得到其结晶度为 6.01%。

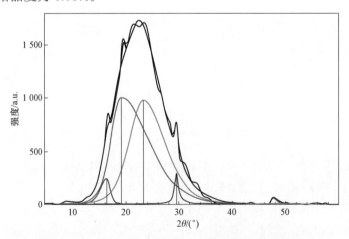

图 6-15 交替嵌段型 PBG 基 ETPE 的 XRD 谱图全谱拟合结果

5. 热分解性能

不同硬段含量时交替嵌段型 PBG 基 ETPE 的 TG 曲线和 DTG 曲线如图 6-16 和图 6-17 所示。

由图 6-16 可知，弹性体的分解温度在 230 ℃左右，第一阶段为叠氮基团的分解，失重率为 40%左右；最终热分解失重率约为 70%，而且随着硬段含量的增加而增大。

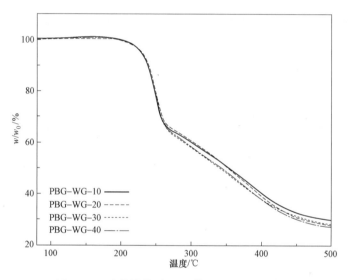

图 6-16 交替嵌段型 PBG 基 ETPE 的 TG 曲线

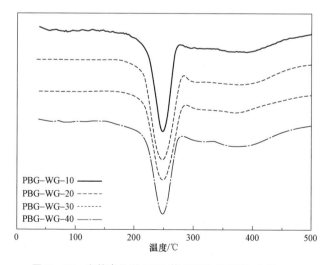

图 6-17 交替嵌段型 PBG 基 ETPE 的 DTG 曲线

由图 6-17 可以看出，弹性体的热分解分为三个阶段：第一阶段为叠氮基团的热分解，分解温度为 230~270 ℃；第二阶段为聚氨酯硬段的热分解，分解温度为 270~330 ℃；第三阶段为聚醚主链的热分解，分解温度为 330~500 ℃。随着硬段含量的增加，叠氮基团的失重峰减小，第二和第三阶段失重峰增强变宽，说明这两个阶段的失重量和失重速率增加。

6. 力学性能

不同硬段含量时交替型 PBG 基 ETPE 的拉伸强度和断裂伸长率，如图 6-18 所示。

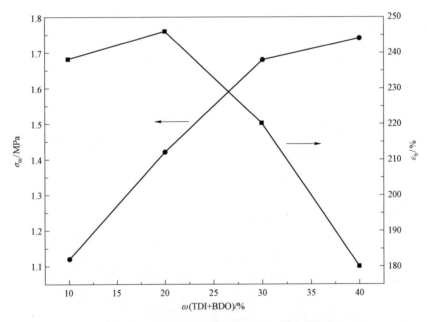

图 6-18　交替嵌段型 PBG 基 ETPE 的力学性能

当硬段含量为 10% 时，PBG 基 ETPE 的相对分子质量较低，所以拉伸强度和断裂伸长率均较小；随着弹性体中硬段含量的增加，物理交联密度提高，同时硬段中氨基与叠氮基团的氢键作用限制了软段的运动能力，因此其拉伸强度增加，断裂伸长率降低。

由于交替嵌段型 PBG 基 ETPE 结构中 PBAMO 链段长度较短，结晶性较差，而且相对分子质量并未有明显提高。因此，与无规嵌段型 PBG 基 ETPE 相比，其拉伸强度较低，断裂伸长率只有小幅的提高。

6.4 PBG 基含能热塑性弹性体的应用基础性能

在 PBG 基 ETPE 中，PBAMO 作为硬段可以充分利用其能量水平高和结晶性强的优点，而 GAP 的能量水平高于 PAMMO 等其他非结晶性含能预聚物，因此采用 GAP 作为软段可以使黏合剂保持在较高的能量水平。同时，叠氮基团与其他含能组分具有较好的相容性，可以改善火炸药的加工性能和力学性能。本节主要从密度、燃烧热、感度、相容性等方面对 PBG 基 ETPE 的应用基础性能进行介绍。

6.4.1 密度

无规嵌段型和交替嵌段型 PBG 基 ETPE 的密度如表 6-3 所示，作为对比，表中还给出了 PBAMO 预聚物、BAMO-GAP-BAMO 三嵌段共聚物、BAMO-GAP 无规共聚物和 BAMO-GAP 热固性聚氨酯弹性体的密度。

表 6-3 PBA 基 ETPE 的密度

样品	密度/($g \cdot cm^{-3}$)
PBAMO 均聚物	1.313 5
BAMO-GAP 无规共聚物	1.281 3
BAMO-GAP-BAMO 三嵌段共聚物	1.293 0
无规嵌段型 PBG 基 ETPE	1.301 8
交替嵌段型 PBG 基 ETPE	1.298 7
BAMO-GAP 热固性聚氨酯弹性体	1.285 0

由表 6-3 中的数据可以看出，BAMO-GAP 预聚物和弹性体的密度均为 1.3 $g \cdot cm^{-3}$ 左右，其中无规嵌段型 PBG 基 ETPE 具有较大的密度（1.301 8 $g \cdot cm^{-3}$）。从 6.3 节的分析可以看出，无规嵌段型 PBG 基 ETPE 具有更强的氢键作用和更高的结晶度，分子间排列和堆砌更加紧密，因此其密度较大。

6.4.2 燃烧热

PBAMO 预聚物、BAMO-GAP-BAMO 三嵌段共聚物、BAMO-GAP 无规共聚物、无规嵌段型 PBG 基 ETPE、交替嵌段型 PBG 基 ETPE、BAMO-GAP 热固性聚氨酯弹性体的燃烧热，如表 6-4 所示。

表 6-4 PBA 基 ETPE 的燃烧热

样品	燃烧热/(kJ·g^{-1})
PBAMO 均聚物	25.27
BAMO-GAP 无规共聚物	23.36
BAMO-GAP-BAMO 三嵌段共聚物	24.24
无规嵌段型 PBG 基 ETPE	24.78
交替嵌段型 PBG 基 ETPE	24.52
BAMO-GAP 热固性聚氨酯弹性体	25.27

从表 6-4 中的数据可以看出，PBA 基 ETPE 具有较高的燃烧热，有利于提高火炸药的整体能量水平。

6.4.3 机械感度

PBAMO 预聚物、BAMO-GAP-BAMO 三嵌段共聚物、BAMO-GAP 无规共聚物、无规嵌段型 PBG 基 ETPE、交替嵌段型 PBG 基 ETPE、BAMO-GAP 热固性聚氨酯弹性体的撞击感度和摩擦感度，如表 6-5 所示。

表 6-5 PBA 基 ETPE 的感度

样品	撞击感度 H_{50}/cm	摩擦感度 P/%
PBAMO 均聚物	70	0
BAMO-GAP 无规共聚物	>120	0
BAMO-GAP-BAMO 三嵌段共聚物	>120	0
无规嵌段型 PBG 基 ETPE	>120	0
交替嵌段型 PBG 基 ETPE	>120	0
BAMO-GAP 热固性聚氨酯弹性体	>120	0

从表 6-5 中的数据可以看出，除了 PBAMO 均聚物的特性落高为 70 cm 之外，其余 PBA 基 ETPE 的撞击感度均大于 120 cm 的特性落高，摩擦感度全部为 0，表明 PBA 基 ETPE 均具有钝感的特点，共聚可以明显降低 PBAMO 均聚物的感度。

6.4.4 相容性

真空安定法测定的无规嵌段型 PBG 基 ETPE 与火炸药配方中主要组分的相容性，如表 6-6 所示。数据表明，无规嵌段型 PBG 基 ETPE 与火炸药中的主要组分均相容。

表 6-6 无规嵌段型 PBG 基 ETPE 与常见含能组分的相容性

常用含能组分	AP	RDX	Al	Bu-NENA
净放气量/mL	1.6	-0.17	-0.25	-0.13
相容性测试结果	相容	相容	相容	相容

注：Bu-NENA 为硝氧乙基硝胺。

6.4.5 PBG 基含能热塑性弹性体的基本性能

PBAMO 预聚物、BAMO-GAP-BAMO 三嵌段共聚物、BAMO-GAP 无规共聚物、无规嵌段型 PBG 基 ETPE、交替嵌段型 PBG 基 ETPE、BAMO-GAP 热固性聚氨酯弹性体等几种 PBG 基 ETPE 的基本性能，如表 6-7 所示。

表 6-7 PBG 基 ETPE 的基本性能分布

性质	PBAMO 预聚物	BAMO-GAP-BAMO 三嵌段共聚物	BAMO-GAP 无规共聚物	无规嵌段型 PBG 基 ETPE	交替嵌段型 PBG 基 ETPE	BAMO-GAP 热固性聚氨酯弹性体
M_n/(g·mol^{-1})	3 000~12 000	2 500~10 000	2 500~10 000	34 570	35 600	—
官能度	≈2.00	≈2.00	1.62	—	—	—
T_g/℃	-32.9	-33.61	-57.68	-35.90	-35.9	-50.6
结晶熔融峰温/℃	75.9	58.6	—	60.1	60.8	—
结晶度/%	55.4	16.33~46.74	0	16.6	6.01	0
起始分解温度/℃	242.9	226.7	213.5	230	230	217
热分解峰温/℃	257.6	255.4	251.3	256.5	253.2	250.6
拉伸强度/MPa	—	—	—	2.55	1.66	0.83
断裂伸长率/%	—	—	—	211	240	110
密度/(g·cm^{-3})	1.313 5	1.281 3	1.293 0	1.301 8	1.298 7	1.295 0
燃烧热/(kJ·g^{-1})	25.27	23.36	24.24	24.78	24.52	23.59
撞击感度 H_{50}/cm	70	>120	>120	>120	>120	>120
摩擦感度 P/%	0	0	0	0	0	0

从表 6-7 中的数据可以看出，PBG 基 ETPE 具有较高的能量水平和密度，热稳定性好，机械感度较低，具有良好的应用前景。其中，无规嵌段型 PBG 基 ETPE 表现出更好的力学和能量性能。

6.5 PBG 基含能热塑性弹性体在固体推进剂中的应用

本节以无规嵌段型 PBG 基 ETPE 为例,介绍了其在固体推进剂中的应用效果。

6.5.1 PBG 基固体推进剂的配方设计

根据 GJB/Z 84-96,采用 White 最小自由能法,对基于无规嵌段型 PBG 基 ETPE 的复合推进剂的能量特性进行标准理论计算[1]。所用化合物的热力学数据均来自美国 NIST-JANAF 联合公布的数据[2],在计算过程中做如下假设:① 燃烧过程在恒压绝热条件下进行;② 燃烧过程符合质量守恒和焓变守恒;③ 燃烧产物的吉布斯自由能最小;④ 燃烧产物是稳态等熵膨胀;⑤ 燃烧产物在出口锥中呈一维线性流动。在燃烧室工作压强为 7 MPa 下进行标准理论比冲的计算。

所选的配方组分包括:① 黏合剂组成为无规嵌段型 PBG 基 ETPE;② 固体填料组成为 AP、RDX 和 Al;③ 增塑剂为 Bu-NENA;④ 催化剂组成为炭黑和碳酸铅(PbCO$_3$)。其中,黏合剂含量为 15%,增塑比为 1:3,Ⅰ类和Ⅲ类 AP 的级配比为 2:1,催化剂含量为 3.5%,炭黑与碳酸铅的比例为 1:2。

在固体含量为 80% 的条件下,通过改变 AP、RDX 和 Al 的比例,对固体推进剂的能量性能进行了计算,如图 6-19~图 6-25 所示。

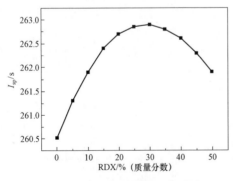

图 6-19 铝粉含量 10% 时固体推进剂的能量性能

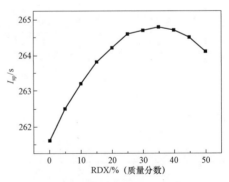

图 6-20 铝粉含量 12% 时固体推进剂的能量性能

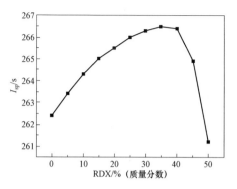

图 6-21 铝粉含量 14% 时固体推进剂的能量性能

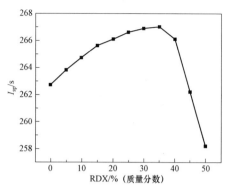

图 6-22 铝粉含量 15% 时固体推进剂的能量性能

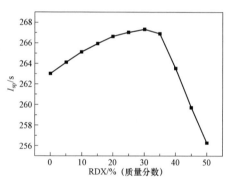

图 6-23 铝粉含量 16% 时固体推进剂的能量性能

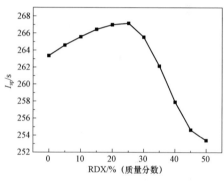

图 6-24 铝粉含量 18% 时固体推进剂的能量性能

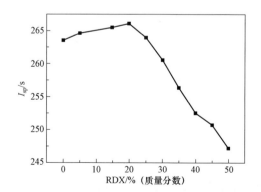

图 6-25 铝粉含量 20% 时固体推进剂的能量性能

由计算结果可知，随着 RDX 含量的增加，固体推进剂比冲呈现先增加后减小的趋势，而随着铝粉含量的增加，固体推进剂比冲逐渐增加。在保证氧系数接近于 0.5 的前提下，可得到具有最高能量性能的配方组成如表 6-8 所示。

表 6-8　最高比冲时 PBG 基固体推进剂的配方组成

配方组成	无规嵌段型 PBG 基 ETPE	AP	RDX	Al	Bu-NENA	炭黑	PbCO$_3$
质量分数/%	15	38.5	20	18	5	1.4	2.1

6.5.2　PBG 基固体推进剂的制备工艺

PBG 基 ETPE 固体推进剂的制备采用压延工艺，制备工艺流程如图 6-26 所示。

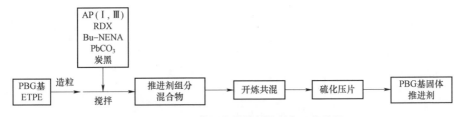

图 6-26　PBG 基固体推进剂的制备工艺流程

6.5.3　PBG 基固体推进剂的性能

本小节主要介绍 PBG 基固体推进剂的能量、密度、爆热、热分解、玻璃化转变温度、力学性能等，为了便于对比，列出了最佳配方条件下 GAP 基固体推进剂和 PBA 基固体推进剂的各项性能。GAP 基和 PBA 基固体推进剂的配方组成如表 6-9 所示。

表 6-9　作为对比的 GAP 基和 PBA 基固体推进剂的配方组成

推进剂	ETPE/%	AP/%	RDX/%	Al/%	Bu-NENA/%	炭黑/%	PbCO$_3$/%
GAP 基固体推进剂	15	40	18.5	18	5	1.4	2.1
PBA 基固体推进剂	15	40	18.5	18	5	1.4	2.1

1. 能量性能

理论计算得出的 PBG 基固体推进剂的能量性能如表 6-10 所示。由于黏合剂中 PBAMO 链段和 GAP 链段均具有较高的能量水平，因此与 GAP 基固体推进剂和 PBA 基固体推进剂相比，PBG 基固体推进剂具有更高的理论比冲、密度和爆热。

表 6-10　PBG 基固体推进剂的能量性能

推进剂	标准理论比冲/s	氧系数	密度/($g \cdot cm^{-3}$)	燃烧室温度/K	爆热/($kJ \cdot kg^{-1}$)	燃气平均相对分子质量
PBG 基固体推进剂	267.0	0.494	1.856	3 618	6 953.21	18.95
GAP 基固体推进剂	265.9	0.507	1.849	3 625	6 433.49	18.15
PBA 基固体推进剂	266.7	0.478	1.848	3 545	6 865.74	19.35

2. 密度

PBG 基、GAP 基和 PBA 基 ETPE 固体推进剂的密度如表 6-11 所示。受到推进剂加工工艺的限制，以 PBG 基 ETPE 为黏合剂的固体推进剂的实测密度与理论值有一定的差距，但是高于相同工艺条件下的 GAP 基和 PBA 基 ETPE 固体推进剂。

表 6-11　PBG 基 ETPE 固体推进剂的密度

性能	PBG 基固体推进剂	GAP 基固体推进剂	PBA 基固体推进剂
密度/($g \cdot cm^{-3}$)	1.781 9	1.768 4	1.750 9

3. 爆热

表 6-12 列出了 PBG 基 ETPE 固体推进剂的爆热测试数据，并与 GAP 基和 PBA 基固体推进剂进行了对比。由表中数据可以看出，PBG 基 ETPE 固体推进剂的爆热达 6 410 $kJ \cdot kg^{-1}$，大于 GAP 和 PBA 基 ETPE 固体推进剂，具有能量高的特性。

表 6-12　PBG 基 ETPE 固体推进剂的爆热

性能	PBG 基固体推进剂	GAP 基固体推进剂	PBA 基固体推进剂
爆热/($kJ \cdot kg^{-1}$)	6 410	6 023	6 256

4. 热分解性能

PBG 基 ETPE 固体推进剂与无规嵌段型 PBG 基 ETPE 的 TG 曲线和 DTG 曲线如图 6-27 所示。

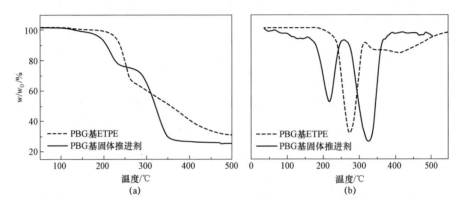

图 6-27　无规嵌段型 PBG 基 ETPE 和 PBG 基固体推进剂的 TG 曲线和 DTG 曲线
（a）TG 曲线；（b）DTG 曲线

由图 6-27 可见，PBG 基固体推进剂的热分解过程分为两个阶段：第一阶段热分解从 170 ℃左右开始，对应于 Bu-NENA、RDX 和黏合剂侧链叠氮基团的分解，失重温度范围为 170~280 ℃，失重率为 27.7%；第二阶段热分解温度范围为 280~370 ℃，对应于 AP 和黏合剂主链的热分解，最终失重率为 74.7%。与黏合剂 PBG 基 ETPE 相比，增塑剂和含能组分的加入使得热分解起始温度降低，聚醚主链的分解起始温度和分解峰温均降低，失重速率加快。

PBG 基、GAP 基和 PBA 基固体推进剂的 TG 曲线和 DTG 曲线对比，如图 6-28 所示。

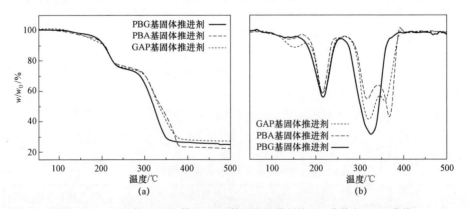

图 6-28　PBG 基、GAP 基和 PBA 基固体推进剂的 TG 曲线和 DTG 曲线

PBG 基固体推进剂的热分解起始温度较高,由于叠氮基团含量较高,第一阶段的失重率较大;同时 PBG 基固体推进剂的热分解为两个阶段,主链聚醚与 AP 的分解同时发生,而且分解温度有明显的降低。另外两种固体推进剂的热分解过程分为三个阶段,说明采用 PBG 基 ETPE 作为黏合剂有利于促进推进剂其他组分的分解。

5. 玻璃化转变温度

PBG 基、GAP 基和 PBA 基固体推进剂的 DSC 曲线如图 6-29 所示。由于增塑剂的加入,PBG 基固体推进剂的 T_g 出现明显降低,为 -50.04 ℃。而固体填料的加入影响了聚合物链段的运动能力,因此其玻璃化转变过程变得不明显;PBAMO 链段的结晶熔融峰温降低,出现在 55.77 ℃。同时,结晶熔融焓下降,说明固体推进剂中 PBAMO 链段受到增塑剂和含能组分的影响结晶性降低。GAP 基和 PBA 基固体推进剂的 T_g 同样为 -50 ℃左右,三种推进剂的玻璃化转变温度相近;PBA 基固体推进剂在 81 ℃左右出现明显的结晶熔融峰。与 PBG 基固体推进剂差别较大,这是由于黏合剂 PBG 基 ETPE 中 GAP 链段的规整性比 PAMMO 差,GAP 链段与 PBAMO 链段之间的缠绕影响了 PBAMO 链段的结晶性能。同时,PBG 基 ETPE 中氢键作用较强,因此在推进剂的 DSC 曲线中 PBAMO 的结晶性明显较弱。

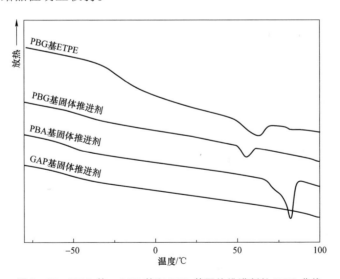

图 6-29 PBG 基、GAP 基和 PBA 基固体推进剂的 DSC 曲线

6. 力学性能

PBG 基、GAP 基和 PBA 基固体推进剂的力学性能如表 6-13 所示。

表 6-13　PBG 基、GAP 基和 PBA 基固体推进剂的力学性能

力学性能	PBG 基固体推进剂	GAP 基固体推进剂	PBA 基固体推进剂
拉伸强度/MPa	0.89	1.13	1.31
断裂伸长率/%	9.5	51	12

PBG 基固体推进剂的拉伸强度和断裂伸长率均小于 GAP 基和 PBA 基固体推进剂，这是因为推进剂中所采用的 GAP 基 ETPE 的相对分子质量较大，弹性体本身断裂伸长率可达 600%以上；而 PBG 基 ETPE 和 PBA 基 ETPE 虽然相对分子质量相近。但是，PBG 基 ETPE 中 GAP 链段相比于 PAMMO 主链承载碳原子数更少，力学性能较差，所以影响了推进剂整体的力学性能。因此，为了提高推进剂的力学性能，还需要进一步提高黏合剂 PBG 基 ETPE 的相对分子质量。

本章主要介绍了无规嵌段型和交替嵌段型 PBG 基 ETPE 的合成和主要性能，包括相对分子质量和结构特征、玻璃化转变温度、结晶性能、热分解性能和力学性能。其中，无规嵌段型 PBG 基 ETPE 具有较高的结晶度（16%）和拉伸强度，当硬段含量为 30%时，拉伸强度为 2.55 MPa。应用基础性能数据表明，PBG 基 ETPE 具有较高的密度和燃烧热，以及较低的感度，并与常用含能组分相容。以无规嵌段型 PBG 基 ETPE 固体推进剂综合性能优异，标准理论比冲、密度、爆热均高于相同配方下的 GAP 基和 PBA 基固体推进剂。

参 考 文 献

[1] 田德余. 化学推进剂能量学 [M]. 长沙：国防科技大学出版社，1988.
[2] Chase M W. NIS–ANAF Thermochemical Tables [M]. Journal of Physical and Chemical Reference Data，1998.

第7章

聚3,3-双叠氮甲基氧丁环-3-甲基-3-叠氮甲基氧丁环基含能热塑性弹性体

7.1 概　　述

PBAMO 的氮含量高，可以作为结晶性硬段预聚物。与氨基甲酸酯连接键形成的硬段相比，PBAMO 具有更低的加工温度，同时可以使 PBA 基 ETPE 在低扩链剂含量时获得良好的力学性能。PAMMO 的低温力学性能优异，在室温下为可流动的液体，是合成 PBA 基 ETPE 理想的软段预聚物。在 PBA 基 ETPE 中，PBAMO 链段具有较高的结晶度和能量，可以作为弹性体的硬段，提高弹性体的能量水平及力学强度。而 PAMMO 链段作为含能软段，在改善 PBA 基 ETPE 力学性能的基础上，可以使其维持较高的能量水平。

本章介绍了 PBA 基 ETPE 的合成、性能及其在火炸药中的应用基础性能，并以固体推进剂为例，介绍了 PBA 基 ETPE 在火炸药中的应用效果。

7.2　PBA 基含能热塑性弹性体的合成与性能

7.2.1　PBA 基含能热塑性弹性体的反应原理

PBA 基 ETPE 的合成采用两步法，主要包括两个反应阶段，分别是预聚反应和扩链反应。合成反应原理如图 7-1 所示。预聚反应过程将含能预聚物用过量的二异氰酸酯封端,生成端基为异氰酸酯基的预聚物;扩链过程是将上述产物用扩链剂进行扩链,使分子链继续增长。扩链反应在实际操作工序上包括在反应器中的初扩链和在烘箱中的继续扩链(也称为后熟化)两个部分,其反应原理一致。

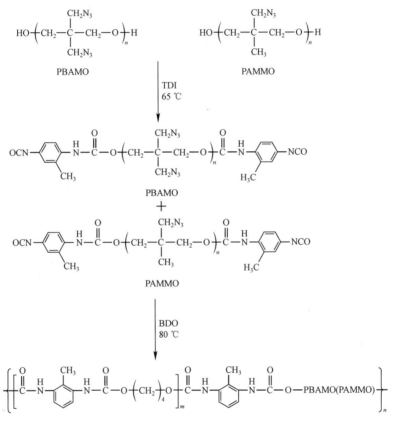

图 7-1 PBA 基 ETPE 的合成反应原理图

7.2.2 PBA 基含能热塑性弹性体的合成工艺

PBA 基 ETPE 的合成工艺流程如图 7-2 所示。

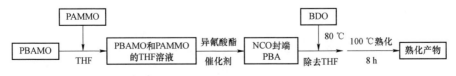

图 7-2 PBA 基 ETPE 的合成工艺流程

7.2.3 PBA 基含能热塑性弹性体的结构与性能

1. 红外光谱分析

图 7-3 所示为 PBA 基 ETPE 和原料 PBAMO、PAMMO 的 FTIR 谱图。由图可见，在 2 100 cm^{-1}、1 278 cm^{-1} 和 1 111 cm^{-1} 处的吸收峰分别对应叠氮基团的伸缩振动特征吸收峰、弯曲振动特征吸收峰以及直链醚键 C—O—C 的伸缩振动特征吸收峰。PBA 基 ETPE 的红外谱图中，在 3 100~3 400 cm^{-1} 和 1 537 cm^{-1} 处出现氨基甲酸酯连接键上胺基—NH 的伸缩振动特征吸收峰和弯曲振动特征吸收峰，在 1 732 cm^{-1} 处出现羰基的特征吸收峰，证明了 PBA 基 ETPE 的结构。

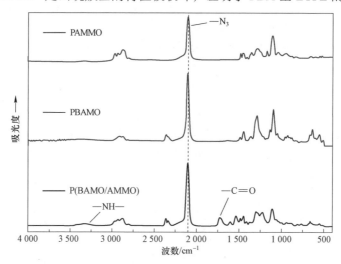

图 7-3 PBA 基 ETPE 的 FTIR 谱图

2. 力学性能

影响 PBA 基 ETPE 力学性能的主要因素有相对分子质量、软/硬段含量、异氰酸酯种类等。下面主要介绍这些因素对 PBA 基 ETPE 力学性能的影响。

1）PBAMO 含量对 PBA 基 ETPE 力学性能的影响

PBAMO 在常温下为固体，具有较高的结晶性，结晶度约大于 50%[1]，可在 PBA 基 ETPE 中作为硬段，提高弹性体的拉伸强度。同时，PBAMO 是目前能量水平最高的叠氮预聚物，PBAMO 含量的增加会进一步提升 PBA 基 ETPE 的能量水平。不同 PBAMO 含量时 PBA 基 ETPE 的摩尔质量以及力学性能如表 7-1 所示。由表中数据可知，随着 PBAMO 含量的增加，弹性体的最大拉伸强度变大，而断裂伸长率降低。当 PBAMO 与 PAMMO 的质量比为 2:1 时，弹

第7章 聚3,3-双叠氮甲基氧丁环-3-甲基-3-叠氮甲基氧丁环基含能热塑性弹性体

性体比较脆,不能进行力学测试。综合考虑 PBA 基 ETPE 的拉伸强度以及断裂伸长率,PBAMO 与 PAMMO 质量比为 1:1、1.25:1 的弹性体力学性能较佳。

表 7-1 不同 PBAMO 含量时 PBA 基 ETPE 的相对分子质量及力学性能

mBA	M_n/(g·mol^{-1})	σ_m/MPa	ε_b/%
0.5:1	30 000	2.17	460
0.75:1	29 600	3.63	420
1:1	30 100	5.24	390
1.25:1	31 200	6.03	304
1.5:1	28 800	6.21	230
1.75:1	29 900	7.05	106
2:1	25 600	—	—

注:mBA = m(PBAMO):m(PAMMO)(PBAMO 与 PAMMO 的质量比)。

2)预聚物摩尔质量对 PBA 基 ETPE 力学性能的影响

不同摩尔质量的 PAMMO、PBAMO 所制备的弹性体(PBAMO 与 PAMMO 的质量比为 1:1)的相对分子量及力学性能见表 7-2。由表可见,随着 PBAMO、PAMMO 摩尔质量的增加,所制备弹性体的摩尔质量降低,最大拉伸强度以及断裂伸长率都随之降低。这是因为,随 PBAMO、PAMMO 的摩尔质量增加,端羟基的反应活性降低,从而影响了扩链反应,导致弹性体的相对分子质量降低。此外,随着 PBAMO、PAMMO 摩尔质量的增加,BDO 的含量也必须增加,同时 TDI 的含量减少,弹性体中具有刚性结构的苯环含量降低,从而使弹性体的强度下降。

表 7-2 不同 PAMMO、PBAMO 摩尔质量时 PBA 基 ETPE 的摩尔质量及力学性能

PAMMO 摩尔质量/(g·mol^{-1})	PBAMO 摩尔质量/(g·mol^{-1})	PBA 基 ETPE 数均相对分子质量/(g·mol^{-1})	σ_m/MPa	ε_b/%
2 370	4 468	30 100	5.24	390
	6 848	28 900	5.10	373
	8 333	2 500	4.88	356
4 024	4 468	29 800	5.19	376
	6 848	24 800	4.36	327
	8 333	23 200	4.21	308
7 310	4 468	26 800	4.96	361
	6 848	22 200	3.92	299
	8 333	20 200	3.37	286

3）异氰酸酯种类对 PBA 基 ETPE 力学性能的影响

异氰酸酯的结构对弹性体的力学性能有较大影响，如选用结构对称的异氰酸酯制备弹性体时，硬段结晶性增强，拉伸强度提高。HDI、TDI、IPDI 以及 HMDI 对 PBA 基 ETPE 的摩尔质量及力学性能的影响，如表 7-3 所示。

表 7-3 不同异氰酸酯 PBA 基 ETPE 的摩尔质量及力学性能

异氰酸酯种类	$M_n/(g \cdot mol^{-1})$	M_w/M_n	σ_m/MPa	$\varepsilon_b/\%$
HDI	29 700	2.07	4.04	289
TDI	30 100	2.52	5.24	390
IPDI	28 900	1.66	4.96	375
HMDI	30 000	2.34	4.71	312

由表 7-3 中数据可以看出，芳香族 TDI 制备的 PBA 基 ETPE，无论是摩尔质量还是力学性能都优于其他脂肪族异氰酸酯。主要原因是 TDI 结构中存在苯环，一方面具有较高的反应活性；另一方面刚性的苯环会导致氨基甲酸酯硬段的内聚能增大，结晶性增强，链段之间易形成硬相微区，导致微相分离程度更高，从而提高了弹性体的力学性能。

图 7-4 所示为采用不同异氰酸酯制备 PBA 基 ETPE 时的 FTIR 谱图。图中，1 732 cm^{-1} 处为羰基的特征吸收峰，3 330 cm^{-1} 左右是氨基的特征吸收峰。氨基上的氢与羰基或聚醚主链上的氧原子可以形成氢键，尤其是与羰基上的氧原子形成氢键，使得弹性体中氨基甲酸酯硬段有序，形成微相分离，提高弹性体的力学性能。采用高斯拟合将 FTIR 谱图中羰基特征吸收峰进行分峰拟合，根据自由羰基和氢键键合羰基的峰面积，确定弹性体中羰基的氢键化比例，如表 7-4 所示。

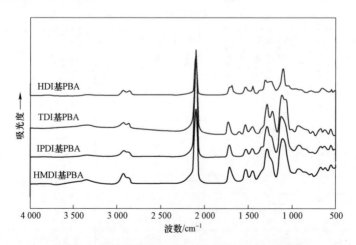

图 7-4 不同异氰酸酯 PBA 基 ETPE 的 FTIR 谱图

表 7-4 不同异氰酸酯 PBA 基 ETPE 的氢键化比例

异氰酸酯种类	自由羰基峰强度	氢键化羰基峰强度	氢键化比例/%
TDI	0.22	0.56	71.79
HDI	0.35	0.64	64.64
IPDI	0.38	0.78	67.24
HMDI	0.59	1.26	68.10

由表 7-4 中数据可以看出，TDI 基弹性体氢键化程度最高，HMDI 次之，HDI 的氢键化程度最低，这与力学性能的变化规律一致。弹性体的氢键化程度越高，其微相分离程度越高，TDI 中苯环的存在不仅增加了弹性体的刚性，而且提高了氨基甲酸酯硬段的有序化程度，使弹性体的力学性能更好。

4）氨基甲酸酯硬段含量对 PBA 基 ETPE 力学性能的影响

氨基甲酸酯硬段是由异氰酸酯与 BDO 构成的，图 7-5 所示为不同硬段含量时 PBA 基 ETPE 的力学性能。由图可知，随着氨基甲酸酯硬段含量的增加，弹性体的拉伸强度增加但断裂伸长率下降。氨基甲酸酯硬段含量由 10%增加至 50%时，弹性体的最大拉伸强度由 3.12 MPa 增加到 9.66 MPa，而断裂伸长率则由 440%降低到 120%。

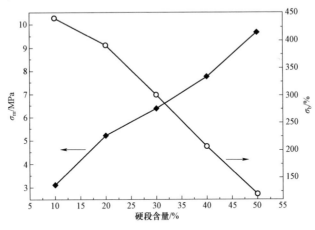

图 7-5 氨基甲酸酯硬段含量对 PBA 基 ETPE 力学性能的影响

由以上分析可知，氨基甲酸酯硬段含量为 20%，PBAMO 与 PAMMO 质量比为 1:1 时 PBA 基 ETPE 的力学性能优异。

3. 动态力学性能

图 7-6 所示为以 TDI 为异氰酸酯的 PBA 基 ETPE 的 DMA 曲线。由图可

见，储能模量 G' 在 –53.7 ℃ 之前基本保持不变，随着温度进一步升高，在 –53.7～2.4 ℃ 范围内急剧下降，对应着弹性体软段 PAMMO 的玻璃化转变过程与硬段 PBAMO 的玻璃化转变过程；损耗模量 G'' 在 –80 ℃ 时开始逐渐增加，在 –67.6 ℃ 处出现第一个峰，此处对应着弹性体的 β 次级转变；在 –54～–17.7 ℃ 出现第二个峰，对应着弹性体软段的玻璃化转变温度；在 –17.7 ℃～2.2 ℃，弹性体的损耗模量进一步降低。损耗角正切 $\tan\delta$ 随着温度的升高逐渐增加，说明弹性体的黏性越来越强，弹性越来越弱。

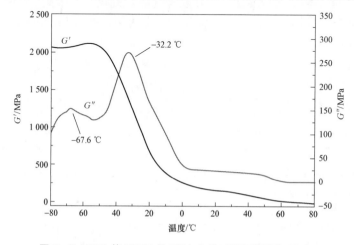

图 7-6　PBA 基 ETPE 的 DMA 曲线（异氰酸酯为 TDI）

图 7-7 所示为不同二异氰酸酯 PBA 基 ETPE 的损耗模量曲线，由损耗模量曲线确定的玻璃化转变温度如表 7-5 所示。由表中数据可知，TDI 为二异

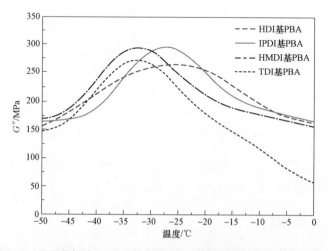

图 7-7　不同异氰酸酯 PBA 基 ETPE 的损耗模量曲线（频率为 1 Hz）

表7-5 不同异氰酸酯 PBA 基 ETPE 的软段玻璃化转变温度（基于损耗模量）

异氰酸酯种类	T_g/℃
TDI	-32.2
HDI	-28.1
IPDI	-29.8
HMDI	-31.3

氰酸酯的弹性体的玻璃化转变温度最低，HDI 为二异氰酸酯的弹性体的玻璃化转变温度最高。这是因为 TDI 所形成的硬段刚性较高，微相分离程度高，因此所测得的 T_g 更接近软段的玻璃化转变温度，而 HDI 硬段的微相分离程度较低，所以玻璃化转变温度要略高一些。

弹性体的动态力学性能不仅有强烈的温度和时间依赖性，还与频率有关。根据时温等效原理，降低温度与增加频率对弹性体分子运动的影响是一致的，也就是测试频率降低相当于对弹性体加热，使弹性体材料内部有足够的热运动能量和自由体积，可以自由运动进行分子重排，而运动的幅度取决于相应运动单元链段运动的活化能，活化能越大，移动幅度则越大。图7-8 和图7-9 所示为不同频率下 PBA 基 ETPE（异氰酸酯为 TDI）的储能模量 G' 和损耗模量 G'' 随温度的变化曲线。随着频率的增加，G' 转变温度向高温方向移动，弹性体的玻璃化转变温度也向高温方向移动。1 Hz 时 T_g=-32.2 ℃，20 Hz 时 T_g=-26.2 ℃，增加了 6 ℃。

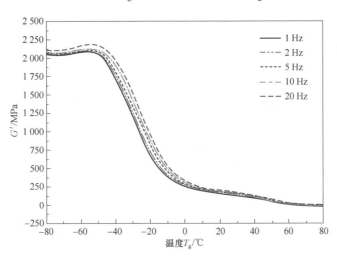

图7-8 不同频率下 PBA 基 ETPE 的 G' 随温度变化曲线

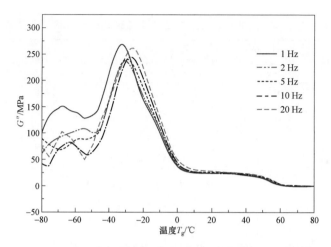

图 7-9　不同频率下 PBA 基 ETPE 的 G'' 随温度变化曲线

随着频率的增加，PBA 基 ETPE 的软段玻璃化转变温度向高温方向移动，移动的程度取决于软段链段运动活化能的大小。活化能可根据测试频率与转变温度的关系求得，即[2]

$$\omega = \omega_0 \exp(-E_s/RT) \quad (7.1)$$

式中，ω 为测试频率；T 为转变温度；E_s 为相应运动链段单元的活化能。

取玻璃化转变温度 T_g 为 T，将式（7.1）两边取对数可得

$$\ln\omega = \ln\omega_0 - E_s/RT_g \quad (7.2)$$

以 $\ln\omega - 1/T_g$ 作图，根据曲线的斜率可求得活化能 E_s。选择 ω 为 1 Hz、2 Hz、5 Hz、10 Hz、20 Hz，根据损耗模量曲线获得弹性体的 T_g，拟合曲线如图 7-10 所示，所得曲线线性相关系数为 0.995。

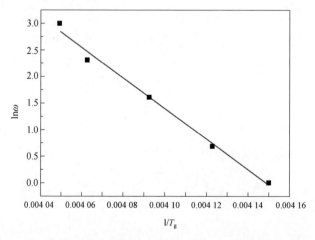

图 7-10　PBA 基 ETPE 的 $\ln\omega - 1/T_g$ 曲线（基于损耗模量曲线）

根据图 7-10，得拟合曲线方程为

$$\ln\omega = 119.08 - 28\,705.43/T_g \quad (7.3)$$

由此，求得 PBA 基 ETPE 的链段运动活化能为 238.66 kJ·mol^{-1}。不同异氰酸酯 PBA 基 ETPE 的链段运动活化能见表 7-6。由表中数据可知，异氰酸酯对弹性体链段运动活化能的影响较小，其中，TDI 基弹性体的链段运动活化能最小，主要是因为 TDI 基 PBA 的微相分离程度较高，软段受硬段的影响较小，活动较为自由，所以链段运动活化能会低一些。

表 7-6 不同二异氰酸酯 PBA 基 ETPE 的链段运动活化能

异氰酸酯种类	链段运动活化能/(kJ·mol^{-1})
TDI	238.66
HDI	239.78
HMDI	239.44
IPDI	239.23

4. 流变性能

黏合剂作为火炸药的基体材料，其流变性能直接影响火炸药的加工性能。一般的 PBA 基 ETPE 熔体都属于假塑性流体，其流变行为可以用幂律函数方程[3]表示：

$$\tau = K\gamma^n \quad (7.4)$$

式中，τ 为剪切应力；γ 为剪切速率；K 为稠度系数；n 为幂律指数，表示材料偏离牛顿流体的程度，n 越偏离整数 1，非牛顿性越强，对于假塑性流体，$n<1$，黏度随着剪切速率的增加而逐步降低。

下面介绍温度、剪切速率、频率变化等因素对 PBA 基 ETPE 流变性能的影响。

1）PBA 基 ETPE 的剪切黏度

120 ℃下，采用旋转流变仪的平板模式测得的 PBA 基 ETPE 的黏度曲线如图 7-11 所示。在低剪切速率区，弹性体的剪切黏度基本保持不变，符合牛顿流体的特征，而随着剪切速率进一步增加，黏度先明显下降，然后逐渐趋于平稳。这是因为在 PBA 基 ETPE 中，分子链相互缠结在一起，同时分子间形成的氢键和极性基团间的分子间作用力起着物理交联点的作用。当剪切速率逐渐增加时，弹性体分子链解缠结变得比较容易，因此黏度迅速下降。剪切速率再进一步升高时，氢键和极性基团间形成的分子间作用力（起着物理交联点的作用）逐渐被破坏，但速度较慢，所以黏度逐渐趋于平稳。根据低剪切速率时黏度的平台区，可以求得 PBA 基 ETPE 的零切黏度 η_0=94.41 Pa·s。

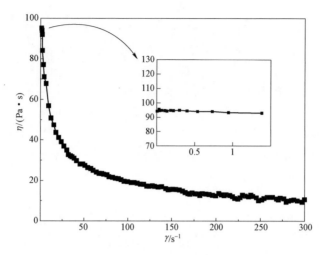

图 7-11 PBA 基 ETPE 的黏度曲线（120 ℃）

2）温度对 PBA 基 ETPE 黏度的影响

温度对 PBA 基 ETPE 黏度曲线的影响如图 7-12 和图 7-13 所示。由图可知，随着温度的降低，相同剪切速率下 PBA 基 ETPE 的黏度降低，主要是由于温度升高，分子链运动能力增强，内部摩擦减小，从而使黏度降低。在较高温度下，聚合物熔体的黏度与温度的关系可用阿累尼乌斯方程描述：

$$\eta(T) = K e^{\frac{E_\eta}{RT}} \quad (7.5)$$

式中，η 为黏度（Pa·s）；K 为材料常数（$K = \eta_0$（$T \to \infty$））；E_η 为黏流活化能（kJ·mol^{-1}）；R 为气体常数（8.314 J·mol^{-1}·K^{-1}）；T 为温度。

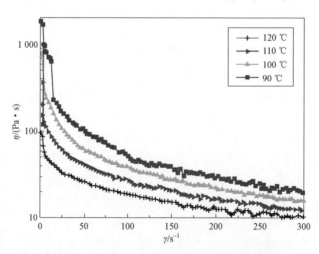

图 7-12 不同温度下 PBA 基 ETPE 的黏度曲线

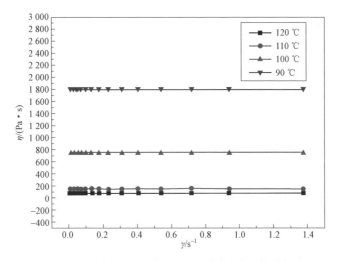

图 7-13 不同温度下 PBA 基 ETPE 的黏度曲线（低剪切速率）

温度、剪切速率对 PBA 基 ETPE 黏度的影响如表 7-7 所示，以 $\ln(\eta)$—$1/T$ 作图，拟合曲线如图 7-14 所示。根据拟合直线的斜率可以求得 PBA 基 ETPE 零剪切速率时的黏流活化能 $E_{\eta_0}=123.85\ \mathrm{kJ\cdot mol^{-1}}$，线性相关系数为 0.953。

表 7-7 不同温度下 PBA 基 ETPE 的黏度

T/℃	η_0/(Pa·s)	η_γ/(Pa·s)			
		$\gamma=5\ \mathrm{s^{-1}}$	$\gamma=10\ \mathrm{s^{-1}}$	$\gamma=80\ \mathrm{s^{-1}}$	$\gamma=160\ \mathrm{s^{-1}}$
90	1 804.68	807.1	704.4	65.12	37.25
100	739.00	245	217.8	42.90	27.15
110	154.38	115.70	99.34	31.24	18.95
120	94.41	50.88	47.00	20.68	13.94

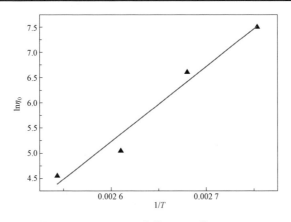

图 7-14 $\ln\eta_0$—$1/T$ 曲线（PBA 基 ETPE）

弹性体的黏度随剪切速率的增加而降低。剪切速率增加，分子链间的缠结点被打开，分子链沿流动方向取向，黏度下降。同时，剪切速率的变化对黏流活化能有较大影响，不同剪切速率下的 PBA 基 ETPE 的黏流活化能见表 7-8。随着剪切速率的增加，黏流活化能逐渐降低，说明随着剪切速率的增加，弹性体黏度对温度的敏感性越来越低，在较高剪切速率下，不适合采用调控温度来改善加工工艺。

表 7-8 不同剪切速率 γ 下 PBA 基 ETPE 的黏流活化能

γ/s^{-1}	$E_\eta/(kJ \cdot mol^{-1})$	相关系数
0	123.85	0.953
5	107.52	0.988
10	105.95	0.986
80	44.60	0.995
160	39.26	0.998

5. 热分解性能

PBA 的 TG 曲线和 DTG 曲线如图 7-15 所示。由图可以看出，PBA 的热失重过程经历了两个阶段：在 220 ℃～280 ℃，出现第一个失重阶段，失重率为 34%，归属于侧链叠氮基团的热分解过程；在 280～500 ℃，出现第二个失重阶段，归属于软段主链的分解以及硬段的分解，之后质量趋于恒定。在 DTG 曲线中可以观察到两个失重峰，与 TG 曲线相对应。由分解峰—峰值确定两个分解过程的失重峰温分别为 259 ℃和 409 ℃。

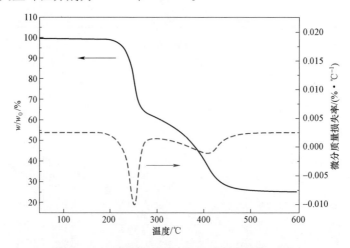

图 7-15 PBA 基 ETPE 的 TG 曲线和 DTG 曲线

6. 机械感度

PBA 基 ETPE 的机械感度如表 7-9 所示。由表中数据可以看出，PBA 基 ETPE 的摩擦感度 P 为 0，撞击感度 H_{50} 高于 120 cm，具有钝感特性，其安全性明显优于 NC 和 NG。

表 7-9　PBA 基 ETPE 的机械感度

样品	撞击感度 H_{50}/cm	摩擦感度 P/%
NC 含氮量 13.29%	40	0
NG[4]	2	100
PBA 基 ETPE	>120	0

7. 表面性能

将 PBA 基 ETPE 制备成薄膜，测定其与不同参比液的接触角、表面能及其分量，如表 7-10 所示。通过 SCA20 软件计算处理得到 PBA 基 ETPE 的表面能及其分量。由表中数据可知，采用不同异氰酸酯制备的 PBA 基 ETPE，其表面能相近。

表 7-10　不同异氰酸酯 PBA 基 ETPE 的接触角、表面能及其分量（硬段含量 20%）

异氰酸酯种类	水/(°)	甲酰胺/(°)	γ_s/(mJ·m^{-2})	γ_s^d/(mJ·m^{-2})	γ_s^p/(mJ·m^{-2})
TDI	87.4	79.3	25.67	18.44	7.23
IPDI	86.9	78.4	24.96	17.95	7.01
HMDI	88.6	80.2	26.51	19.15	7.36
HDI	84.7	76.5	24.78	17.83	6.95

不同硬段含量时 TDI 基 ETPE 的表面能及其分量，如表 7-11 所示。由表中数据可知，随着硬段含量的增加，PBA 基 ETPE 的极性分量逐渐增加，这是由于硬段含量增加，极性基团密度增加导致的。

表 7-11　不同硬段含量 PBA 基 ETPE 的表面能及其分量（异氰酸酯为 TDI）

硬段含量/%	水/(°)	甲酰胺/(°)	γ_s/(mJ·m^{-2})	γ_s^d/(mJ·m^{-2})	γ_s^p/(mJ·m^{-2})
10	89.1	80.2	23.23	16.27	6.96
20	87.4	79.3	25.67	18.44	7.23
30	83.2	75.4	28.11	19.12	8.99
40	80.5	71.1	29.14	18.78	10.36
50	76.4	69.8	31.07	17.79	13.28

7.3 PBA基含能热塑性弹性体的应用基础性能

PBA 基 ETPE 可作为火炸药配方的黏合剂，不仅能提高火炸药的能量水平，而且能够改善其加工性能，被誉为是最具有应用前景的新型火炸药配方的首选黏合剂[5]。下面以制备 PBA 基 ETPE 和火炸药常用固体填料混合后的样品为例，介绍 PBA 基 ETPE 的应用基础性能。

7.3.1 PBA 基 ETPE/固体填料样品的制备工艺

选择综合性能较好的 TDI 基弹性体作为黏合剂，采用平辊压延法制备 PBA 基 ETPE/固体填料样品，制备工艺流程如图 7-16 所示。

图 7-16 PBA 基 ETPE/固体填料样品的制备工艺流程

7.3.2 PBA 基 ETPE 与火炸药常用组分的相容性

真空安定性法测量的 PBA 基 ETPE 与火炸药常用组分的相容性结果，如表 7-12 所示。由表中数据可知，PBA 基 ETPE 与 AP、RDX、HMX、Al 混合后，加热时放气量减少，这可能是因为 ETPE 加热后熔融包覆在上述固体填料颗粒的表面，起到稳定的作用，从而放气量减少，表明 PBA 基 ETPE 与 AP、RDX、Al、HMX 等组分的相互作用较小，具有良好的相容性。PBA 基 ETPE 与 Bu-NENA、端叠氮基聚叠氮缩水甘油醚（GAPA）混合后，加热时放气量增加，但仍然小于 3 mL，说明 PBA 与 Bu-NENA、GAPA 相容，可以同时应用于火炸药配方中。

表 7-12 PBA 基 ETPE 与常用含能组分的相容性

组 分	放气量/mL	R/mL	相容性
PBA 基 ETPE	0.47	—	—
AP	0.09	—	—
PBA 基 ETPE/AP	0.42	-0.14	相容

续表

组 分	放气量/mL	R/mL	相容性
RDX	0.12	—	—
PBA 基 ETPE/RDX	0.49	−0.10	相容
HMX	0.09	—	—
PBA 基 ETPE/HMX	0.36	−0.20	相容
Al	0.16	—	—
PBA 基 ETPE/Al	0.41	−0.22	相容
Bu−NENA	0.62	—	—
PBA 基 ETPE/Bu−NENA	1.57	0.48	相容
GAPA	0.52	—	—
PBA 基 ETPE/GAPA	1.80	0.81	相容

7.3.3　PBA 基 ETPE 与固体填料的表面性能

PBA 基 ETPE 与主要固体组分间的表面张力及黏附功如表 7−13 所示。由表中数据可以看出，PBA 基 ETPE 与 RDX、AP、HMX、Al 的表面张力均为正值，界面可以稳定存在；黏附功的计算结果表明 PBA 基 ETPE 对这几种固体填料有较强的黏结作用。其中，PBA 基 ETPE 对 RDX、HMX 的黏附作用强于其他几种组分，这主要是因为弹性体中的氨基与 RDX、HMX 中的硝基之间有较强的相互作用，能够形成氢键，因此具有较高的黏附功。

表 7−13　PBA 基 ETPE 与固体填料的表面张力与黏附功

组分	γ_s/(mJ·m^{-2})	γ_s^d/(mJ·m^{-2})	γ_s^p/(mJ·m^{-2})	γ_{s1s2}/(mJ·m^{-2})	W_a/(mJ·m^{-2})
PBA 基 ETPE	25.32	18.44	7.23	—	—
RDX	41.81	24.17	17.640	2.32	64.81
HMX	49.76	45.63	4.125	6.14	68.94
Ⅰ类 AP	36.17	29.86	6.307	1.05	60.44
Ⅲ类 AP	35.02	29.16	5.860	0.95	59.40
Al	37.04	32.86	4.185	2.13	60.23

上述结果表明，PBA 基 ETPE 对 RDX、HMX、AP、Al 具有良好的黏结作用。但是，火炸药配方的固体含量通常较高，大量非补强型刚性固体颗粒的加入会破坏弹性体基体，从而导致力学性能的下降。下面将介绍不同固体含量的固体填料对 PBA 基 ETPE 基体力学性能的影响。

7.3.4 固体填料对 PBA 基 ETPE 力学性能的影响

弹性体的相对分子质量与相对分子质量分布、弹性体主链结构的柔顺性，固体填料的种类、粒径及含量，黏合剂体系与固体填料间的界面性能，火炸药的成型工艺条件等因素都影响和决定着配方的力学性能。因此，可将火炸药力学性能的影响因素分为三类：① 黏合剂体系的组成及结构；② 固含量和粒度级配；③ 黏合剂体系与固体填料间的界面作用。前两个因素主要与火炸药的配方设计有关。在配方确定的前提下，黏合剂体系与固体填料间的黏结状况是影响火炸药力学性能的关键因素。

7.3.3 节的数据表明，PBA 基 ETPE 与 RDX、HMX、AP、Al 这几种固体填料之间具有较强的黏结作用。但是，火炸药是具有较高固含量的多相体系，而所添加的固体填料均为刚性颗粒，大量加入势必会破坏黏合剂体系的完整性。因此，下面主要介绍固体填料的加入对 PBA 基 ETPE 力学性能的影响。

1. 固体填料对 PBA 基 ETPE 静态力学性能的影响

不同固体含量时 PBA 基 ETPE/RDX、PBA 基 ETPE/HMX、PBA 基 ETPE/APⅠ、PBA 基 ETPE/APⅢ、PBA 基 ETPE/Al 样品的拉伸强度和断裂伸长率，如表 7-14～表 7-18 所示。其最大拉伸强度及断裂伸长率的变化趋势如图 7-17 和图 7-18 所示。由表中数据可知，对于每组样品，随着固体填料含量的增加，最大拉伸强度及断裂伸长率均呈下降趋势。对于添加了 RDX、HMX、APⅠ和 APⅢ 的样品，当固体填料含量增加至 86% 时样品比较脆，已经很难制成样条，无法进行力学测试。RDX、HMX、AP 均是刚性非补强型固体颗粒，作为分散相添加到基体中时，弹性体基体遭到破坏。因此，随着固含量的增加，样品的力学性能呈下降趋势。当固体含量相同时，PBA/Al 样品的强度及延伸率都高于其他固体填料，拉伸强度大小的顺序为：PBA 基 ETPE/Al＞PBA 基 ETPE/HMX＞PBA 基 ETPE/RDX＞PBA 基 ETPE/APⅢ＞PBA 基 ETPE/APⅠ。这是因为 Al 的粒径较小，密度较大，在弹性体中分散后对基体的破坏程度较小，因此力学性能较好。

表 7-14 不同含量 RDX 对 PBA 基 ETPE 力学性能的影响

样 品	RDX 含量/%	PBA 基 ETPE 含量/%	σ_m/MPa	ε_b/%
PBA/10RDX	10	90	5.03	310
PBA/30RDX	30	70	4.28	230
PBA/50RDX	50	50	3.96	113

续表

样品	RDX 含量/%	PBA 基 ETPE 含量/%	σ_m/MPa	ε_b/%
PBA/76RDX	76	24	3.21	52
PBA/78RDX	78	22	3.02	36
PBA/80RDX	80	20	2.68	24
PBA/82RDX	82	18	2.04	22
PBA/84RDX	84	16	1.47	13
PBA/86RDX	86	14	—	—

表 7-15　不同含量 HMX 对 PBA 基 ETPE 力学性能的影响

样品	HMX 含量/%	PBA 基 ETPE 含量/%	σ_m/MPa	ε_b/%
PBA/10HMX	10	90	5.12	327
PBA/30HMX	30	70	4.46	266
PBA/50HMX	50	50	3.79	124
PBA/76HMX	76	24	3.63	50
PBA/78HMX	78	22	3.42	48
PBA/80HMX	80	20	2.77	25
PBA/82HMX	82	18	2.33	20
PBA/84HMX	84	16	2.09	17
PBA/86HMX	86	14	—	—

表 7-16　不同含量Ⅲ类 AP 对 PBA 基 ETPE 力学性能的影响

样品	Ⅲ类 AP 含量/%	PBA 基 ETPE 含量/%	σ_m/MPa	ε_b/%
PBA/10APⅢ	10	90	5.13	323
PBA/30APⅢ	30	70	4.36	224
PBA/50APⅢ	50	50	3.84	111
PBA/76APⅢ	76	24	3.09	37
PBA/78APⅢ	78	22	2.82	29
PBA/80APⅢ	80	20	2.11	22
PBA/82APⅢ	82	18	2.09	18
PBA/84APⅢ	84	16	1.44	14
PBA/86APⅢ	86	14	—	—

表 7–17　不同含量Ⅰ类 AP 对 PBA 基 ETPE 力学性能的影响

样　品	Ⅰ类 AP 含量/%	PBA 基 ETPE 含量/%	σ_m/MPa	ε_b/%
PBA/10APⅠ	10	90	5.06	307
PBA/30APⅠ	30	70	4.17	209
PBA/50APⅠ	50	50	3.79	108
PBA/76APⅠ	76	24	2.96	35
PBA/78APⅠ	78	22	2.44	26
PBA/80APⅠ	80	20	2.03	19
PBA/82APⅠ	82	18	1.21	8
PBA/84APⅠ	84	16	0.76	3
PBA/86APⅠ	86	14	—	—

表 7–18　不同含量 Al 对 PBA 基 ETPE 力学性能的影响

样　品	Al 含量/%	PBA 基 ETPE 含量/%	σ_m/MPa	ε_b/%
PBA/10Al	10	90	5.3	379
PBA/30Al	30	70	5.07	320
PBA/50Al	50	50	4.66	289
PBA/76Al	76	24	4.07	226
PBA/78Al	78	22	3.86	203
PBA/80Al	80	20	3.82	189
PBA/82Al	82	18	3.26	176
PBA/84Al	84	16	3.23	125
PBA/86Al	86	14	3.07	86

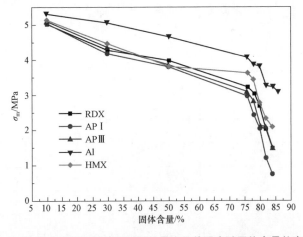

图 7–17　PBA 基 ETPE/固体填料样品的最大拉伸强度随固体含量的变化趋势图

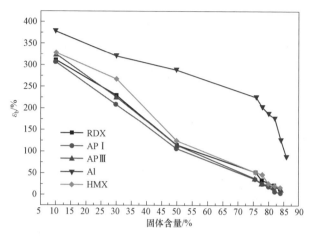

图 7-18　PBA 基 ETPE/固体填料样品的断裂伸长率随固体含量的变化趋势图

PBA 基 ETPE 与固体填料的表面张力和黏附功数据表明，PBA 基 ETPE 与 RDX、HMX 的黏附功较大，对 RDX、HMX 的黏结作用较强；而 PBA 基 ETPE 与 AP、Al 的黏附功较为接近。对比 Al、APⅢ、APⅠ对 PBA 基 ETPE 力学性能的影响可知，Al、APⅢ复合后的样品力学性能较好，说明在固体含量较高时，填料的粒径对 PBA 基 ETPE 力学性能的影响十分显著。

由以上分析可知，随着固体含量的不断增加，固体填料对 PBA 基体的破坏程度逐渐增加，导致样品的拉伸强度及断裂伸长率急剧下降。当样品的固体含量一定时，由于 PBA 基 ETPE 与 RDX、HMX 的黏附功较高，界面黏结作用较强，因此其力学性能较好。

2. 固体填料对 PBA 基 ETPE 动态力学性能的影响

通过对静态力学性能的分析可以发现，当添加固体填料时，PBA 基 ETPE 固体填料样品的最大拉伸强度及断裂伸长率均呈下降趋势。下面主要介绍固体填料对 PBA 基 ETPE 动态力学性能的影响。

PBA 基 ETPE/RDX 样品的多频 DMA 曲线如图 7-19 所示。由图可以看出，在 $-80 \sim 60\ ℃$ 范围内，PBA/RDX 经历了两次主要转变过程，其中低温转变过程在 $-44.4 \sim -9.7\ ℃$ 范围内，对应着样品的玻璃化转变过程。在此过程中，储能模量 G' 急剧下降，损耗模量 G'' 曲线出现宽峰，损耗角正切值逐渐增加。

根据损耗模量 G'' 曲线所确定的样品的玻璃化转变温度，如表 7-19 所示。由表中数据可以看出，随着 RDX 含量的增加，样品的玻璃化转变温度逐渐升高。当 RDX 含量较低时，弹性体的含量较高，样品的玻璃化转变过程更接近 PBA 基 ETPE 本体的玻璃化转变过程。随着 RDX 含量的增加，样品的玻璃化转变过程受 RDX 颗粒的影响程度增加，RDX 颗粒之间、RDX 与弹性体之间均具有相互作用，从而限制了弹性体链段的运动。因此，随着 RDX 含量的增加，PBA 基 ETPE/RDX 样品的玻璃化转变温度逐渐升高。

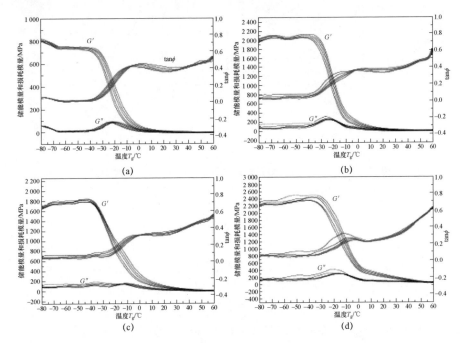

图 7-19 PBA 基 ETPE/RDX 样品的多频 DMA 曲线（见彩插）
（a）10%RDX；（b）30%RDX；（c）50%RDX；（d）80%RDX

表 7-19 PBA 基 ETPE/RDX 的玻璃化转变温度
（基于损耗模量曲线，$\omega=1$ Hz）

样品	T_g/℃	ΔT_g/℃
PBA 基 ETPE	-32.2	0
PBA 基 ETPE/10RDX	-31.4	0.8
PBA 基 ETPE/30RDX	-30.7	1.5
PBA 基 ETPE/50RDX	-29.5	2.7
PBA 基 ETPE/80RDX	-27.9	4.3

注：$\Delta T_g = T_g'$（PBA 基 ETPE）$- T_g$（PBA 基 ETPE），下同。

与添加 RDX 对 PBA 基 ETPE 动态力学性能的影响规律相似，添加 HMX、AP 以及 Al 均导致样品的玻璃化转变温度升高。不同固体含量 PBA 基 ETPE/HMX、PBA 基 ETPE/AP Ⅰ、PBA 基 ETPE/AP Ⅲ、PBA 基 ETPE/Al 样品

第7章 聚3,3-双叠氮甲基氧丁环-3-甲基-3-叠氮甲基氧丁环基含能热塑性弹性体

的DMA测试结果,见表7-20~表7-23。由表中数据可知,随着固体含量的增加,PBA基ETPE/固体填料样品的玻璃化转变温度逐渐升高。同样,随着固体含量的增加,固体填料与固体填料之间、固体填料与弹性体链段之间的相互作用增强,从而限制了弹性体链段的运动,因此导致其玻璃化转变温度向高温方向移动。同时,PBA基ETPE中的—NH可与RDX、HMX中的—NO_2,AP中的O原子以及Al表面的O形成氢键,进一步限制了链段的运动。

表7-20 PBA基ETPE/HMX样品的玻璃化转变温度
温度(基于损耗模量曲线,$\omega=1$ Hz)

样品	T_g/℃	ΔT_g/℃
PBA基ETPE	-32.2	0
PBA基ETPE/10HMX	-32.0	0.2
PBA基ETPE/30HMX	-31.8	0.4
PBA基ETPE/50HMX	-29.5	2.7
PBA基ETPE/80HMX	-27.7	4.5

表7-21 PBA基ETPE/APⅠ样品的玻璃化转变温度
温度(基于损耗模量曲线,$\omega=1$ Hz)

样品	T_g/℃	ΔT_g/℃
PBA基ETPE	-32.2	0
PBA基ETPE/10APⅠ	-31.9	0.3
PBA基ETPE/30APⅠ	-30.6	1.6
PBA基ETPE/50APⅠ	-29.9	2.3
PBA基ETPE/80APⅠ	-28.2	4.0

表7-22 PBA基ETPE/APⅢ样品的玻璃化转变温度
温度(基于损耗模量曲线,$\omega=1$ Hz)

样品	T_g/℃	ΔT_g/℃
PBA基ETPE	-32.2	0
PBA基ETPE/10APⅢ	-32.2	0
PBA基ETPE/30APⅢ	-31.9	0.3
PBA基ETPE/50APⅢ	-31.3	0.9
PBA基ETPE/80APⅢ	-30.6	1.6

表7-23 PBA基ETPE/Al样品的玻璃化转变温度
（基于损耗模量曲线，$\omega = 1$ Hz）

样　品	T_g/℃	ΔT_g/℃
PBA基ETPE	-32.2	0
PBA基ETPE/10Al	-31.1	1.1
PBA基ETPE/30Al	-30.4	1.8
PBA基ETPE/50Al	-30.0	2.2
PBA基ETPE/80Al	-29.6	2.6

由表7-20～表7-23可知，RDX、HMX、AP Ⅰ、AP Ⅲ以及Al的加入使得弹性体分子的运动能力下降，链段运动受限，从而导致PBA基ETPE/固体填料样品的玻璃化转变温度升高。而不同的固体填料对PBA基ETPE链段运动的影响程度不同，以80%的固体含量为例，介绍固体填料的种类对样品动态力学性能的影响。

固体含量为80%的样品的损耗模量曲线如图7-20所示。由图可知，固体填料的加入对PBA基ETPE的玻璃化转变温度有较大影响，由损耗模量峰值确定样品的玻璃化转变温度见表7-24。与纯PBA基ETPE相比，这几种固体填料的加入均使得弹性体的T_g向高温方向移动，其中HMX对其影响最为显著，使玻璃化转变温度增加了4.5 ℃。

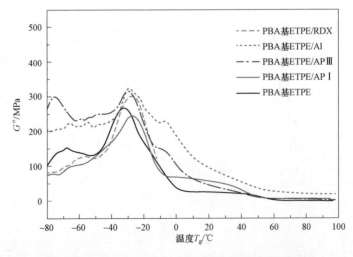

图7-20 PBA基ETPE/固体填料样品的损耗模量曲线（固体含量80%，$\omega = 1$ Hz）

表 7-24 PBA 基 ETPE/固体填料样品的玻璃化转变温度
（基于损耗模量曲线，$\omega = 1\ \text{Hz}$）

样品	T_g/℃	ΔT_g/℃
PBA 基 ETPE	-32.2	0
PBA 基 ETPE/RDX	-27.9	4.3
PBA 基 ETPE/HMX	-27.7	4.5
PBA 基 ETPE/APⅠ	-28.2	4.0
PBA 基 ETPE/APⅢ	-30.6	1.6
PBA 基 ETPE/Al	-29.6	2.6

这几种固体填料对 PBA 基 ETPE 玻璃化转变温度影响的顺序依次为 HMX>RDX>APⅠ>Al>APⅢ，与其对静态力学性能的影响趋势不同。这是因为，在单轴拉伸过程中，由于 Al 的粒径最小，对弹性体基体的破坏程度最低，因此 Al 的添加对 PBA 基 ETPE 静态力学性能的影响最小。而在 DMA 测试中，APⅢ 对 PBA 玻璃化转变温度的影响最低，这是因为与 RDX、HMX 相比，PBA 基 ETPE 对 AP 的黏结作用较弱，这也说明由固体颗粒与 PBA 基 ETPE 之间的相互作用引起的链段运动能力下降是固体颗粒对动态力学性能产生影响的主要因素。

7.3.5　固体填料对 PBA 基 ETPE 流变性能的影响

固体填料对聚合物熔体流变行为的影响既取决于固体填料本身的物理化学性质，也与填料和基体聚合物之间的相互作用有关，并最终影响着整个填充体系的加工和使用性能。以不同固体含量的 RDX、HMX、AP、Al 与 PBA 基 ETPE 复合后的样品为例，分析固体填料对 PBA 基 ETPE 流变性能的影响。

1. PBA 基 ETPE/固体填料样品的黏度

不同固体含量时 PBA 基 ETPE/RDX 样品的黏度曲线如图 7-21 所示。由图可见，随着剪切速率的增加，PBA 基 ETPE/RDX 样品的黏度降低，说明 PBA 基 ETPE/RDX 样品仍然属于假塑性流体。在相同剪切速率下，随着 RDX 含量的增加 PBA 基 ETPE/RDX 样品的黏度逐渐增加。在较低剪切速率下，PBA 基 ETPE/RDX 样品的黏度增加更为显著。这说明，加入的 RDX 不仅增加了复合体系的黏度，也影响其流变行为的剪切速率依赖性。这与其他固体填充聚合物体系类似，在应力场作用下，样品的流动行为与其内部微观结构的变化、聚合物自身的黏弹性等有关。随着固体含量的升高，固体颗粒间的相互作用逐渐增强，弹性体分子链的运动能力变差，尤其在较低剪切速率时，这种作用更加明显。

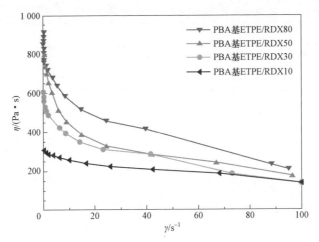

图7-21 PBA基ETPE/RDX样品的黏度曲线

对于 PBA 基 ETPE/RDX 样品而言，组分间的相互作用示意图如图 7-22 所示。复合体系网络结构的形成可以分为两种类型：一是 RDX 与弹性体分子链之间存在黏附作用；二是 RDX 颗粒间的相互作用（主要来自静电作用、范德华引力等），形成聚集网络。当 RDX 的含量越高时，这种情况越明显。随着 RDX 含量的增加，RDX 颗粒之间的相互作用越强，由此而形成相互连接的网络结构，从而导致其黏度增加。尤其是在低剪切速率时，由 RDX 含量变化引起的 RDX 颗粒之间的相互作用建立起的网络结构更加稳定，而在较高剪切速率下破坏了体系的网络结构，从而表现出剪切速率依赖性。此外，添加 RDX 对 PBA 基 ETPE 流变性能的影响与降低温度对 PBA 基 ETPE 流变性能的影响具有相同的趋势，均表现出剪切速率的依赖性。

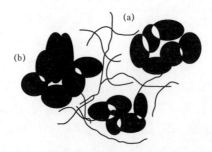

图7-22 PBA基ETPE与RDX相互作用示意图
（a）RDX与PBA分子链之间的相互作用；（b）RDX颗粒间的相互作用

与填充 RDX 的样品类似，填充 HMX、APⅠ、APⅢ、Al 的样品均表现出黏度随固含量的增加而增加的趋势，以及剪切速率的依赖性。但是，不同固体填料对样品黏度的影响规律不同，以 80% 的固体含量为例，不同固体填料对 PBA 基 ETPE 黏度的影响如图 7-23 所示。由图可以看出，APⅢ 的加入对 PBA 基 ETPE 黏度的增加最为明显。对比两种不同粒径的 AP 可知，较小粒径的 AP 对黏度的提高更加明显，这是因为较小粒径的 AP 具有较高的比表面积与表面能，与 PBA 基 ETPE 之间的相互作用更强，从而导致其黏度明显增加。另外，随着 AP 粒径的减小，样品对于外部力场响应的决定性因素，由流体力学相互作用逐渐转为固体填料间的相互作用，这导致随着固体填料粒径的减小，填料间的相互作用逐渐增强，样品的黏度也随之增大。

在剪切速率 $\gamma < 60 \text{ s}^{-1}$ 时，Al 粉对 PBA 基 ETPE 黏度的影响高于 RDX；而当剪切速率进一步提高时，PBA 基 ETPE/RDX 样品的黏度则高于 PBA 基 ETPE/Al。造成这种现象的原因可能是 RDX 的粒径比 Al 粉的粒径大，在较低剪切速率时，由粒径引起的样品黏度变化起主导作用；而当剪切速率较大时，粒径的影响减弱，而 RDX 与弹性体之间的界面黏结起主要作用，从而造成 PBA 基 ETPE/RDX 样品的黏度高于 PBA 基 ETPE/Al 样品的黏度。

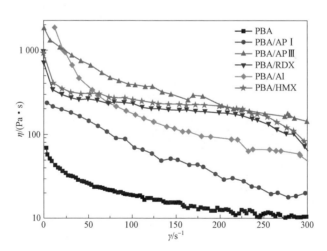

图 7-23　PBA 基 ETPE/固体填料样品的黏度曲线（120 ℃）

2. PBA 基 ETPE/固体填料样品的黏流活化能

图 7-24 所示为不同温度下 PBA 基 ETPE/APⅠ 样品的黏度曲线。相同剪切速率下，随着温度的升高，PBA 基 ETPE/APⅠ 样品的黏度降低。

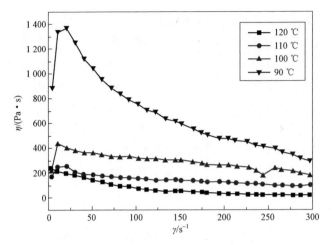

图 7-24　不同温度下 PBA 基 ETPE/AP I 样品的黏度曲线

以 $\ln\eta$ — $1/T$ 作图，根据曲线的斜率可以求得 PBA 基 ETPE/固体填料样品的黏流活化能，如表 7-25 所示。由表中数据可以看出，在剪切速率 γ 较低时，固体填料的加入均使 PBA 基 ETPE 的黏流活化能降低，即黏度的温度敏感性 r 降低。剪切速率低时，固体填料与 PBA 基 ETPE 之间能够形成较强的相互作用，使其受温度的影响并不明显。当剪切速率 γ 较高时，样品的黏流活化能高于 PBA 基 ETPE，说明剪切速率 γ 的增加使黏度的温度敏感性 r 增加。

表 7-25　PBA 基 ETPE/固体填料样品的黏流活化能

样品	$\gamma=5\ s^{-1}$		$\gamma=10\ s^{-1}$		$\gamma=80\ s^{-1}$		$\gamma=160\ s^{-1}$	
	$E_\eta/$(kJ·mol^{-1})	r	$E_\eta/$(kJ·mol^{-1})	r	$E_\eta/$(kJ·mol^{-1})	r	$E_\eta/$(kJ·mol^{-1})	r
PBA 基 ETPE	107.52	0.988	105.95	0.986	44.60	0.995	39.26	0.998
PBA 基 ETPE/RDX	89.35	0.865	86.88	0.896	76.59	0.963	75.45	0.953
PBA 基 ETPE/HMX	87.24	0.960	85.45	0.901	74.32	0.983	73.98	0.980
PBA 基 ETPE/AP I	78.43	0.801	76.72	0.832	87.61	0.989	98.82	0.963
PBA 基 ETPE/AP Ⅲ	96.37	0.956	93.88	0.895	89.45	0.997	90.28	0.934
PBA 基 ETPE/Al	100.23	0.956	104.32	0.923	96.58	0.925	93.45	0.963

由表 7-25 可知，固体填料的加入显著增加了 PBA 基 ETPE 的黏度，并在

较低的剪切速率时，使 PBA 基 ETPE 黏度的温度敏感性降低。因此，在剪切速率较低时制备以 PBA 基 ETPE 为黏合剂的火炸药时，改变温度对其成型工艺的影响较小；而在剪切速率较高时，由于固体填料的加入使 PBA 基 ETPE 的黏流活化能增加，可以考虑采取改变温度的措施来调节加工工艺条件。

7.3.6 固体填料对 PBA 基 ETPE 热分解性能的影响

本节以固体含量为 80%时 PBA 基 ETPE/固体填料样品为例，介绍其热分解特性。

1. PBA 基 ETPE/RDX 样品的热分解性能

PBA 基 ETPE/RDX 样品的 TG 曲线和 DTG 曲线如图 7-25 所示，相应的分解峰温和失重数据见表 7-26。由图可知，RDX 的热失重曲线只有一个失重阶段，对应的 DTG 峰温为 245.2 ℃。由表 7-26 可知，RDX 的失重率为 95.1%。PBA 基 ETPE/RDX 复合后有两个明显的失重阶段，第一个阶段失重率为 82.34%，对应着 RDX 的热分解与 PBA 基 ETPE 中叠氮基团的热分解；第二个阶段则是缓慢的失重过程，质量损失为 8.78%，对应着 PBA 基 ETPE 主链的热分解。但是，DTG 曲线（图 7-25（b））中只有一个峰，说明第二阶段是缓慢的热失重过程，第一个失重阶段的 DTG 峰温为 235.5 ℃。由 PBA 基 ETPE/RDX 样品的 DTG 曲线（图 7-25（b））可以看出，与 RDX 相比，复合后主分解阶段的 DTG 峰温前移。这是因为 PBA 基 ETPE 热分解放热效应和残余物对 RDX 颗粒的包裹作用抑制了 RDX 颗粒分解热量的散失，促进了 RDX 的热分解。

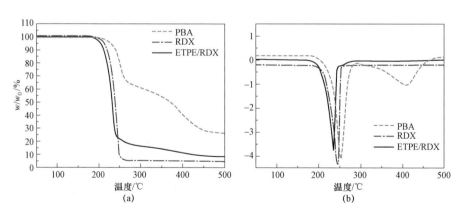

图 7-25 PBA 基 ETPE/RDX 样品的 TG 曲线和 DTG 曲线
（a）TG 曲线；（b）DTG 曲线

表 7-26 PBA 基 ETPE/RDX 样品的热失重数据

样品	第一阶段		第二阶段		总失重率/%
	T_{p1}/℃	失重率/%	T_{p2}/℃	失重率/%	
PBA 基 ETPE	252.4	35.36	404.9	38.04	73.4
RDX	245.2	95.1	—	—	95.1
PBA 基 ETPE/RDX	235.5	82.34	—	8.78	91.12

PBA 基 ETPE/RDX 样品的 DSC 曲线如图 7-26 所示。由图可以看出，RDX 与 PBA 基 ETPE/RDX 样品的 DSC 曲线都出现了两个峰：分别在 205.3 ℃和 207.2 ℃处出现 RDX 的熔融吸热峰；分别在 242.9 ℃和 238.7 ℃处出现放热峰，对应于 RDX 的热分解过程。同时，PBA 基 ETPE/RDX 样品的 DSC 曲线在 260 ℃ 处出现明显的肩峰，与 PBA 基 ETPE 主分解阶段的放热峰温相对应。与 RDX 相比，PBA 基 ETPE/RDX 样品的放热峰温提前，熔融吸热峰升高，表明 PBA 基 ETPE 加速了 RDX 的分解放热，与 TG 曲线的分析结果相对应。PBA 基 ETPE 分解时的放热效应和分解残余物对 RDX 颗粒的包裹作用不仅抑制了 RDX 颗粒分解热量的散失，而且有助于 RDX 的吸热熔融。表 7-27 中列出了 PBA 基 ETPE/RDX 样品的 DSC 数据。由表中数据可知，PBA 基 ETPE/RDX 样品的表观分解热 $\Delta H = 998.60 \text{ J} \cdot \text{g}^{-1}$，与计算得到的表观分解热 $998.34 \text{ J} \cdot \text{g}^{-1}$ 相近，说明 ETPE 加速了 RDX 的热分解，但是对其表观分解放热量没有影响。

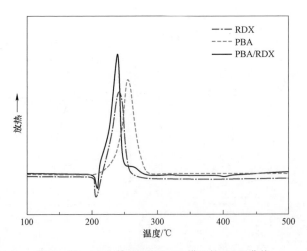

图 7-26 PBA 基 ETPE/RDX 样品的 DSC 曲线

表 7-27 PBA 基 ETPE/RDX 样品的 DSC 数据

样品	T_{p1}/℃	T_{p2}/℃	ΔH/(J·g^{-1})
PBA 基 ETPE	254.9	—	1 120.06
RDX	205.3	242.9	967.91
PBA 基 ETPE/RDX	207.2	238.7	998.60

2. PBA 基 ETPE/HMX 样品的热分解性能

PBA 基 ETPE/HMX 样品的 TG 曲线与 DTG 曲线如图 7-27 和图 7-28 所示，相应的热失重数据见表 7-28。由图可以看出，HMX 的热分解只有一个快速失重阶段，由于 HMX 热分解过程的自加速和自催化作用[6-8]，其分解放热十分迅速，在 250～300 ℃快速失重，之后质量趋于恒定。而且 HMX 的热分解比较完全，残渣剩余量很低，整个失重过程的失重率为 95.03%。HMX 的 DTG 曲线有一个尖锐的峰，由分解峰-峰值确定 HMX 的最大失重率峰温在 283.5 ℃。

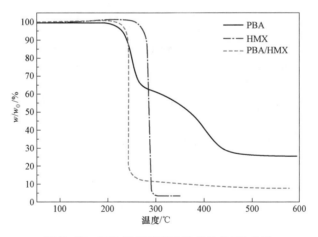

图 7-27 PBA 基 ETPE/HMX 样品的 TG 曲线

PBA 基 ETPE/HMX 样品的热失重过程有两个阶段：① 在 220～250 ℃出现一个快速失重的阶段，对应 HMX 的热分解以及 PBA 基 ETPE 中叠氮基团的热分解；② 在 250～500 ℃出现一个缓慢的失重过程，对应 PBA 基 ETPE 主链的热分解。与 RDX 类似，PBA 基 ETPE/HMX 样品的 DTG 曲线中只有一个峰，由峰值确定其主分解阶段的最大失重速率峰温在 242.9 ℃，比 HMX 提前了 40.6 ℃，比 PBA 基 ETPE 提前了 9.5 ℃，这说明 PBA 基 ETPE 与 HMX 能够相互促进分解，使得各自的失重峰温提前。由于 PBA 基 ETPE/HMX 样品第二个阶段的失重速率十分缓慢，因此在图 7-28 的 DTG 曲线中并未出现最大失重速率峰。PBA 基 ETPE/HMX 样品热失重的残渣剩余量为 8.84%，理论上 PBA 基 ETPE 与 HMX 混合后，如果互不影响，按各自比例计算最终残渣率为 9.30%，与实际的残渣剩余量相差 0.46%。

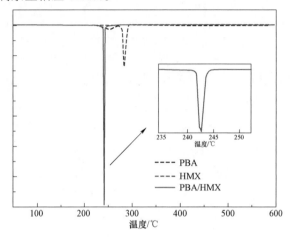

图 7-28　PBA 基 ETPE/HMX 样品的 DTG 曲线

表 7-28　PBA 基 ETPE/HMX 样品的热失重数据

样品	第一阶段		第二阶段		总失重率/%
	T_{p1}/℃	失重率/%	T_{p2}/℃	失重率/%	
PBA 基 ETPE	252.4	35.36	404.9	38.04	73.4
HMX	283.5	95.03	—	—	95.03
PBA 基 ETPE/HMX	242.9	87.87	—	3.29	91.16

PBA 基 ETPE/HMX 样品的 DSC 曲线如图 7-29 所示，相应的 DSC 数据见表 7-29。HMX 的 DSC 曲线中有两个吸热峰和一个放热峰，第一个吸热峰出现在 193.2 ℃ 处，是 HMX 由 β 晶型向 δ 晶型转变的吸热峰，第二个吸热峰出现在 283.9 ℃，是 HMX 的熔融吸热峰，熔融吸热峰并不完整，部分被 HMX 的快速分解放热过程掩盖，HMX 的分解放热峰出现在 290.3 ℃ 处。HMX 的热分解与熔融同时进行，固相分解与液相分解同时进行，与 RDX 的液相分解不同，是典型的非均相热分解放热。已有研究表明，相变引起的反应加速是 HMX 分解剧烈的主要原因[8]。PBA 基 ETPE/HMX 样品的 DSC 曲线中有一个吸热峰和一个放热峰，196.6 ℃ 处的吸热峰对应着 HMX 的晶型转变吸热峰，PBA 基 ETPE 的加入并没有改变此吸热峰的温度。在 243.8 ℃ 处出现一个放热峰，与 HMX 的放热峰相比提前了 46.5 ℃，与 PBA 基 ETPE 相比提前了 11.1 ℃，这表明 PBA

基ETPE与HMX能够相互促进分解。首先PBA基ETPE分解放热,放出的热量促进HMX的分解,在到达HMX的熔点之前,HMX进行完全的固相分解放热,HMX的分解放出大量的热,又进一步促进PBA基ETPE的分解,形成一个陡峭的尖峰。PBA基ETPE、HMX与PBA基ETPE/HMX样品的表观分解热分别为1 120.06 J·g^{-1},1 084.96 J·g^{-1}和1 112.78 J·g^{-1},PBA基ETPE与HMX按各自比例计算得到表观分解热为1 091.98 J·g^{-1},与复合后的表观分解热接近,说明PBA基ETPE与HMX能够相互促进加速热分解,但是对表观分解放热量没有明显的影响。

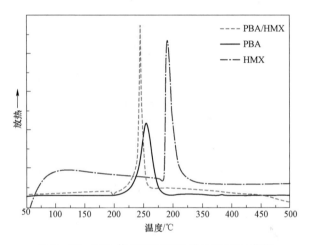

图7-29 PBA基ETPE/HMX样品的DSC曲线

表7-29 PBA基ETPE/HMX样品的DSC数据

样品	T_{pen1}/℃	T_{pen2}/℃	T_p/℃	ΔH/(J·g^{-1})
PBA基ETPE	—	—	254.9	1 120.06
HMX	193.2	283.9	290.3	1 084.96
PBA基ETPE/HMX	196.6	—	243.8	1 112.78

注:T_{pEN1}:第一个吸热峰;T_{pEN2}:第二个吸热峰。

3. PBA基ETPE/AP样品的热分解性能

AP、PBA基ETPE、PBA基ETPE/AP样品的TG曲线和DTG曲线如图7-30所示,相应的热失重数据见表7-30。AP的热分解经历两个阶段,① 267~340 ℃的低温分解阶段,DTG峰温为294.1 ℃,AP经质子转移离解成NH$_3$和HClO$_4$,HClO$_4$随后发生降解,并生成ClO$_3$、O、ClO等氧化性中间产物,部分

NH$_3$ 被这些氧化性气体氧化，未被氧化的部分吸附在 AP 晶粒表面，直至第一个失重阶段结束。② 温度继续升高后，NH$_3$ 解吸附，反应中心重新活化，高温失重开始，AP 经质子转移生成大量的 NH$_3$ 和 HClO$_4$ 直至 AP 完全分解，此阶段发生在 340～438 ℃，DTG 峰温在 423.7 ℃。

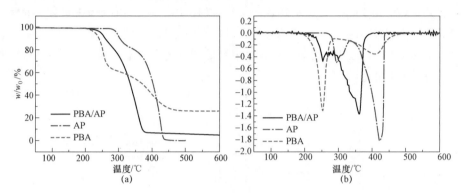

图 7-30　PBA 基 ETPE/AP 样品的 TG 曲线和 DTG 曲线
（a）TG 曲线；（b）DTG 曲线

表 7-30　PBA 基 ETPE/AP 样品的热失重数据

样品	第一阶段		第二阶段		总失重率/%
	T_{p1}/℃	失重率/%	T_{p2}/℃	失重率/%	
PBA 基 ETPE	252.4	35.36	404.9	38.04	73.4
AP	294.1	19.97	423.7	81.03	100
PBA 基 ETPE/AP	253.4	9.60	361.6	84.13	93.73

由 PBA 基 ETPE/AP 样品的 DTG 曲线图 7-30（b）可以看出，PBA 基 ETPE/AP 样品的热分解共有两个失重阶段，分别对应的 DTG 峰温为 253.4 ℃和 361.6 ℃。结合表 7-30 中的数据可知，第一个阶段主要对应于 PBA 基 ETPE 中叠氮基团的热分解；第二个失重阶段主要包括 PBA 基 ETPE 主链的热分解、AP 的高低热分解阶段。PBA 基 ETPE 加入使得 AP 的高温热分解前移，与低温热分解重合，合并成一个分解阶段，而 AP 也使 PBA 基 ETPE 的高温分解峰前移，两者的热分解过程相互促进。

AP、PBA 基 ETPE、PBA 基 ETPE/AP 样品的 DSC 曲线如图 7-31 所示，相应的 DSC 数据见表 7-31。由图 7-31 可知，AP 的 DSC 曲线中包括一个吸热峰和两个放热峰，分别对应于 AP 的晶型转变吸热峰、低温分解峰和高温分解峰。PBA 基 ETPE/AP 样品的 DSC 曲线中包括一个吸热峰和三个放热峰，分别对应于 AP 的晶型转变吸热峰、PBA 基 ETPE 中叠氮基团的分解放热峰、AP

的低温分解峰和高温分解峰。这与之前的 DTG 的结果有些差别,主要表现在 DTG 曲线图 7-30(b)中 AP 的高低温失重峰融合为一个峰,而 DSC 曲线中 AP 的高低温分解放热峰依然为两个独立的峰。PBA 基 ETPE/AP 样品的 DTG 曲线图 7-30(b)中可以看出,当第一个失重阶段结束后,与第二个失重阶段之间有一个平台区,结合 DSC 曲线图 7-31 可知,这个平台失重区对应 AP 的低温分解阶段。之所以未在 DTG 曲线中出现失重峰,是因为在 PBA 基 ETPE 的作用下,AP 的低温分解阶段进行的缓慢,绝大多数的 NH_3 吸附在 AP 晶粒的表面,使得 AP 在此阶段的热分解平稳、缓慢,没有明显的质量损失。PBA 基 ETPE 的加入对 AP 的晶型转变吸热峰以及低温分解峰影响不大,但是使 AP 的高温分解峰提前了 55.9 ℃,极大地促进了 AP 的高温热分解。这可能是因为随着温度的升高,NH_3 解吸附,AP 本身的热分解反应加剧,而 PBA 基 ETPE 分解放出的热量以及剩余的残渣包覆在 AP 表面,使得 NH_3 与氧化性气体在近表面区发生剧烈的氧化还原反应,放出大量的热,从而促进了 AP 的高温热分解反应。

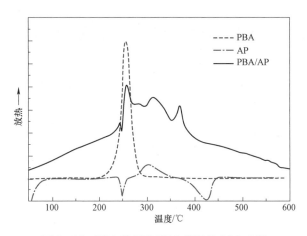

图 7-31　PBA 基 ETPE/AP 样品的 DSC 曲线

表 7-31　PBA 基 ETPE/AP 样品的 DSC 数据

样品	T_{Pen}/℃	第一个放热峰		第二个放热峰		第三个放热峰		总放热量 ΔH/(J·g^{-1})
		T_{p1}/℃	ΔH/(J·g^{-1})	T_{p2}/℃	ΔH/(J·g^{-1})	T_{p3}/℃	ΔH/(J·g^{-1})	
PBA 基 ETPE	—	254.9	1 120.06	—	—	—	—	1 120.06
AP	247.1	297.7	332.67	423.7	614.56	—	—	947.23
PBA 基 ETPE/AP	245.4	255.0	227.47	311.9	308.96	367.8	466.46	1 002.89

注:T_{Pen} 为吸热峰温

7.3.7 GAPA 对 PBA 基 ETPE 性能的影响

增塑剂是火炸药中一种重要的工艺助剂，可以显著改善火炸药的低温力学性能和加工性能。含能增塑剂在改善火炸药力学、工艺性能的同时，还能提高火炸药的能量水平。目前，常用的含能增塑剂包括叠氮类、硝酸酯类、硝氧乙基硝铵类等。本节主要介绍叠氮类含能增塑剂 GAPA 对 PBA 基 ETPE 性能的影响。将不同质量比的 PBA 基 ETPE 与 GAPA 充分混合，样品组成见表 7-32。

表 7-32 PBA 基 ETPE/GAPA 的样品组成

样品	PBA 基 ETPE 含量/%	GAPA 含量/%
PBA-G10	90	10
PBA-G30	70	30
PBA-G50	50	50

1. GAPA 对 PBA 基 ETPE 玻璃化转变温度的影响

PBA 基 ETPE/GAPA 样品的 DSC 曲线如图 7-32 所示。由图可知，随着 GAPA 含量的提高，PBA 基 ETPE 的玻璃化转变温度向低温方向移动，表明 GAPA 对该 ETPE 有较好的增塑能力，使其分子链的柔顺性增加。同时，GAPA 在共混后的样品中起到隔离的作用，削弱了 PBA 基 ETPE 分子链间的相互作用，链段运动能力增强。当增塑剂含量为 50% 时，PBA 基 ETPE 的玻璃化转变温度下降了 14.3 ℃。

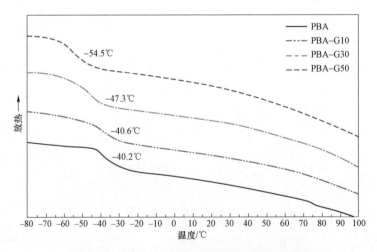

图 7-32 PBA 基 ETPE/GAPA 样品的 DSC 曲线

2. GAPA 对 PBA 基 ETPE 热分解特性的影响

GAPA 和 PBA 基 ETPE 按不同比例混合后样品的 TG 曲线和 DTG 曲线，如图 7-33 和图 7-34 所示。其中，GAPA 的热分解与常见叠氮聚合物的热分解类似：热失重第一阶段发生在 180~280 ℃，对应的是叠氮基团的热分解，失重率为 54.6%（叠氮基团所占质量分数为 52.51%），DTG 峰温为 244.4 ℃；第二阶段在 280~600 ℃，是一个缓慢的失重过程，失重率为 19.1%，DTG 峰温为 341.1 ℃。所有样品的 TG 曲线和 DTG 曲线上都可以观察到两个分解阶段，分别对应叠氮基团的热分解以及聚醚主链分解。而随着 GAPA 含量的增加，样品的 DTG 峰温随之降低，第一阶段的失重率也逐渐增加，这主要与 GAPA 的第一阶段热分解特性有关。

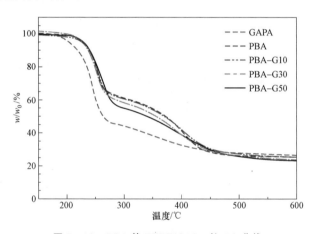

图 7-33 PBA 基 ETPE/GAPA 的 TG 曲线

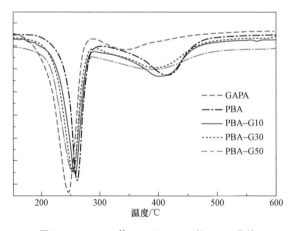

图 7-34 PBA 基 ETPE/GAPA 的 DTG 曲线

GAPA、PBA 基 ETPE、PBA 基 ETPE/GAPA 混合后样品的 DSC 曲线如图 7-35 所示。GAPA 的 DSC 曲线中在 250.8 ℃处观察到一个放热峰，表观分解热为 2 939.58 J·g^{-1}，热分解的第二阶段没有明显的热效应。所有样品均在分解的第一阶段有放热反应，而分解的第二阶段没有明显的热效应。随着 GAPA 含量的增加，DSC 曲线上放热峰温降低，由 260.1 ℃降低至 256.6 ℃，表观分解热由 1 120 J·g^{-1}增加至 2 155.25 J·g^{-1}，而 DSC 放热峰也变得较宽。这主要是由 GAPA 自身的较低分解温度及较高的放热量引起的。放热峰变宽说明放热速率降低，不利于在火炸药中应用。但是，PBA 基 ETPE/GAPA 体系中表观分解热增加显著，不仅是由于高放热量的 GAPA 存在，更重要的是 GAPA 使得共混体系的第一阶段分解更加充分，放热更为集中，这主要是得益于 GAPA 的热分解特性。

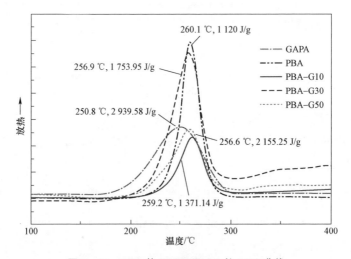

图 7-35 PBA 基 ETPE/GAPA 的 DSC 曲线

7.3.8 Bu-NENA 对 PBA 基 ETPE 性能的影响

本小节主要介绍 Bu-NENA 对 PBA 基 ETPE 玻璃化转变温度的影响。PBA 基 ETPE/Bu-NENA 混合后的样品组成如表 7-33 所示。

表 7-33 PBA 基 ETPE/Bu-NENA 的样品组成

样品	PBA 基 ETPE 含量/%	Bu-NENA 含量/%
PBA-B10	90	10
PBA-B30	70	30
PBA-B50	50	50

不同含量 Bu-NENA 增塑 PBA 基 ETPE 的 DSC 曲线如图 7-36 所示。由图可知，随着 Bu-NENA 含量的增加，PBA 基 ETPE 的玻璃化转变温度向低温方向移动，说明 Bu-NENA 对 PBA 基 ETPE 有较好的增塑作用，可以显著降低其玻璃化转变温度，改善其低温力学性能。当 Bu-NENA 含量增加至 50% 时，PBA 基 ETPE 的玻璃化转变温度由 -40.2 ℃ 下降至 -66.5 ℃，降低了 26.3 ℃。与 GAPA 相比，Bu-NENA 能够更有效地降低 PBA 基 ETPE 的玻璃化转变温度，对其低温力学性能的改善效果更好。

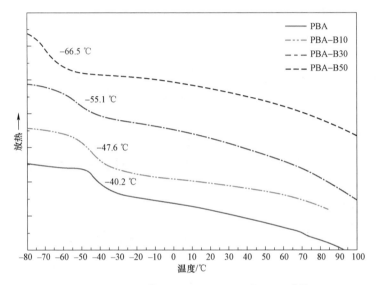

图 7-36　PBA 基 ETPE/Bu-NENA 的 DSC 曲线

7.4　PBA 基含能热塑性弹性体在固体推进剂中的应用

目前，以 HTPB 推进剂为代表的复合固体推进剂，其能量、力学、燃烧等综合性能可满足目前大型战略导弹和各种战术导弹的使用要求，但其存在能量水平偏低、难以回收利用、生产效率低、批间重复性差等问题[9-10]，而 PBA 基推进剂有望克服以上不足。本节以固体推进剂为例，介绍了 PBA 基 ETPE 在火炸药中的应用性能。

7.4.1 PBA 基 ETPE/Bu–NENA 固体推进剂的制备及性能

选择固体含量为 80%的 PBA 基推进剂配方（PBA 含量 15%，Bu–NENA 含量 5%，RDX 含量 20%，AP 含量 38.5%，Al 含量 18%，其他组分含量 3.5%），对其力学、加工、老化、燃烧等性能进行介绍。

1. PBA 基 ETPE/Bu–NENA 固体推进剂的制备工艺

PBA 基 ETPE/Bu–NENA 固体推进剂的制备工艺流程如图 7–37 所示。

图 7–37　PBA 基 ETPE/Bu–NENA 固体推进剂的制备工艺流程

2. 密度

采用全自动真密度分析仪测试的 PBA 基与 GAP 基推进剂样品的密度，如表 7–34 所示。由表中数据可知，PBA 基与 GAP 基推进剂的密度分别为 1.767 g·cm^{-3} 和 1.771 g·cm^{-3}。

表 7–34　PBA 基 ETPE/Bu–NENA 固体推进剂样品的密度

推进剂样品	密度/(g·cm^{-3})	理论密度/(g·cm^{-3})
PBA 基推进剂	1.767	1.862
GAP 基推进剂	1.771	1.864

3. 爆热

采用氧弹式量热仪测定的 PBA 基和 GAP 基固体推进剂样品的爆热，如表 7–35 所示。由表中数据可知，PBA 基推进剂的爆热值高于 GAP 基推进剂，这是因为 GAP 基推进剂采用的 GAP 弹性体硬段含量较高，其能量水平低于 PBA 基 ETPE。两种推进剂的实测爆热与理论计算值接近，说明推进剂的氧系数较为合理，燃烧较充分。

表 7–35　PBA 基 ETPE/Bu–NENA 固体推进剂的爆热

推进剂样品	爆热/(kJ·kg^{-1})	理论爆热/(kJ·kg^{-1})
PBA 基推进剂	5 263.05	5 606.881
GAP 基推进剂	4 968.74	5 423.779

4. 机械感度

根据 GJB 772A—1997 中 602.1 和 602.1 实验方法所测定的推进剂的特性落高 H_{50} 和摩擦感度 P，如表 7-36 所示。由表中数据可知，PBA 基推进剂与 GAP 基推进剂均具有较低的撞击感度和摩擦感度。这是因为 PBA 与 GAP 基 ETPE 都是钝感含能黏合剂，在受到外界刺激时，可以降低推进剂中热点形成的概率，吸收撞击或摩擦过程中的能量，起到缓冲作用，因此具有较低的机械感度[11]。

表 7-36　PBA 基 ETPE/Bu-NENA 固体推进剂的机械感度

推进剂样品	撞击感度 H_{50}/cm	摩擦感度 P/%
PBA 基推进剂	47.5	48
GAP 基推进剂	42.5	52

5. 静态力学性能

前面已经指出，大量固体填料的加入，改变了黏合剂基体的结构完整性，导致其力学性能急剧下降，因此固含量的增加是导致 PBA 基 ETPE 力学性能下降的主要因素。本节主要介绍 PBA 基 ETPE/Bu-NENA 固体推进剂的静态力学性能。

PBA 基和 GAP 基推进剂的最大拉伸强度和断裂伸长率，如表 7-37 所示。由表中数据可以看出，相同温度下 PBA 基推进剂的最大拉伸强度高于 GAP 基推进剂，而 GAP 基推进剂的断裂伸长率高于 PBA 基推进剂。在 50 ℃下，PBA 基推进剂的最大拉伸强度为 0.77 MPa，在 -40 ℃下推进剂的断裂伸长率为 4%，表明 PBA 基推进剂具有较好的高低温力学性能。

表 7-37　PBA 基 ETPE/Bu-NENA 固体推进剂的力学性能

推进剂样品	-40 ℃		20 ℃		50 ℃	
	σ_m/MPa	ε_b/%	σ_m/MPa	ε_b/%	σ_m/MPa	ε_b/%
PBA 基推进剂	2.35	4	1.14	17	0.77	36
GAP 基推进剂	2.06	11	0.94	51	0.69	85

6. 动态力学性能

不同频率下推进剂样品的 DMA 曲线如图 7-38 所示。由图可以看出，在较低温度下推进剂的储能模量保持不变，随着温度升高至 -30 ℃，储能模量迅速降低，随着温度的进一步升高，储能模量进一步降低并最终趋于稳定。储能模量的急剧降低对应着推进剂的玻璃化转变过程。而随着频率的增加，储能模量的转变温度逐渐升高。

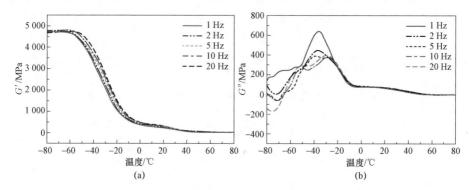

图 7-38　PBA 基 ETPE/Bu-NENA 固体推进剂的 DMA 曲线
（a）储能模量 G'；（b）损耗模量 G''

由损耗模量曲线峰值确定的推进剂的玻璃化转变温度，如表 7-38 所示。以 $\ln\omega—1/T_g$ 作图，求得推进剂样品的链段运动活化能。由表中数据可知，PBA 基与 GAP 基推进剂的玻璃化转变温度均随测试频率的增加而升高。与 PBA 基 ETPE 相比，推进剂的玻璃化转变温度降低，链段运动活化能降低，这是因为增塑剂 Bu-NENA 的加入使得黏合剂基体大分子间作用力下降，链段运动能力增强，从而导致其玻璃化转变温度降低。

由 7.3 节可知，固体填料与弹性体基体之间存在着较强的相互作用，大量固体填料的加入会导致 PBA 基 ETPE 链段运动能力下降，链段运动活化能增加。但是，在推进剂配方中，增塑剂对低温力学性能的改善起主导作用，推进剂的玻璃化转变温度受增塑剂的影响也更为显著，因此推进剂样品的玻璃化转变温度降低。

表 7-38　PBA 基 ETPE/Bu-NENA 固体推进剂的玻璃化转变温度（基于 G'' 曲线）

推进剂样品	玻璃化转变温度/℃					链段运动活化能/(kJ·mol^{-1})
	$\omega=1$ Hz	$\omega=2$ Hz	$\omega=5$ Hz	$\omega=10$ Hz	$\omega=20$ Hz	
PBA 基推进剂	-39.1	-37.2	-34.9	-32.5	-31.8	181.76
GAP 基推进剂	-39.5	-36.4	-33.8	-33.0	-31.9	184.84

7. 流变性能

7.3 节已经介绍了固体颗粒对 PBA 基 ETPE 流变性能的影响规律。其中，刚性颗粒 RDX、AP、Al 的加入使得 PBA 基 ETPE 的黏度增加；在低剪切速率 $\gamma<10\ s^{-1}$ 下，固体填料与 PBA 基 ETPE 之间能够形成较强的相互作用，使其受温度的影响并不明显；当剪切速率较高时，样品的黏流活化能比 PBA 基 ETPE 高，说明剪切速率的增加使得黏度的温度敏感性增加，因此在较高剪切速率时可以采取控制温度的方式来调控其工艺性能。

PBA 基和 GAP 基推进剂的黏度曲线如图 7-39 所示。由图可知，随着剪切速率的增加，PBA 基和 GAP 基推进剂样品的黏度逐渐降低，说明两种推进剂均表现出剪切变稀现象；而且 GAP 基推进剂的黏度略高于 PBA 基推进剂。在加工成型时要结合推进剂的制备工艺，根据不同成型工艺的剪切速率来确定加工条件。增塑剂 Bu-NENA 的加入，使得 PBA 基推进剂的黏度低于未添加增塑剂的推进剂，故可以在较低的温度下加工成型，提高了成型过程的安全性。

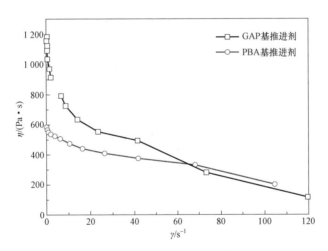

图 7-39　ETPE/Bu-NENA 固体推进剂的黏度曲线（80 ℃）

8. 老化性能

固体推进剂的储存性能是指固体推进剂在储存条件下保持其物理性质和化学性质变化不超过允许范围的能力，又称推进剂的老化性能[12]。推进剂的老化性能又分为物理老化性能和化学老化性能两方面。物理老化性能主要包括吸湿、脱黏、增塑剂迁移等物理性质的变化，而化学老化性能主要包括黏合剂的热降解、氧化剂的分解等不可逆的变化。固体推进剂的长期使用及储存过程中，随着时间的延长，加上推进剂受到各种外界条件的刺激，其本身的性能的变化不可避免[13]。

影响固体推进剂老化的因素非常多，主要有固体推进剂的组分、湿度、储存温度以及振动、冲击、环境压力等其他因素。60 ℃不同老化时间下推进剂的拉伸强度、断裂伸长率和黏合剂的相对分子质量，如表7-39所示。测定方法是将不同老化时间下的推进剂样品溶解于二氯甲烷中，待ETPE完全溶解后过滤除去固体填料，烘干样品进行GPC测试。由表7-39中数据可以看出，随着老化时间的增加，PBA基ETPE的摩尔质量与相对分子质量分布指数均没有明显的变化，这说明在储存周期内，黏合剂自身的特性保持稳定，没有发生明显的热降解，而且增塑剂、氧化剂、燃烧剂、燃速催化剂均未与黏合剂发生明显的化学反应。结果表明，PBA基ETPE具有较好的化学稳定性及抗老化性能。但是，随着老化时间的增加，推进剂的力学性能发生明显变化，其最大拉伸强度及断裂伸长率均逐渐下降。造成推进剂力学性能下降的主要原因可能是Bu-NENA的挥发导致的黏合剂体系与固体填料的"脱黏"。

表7-39 PBA基ETPE/Bu-NENA固体推进剂的老化性能数据

项目	老化时间/d								
	0	7	14	21	28	35	42	49	56
PBA基ETPE的M_n/ (g·mol^{-1})	30 100	30 000	30 000	29 700	29 600	28 500	29 600	28 400	28 800
PBA基ETPE的相对分子质量分布	2.52	2.47	2.66	2.63	2.57	2.69	2.66	2.80	2.75
推进剂的拉伸强度/MPa	1.14	1.17	1.26	1.07	1.04	0.98	0.86	0.85	0.83
推进剂的断裂伸长率/%	17	16	14	12	10	10	8	8	8

9. 燃烧性能

PBA基推进剂（未添加燃速催化剂）和添加燃速催化剂时PBA基推进剂的燃速测试结果，如表7-40所示。由表中数据可知，空白配方推进剂的燃速低于添加燃速催化剂的推进剂样品，而且燃速催化剂可以有效地降低PBA基推进剂的燃速压力指数，使推进剂更加平稳的燃烧。

表 7-40 PBA 基 ETPE/Bu-NENA 固体推进剂的
燃速与燃速压力指数

催化剂含量/%	压强/MPa	燃速/(mm·s^{-1})	燃烧系数	燃速压力指数
0	6	8.24	2.83	0.57
	8	8.96		
	10	10.37		
	12	11.45		
	15	13.96		
3.5	6	10.88	5.67	0.37
	8	11.78		
	10	13.80		
	12	14.28		
	15	15.23		

由表 7-40 可知，PBA 基 ETPE/Bu-NENA 固体推进剂具有较低的熔融黏度，易于加工成型，而且推进剂表现出明显的剪切变稀现象，具有剪切速率依赖性；同时，推进剂的实测密度接近于理论密度，具有较好的力学性能和平稳的燃烧性能，使其能够采用压延、挤出工艺成型。

7.4.2 PBA 基 ETPE/GAPA 固体推进剂的制备及性能

端叠氮基聚叠氮缩水甘油醚（GAPA）是近年来含能增塑剂的研究热点之一。GAPA 具有能量高、与叠氮黏合剂相容性好的特点，同时可解决小分子增塑剂易迁移、易挥发等缺点，是 PBA 基 ETPE 较为理想的增塑剂。另外，GAPA 可以降低 PBA 基 ETPE 的玻璃化转变温度，有望改善 PBA 基固体推进剂的加工性能和低温力学性能，而且 GAPA 能够促进 PBA 基 ETPE 的热分解，使其放热更为集中，有利于在固体推进剂中的应用。

本小节选择固体含量为 80% 的 PBA 基固体推进剂配方（PBA 含量 15%，GAPA 含量 5%，HMX 含量 28%，AP 含量 30.5%，Al 含量 18%，其他含量 3.5%），对其力学、加工、老化、燃烧等性能进行介绍。

1. PBA 基 ETPE/GAPA 固体推进剂的制备工艺

采用压延工艺制备 PBA 基固体推进剂，制备工艺流程如图 7-40 所示。

图 7-40 PBA 基 ETPE/GAPA 固体推进剂的制备工艺流程

2. 密度

给出了采用全自动真密度分析仪测试的 PBA 基和 GAP 基固体推进剂样品的密度，如表 7-41 所示。由表中数据可知，PBA 基和 GAP 基固体推进剂的密度分别为 1.774 g·cm^{-3}、1.783 g·cm^{-3}。与以 Bu-NENA 为增塑剂的固体推进剂相比，由于增塑剂 GAPA 的密度大于 Bu-NENA，而 HMX 的密度大于 RDX。因此，以 GAPA 为增塑剂的固体推进剂的密度更高。

表 7-41 PBA 基 ETPE/GAPA 固体推进剂的密度

推进剂样品	密度/(g·cm^{-3})	理论密度/(g·cm^{-3})
PBA 基固体推进剂	1.774	1.847
GAP 基固体推进剂	1.783	1.844

3. 爆热

PBA 基和 GAP 基固体推进剂样品的爆热如表 7-42 所示。由表中数据可知，PBA 基固体推进剂的爆热值高于 GAP 基固体推进剂，与以 Bu-NENA 为增塑剂的固体推进剂一样，GAP 基固体推进剂中采用的 GAP 基 ETPE 硬段含量较高，也就是其非含能部分含量高，能量水平低于 PBA 基 ETPE，因此，GAP 基固体推进剂的爆热低于 PBA 基推进剂。

表 7-42 PBA 基 ETPE/GAPA 固体推进剂的爆热

推进剂样品	爆热/(kJ·kg^{-1})	理论爆热/(kJ·kg^{-1})
PBA 基固体推进剂	5 184.77	5 762.19
GAP 基固体推进剂	4 987.33	5 344.25

4. 机械感度

PBA 基和 GAP 基固体推进剂的机械感度，如表 7-43 所示。表中数据表明，

PBA 基固体推进剂与 GAP 基固体推进剂均具有较低的撞击感度和摩擦感度。与以 Bu-NENA 为增塑剂的推进剂相比，GAPA 增塑的固体推进剂机械感度更低，机械感度由低到高的顺序为 PBA 基 ETPE/GAPA 固体推进剂＜GAP 基 ETPE/GAPA 固体推进剂＜PBA 基 ETPE/Bu-NENA 固体推进剂＜GAP 基 ETPE/Bu-NENA 固体推进剂。其主要原因是 GAPA 的感度低于 Bu-NENA。

表 7-43 PBA 基 ETPE/GAPA 固体推进剂的机械感度

推进剂样品	撞击感度 H_{50}/cm	摩擦感度 P/%
PBA 基固体推进剂	62.5	40
GAP 基固体推进剂	60.5	52

5. 静态力学性能

上面介绍了 HMX、AP、Al 的加入对 PBA 力学性能的影响规律，刚性非补强型颗粒的加入，破坏了弹性体基体的完整性，导致其力学性能急剧下降，随着固体含量的增加，PBA 基 ETPE 的拉伸强度及断裂伸长率均呈下降趋势。填料的粒径对弹性体的力学也有影响，表现为固体填料的粒径越大，对 PBA 基 ETPE 的力学性能破坏程度越高。本小节主要介绍 PBA 基 ETPE/GAPA 固体推进剂的静态力学性能。

PBA 基和 GAP 基固体推进剂的最大拉伸强度和断裂伸长率，如表 7-44 所示。由表中数据可以看出，相同温度下 PBA 基固体推进剂的最大拉伸强度高于 GAP 基固体推进剂，而 GAP 基固体推进剂的断裂伸长率高于 PBA 基固体推进剂。在 50 ℃下，PBA 基固体推进剂的最大拉伸强度为 0.72 MPa，在 -40 ℃下固体推进剂的断裂伸长率为 2%。与 Bu-NENA 相比，GAPA 增塑的固体推进剂低温力学性能不如 Bu-NENA 基固体推进剂，这是因为增塑剂含量相同时，Bu-NENA 更有效地降低了 PBA 基 ETPE 的玻璃化转变温度，对低温力学性能的改善更为明显。

表 7-44 PBA 基 ETPE/GAPA 固体推进剂的力学性能

推进剂样品	-40 ℃		20 ℃		50 ℃	
	σ_m/MPa	ε_b/%	σ_m/MPa	ε_b/%	σ_m/MPa	ε_b/%
PBA 基固体推进剂	2.66	2	1.02	13	0.72	27
GAP 基固体推进剂	2.04	5	0.88	56	0.71	69

6. 动态力学性能

不同频率下固体推进剂样品的 DMA 曲线如图 7-41 所示。由图可以看出，在较低温度下，固体推进剂的储能模量保持不变，随着温度升高至 -40 ℃，储能模量迅速降低，随着温度的进一步升高，储能模量进一步降低并最终趋于稳定。储能模量的急剧降低对应着推进剂的玻璃化转变过程。随着频率的增加，储能模量的转变温度向高温方向移动。

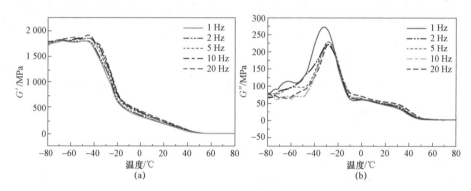

图 7-41 PBA 基 ETPE/GAPA 固体推进剂的 DMA 曲线
（a）储能模量 G'；（b）损耗模量 G''

由损耗模量曲线峰值确定的固体推进剂的玻璃化转变温度，如表 7-45 所示。以 $\ln\omega - 1/T_g$ 作图，求得不同增塑比时黏合剂体系的链段运动活化能。由表中数据可知，PBA 基以及 GAP 基固体推进剂的玻璃化转变温度均随测试频率的增加而升高。由于固体填料与弹性体基体之间存在着较强的相互作用，大量固体填料的加入会导致 PBA 基 ETPE 链段运动能力下降，链段运动活化能增加。而增塑剂 GAPA 的加入使得弹性体基体大分子间作用力下降，链段运动能力增强，使玻璃化转变温度降低，从而改善固体推进剂的低温性能和加工性能。

表 7-45 PBA 基 ETPE/GAPA 固体推进剂的玻璃化转变温度（基于 G'' 曲线）

推进剂样品	玻璃化转变温度/℃					链段运动活化能 / (kJ·mol^{-1})
	ω = 1 Hz	ω = 2 Hz	ω = 5 Hz	ω = 10 Hz	ω = 20 Hz	
PBA 基固体推进剂	-32.2	-29.1	-27.8	-26.8	-26.2	190.90
GAP 基固体推进剂	-34.6	-32.7	-30.1	-28.4	-27.9	187.46

7. 流变性能

PBA 基和 GAP 基固体推进剂的黏度曲线如图 7-42 所示。由图可知，随着剪切速率的增加,PBA 基和 GAP 基固体推进剂的黏度逐渐降低,均表现出剪切变稀现象;而且 GAP 基固体推进剂的黏度略高于 PBA 基固体推进剂。固体推进剂的流变行为与前面所述 ETPE/固体填料样品的流变行为一致,均具有剪切速率依赖性。因此,在实际的加工过程中,要结合成型工艺的剪切速率来确定工艺条件。

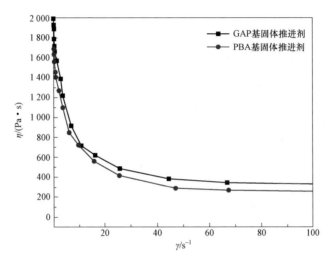

图 7-42 ETPE/GAPA 固体推进剂的黏度曲线(80 ℃)

8. 老化性能

在 60 ℃不同的老化时间下 PBA 基固体推进剂的拉伸强度、断裂伸长率和黏合剂的相对分子质量,如表 7-46 所示。由表中数据可以看出,在测试时间范围内,随着老化时间的增加,PBA 基 ETPE 的相对分子质量与相对分子质量分布指数均没有明显的变化,与 Bu-NENA 增塑体系一样,GAPA 增塑体系中 PBA 基 ETPE 自身的特性保持稳定,没有发生明显的热降解,而且增塑剂、氧化剂、燃烧剂、燃速催化剂均未与 PBA 基 ETPE 发生明显的化学反应,这说明在 60 ℃下,PBA 基 ETPE 具有良好的化学稳定性及抗老化性能。随着老化时间的增加,固体推进剂的力学未发生明显变化。这与 PBA 基 ETPE/Bu-NENA 固体推进剂的结果不同,主要是因为 Bu-NENA 是小分子增塑剂,在 60 ℃下增塑剂不断挥发造成黏合剂与固体填料的"脱黏"。而 GAPA 是低相对分子质量的齐聚物,在储存过程中不挥发、不迁移,因而其力学性能未发生明显变化。

表 7-46　PBA 基 ETPE/GAPA 固体推进剂的老化性能数据

性质	老化时间/d								
	0	7	14	21	28	35	42	49	56
PBA 基 ETPE 的 M_n/ (g·mol^{-1})	38 900	39 000	35 400	39 700	38 600	37 600	39 600	38 900	34 500
PBA 基 ETPE 的相对分子质量分布	2.91	2.96	3.02	2.65	2.58	2.70	2.91	2.87	2.66
固体推进剂的拉伸强度/MPa	1.02	1.03	1.11	1.02	0.99	1.07	1.06	0.98	0.96
固体推进剂的断裂伸长率/%	13	13	16	10	11	14	9	10	10

9. 燃烧性能

空白配方 PBA 基固体推进剂（未添加燃速催化剂）和添加燃速催化剂的 PBA 基固体推进剂的燃速测试结果，如表 7-47 所示由表中数据可知，添加燃速催化剂不仅能够提高固体推进剂的燃速，而且可以降低固体推进剂的燃速压力指数，使固体推进剂的燃烧更为平稳。与 PBA 基 ETPE/Bu-NENA 固体推进剂相比，PBA 基固体推进剂的燃速更高，可能是由于 GAPA 的叠氮含量较高，采用 GAPA 作为增塑剂时，其迅速分解放热加速了固体推进剂凝聚相的分解，因此加速了固体推进剂的燃烧。

表 7-47　PBA 基 ETPE/GAPA 固体推进剂的燃速

催化剂含量/%	压强/(MPa)	燃速/(mm·s^{-1})	燃烧系数	燃速压力指数
0	6	9.01	3.67	0.47
	8	9.45		
	10	10.23		
	12	11.48		
	15	13.99		
3.5	6	11.42	6.32	0.34
	8	12.86		
	10	13.91		
	12	14.57		
	15	15.60		

以上分别介绍了 PBA 基 ETPE/Bu–NENA 体系和 PBA 基 ETPE/GAPA 体系固体推进剂的相关性能,两种推进剂各有优缺点。采用 Bu–NENA 作为增塑剂,固体推进剂具有更高的理论比冲、爆热以及较优的力学性能。但是,由于 Bu–NENA 具有挥发性,导致其在 60 ℃下长期储存时,力学性能有所下降。而采用 GAPA 作为增塑剂,虽然能量水平略低于 Bu–NENA 体系,但是具有较优的储存性能,在老化测试周期内固体推进剂样品的力学性能保持稳定,且具有更高的燃速。

本章介绍了 PBA 基 ETPE 的合成工艺和主要性能,探讨了其静态力学性能、动态力学性能、流变性能、热分解性能的影响因素。并以固体推进剂为例,介绍了 PBA 基 ETPE 在火炸药中的应用效果。PBA 基 ETPE 作为固体推进剂的黏合剂,不仅能够提高固体推进剂的能量水平,而且所制备的推进剂具有较好的力学性能、优异的加工性能和较低的感度。同时,PBA 基 ETPE 能够在较长的储存周期内保持自身结构的完整,未发生分子链的断裂降解,而且 PBA 基 ETPE 与其他推进剂组分能够共同稳定存在。

参 考 文 献

[1] 张弛. BAMO–AMMO 含能黏合剂的合成、表征及应用研究[D]. 北京:北京理工大学,2011.

[2] 过梅丽. 高聚物与复合材料的动态力学热分析[M]. 北京:化学工业出版社,2002.

[3] 何曼君,陈维孝,董西侠. 高分子物理[M]. 上海:复旦大学出版社,2000.

[4] 徐司雨,赵凤起,李上文,等. 含 CL–20 的改性双基推进剂的机械感度[J]. 推进技术,2006(2):182–186.

[5] 罗运军,王晓青,葛震. 含能聚合物[M]. 北京:国防工业出版社,2011.

[6] 白木兰. HMX 的热分解及其自催化作用[J]. 兵工学报,1993(4):53–54.

[7] 汤崭,杨利,乔小晶,等. HMX 热分解动力学与热安全性研究[J]. 含能材料,2011(4),396–400.

[8] 刘子如,刘艳,范夕萍,等. RDX 和 HMX 的热分解 I. 热分析特征量[J]. 火炸药学报,2004(2),63–66.

[9] 李葆萱. 固体推进剂性能 [M]. 西安：西北工业大学出版社，1990.

[10] 张瑞庆. 固体火箭推进剂 [M]. 北京：兵器工业出版社，1991.

[11] 王刚，葛震，罗运军. P（BAMO/AMMO）基含能热塑性聚氨酯弹性体的性能研究 [J]. 含能材料，2015，23（10）：930-935.

[12] 刘继华. 火药物理化学性能 [M]. 北京：北京理工大学出版社，1997.

[13] 张志峰，马岑睿，高峰，等. 火箭发动机固体推进剂老化研究 [J]. 空军工程大学学报（自然科学版），2009（5）：5-9.

第 8 章

具有自修复功能的含能热塑性弹性体

8.1 自修复材料概述

8.1.1 定义

在自然界中，动植物伤口修复等自然现象是一个普遍存在的生物体自修复过程，因此，自修复是生物的一个重要特征。20世纪80年代中期，美国军方根据生物的特性提出了自修复材料的概念。21世纪初，链段运动能力好、易修饰的高分子材料就成为自修复领域最受关注的研究对象之一。理想情况下，高分子材料需要感知损伤力，并自发（没有进一步外部刺激的情况下）将这种感知转化为修复行为，修复受损部位。修复材料受损时（图8-1），被认为是单独通过物理或物理与化学过程组合来修复损伤。单独通过物理过程修复主要是因为自修复材料受损时，受损界面的高分子链段运动并互相缠结来完成修复，但单独通过物理过程修复时修复能力有限，因此自修复高分子材料的设计通常结合物理与化学过程。当自修复高分子材料受损时，受损处链段移动且伴随着新的化学键产生或化学键的重构，会促进并完成修复。为了得到可靠的自修复高分子材料，需要全面了解聚合物自身的链段动态性，不仅是整个聚合物材料中链或分子的动态性能，还包括每个片段与新界面或其他聚合物/单体分子特定部分相互作用的动态性。总体而言，自修复高分子材料是一类受自然界生物体自我修复的启发而人工制备出的、具有自我感知和激励的特殊功能的新型智能高分子材料,具体是指高分子材料在受到局部损伤时,能够通过自身动态可逆交换机制或者利用外界的物质和能量,自主修复源于机械疲劳或外界环境产生的物理损坏,从而消除物理损伤带来的隐患,延长高分子材料的使用年限。

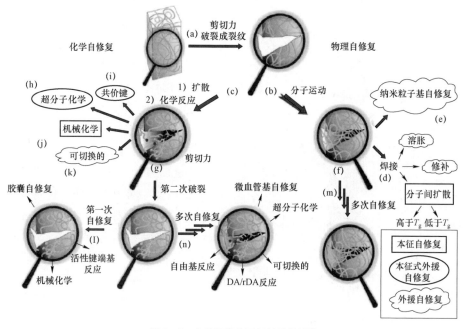

图 8-1　自修复高分子材料的设计[1]

(a) 高分子基体感知到剪切力或破裂转变为裂纹;(b) 新生成的界面导致浓度梯度加快了链段扩散过程 (f),导致焊接,溶胀修补,纳米粒子增强或分子链的简单的分子间 (d) 和 (e);(c) 分子运动导致官能团之间的接触,从而导致化学修复过程,通过交联反应形成新网络;(g)通过交联反应的自修复力或通过超分子作用力(h),共价键 (i) 机械化学作用 (j) 或是 "可改变" 的力 (k) 在同一区域发生第二次破裂后,修复周期的数量可能有所不同,这意味着要么是一次性修复过程 (I) 或多次修复 (m) 和 (n)

自修复材料的自修复机制主要分成以下两类:外加条件的自修复机制和内部自修复机制。外部自修复是自发修复,即材料结构内的损伤由预先填充的修复剂作为不同类型容器内的孤立相进行修复,然后嵌入到基质中。内在自修复机制是指在不需要外加修复剂和催化剂的情况下,损伤后具有固有的可重复改善能力。因此,根据恢复损伤时是否需要额外的修复剂,自修复高分子材料可分为两类:一类是"本征型自修复高分子材料";另一类是"外援型自修复高分子材料"。

8.1.2　外援型自修复高分子材料

外援型自修复是预先在高分子基质体系内部包埋修复试剂来实现的,但是基质材料本身并不具备自修复能力。通常，修复试剂被封装于微容器中与基质材料复合。当基质材料受损时，受损部位附近破裂的微容器首先释放出封装于其中的修复剂，触发体系内部聚合反应的发生；然后生成新物质来填充受损部位以实现材料结构和功能的修复。按照修复剂包埋形式，外援型自修复主要分为微胶囊体系和微管路体系[2]。

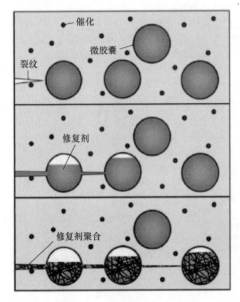

图 8-2 微胶囊的修复过程

2001年，White课题组[3]首先报道了外援型自修复高分子材料，通过引入微胶囊化修复剂的方式得到了自修复高分子复合材料。如图8-2所示，采用双环戊二烯单体制得微胶囊，并植入环氧树脂（EP）中，当EP发生损伤时，微胶囊中的双环戊二烯迅速填充至裂纹，并在Grubbs催化作用下，双环戊二烯完成自由基聚合，修补好损伤，修复后的热固性环氧树脂韧性的自修复效率达到75%。外援型自修复高分子材料通常被作为保护涂层，在金属或合金材料的防腐领域有广泛的应用。

微管路型自修复体系是仿照生物体内的循环系统制备的。相较于微胶囊体系，微管路体系可通过自身管路系统里的修复剂流动来补充破损处修复试剂，并可保证多次修复。其中，微管路型自修复中的自身管路系统通常有由电纺丝制备的同轴静电纺丝纤维，由溶液吹制的同轴纤维、纳米管和通道网络（如中空玻璃纤维、碳纳米管等）等。尽管Dry等人早在近20年前就已经探索了这一概念[4]，直到2007年Toohey等人的研究才真正被认为是微管路型自修复材料的开始[5]。Toohey等人使用了White之前描述的方法（图8-3），将双环戊二烯修复剂限制在环氧树脂涂层的网状内，采用断裂韧性测试时，修复剂释放，修复效率超过40%，而且能实现7个修复周期。然而，将自身管路整合到基质中是困难的，阻碍了微管路型自修复在弹性体方面的应用，为此，研发了基于静电纺丝的自修复弹体材料。Yoon等人[6]制备了两个以聚丙烯腈（PAN）为壳，二甲基端基二甲基硅氧烷（树脂单体）/甲基二甲基氢硅氧烷（固化剂）为核心的同轴静电纺丝网络，如图8-4所示。两个核心材料只有在切段聚丙烯腈壳时才能相互作用，作为防腐蚀涂层表现出良好的自修复性能。因此，设计在高剪切、常规过程中不会破裂的抗剪切网络仍然是一个挑战，并且制备方法复杂，成本高，极大限制了微管路型自修复体系的实际应用。

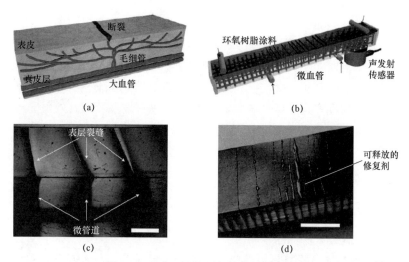

图 8-3 具有三维微血管网络的自修复材料

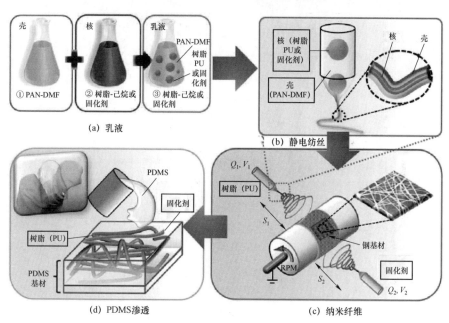

图 8-4 高分子材料修复示意图
(a) 壳体聚合物溶液和两种乳液（DMF 树脂和固化剂）的制备；
(b) 乳液静电纺丝；(c) 双组分涂层乳液的静电纺丝装置；(d) PDMS 基质渗透

8.1.3 本征型自修复高分子材料

本征型自修复高分子材料通常是将动态键（可逆动态共价键或超分子作用）引入到高分子材料内部，通过内部物理与化学作用的协同实现修复。动态键的解离速率和缔合速率以及链的迁移速率是设计本征型自修复材料的重要因素。相较于外援型自修复，本征型自修复无须另加修复剂，当材料破损时，聚合物链段自发或在外界刺激下运动，同时伴随着可逆动态作用的重构，使聚合物材料实现性能的修复。另外，由于是基于动态可逆的作用力（如化学键的断开与重新连接），本征型自修复高分子材料可以实现多次修复。与本征型自修复高分子材料相比，外源型聚合物在修复剂消耗完后，即失去修复能力，不能重复修复，而且微胶囊留下的空隙也可能造成新的缺陷，对材料的后续应用产生新的问题，所以现在自修复聚合物研究的重点是在体系中引入可逆键。

1. 基于可逆共价化学作用的本征型自修复材料

可逆共价键是指在不同原子之间形成的化学键，并且在外界刺激下是动态的。其动态可逆性是实现自修复材料高修复效率的关键因素，是开发自修复聚合物的良好选择。基于动态可逆反应自修复材料的自修复机理如图 8-5 所示。当材料出现微观裂纹或发生宏观断裂时，通过热、光、pH 值等刺激，引发动态可逆共价键打开，使局部基体具有"流动性"，将裂痕填补。撤销刺激，动态可逆共价键闭合，材料完成修复。

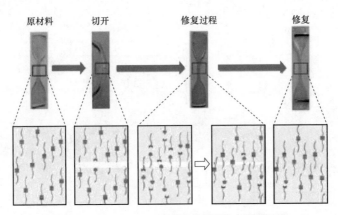

图 8-5　基于动态可逆共价化学作用的自修复机理

从修复化学机理考虑，基于动态共价化学作用的反应主要有环加成反应（[4+2] Diels-Alder 环加成反应、[2+2] 环加成反应）、交换反应（烯烃复分解反应、酯基交换反应）、可逆 C=N 键、巯基-二硫键转换反应、自由基转换、可逆肟键、可逆硼酸酯化、硅氧烷平衡反应等。本章将主要介绍几种常见的动态共价化学作用。

1) DA 反应

DA（Diels-Alder）反应又称双烯加成反应，具体是由烯烃或炔烃与共轭双烯发生形成六元环的反应，它的特点是产率高、过程简单且条件温和，同时生成的 DA 键是一种可逆的动态共价键，可以通过改变温度进行调控。将 DA 键引入到材料中赋予材料自修复能力，当温度升高时，发生逆 DA 反应，DA 键断裂，而当材料的温度降低到一定程度时，DA 反应又会再次进行，重新形成 DA 键。Yang[7]首先以聚乙二醇（PEG）、异佛尔酮二异氰酸酯（IPDI）和 N-（2-羟乙基）-马来酰亚胺（HEMI）为原料制备出马来酰亚胺封端的聚氨酯弹性体（m-PU）；然后将呋喃修饰的聚多巴胺粒子（f-PDAPs）通过 DA 反应引入 m-PU 制得性能稳定的可逆交联聚氨酯相变复合材料（DCPM），如图 8-6 所示。该复合材料的自修复率为 93.1%、光热转换效率为 87.9%，主要是由于可逆 DA 网络结构和 f-PDAPs 的存在保证了 DPCM 复合材料具有优异的近红外诱导自修复能力，热诱导可回收性能和固态塑性，同时，回收的 DPCM 复合材料基本维持原有的力学性能（保持率为 90.1%）和热能储存容量。

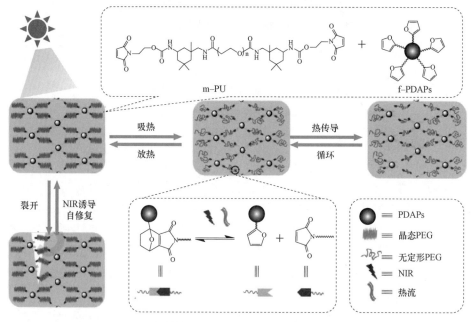

图 8-6　DPCM 的制备过程、近红外诱导自修复机理和热诱导回收机理

基于热可逆 DA 反应制备的自修复聚合物主要分为三种，如图 8-7 所示。

（1）呋喃多聚体和马来酰亚胺多聚体 DA 热可逆共聚，形成的大分子网络直接由具有可逆性的共价键相连。

（2）在聚合物大分子的侧基上分别带有二烯体（或亲二烯体）与双官能度的亲二烯体（或二烯体）形成具有可逆性的 DA 键相连的交联聚合物。

（3）多官能度的二烯体和多官能度的亲二烯体共聚直接形成含有热可逆 DA 键的大分子交联网络结构。

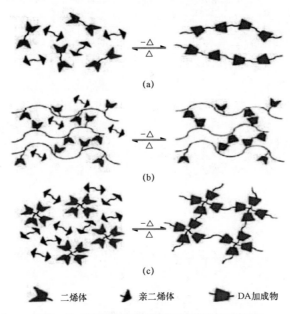

图 8-7　利用 DA 反应制备自修复聚合物示意图

2）亚胺键

亚胺键（C=N）又称席夫碱（Schiff base），它是由醛基和胺基反应得到的。亚胺键是有机化学中最古老、最普遍的动态可逆键之一，它的键解离能仅为 147 kJ·mol^{-1}，可以在无外部刺激的情况下实现自修复和可再加工的动态特性。将亚胺键引入到弹性体中制备自修复弹性体不仅工艺简单，而且亚胺键交换速度快，修复效率高，得到的弹性体还能重复加工使用，具有较广泛的用途。樊武厚等[8]研究了一种具有可见光动态响应特性的芳香席夫碱（ASB）键，并将其引入到水性聚氨酯（ASB-WPU）的分子结构中，赋予了 ASB-WPU 材料良好的室温可见光自修复性能和较高的力学性能，如图 8-8（a）所示。ASB-WPU-2 试样的拉伸强度为 14.32 MPa，韧性达 64.80 MJ·m^{-3}。室温下用商用 LED 台灯照射 24 h，强度修复效率为 83.8%，圆片试样（直径 40 mm，厚度 1.5 mm）经过 24 h 可见光照射，修复后可以轻松吊起 10 kg 的重物，如图 8-8（b）所示。这主要是由于 ASB 键的亚胺复分解和氨基甲酸酯基团间的氢键相互作用的协同效应引起的，其中 ASB 键在可见光下诱导亚胺复分解是主要的因素。此外，合成的 ASB-WPU 聚合物还可以在可见光下进行再加工，并表现出良好的力学性能，实现了室温自修复和高力学性能的良好平衡，有望成为一种更有前景的室温修复材料。

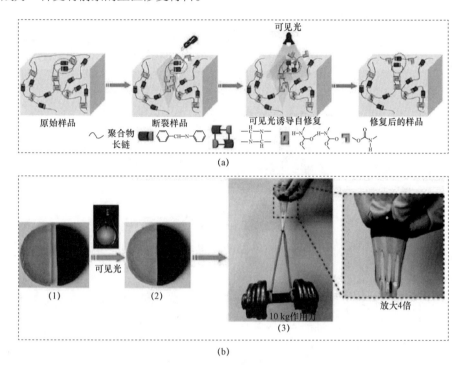

图 8-8　ASB-WPU 聚合物的自修复性能
（a）ASB-WPU 聚合物的自修复过程；（b）ASB-WPU-2 试样修复后悬挂重物图

3）硼酯键

硼酯键是一类重要的含硼动态共价键，它可以通过加热、水或者路易斯碱等调节动态性能，因而将硼酯键引入到聚氨酯弹性体也是一类典型的自修复材料。魏海兵等人[9]首先用 1,4-亚苯基双硼酸和 1,2,6-己三醇合成了含硼酯键的端羟基化合物（HDB）与 N-二异丙醇胺（DPA）作混合扩链剂，制备了一种基于动态硼酸酯键和硼-氮（B-N）配位作用的新型超分子聚氨酯弹性体（SPUE），如图 8-9 所示。由于硼氮配位键不仅有利于硼酯键在室温下的形成和解离，而且通过分子间配位链交联和分子内配位折叠能显著提高硼酸酯的力学性能。同时，硼氮配位键和氨基甲酸酯内的氢键相互作用也是一类动态键，赋予 SPUE 优异的缺口不敏感性和突出的抗穿刺特性，故 SPUE 的室温性能非常高，聚合物的拉伸韧性、拉伸强度、断裂能和伸长率分别为 182.2 MJ·m^{-3}、10.5 MPa、72.1 kJ·m^{-2} 和 3 120%；同时，SPUE 还表现出优异的室温自修复性能，室温下修复 1 d 后的强度为 5.2 MPa。这种具有高强度、高延展性和抗穿刺性的室温自修复弹性体有望在柔性电子器件领域得到应用。

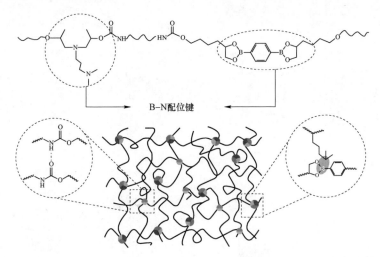

图 8-9　SPUE 超分子结构的示意图

4）双硫键

双硫键是一种比较弱的共价键，成键所需要的能量比较少，因此无须外界刺激也能在较低的温度下自修复。双硫键在还原时断裂形成硫基，当发生氧化反应时硫基又会重新结合生成双硫键，双硫键能够与不同的硫原子重组形成化学键，使得含有双硫键的材料具有比较好的自修复性能。

含双硫自修复材料实现自修复的化学反应机理如表 8-1 所示。其中，应用较多的为二硫键-二硫键/多硫键交换反应机理、硫醇-二硫键交换反应机理、Au/Ag-硫醇配位机理等。

表 8-1　含硫自修复材料实现自修复的化学反应机理

分类		名称	机理
本征型	动态可逆共价键	二硫键-二硫键交换反应	S—S → S..S → S..S → S S → S S S—S → S..S → S S → S S → S S
		多硫键间交换反应	$RS_xS_{n-x}R' \longrightarrow RS_x\cdot + \cdot S_{n-x}R'$　　$n \geqslant 3$ $RS_x' + R''S_yS_{n-y}R''' \longrightarrow RS_xS_yR'' + S_{n-y}R'''$　　$n \geqslant 3$
		二硫键-硫醇交换反应	$RSH + R'SSR'' \longrightarrow RSSR' + HSR''$

续表

分类		名称	机理
本征型	动态可逆共价键	转硫酯反应	$\text{R-C(O)-SR} + \text{R'SH} \rightarrow \text{R-C(O)-SR'} + \text{RSH}$
		硫缩醛交换反应	苯六硫醇 + 对甲基苯甲醛 ⇌ 硫缩醛产物 + H_2O
		半硫缩醛可逆反应	$\text{RSH} + \text{RCHO} \underset{H_2O}{\rightleftharpoons} \text{R-CH(OH)-S-R}$
		Micheal硫醇加成反应	$\text{RSH} + \text{RCHO} \underset{pH=8}{\rightleftharpoons} \text{R-CH(SR)(R)(H)}$
	动态可逆非共价键	硫醇-Au/Ag配位作用	$\sim\text{SH} + \text{Au/Ag} \rightleftharpoons \sim\text{SAu} / \sim\text{SAg}$

Chen 等人[10]使用二羟乙基二硫化物（HEDS）在聚氨酯弹性体中引入了二硫键，利用聚氨酯弹性体本身的形状记忆功能结合二硫键交换反应可发生自修复。当温度为 65 ℃时，自修复率为 90%，图 8-10 所示为 HEDS 型聚氨酯的合成原理及自修复机理示意图，通过调节弹性体的分子结构以及二硫键的含量，可以改变材料的自修复性能。该材料具有清洁、环保的特点，为室温自修复材料的工业化奠定了基础。

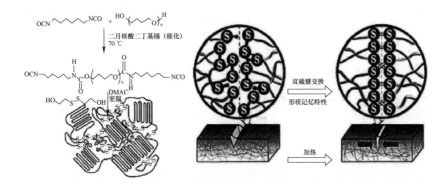

图 8-10　HEDS 型聚氨酯的合成原理及自修复机理示意图

与 DA 键相比，含双硫键自修复材料的修复无须升至 120 ℃ 的高温，在 60 ℃ 下便可以自修复。但是，含双硫键的高分子材料的拉伸强度和模量会比 DA 键体系低，这是由于自修复能力强的前提一定是体系中链段的活动能力强，势必会降低材料的力学性能，所以高分子材料的自修复率和强度仍然是一对需要不断调节的矛盾。

5）双硒键

硒与硫属于同一族元素，同一族元素对应的化合物性能相似，故与动态双硫键（S—S）一样，双硒键（Se—Se）也可以作为自修复基团。另外，硒原子的原子半径比硫原子大，在化合物中硒自由基比硫自由基的电负性更弱，而且 Se—Se 的键能（172 kJ·mol^{-1}）明显比 S—S 的键能（240 kJ·mol^{-1}）低，故双硒键的动态可逆性更强，能在更加温和的条件下快速自修复。潘向强等人[11]合成了一种新型的动态扩链剂：含二硒键的烷基化二胺，并将其与聚丙三醇（PPG）和 IPDI 制得的预聚体进行反应得到热固性的聚氨酯脲弹性体。该弹性体在无须任何催化剂，50 ℃ 下修复 10 min，修复率可达 100%，而且具有良好的力学性能（延伸率不小于 550%，强度大于 5 MPa）。另外，对比结构相近的烷基二硒基聚氨酯脲和烷基二硫基聚氨酯脲的自修复效果，发现含二硒键的弹性体的自修复能力明显比含二硫键弹性体快，而且在 60 ℃ 的低温下可加工，如图 8–11 所示。

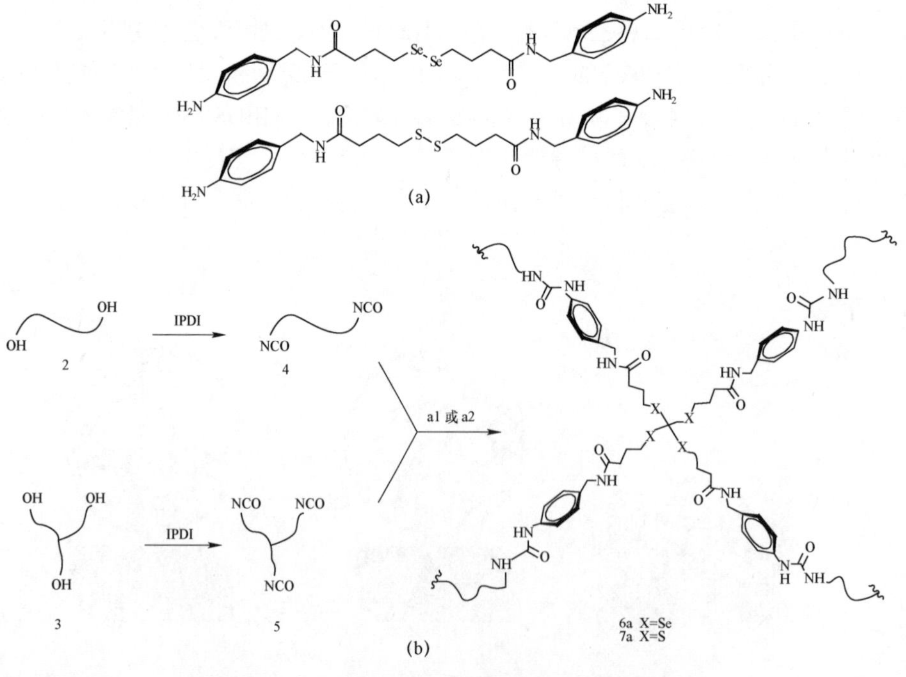

图 8–11 含二硒键的聚氨酯脲弹性体的合成示意图

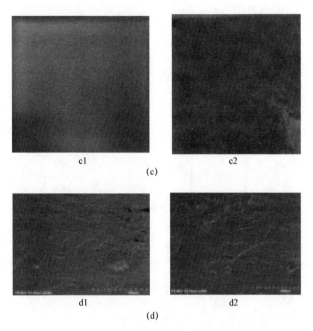

图 8-11 含二硒键的聚氨酯脲弹性体的合成示意图（续）

6）受阻脲键

受阻脲键（Hindered urea bond，HUB）是一种制备简便、无须催化剂、反应速率快、低成本的动态可逆化学键，它是由脂肪族异氰酸酯与具有位阻效应取代基的胺基反应得到的。受阻脲键的自修复机理是在光热等外界条件下，受阻脲键反应的逆反应程度增大，脲反应会解聚生成游离的单体，而单体的运动迁移能力要明显强于分子链的运动迁移能力，游离的单体会快速扩散运动到材料的断面处，重新形成网络结构，从而实现自修复。Wang 等人[12]以聚丙二醇（PPG）、三乙醇胺（TEA），四甘醇（TEG），N，N′-二叔丁基对二甲苯二胺（TBXA）和间苯二甲基二异氰酸酯（XDI）为原料制备了一系列的新型自修复聚氨酯脲弹性体（PUU）（图 8-12），在 40 ℃下修复 12 h，PUU 试样上划痕完全消失，基于拉伸强度的修复率达到 97.4%。同时发现，含芳香族基团的受阻脲键引入到 PUU 中还可以极大地改善 PUU 的热性能和力学性能，使其具有令人满意的可循环、自修复和再加工的特性。

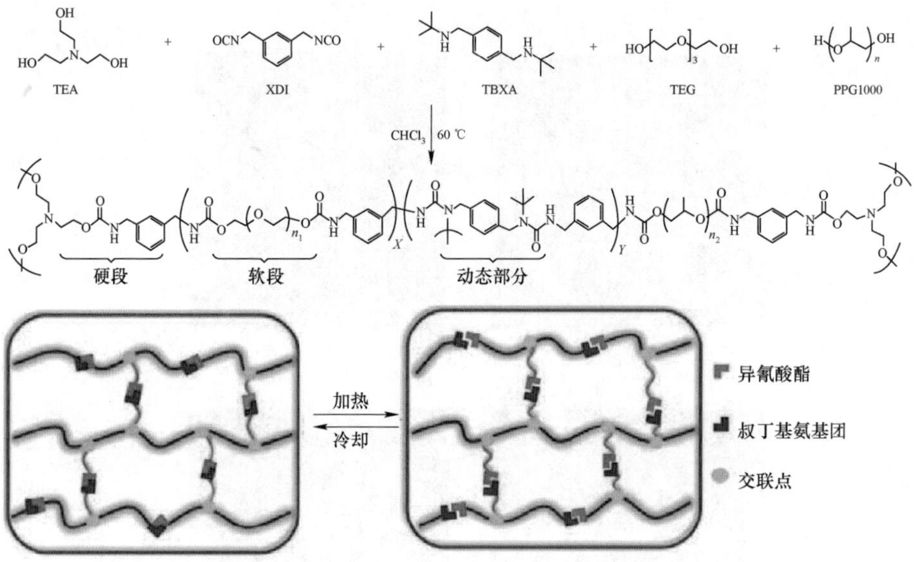

图 8-12 TBXA 基 PUU 的合成过程和修复机理

2. 基于可逆非共价键的本征型自修复材料

超分子作用即可逆非共价键，本质上是不同族原子之间的弱相互作用。常用于自修复高分子材料的非共价键作用主要有氢键、金属配位键、离子相互作用（离子-偶极相互作用、静电引力）、主-客体相互作用、π-π 堆积、偶极-偶极相互作用、疏水作用和范德华相互作用。与可逆共价体系相比，超分子作用的特点是键能较低，因此它们通常有更高的修复效率，特别是有助于构筑温和条件下快速修复的高分子材料。

1）氢键

氢键是自然界中最重要的分子间相互作用之一，它是由强电负性原子（通常为氮、氧或氟）上的氢原子与原子半径小且电负性大的原子间形成较强的相互作用，也可以看作是一种特殊的动态弱共价键，其键能仅为 5~30 kJ·mol^{-1}；氢键具有良好的方向性及成键选择性，可以通过自组装诱导分子有序排列，进而改善材料的性能。由于氢键具有普遍存在、易于设计且动态可逆的特点，氢键广泛应用于自修复高分子材料的构建。

由于氢键作用较弱，基于单重氢键相互作用的自修复材料一般力学性能较弱，而且耐溶剂性较差，为了提高自修复材料的力学强度，将多重氢键相互作用引入到高分子结构中。如图 8-13 所示[13]，胸腺嘧啶（Thy）与 2,6-二氨基三嗪（DAT）

之间形成的三重氢键相互作用，以及脲基嘧啶酮（UPy）基团之间形成的四重氢键相互作用，正是基于多重氢键相互作用，所制备的自修复材料的机械性能、热稳定性以及耐溶剂性都得到了提高。

图 8-13 （a）胸腺嘧啶（Thy）和（b）2,6-二氨基三嗪（DTA）形成的三重氢键；脲基嘧啶酮（Upy）基团之间形成的四重氢键

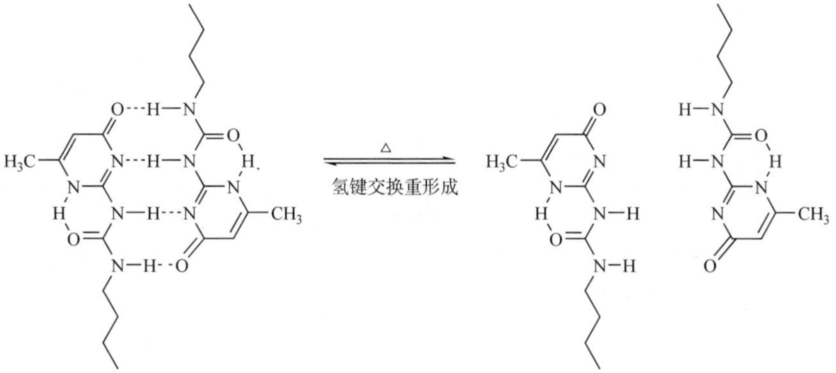

2）金属配位键

金属配位键是由具有能够接受孤对电子的金属离子与能够提供电子的配体之间形成的一种非共价键，其键能介于普通氢键和共价键之间，通过调控与配位离子结合的配体数目可以得到强度适当的动态金属配位键。一般金属配位键的金属离子有 Cu^{2+}、Zn^{2+}、Al^{3+} 和 Fe^{3+} 等，而配体常用的有吡啶、咪唑和羧酸等。由于金属配位键具有可调控、耐高温和作用强的特点，故含金属配位键的自修复材料备受关注。

夏和生等人[14]在聚氨酯中引入金属配位键，并通过改变金属离子的种类调节了金属-配体间交联作用的强弱，调控了自修复聚氨酯的力学性能和自修复性能。首先采用 2,6-二氨基吡啶（DAP）作扩链剂对 PTMG 和 HDI 预聚体进行扩链得到含 DAP 的聚氨酯（PU-DAP）；然后分别采用 $FeCl_3 \cdot 6H_2O$、$Zn(OTf)_2$ 和 $Zn(OTf)_3$ 作为配体与 PU-DAP 配位得到三种基于金属配位键交联的聚氨酯（PU-DAP/M），其合成路线如图 8-14 所示。结果表明，由于 DAP 与 Fe^{3+} 或 Tb^{3+} 间的配位作用不稳定且强度很高，故 PU-DAP/Fe 和 PU-DAP/Tb 弹性体具有高强的力学性能和优异的自修复性能：PU-DAP/Fe 的拉伸强度和断裂伸长率分别为 9.1 MPa 和 1 110%，60 ℃修复 24 h 后的强度和断裂伸长率的自修复率都超过 99%；PU-DAP/Tb 的断裂伸长率和拉伸强度分别为 1 000% 和 12.6 MPa，60 ℃修复 24 h 后的强度和断裂伸长率的自修复率都达到 100%；而 DAP 与 Zn^{2+} 间的配位作用过强，结构过于稳定，导致 PU-DAP/Zn 的自修复率最差，故在同样的修复条件下，PU-DAP/Zn 的自修复率仅为 19% 和 24%，这表明配位键的强度对材料的自修复性能有重要的影响。

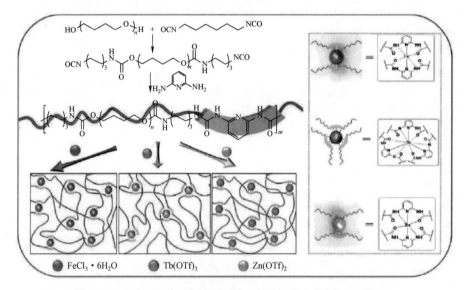

图 8-14　含有不同金属配位键的自修复聚合物的合成路线（见彩插）

3) 主客体相互作用

形状尺寸相互匹配的主体与客体之间能够通过非共价键相互作用，如范德华力、氢键、静电相互作用、疏水相互作用等结合。由于主客体相互作用具有可逆性，因此主客体作用也常被用于自修复材料的设计与合成。

Nomimura 等人[15]通过使用环糊精（CD）主体或金刚烷（AD）客体改性的丙烯酸酯制备出了具有高韧性的自修复超分子材料，合成方法如图 8-15 所示。主客体相互作用在材料中充当了可逆交联点，当材料受到外力作用时交联点发生断裂，耗散掉了一部分能量，因此这类材料的断裂能是常规共价交联弹性体断裂能的 12 倍。主客体的络合是一个可逆过程，所以基于 CD-AD 主客体相互作用的材料具有优异的自修复性能，在 80 ℃下修复 24 h，超分子材料的修复率可以高达 95%。

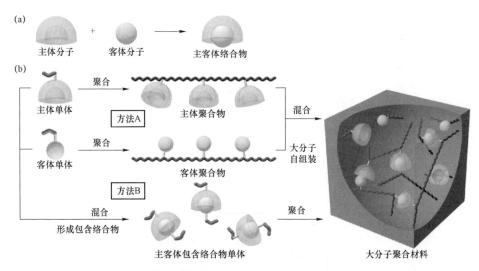

图 8-15 基于主客体相互作用的自修复超分子材料的合成方法
(a) 主客体络合作用；(b) 主客体的聚合过程

4) π-π 相互作用

π 电子缺失基团与 π 电子富集的芳香族主链分子之间的 π-π 堆积相互作用促进了热引发可逆聚合物网络的发展。含有纯芳香环体系的聚合物不能实现自修复是由于传统的 π-π 相互作用缔合常数很小，而在缺电子-富电子的 π 电子转移堆积结构中，π-π 相互作用的缔合常数可以高达 $10^{-5}M^{-1}$，其强度足够赋予材料自修复性能。

Burattini[16]合成了萘二酰亚胺受体的高分子（图 8-16(a) 中高分子 1）、富电子的双芘基封端的高分子（图 8-16(a) 中高分子 3）以及单芘基封端的高分子（图 8-16(a) 中高分子 2）。从图 8-16(b) 可以看出，高分子 1 和 3 之间可以形成高分子 1 和 2 所不能形成的镊子状 π-π 堆积相互作用，因此高分子 1 和 3 所形成的络合物具有更高的拉伸强度、弹性模量以及韧性，并且此混合物在 140 ℃ 下修复 160 min 后，模量的修复率可达 100%。

在自修复材料中，可逆非共价键与可逆共价键的区别在于：一是可逆非公价键的自修复所需的温度更低，往往能在室温反应，省去了自修复时的加热程序，降低风险；二是可逆非共价键体系的恢复率高于可逆共价键体系，这是因为材料产生开裂时，除了 D—A、S—S 等键断裂外，C—C 键也断了，这是加热修复不了的。由于可逆非共价键体系的材料力学性能的贡献相当一部分来自分子间作用力，所以和具有同等力学强度的可逆共价键体系的材料相比，加热下分子间作用力被破坏，大分子链段的活动能力更强，更容易扩散和缠结。所以，受损的可逆非共价键体系的材料修复后的强度能接近 100%，而可逆共价键体系的自修复率离 100% 还有一定的距离；三是针对可逆共价键体系的改性手段很有限，基本上只能依靠在高分子主链

■ 含能热塑性弹性体

中单纯的引入某个化学键来对高分子进行改性。

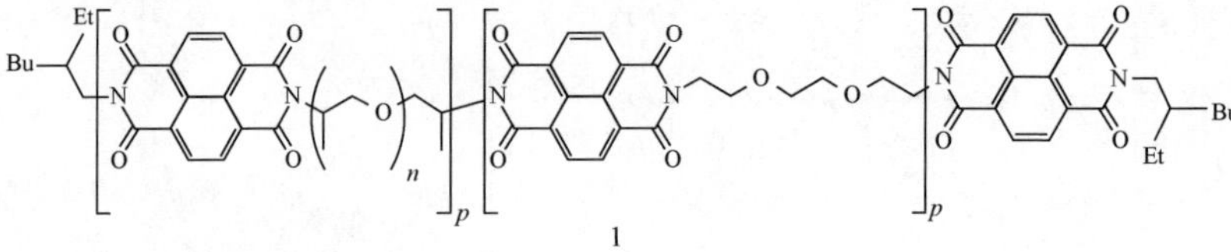

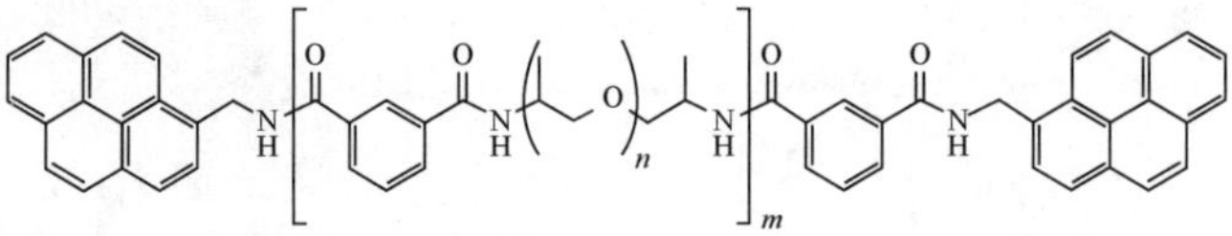

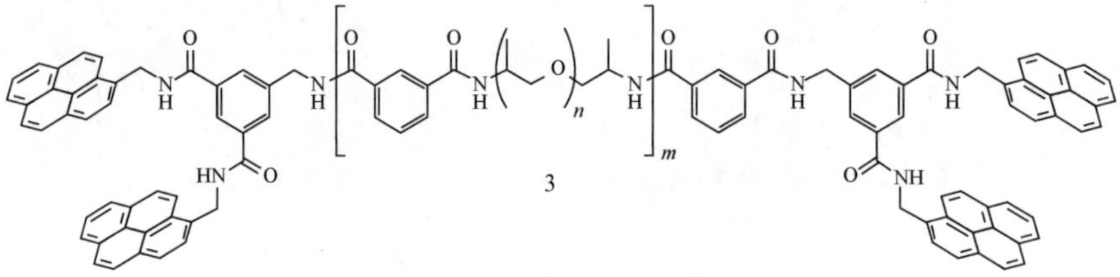

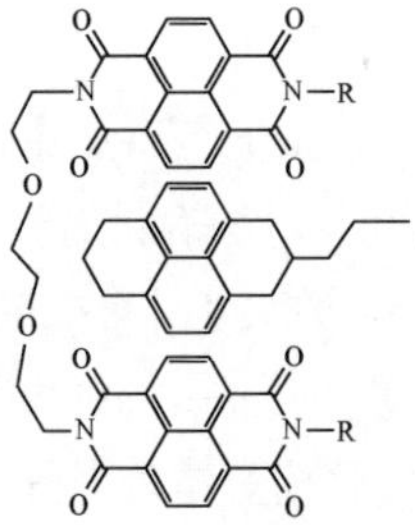

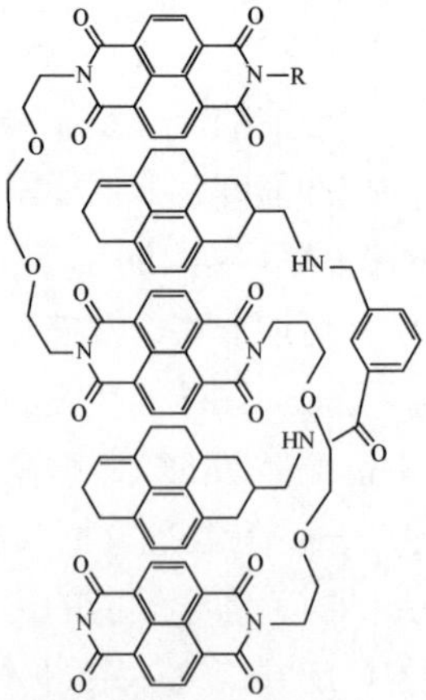

图 8-16 几种高分子的化学结构与能量模型

（a）合成高分子的化学结构；（b）高分子 1 和 2（[1+2]）以及
高分子 1 和 3（[1+3]）形成络合物的最小能量模型

8.2 自修复性含能热塑性弹性体

黏合剂在火炸药配方中，起着基体和骨架的作用，其自身性质的优劣，在很大程度上决定火炸药性能。引入自修复官能团，利用其结构自身在一定条件下的自修复，不但可以延长黏合剂的储存寿命，而且可以通过自修复来减少火炸药内微裂纹导致的力学性能下降，具有一定的实际应用价值。

ETPE 是一种兼有橡胶弹性和热塑性塑料易加工特性的含能高分子材料，即 ETPE 拥有橡胶在常温下的高弹性，又能够在高温下塑化成型，而且本身还含能，故是火炸药一种理想的种黏合剂。将具有自修复性的化学基团或氢键等非共价键相互作用引入到 ETPE 中，可以形成一类新型的具有自修复性的 ETPE，也就是本节将要介绍的自修复性 ETPE。

目前，常用的 ETPE 多是聚氨酯类材料。聚氨酯材料是一类特殊的合成高分子，其主链上含有氨基甲酸酯基团，具有可调范围宽、适应性强的特点。用于聚氨酯弹性体合成的原料主要有二异氰酸酯、多元醇和扩链剂三类，其中多元醇通常被称为软段，一般是玻璃化转变温度低于室温的聚醚或聚酯；二异氰酸酯和扩链剂两者构成的硬段，硬段的玻璃化转变温度通常高于室温。聚氨酯弹性体由硬段和软段共同组成，由于硬段和软段间存在热力学上的不相容，软段和硬段间会发生微相分离，通过调节软段和硬段的种类和比例可以调节聚氨酯弹性体的弹性模量和玻璃化转变温度等，并且聚氨酯弹性体在性能上的优秀表现也得益于其内部特殊的微相分离结构。

聚氨酯弹性体的结构和性能可以通过改变配方进行精准调控，满足多种应用需求，将动态可逆的化学键引入到聚氨酯弹性体的结构中，可赋予弹性体可逆动态的特点，从而获得具有自修复性能的聚氨酯弹性体。

8.2.1 含双硫键的含能热塑性弹性体

双硫键可在低于 60 ℃下发生可逆置换反应，能使材料具有自修复性能。由于其属于一种弱共价键，可满足火炸药的加工要求，从而具有其他材料无法比拟的优点。为此，可采用含双硫键的化合物作为扩链剂，以聚叠氮缩水甘油醚（GAP）等含能黏合剂为多元醇，获得新型 EFPE。

2019 年，菅晓霞等人[17]以 GAP 为多元醇，异佛尔酮二异氰酸酯（IPDI）为固

■ 含能热塑性弹性体

化剂，双（2-羟乙基）二硫醚（HEDS）为扩链剂、三羟甲基丙烷（TMP）为交联剂、二月桂酸二丁基锡（DBTDL）为催化剂，搅拌均匀，在 60 ℃的烘箱中固化成型，一步法得到含双硫键的 GAP 热塑性弹性体，如图 8-17 所示。

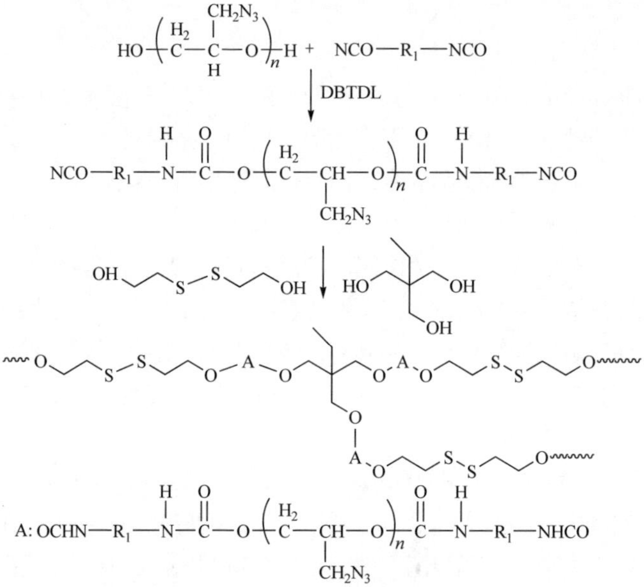

图 8-17 含双硫键的 GAP 热塑性弹性体的合成路线

通过系统研究交联剂含量、自修复温度和自修复时间下弹性体的拉伸强度，获得含双硫键的 GAP 热塑性弹性体的自修复性能，如图 8-18 所示。结果表明，随着交联剂质量分数的增加，自修复率先升高后降低，其中交联剂质量分数为 8%的配

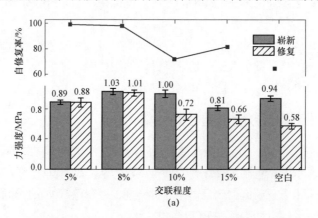

图 8-18 交联剂质量分数、自修复温度和自修复时间对 GAP 基热塑性弹性体的力学性能影响

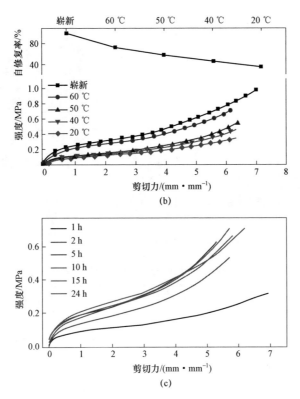

图 8−18 交联剂质量分数、自修复温度和自修复时间对 GAP 基热塑性弹性体的力学性能影响（续）

方，自修复率最高，可达 98.2%；对于交联剂质量分数为 10%的试样，自修复温度为 20~60 ℃，弹性体的自修复率从 34.8%提高到 72.4%。在自修复 5 h 后，自修复率增加趋于平缓，24 h 时能基本达到平衡。三维显微镜观察也表明在 60 ℃自修复 24 h 后 GAP 的表面基本无裂纹。

为了进一步分析双硫键对 GAP 基 ETPE 自修复性能的影响，分别以 HEDS、1,4丁二醇（BDO）及其混合物作为扩链剂，制备出具有嵌段结构的 GAP 基 ETPE，如图 8−19 所示。根据弹性体中 HEDS 含量占总扩链剂摩尔的百分比，如 0、5%、10%和 15%，依此获得对应弹性体样品，分别记为 EPU−0、EPU−5、EPU−10 和 EPU−15。不同 HEDS 含量 GAP 基 ETPE 的摩尔质量如表 8−2 所示。

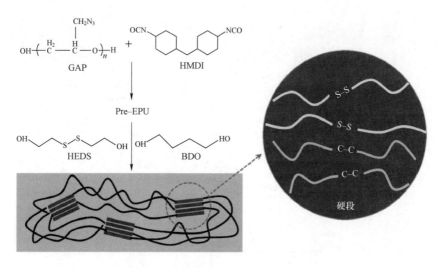

图 8-19　具有自修复性 GAP 基 ETPE

表 8-2　不同 HEDS 含量 GAP 基 ETPE 的相对分子质量

HEDS 含量/%	0	5	10	15
M_n/(g·mol^{-1})	26 479	27 554	26 827	26 022
M_w/(g·mol^{-1})	60 353	56 046	59 019	56 727
PDI	2.28	2.03	2.20	2.18

从表 8-2 可以看出，HEDS 对弹性体的相对分子质量的影响不大，这主要是因为 BDO 和 HEDS 具有相似的对称结构和化学活性。

受损材料的修复过程包括裂缝闭合和修复两个步骤，裂缝闭合是修复开始的前提。通常，材料在破坏后会变形和产生缺陷，会导致修复能力降低甚至难以修复，为此，弹性体具有形状记忆能力能驱动聚合物材料自我修复，恢复形状并驱动裂纹闭合。图 8-20 所示为 EPU-5 样品放在液氮中折叠和扭曲成临时形状，以及加热至 40 ℃时样品的恢复情况。从图（a）和（b）中可以看出，不论折叠还是扭曲后的临时形状几乎可以恢复到其原始形状，这主要是因为螺旋线段的拉伸导致链的取向和网点/结的位移并降低了构象熵，随着外力去除，高分子链将自我恢复，从而恢复到原来形状，表现出较好的形状记忆性。

为了可视化 EPU 样品优异的自修复性能，现将厚度约 1.5 mm 的 EPU 样品条切成两段后并相互接触，置于 90 ℃下修复 24 h，如图 8-21（a）所示。样品修复后能够提起 1 kg 的重物且不会撕裂断开（图 8-21（a5））。随后，利用光学显微镜对

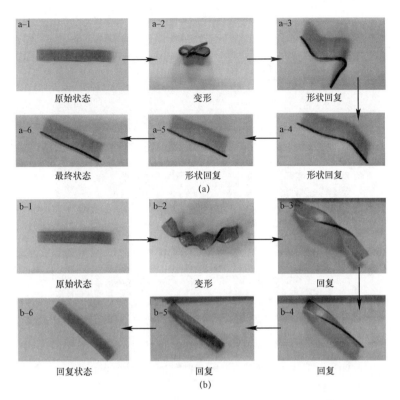

图 8-20 EPU-5 样品的形状记忆能力评估：折叠和扭曲
(a) 折叠；(b) 扭曲

切断后损伤样品修复前、后的修复情况进行观测，如图 8-21 (b) 和 (c) 所示。由图可以明显发现，样品条的切断口实现了完全修复，这主要归因于动态双硫键的交换反应和分子链扩的散迁移运动。此外，基于上述表面观测结果修复的伤口痕迹可见，为了进一步观测样品伤口修复效果，采用"先切再修复观测"和"先修复再切并观测"两种方式进行对比，继续对损伤样品修复界面进行剖面观测，采用前一种方法对样品剖面观测发现该方式修复后两侧裂纹面均闭合，但依然可以观测到修复的痕迹；而采用后一种方式先将裂纹修复后再对其进行剖面观测。从剖面图 8-21 (e) 可以看到，修复后的样品看不到任何裂纹痕迹，说明完全切断的样品能够完整修复。因此，足以说明修复后表面依然有修复痕迹，但其内部已经完全修复。

EPU-0，EPU-5，EPU-10 和 EPU-15EPU 样品的力学性能如图 8-22 (a) 所示。分析表明，随着 HEDS 含量的增加，样品的拉伸强度先增加后降低。例如，当 HEDS 含量为 10% 时，EPU-10 的最大拉伸强度达到 7.25 MPa，高于 EPU-0 (6.79 MPa)。说明 HEDS 尽管只是弱化学键能，但其氢键会增加材料中的微相分离程度，故弹性体的拉伸强度提高。但是，HEDS 含量为 15% 时，由于微相分离度过大，

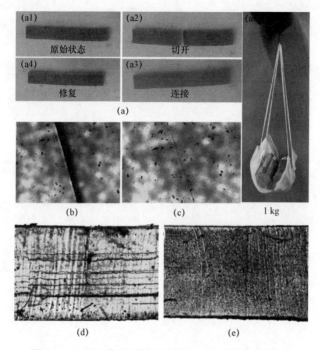

图 8-21　EPU 样品的修复前后光学照片（表面与剖面）

导致弹性体的拉伸强度下降到 5.91 MPa。此外，为了进一步分析修复行为，在修复后测试了受损弹性体的力学性能，结果如图 8-22（b）所示。由图可以看出，随着 HEDS 含量的增加，拉伸强度也有先增加后减小的趋势。由于在修复过程中 EPU-5 的表面能高于 EPU-10 膜，而且具有较低的氢键和微相分离度，使得分子链运动活性增加，故 PU-5 的修复拉伸强度为 7.03 MPa，高于 EPU-10。值得注意的是，原始样品在断裂前具有拉伸屈服，而修复后材料的极限伸长率降低且没有屈服。这主要是由于：原始样品的分子主链两侧有体积较大的叠氮基团，会限制分子链的旋转和运动，降低了分子链的柔韧性。因此，对样品施加应力时，叠氮基团会限制软链段的整体流动性。然而，一旦施加的应力克服了叠氮基团的阻力，随着施加应力的增加，链段运动被迫运动会产生屈服。而对于修复弹性体，当全切样品相互接触时，分布在界面两侧的叠氮基团会阻碍分子链在界面区域从一侧到另一侧的移动，使得只有部分分子链可以扩散到对侧，因此，所有样品的断裂伸长率在修复后明显低于原来的。最后，弹性体的高修复机械强度主要来自表面能驱动、氢键相互作用和分子链移动性。从图 8-22（c）可以看出，修复前后弹性模量值随着聚合物材料中

HEDS 含量的增加而逐渐下降，这可能归因于动态二硫键的引入和侧基—N_3 的阻碍。为了研究弹性体的全切自修复性能：首先将原始样品完全切成两半；然后在 90 ℃下修复 24h。根据上述力学性能计算所有损坏样品的自修复率，结果如图 8–22（d）所示。由图可见，随着弹性体中 HEDS 含量的增加，拉伸强度方面的自修复率先增加后减小，其中，EPU–5 的自修复率高达 102%，而其他样品的自修复率也超过了 90%。EPU 的自修复能力主要取决于二硫键的反应交换和表面能驱动，但自修复率还受到断裂面上自由基团的迁移率的影响，这与氢键和微相分离密切相关。较强的氢键相互作用可能会抑制分子链的运动，从而阻碍动态化学键的交换。因此，只有平衡氢键和二硫键之间的关系，才能获得最好的自修复能力。图 8–22（e）为材料强度随修复时间的变化趋势，表明自修复率会随着修复时间和温度的增加而逐渐增加，这主要归因于二硫键的交换反应和链的移动性。

为了进一步分析二硫键在修复过程中的作用，首先对 EPU–0、5、10 和 15 进行应力松弛测量，即样品拉伸至 25%应变；然后保持应变 25 min，结果如图 8–22（f）所示。发现弹性体的松弛率和松弛程度随着归一化后 HEDS 含量的增加而降低，表明增加二硫键可以显著提高链的迁移率，因此弹性体的 HEDS 含量越高，应力松弛越快。

自修复能力依赖于动态键的反应和分子链的运动能力，这些均与温度和时间存在密切的关联。因此，选择 EPU–5 样品作为研究对象，将其完全切断后置于不同温度和时间的修复条件下，测试其修复性能，结果如图 8–23 和图 8–24 所示。从图可以看出，随着修复时间、修复温度逐渐延长，其修复的力学性能也逐渐呈递增趋势，这主要是因为修复时间延长和温度升高，均有利于更多氢键的形成（表 8–3），分子链有充足的时间向对侧部分迁移扩散以及动态二硫键在界面处重新构建。从表 8–3 可知，氢键密度随着温度的增加，则表现为先增加后减小的变化趋势，这说明在一定温度范围内温度增加可以促进氢键的形成，但更高的温度则会降低氢键的重构密度。需要指出的是，虽然中高温时氢键降低，但此时样品的修复效率仍较高，表明除了氢键外，体系中分子链的迁移扩散和动态二硫键的交换反应对自修复起主要作用。另外，从氢键密度的数量级上也可以看出修复过程中氢键密度远低于初始样品一个数量级，进一步说明在 GAP 弹性体中氢键作用中不是主要的影响因素。

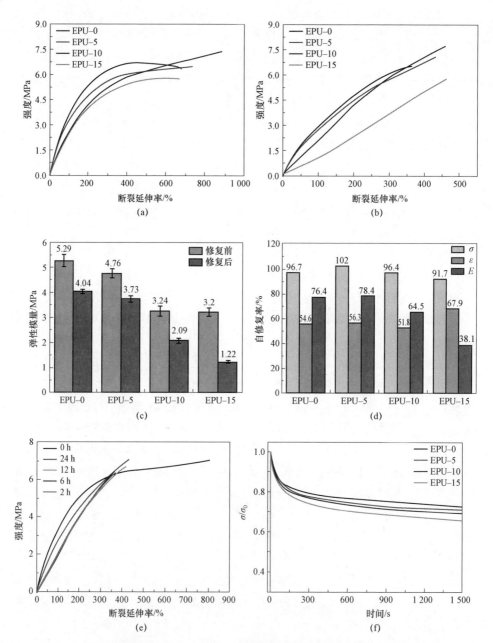

图 8-22　不同 HEDS 含量 EPU 原始和修复后力学性能及自修复率（见彩插）

（a）原始的强度；（b）修复后的强度；（c）修复前、后的弹性模量；（d）自修复率；

（e）材料强度随修复时间的变化；（f）拉伸强度比与时间的关系

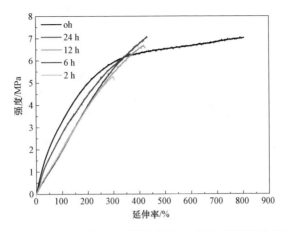

图 8-23　不同 HEDS 含量 EPU 弹性体的强度与修复时间的关系（见彩插）

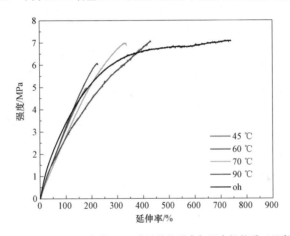

图 8-24　不同 HEDS 含量 EPU 弹性体的强度与温度的关系（见彩插）

表 8-3　修复温度和时间对不同 EPU 样品的氢键交联密度

修复时间	$\lambda=1.6$		$T/℃$	$\lambda=1.5$	
	$\sigma/(MPa)$	$v_e/(mol·cm^{-3})$		σ/MPa	$v_e/(mol·cm^{-3})$
0 h	4.22	1.16×10^{-3}	90	3.56	1.12×10^{-3}
24 h	3.62	9.91×10^{-4}	70	4.27	1.34×10^{-3}
12 h	3.23	8.85×10^{-4}	60	4.58	1.44×10^{-3}
6 h	3.19	8.74×10^{-4}	45	4.41	1.38×10^{-3}
2 h	3.17	8.68×10^{-4}	R.T	3.87	1.21×10^{-3}

■ 含能热塑性弹性体

该类不仅在中高温度具有修复功能，在常温下也表现出较好的修复性能，如表 8-4 和表 8-5 所示。

表 8-4 室温环境（20 ℃）表面能驱动随修复时间的力学性能

EPU-0	σ /MPa	ε /%	η /%
0	1.92±0.21	48.95±3.28	28.3
1 天	3.83±0.17	94.92±7.15	56.4
3 天	4.26±0.27	143.52±0.35	62.7
7 天	5.33±0.23	170.17±22.12	78.5
14 天	5.50±0.19	181.92±10.83	81.01
21 天	5.63±0.06	198.99±10.36	83.7
30 天	6.08±0.01	190.28±7.22	89.5

表 8-5 室温环境（20 ℃）表面能驱动随修复时间变化的力学性能

EPU-05	σ /MPa	ε /%	η /%
0	1.79±0.06	49.85±3.59	25.9
1 天	3.75±0.34	148.84±16.67	54.4
3 天	4.63±0.29	161.38±8.23	67.2
7 天	5.43±0.26	191.88±13.24	78.8
14 天	6.01±0.42	210.05±5.73	87.2
21 天	6.25±0.19	213.92±6.92	90.7
30 天	6.31±0.21	214.12±9.36	91.6

为了深入分析修复机制，以 EPU-0 和 EPU-25 两种弹性体为研究对象，分别测试在室温和 90 ℃时经历不同修复时间的力学性能和所对应的修复时间构建修复比率（HI）以及修复时间指数（$t^{0.25}$），并进行其拟合处理，拟合结果如图 8-25 所示。可以清楚地观察到，EPU-0 和 EPU-25 薄膜的修复比率（HI）与修复时间 t 的 0.25 次幂（$R^2 > 0.95$）之间具有良好的线性关系，这进一步证明 Wool 的扩散修复理论同样适合 GAP 弹性体的自修复机理。通过拟合结果获得了修复模型中的一些核心参数，如扩散系数 D 和修复能量 E_h 等，其计算结

果见表8-6。从表可以看出,在90 ℃时EPU-0和EPU-5膜的扩散系数远高于在室温下的扩散系数。同时,也发现EPU-5薄膜的修复能量(E_h = 5.252 kJ·mol^{-1})低于EPU-0薄膜的修复能量(E_h = 7.654 kJ·mol^{-1}),表明HEDS的引入可以降低弹性体的修复能量势垒,引入的二硫键不仅具有动态键的交换能力,还能够有效地降低系统修复能量势垒高度,从而有利于促进修复过程。与不具有二硫键的EPU-0膜相比,EPU-5膜在室温或高温下均具有较高的修复率,这样同样解释了EPU-5在高温下其自修复率高于100%的内在原因。为了能够揭示其GAP弹性体的内在修复机制,建立了相关的修复机理模型:

$$HI = HI_0 + K \exp\left(-\frac{E_h}{RT}\right) \cdot t^{0.25} \quad (8.1)$$

式中:$HI(T, t)$为在温度T和时间t加热后样品的修复比率;HI_0为瞬时修复比率;K为扩散控制的修复比率常数;E_h为扩散和随机化的活化能从一个面到另一个面的分子链的数量,即其代表系统修复所需的最小能量;R为气体常数(8.314 J·mol^{-1}·K^{-1});T为修复温度;t为修复时间。

表8-6 修复模型的参数计算结果

样品	HZ		HI_0		E_h/(kJ·mol^{-1})	K
	90 ℃	R.T.	90 ℃	R.T.		
EPU-0	0.218	0.119	0.513	0.295	7.654	2.751
EPU-05	0.203	0.134	0.591	0.268	5.252	1.156

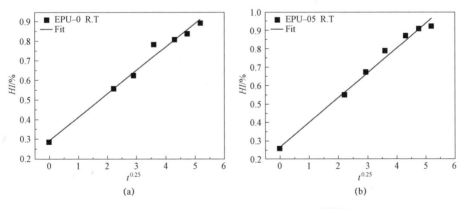

图8-25 EPU-0和EPU-5的修复比率与$t^{0.25}$拟合

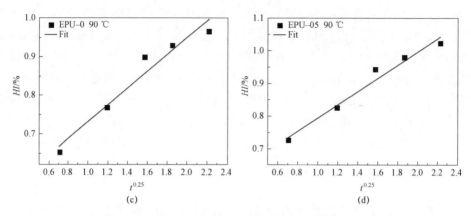

图 8-25　EPU-0 和 EPU-5 的修复比率与 $t^{0.25}$ 拟合（续）

在上述修复模型中，该模型右边的第一项 HI_0 是瞬时强度增益的贡献，源于裂纹表面能驱动。因此，可以采用 HI_0 的大小间接衡量系统表面能的大小。为此，首先将 EPU-0、EPU-5，EPU-10、EPU-15 四个原始样品完全切断并快速将切断的两部分接好（从切断到测试时间控制在 1 min 内）；然后立即进行拉伸实验。所有修复样品的瞬时力学性能如表 8-7 和图 8-26 所示。从图中可以看出，瞬时强度随着 HEDS 含量增加则逐渐降低，同时计算了瞬时修复比率（HI_0），发现 HI_0 也随着 HDES 增加而呈逐渐降低趋势，这主要是由于入 HDES 会显著降低系统的表面能大小。

表 8-7　室温环境（20 ℃）不同组分 EPU 的力学性能

样品	σ/MPa	ε/%	η/%
EPU-0	1.92±0.21	48.95±3.28	28.3
EPU-5	1.79±0.06	49.85±3.59	25.9
EPU-10	1.49±0.23	55.13±6.94	20.5
EPU-15	1.24±0.15	53.10±9.89	20.9

对于损伤系统，在形变和损伤处的表面积会增加，从而增加表面应力或热应力。产生的裂纹由于具有较大的表面积，同时在裂纹面也会产生表面能，在表面能的作用下，表面积会呈现减小的趋势。鉴于此微观过程，通过计算裂纹面修复过程的表面张力变化来衡量其对修复过程的影响。然而，由于裂纹面的面积大小是时间的函数。因此，采用常规的接触角的测量往往是不现实的，需要根据下式计算修复过程

的表面张力：

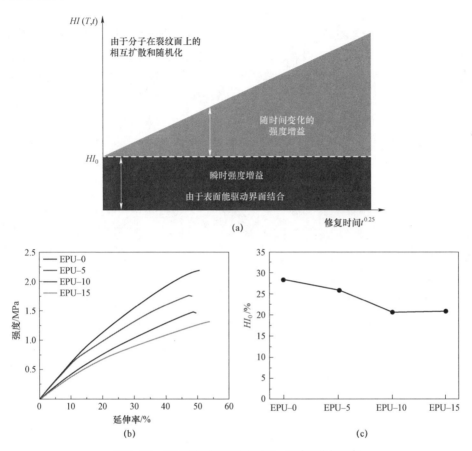

图 8-26　四种修复样品的修复模型、强度和修复比率

（a）修复模型；（b）室温环境（20 ℃）不同组分的 EPU 瞬时强度增益；
（c）瞬时修复比率 HI_0

$$\sigma_{ST} = \frac{\gamma}{R} \tag{8.2}$$

$$\gamma = \frac{\Delta E}{\Delta S} \tag{8.3}$$

然而，要获得表面张力，首先需要确定表面张力系数 γ 和曲率半径 R（由于裂纹宽度很小可以将曲率半径 R 近似为宽度的 1/2）。根据文献报道并结合 EPU 的相对分子质量、密度和化学结构，首先计算聚氨酯类材料的密度和摩尔体积 V_m，鉴于同一组样品的密度和化学结构相似，因此将四种弹性体的密度和化学结构视为一样的。为了计算的方便，选择 EPU-0 作为计算对象。其各参数的计算结果列于表 8-8

中，得到表面张力系数 $\gamma = 0.0543\ \text{N}\cdot\text{m}^{-1}$。对于切的样品：首先置于室温环境放置6 h 以消除形状记忆效应；然后再将其置于光学显微镜下记录其初始的裂纹底部和顶部的宽度和整个裂纹深度；其次将样品置于室温环境中修复处理，并定期测试样品力学性能并计算修复效率；最后，根据获得修复效率计算不同修复时间所对应的裂纹底部的半径和表面张力，最终计算的结果如图 8-27 所示。同时，根据以前的实验数据，计算并显示伤口修复时间各不相同的划痕底部的曲率半径和相应的伤口驱动力 σ_{ST}，底部半径和表面张力应力的计算结果如图 8-27(d)所示。由图 8-27(d)发现，伤口的底部半径（小圆）随着修复时间的增加而增加，表面张力随修复时间的减少而减小。这些结果表明，表面能可以在室温下有效地驱动聚合物材料的修复进程。

表 8-8 EPU 的表面张力系数、摩尔体积和密度

样品	P_s	$\gamma/(\text{N}\cdot\text{m}^{-1})$	$V_m/(\text{l/mol})$	$\rho/(\text{g}\cdot\text{cm}^{-3})$
EPU-0	56 366.762 68	0.053 4	20 849.6	1.224

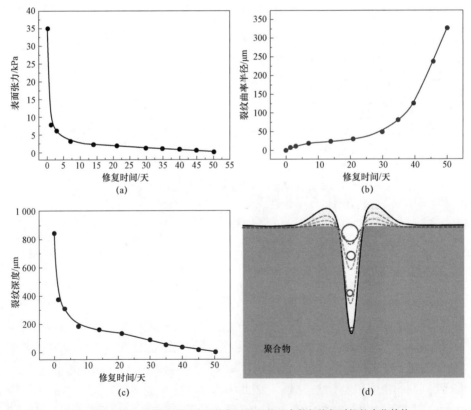

图 8-27 EPU-5 样品室温表面修复过程的物理参数与修复时间的变化趋势
（a）表面张力；（b）裂纹底部曲率半径；（c）裂纹深度；（d）修复过程微观形态示意图

8.2.2 含于 DA 可逆反应的含能热塑弹性体

2017 年，梁楚尧等人[19]将 DA 键引入聚丁二烯，制备了有自修复功能的端呋喃甲酯基聚丁二烯黏合剂。端羟基聚丁二烯（HTPB）可通过具有良好机械性能的异氰酸酯基固化剂进行固化，是复合固体推进剂、PBX 炸药、气体发生剂等最常用的黏合剂。为此，首先对 HTPB 进行端基改性，合成了端呋喃甲酯基聚丁二烯（FTPB），同时还设计合成了三呋喃甲酯基丙烷（TFP）；然后以 FTPB 为主体，N,N'-1,3-苯二马来酰亚胺（PDMI）为固化剂，TFP 为扩链剂，形成了一种新型的可逆 DA 反应体系，如图 8-28 所示。

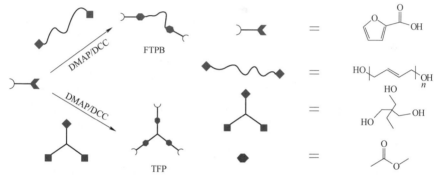

图 8-28 端呋喃甲酯基聚丁二烯（FTPB）和三呋喃甲酯基丙烷（TFP）的合成路线

研究发现，当不加入扩链剂 TFP 时，制备的 FTPB-PDMI 胶片拉伸强度仅为 0.26 MPa，强度很低，不能满足推进剂用黏合剂基本力学性能。加入 TFP 后制备的 FTPB-PDMI-TFP 胶片，拉伸强度升至 1.76 MPa，拉伸应变为 284%，满足作为固体推进剂和 PBX 炸药等黏合剂的要求。首先将 FTPB-PDMI-TFP 胶片用刀片在中间部分预制横向宽 5 mm、深 5 mm 的裂纹；然后将其在 100 ℃下加热 2 h，在 60 ℃下放置不同时间，测定胶片的自修复效果。结果显示，经 60 ℃加热 48 h 后，裂纹宽度深度明显减小，表面逐渐恢复到接近无损状态，表明胶片具有自修复性能。最后在 60 ℃下继续加热至 72 h，裂纹没有表现出任何显著变化。拉伸结果表明，经 100 ℃加热 2 h，再在 60 ℃下恒温固化 48 h 后得到修复胶片，弹性模量可恢复到之前的 88%。

2019 年，李玉斌等人[20]也通过将 DA 键引入含能黏合剂的方法制备了自修复含能固体材料，其主体为聚四乙烯醚二醇（PTMEG）。首先将 PTMEG 与过量的 4,4'-二苯基甲烷二异氰酸酯（MDI）反应；然后用 2-呋喃甲胺（FAm）进行改性，得到端呋喃的线型聚氨酯（FPU），如图 8-29 所示。在 70 ℃下通过 FPU 和 N,N'-(4,4'-亚甲基二苯基)双马来酰亚胺（BMI）之间的 DA 反应获得目标物，并在 60 ℃

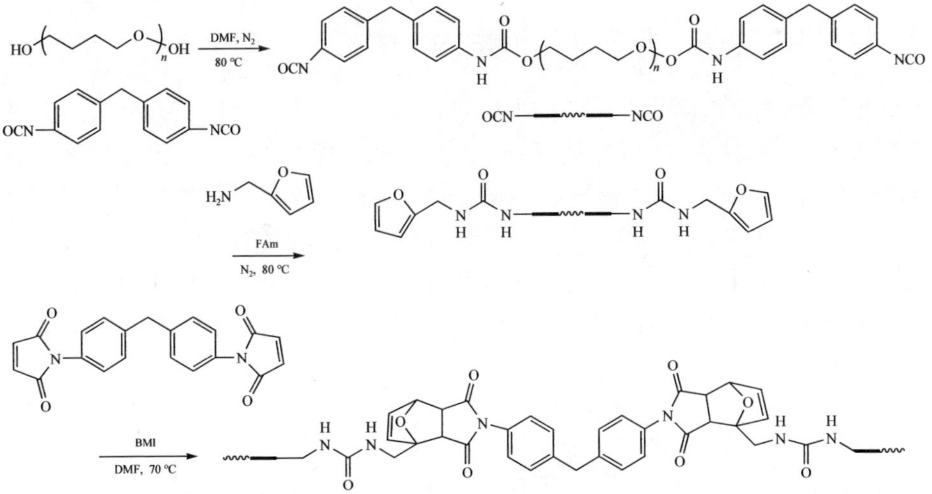

■ 含能热塑性弹性体

图 8-29 DA 键聚氨酯的合成路线

下蒸发溶剂得到 DA 聚氨酯（DAPU）。首先在胶片上预制深度 0.5 mm，曲率半径 0.006 mm 的裂纹；然后在 100 ℃、110 ℃、120 ℃ 和 130 ℃ 四个温度下用偏光显微镜上观察裂纹修复变化。结果发现，需要在 120 ℃ 以上材料才有自修复能力。将有裂纹的样品经 125 ℃ 热处理，再在 60 ℃ 放置 30 min 后，第一次修复模量的自修复率能达到 90.5%，第二次为 82.4%。以环四亚甲基四硝胺（HMX）基础，分别以 DAPU 和商用热塑性聚氨酯（TPU）为黏合剂，制备了两种 PBX，并对其进行巴西测试。两种 PBX 在低温冲击后力学性能都有所减弱，商用型 TPU 的强度仅为原始未受损样品的 1/2，而用 DAPU 胶接的 PBX 当裂纹修复后，其恢复强度为初始值的 85%，由此计算自修复率可达 68.5%。由此可知，将 DA 反应引入到了聚合物分子链中可制备自修复黏合剂，虽然聚丁二烯是交联的，聚四乙烯醚二醇是链状的，但是两个体系还是有共同点的。例如模量的自修复率都在 90% 左右，而且都需将温度升至 120 ℃ 以上，才能有明显的自修复现象。其实 DA 反应在 60 ℃ 左右时便可进行，当温度到达 60 ℃ 以上时，限制材料自修复能力的因素就从温度变成了大分子链段的活动能力。链段扩散效率低，反应效率自然也低，宏观上就表现为材料裂痕修复不明显。然而，当温度高于 120 ℃ 时，所有的 DA 键都被破坏，分子链变短，链段活动能力显著增加，材料才得以充分发挥自修复能力，这也是为什么 DA 体系自修复时都要先加热后再降到稍低的温度下保温的原因。

8.2.3 含氢键的含能热塑弹性体

修复材料中的可逆键在带来自修复特性时，也容易成为聚合物网络中的薄弱环

第8章 具有自修复功能的含能热塑性弹性体

节。因此,目前大多数利用可逆键修复损伤自修复聚合物多是软材料或水凝胶,这肯定是不能直接用于含能材料的,需要进一步设计以满足基本的力学性能。为此,利用丰富的动态氢键可以赋予 ETPE 高效的自修复性能,并且受爬山虎的启发,强附着力还能赋予 ETPE 良好的力学性能。杨静等人[21]利用多重氢键特性,仿生爬山虎的强附着力,研究了两种弹性体:① 异佛尔酮二胺(IDA)与端羟基的叠氮聚缩水甘油酯(GAP)反应,首先把 GAP 端基变为异氰酸酯键的同时引入异佛尔酮二脲结构;然后将4,4′-二氨基二苯甲烷(MDA)作为扩链剂,反应得到 GAP-IDI-MDA 弹性体;② 用二苯基甲烷-4,4′-二异氰酸酯(MDI)与端羟基的叠氮聚缩水甘油酯(GAP)反应,扩链剂选择异佛尔酮二胺(IDA),得到 GAP-MDI-IDA 弹性体。这两种含能聚合物中都有4,4-亚甲基双(苯基脲)(MPU)结构,加之旁边有异佛尔酮二脲的结构,MPU 部分不会导致结晶,而是与 GAP 骨架中的—O—键形成氢键。同时,GAP 上丰富的—O—键为硬段区提供了大量氢键位点,可以形成仿生爬山虎的强附着力,而且依靠软段和硬段中分层氢键的断裂/重组,表现出高韧性(约 13 400%)、快速自修复性能(室温下 2 h)和强黏结性能,如图 8-30 所示。

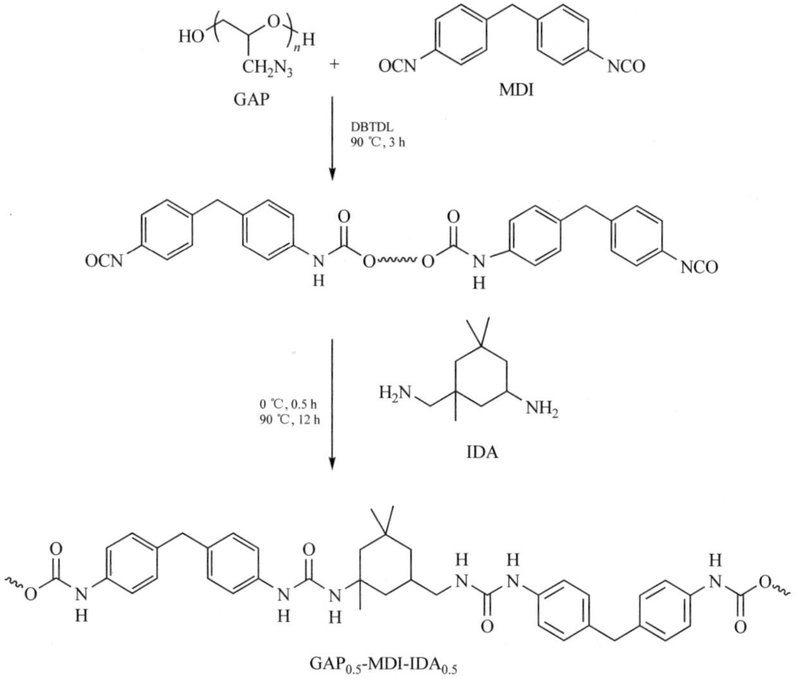

图 8-30 GAP-MDI-IDA(a)和 GAP-IDI-MDA(b)弹性体的合成路线

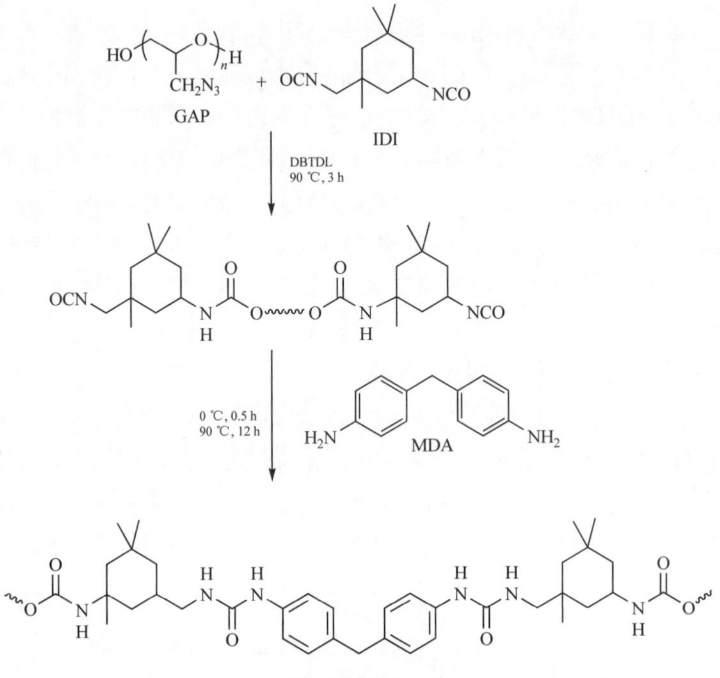

图 8-30　GAP-MDI-IDA（a）和 GAP-IDI-MDA（b）弹性体的合成路线（续）

研究发现，GAP-MDI-IDA 硬段区过大，这虽然能增加拉伸强度，但是由于硬段区中结构排列的过于紧密，限制了氢键的断裂和形成，进而影响了自修复效果。相比之下，GAP-IDI-MDA 中总的硬段含量与 GAP-MDI-IDA 近似相等，却具有显著的微相分离结构。其中，MPU 结构不规则排列，导致较为松散的硬段结构，自修复效果更好。断裂的 GAP-IDI-MDA 胶片室温下经过 2 h 的自修复，拉伸强度便能恢复到 93%。将 50%（质量分数）GAP-IDI-MDA 黏合剂与 50%（质量分数）TATB 组成含能复合材料粉末，压制成膜。预置的划痕大小为：长度 10 mm，宽度 65 mm，深度 0.5 mm。结果表明，划痕在 25 ℃下仅 2 min 便完全消失，但此时痕修复前复合膜的力学性能仅为原始性能的 16.8%；在室温下放置 12 h 后，力学性能完全恢复。

8.2.4　含金属配位键的含能热塑弹性体

2021 年，南京理工大学的张雅娜等人[22]利用嘧啶和 Zn 配位的作用作为物理交联点，实现了 ETPT 在低温下的自修复。首先通过点击反应将 3,8-二炔基吡啶并入端叠氮基聚二甲基硅氧烷；然后通过锌（Ⅱ）和三齿配体3,8-双（1,2,3-三唑-4-基）吡啶（BTP）之间的金属-配体配位交联，制备了Zn-3,8-双（1,2,3-三唑-4-基）吡啶类PDMS-弹性体（3,8-BTP-PDMS-Zn），结构如图8-31所示。其中，选择低摩尔质量（600 g·mol^{-1}）的柔性PDM作为主链，是为了让链段运动能力更强并降低玻璃化转变温度，促进低温自修复性。同时，通过BTP配体之间的动力学不稳定金属-配体配位作为交联位点来调节交联密度，从而赋予弹性体机械稳健的性能和黏结强度，其断裂伸长率和弹性模量分别为230%和17.91 MPa。3,8-BTP-PDMS-Zn的自修复过程是自主的，即不需要加热，在室温或低温下便能观察到韧性黏附和自修复效果。将材料切成两半后，所有力学性能可在室温下在6 h内完全修复，最大拉伸强度的恢复效率可达100%，而3,8-BTP-PDMS-4在低温下的自修复性主要归因于两个因素：① 相对较短的聚合物链（M_n=7 372）和极低的T_g（-138.7 ℃）；② 动态Zn^{2+}-BTP配体配位键的存在。除了优异的力学性能和低温自修复能力之外，3,8-BTP-PDMS-Zn还具有对各种基材的强大附着力，尤其在钢上的最大附着力为1.65 MPa。此外，分子链中三唑作为含能官能团有助于提高弹性体的能量，使得3,8-BTP-PDMS-Zn成为一种理想的具有自修复性的ETPE。

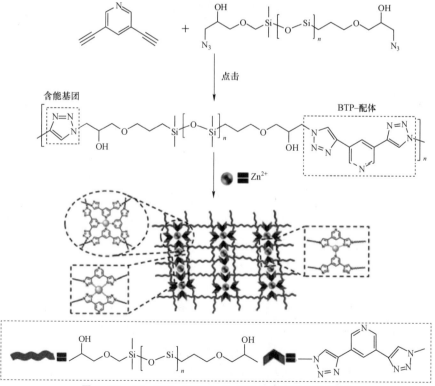

图8-31　3,8-BTP-PDMS-Zn弹性体的制备工艺示意图

含能热塑性弹性体

可逆非共价键体系的弹性体研究比可逆共价键体系稍晚,除了氢键和金属与配体相互作用外,其他可逆非共价键应用于含能黏合剂的研究较少。但是,在含能黏合剂领域外还是有一些成功的例子,发展只是时间问题。例如,Mozhdehi[23]将含有咪唑基团的聚合物链段接枝到硬相聚苯乙烯上,实现了软/硬相分离的双相结构,在软相中利用锌离子与咪唑的静电相互作用构建了物理交联网络,使材料表现出硬弹体的拉伸行为,即低形变时具有较高的拉伸模量。同时,由于离子相互吸引作用,材料在切断后可以实现快速修复的效果,在修复 3 h 后,即可回复至原样的拉伸行为。又如 Vaiyapuri[24]制备了一种修复的超分子纳米复合材料,该材料为包含芘官能团的聚酰胺、聚二酰亚胺和芘官能化金纳米颗粒(P–AuNP 5)等三种组分的聚合物混合物,各组分在 π–电子富集的芘基残基与 π–电子缺陷的聚二酰亚胺残基之间形成 π–π 堆叠相互作用。随着(P–AuNP 5)含量的增加,纳米复合材料的拉伸模量和极限拉伸强度均呈线性增加。且 P–AuNPs 聚合物含量低于 10% 时,复合材料基本上都可以实现近 100% 的自修复率。

参 考 文 献

[1] Wolfgang H Binder. Self–healing polymers: from principles to applications, Wiley–VCH, 2013.

[2] Utrera–barrios S, Verdejo R, L Pez–manchado M A, et al.Evolution of self–healing elastomers, from extrinsic to combined intrinsic mechanisms: A Review [J]. Materials Horizons, 2020, 7(1I): 2882–2902.

[3] White S R, Sottos N R, Geubelle P H, et al.Autonomic healing of polymer composites [J]. Nature, 2001, 409: 794–797.

[4] DRY C.Procedures developed for Self–Repair of polymer Matrix Composite Materials [J]. Composite Structures, 1996, 35(3): 263–269.

[5] Toohey K S, Sottos N R, Lewis J A, et al.Self–Healing Materials with Microvascular Networks [J]. Nature Materials, 2007, 6(8): 581–585.

[6] Lee M W, An S, Lee C, et al. Self–Healing transparent core–shell nanofiber coatings for anti–corrosive protection [J]. Journal of Materials Chemistry A, 2014, 2(19): 7045.

[7] Yang S W, Du X H, Deng S, et al.Recyclable and self–healing polyurethane

[8] Fan W H, Jin Y, Shi L J, et al.Developing visible-light-induced dynamic aromatic Schiff base bonds for room-temperature self-healable and reprocessable waterborne polyurethanes with high mechanical properties[J]. Journal of Materials Chemistry A, 2020, 8(14): 6757-6767.

[9] Song K, Ye W J, Gao X C, et al.Synergy between dynamic covalent boronic ester and boron-nitrogen coordination: strategy for self-healing polyurethane elastomers at room temperature with unprecedented mechanical properties[J]. Materials Horizons, 2021, 8(1): 216-223.

[10] Wan T, Chen D. Synthesis and properties of self-healing waterborne polyurethanes containing disulfide bonds in the main chain [J]. Journal of Materials Science, 2017, 52(1): 197-207.

[11] Qian Y Q, An X W, Huang X F, et al.Recyclable self-healing polyurethane cross-linked by alkyl diselenide with enhanced mechanical properties [J]. Polymers, 2019, 11(5): 773-784.

[12] Wang S J, Yang Y F, Ying H Z, et al. Recyclable, self-healable, and highly malleable polyurethane-ureas with improved thermal and mechanical performances [J]. ACS Applied Materials&Interfaces, 2020, 12(31): 35403-35414.

[13] Yamauchi K., Lizotte J R, Long T E.Thermorecersible poly(alkyl acrylates) consisting of self-complementary multiple hydrogen bonding[J]. Macromolecules, 2003, 36(4): 1083-1088.

[14] Wang Z H, Xie C, Yu C J, et al. A facile strategy for self-healing polyurethanes containing multiple metal-ligand bonds[J]. Macromolecular Rapid Communications, 2018, 39(6): 1700678-1700684.

[15] Nomimura S, Osaki M, Park J. et al. Self-Healing Alkyl Acrylate-Based Supramolecular Elastomers Cross-Linked via Host-Guest Interactions[J]. Macromolecules, 2019, 52(7): 659-2668.

[16] Burattini S, Greenland B W, Hayes W, et al. Supramolecular Polymer Based on Tweezer-Typeπ-πStacking Interacations: Molecular Design for Healability and Enhanced Toughness [J]. Chemistry of Materials, 2011, 23(1): 6-8.

[17] 菅晓霞, 宋育芳, 赵盟辉, 等.GAP基自修复黏结剂的制备及性能[J]. 含能材料, 2019, 27(160): 53-58.

[18] Ding S, Zhang J, Zhu G, et al. Rationally Constructed Surface Energy and

Dynamic Hard Domains Balance Mechanical Strength and Self-Healing Efficiency of Energetic Linear Polymer Materials[J]. Langmuir, 2021, 37(30): 8997-9008.

[19] Liang C, Li J, Xia M, et al. Performance and Kinetics Study of Self-healing Hydroxyl-Terminated Polybutadiene Binders Based on the Diels-Alder Reaction [J]. Polymers, 2017, 9: 200-211.

[20] Li Y, Yang Z, Zhang J, et al. Novel polyurethane with high self-healing efficiency for functional energetic composites [J]. Polymer Testing, 2019, 76: 82-89.

[21] Yang J, Zhang G, Wang J, et al. Parthenocissus-inspired, strongly adhesive, efficiently self-healing polymers for energetic adhesive applications[J]. J. Mater. Chem. A, 2021, 9(29): 16076-16085.

[22] Zhang Y, Chen J, Zhang G, et al. Mechanically robust, highly adhesive and autonomously low-temperature self-healing elastomer fabricated based on dynamic metalligand interactions tailored for functional energetic composites [J]. Chemical Engineering Journal, 2021, 425: 130668-130676.

[23] Mozhdehi D, Ayala S, Cromwell, et al. Self-healing multiphase polymer svia dynamic metal-ligand interactions [J]. J. Am. Chem. Soc., 2014, 136: 16128-16131.

[24] Vaiyapuri R, Greenland B W, Colquhoun H M, et al. Molecular recognition between functionalized gold nanoparticles and healable, supramolecular polymer blends-a route to property enhancement[J]. Polym. Chem., 2013, 4: 4902-4909.

第 9 章

其他含能热塑性弹性体

9.1 概 述

除前面介绍的 ETPE 之外，近年来研究人员从能量基团、分子结构、共聚改性、扩链剂选择等方面进行了大量的研究工作。本章主要介绍了其他类型 GAP、BAMO、AMMO 共聚物基 ETPE、PNMMO 基 ETPE、二氟氨基 ETPE、星形结构 ETPE 和含能扩链剂扩链的 ETPE。

9.2 GAP–PET 基含能热塑性弹性体

GAP 具有强极性、大侧链基团，作为 ETPE 的软段时会使弹性体分子主链柔性变差，同时会使软段极性增强，与硬段的微相分离变差。环氧乙烷-四氢呋喃（PET）无规共聚醚的玻璃化转变温度为 -81.5 ℃，以 PET 为软段的热塑性聚氨酯弹性体具有优良的低温力学性能[1]。因此，将低温性能良好的 PET 软段引入 ETPE 结构中，有望得到一种具有良好低温性能的新型 ETPE。

以 GAP 和 PET 的质量比取 1/2、1/1 和 2/1 为例，分别标记为 GAP–PET–A、

GAP-PET-B、GAP-PET-C，合成硬段含量为35%、40%、45%、50%和55%的ETPE，分别命名为GAP-PET-A-35、GAP-PET-A-40、GAP-PET-A-45、GAP-PET-A-50、GAP-PET-A-55、GAP-PET-B-35、GAP-PET-B-40、GAP-PET-B-45、GAP-PET-B-50、GAP-PET-B-55，GAP-PET-C-35、GAP-PET-C-40、GAP-PET-C-45、GAP-PET-C-50、GAP-PET-C-55。

9.2.1 GAP-PET 基 ETPE 的单元结构式

以 GAP-PET-C 为例，GAP-PET 基 ETPE 的合成反应原理如图 9-1 所示，反应式中 R′为 GAP 不包括羟基部分，R″为 PET 不包括羟基部分。

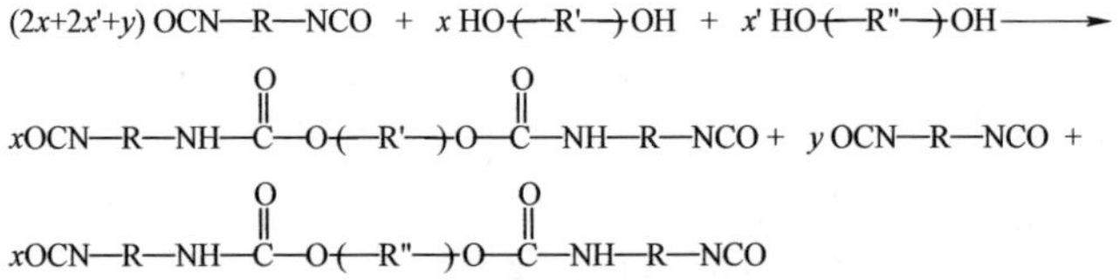

$$(2x+2x'+y)\text{OCN}-\text{R}-\text{NCO} + x\text{HO}(\text{R}')\text{OH} + x'\text{HO}(\text{R}'')\text{OH} \longrightarrow$$

$$x\text{OCN}-\text{R}-\text{NH}-\overset{O}{\underset{}{C}}-\text{O}(\text{R}')\text{O}-\overset{O}{\underset{}{C}}-\text{NH}-\text{R}-\text{NCO} + y\text{OCN}-\text{R}-\text{NCO} +$$

$$x\text{OCN}-\text{R}-\text{NH}-\overset{O}{\underset{}{C}}-\text{O}(\text{R}'')\text{O}-\overset{O}{\underset{}{C}}-\text{NH}-\text{R}-\text{NCO}$$

图 9-1　GAP-PET 基 ETPE 的合成反应原理图

由于弹性体的结构与硬段含量和两种混合软段的比例有关系，为了分析方便，以 GAP-PET-C 为例（GAP 与 PET 的质量比为 2:1，摩尔比为 2.5:1）推测理论上的弹性体结构式。

根据 $R=1$ 以及混合软段的投料比 GAP:PET:IPDI:BDO=（2.5/3.5）:（1/3.5）: n:（$n-1$），GAP-PET-C 弹性体的结构式如图 9-2 所示。

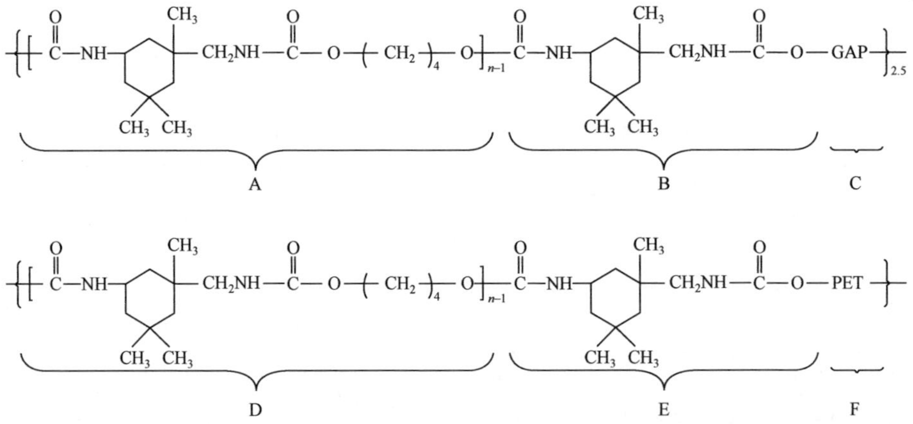

图 9-2　GAP-PET-C 弹性体的结构式

图 9-2 中，结构单元中 A 部分和 D 部分为异氰酸酯和扩链剂组成的硬段部分，B 部分为连接 GAP 软段和硬段组成的氨基甲酸酯部分，C 部分为弹性体的 GAP 软段部分，E 部分为连接 PET 软段和硬段的氨基甲酸酯部分，F 部分为弹性体的 PET 软段部分。这样通过聚氨酯加成聚合的方法将两种不同性能的软段连接在一个分子中，使合成的弹性体具有含能链段的 GAP 和低温柔性好的 PET 链段，达到改性含能聚氨酯的目的。

9.2.2 GAP-PET 基 ETPE 的组成

熔融两步法合成的以 GAP、PET 为混合软段的弹性体组成，如表 9-1~表 9-3 所示。

（1）不同硬段含量时 GAP-PET-A 弹性体（GAP 与 PET 的质量比为 1:2）的组成，如表 9-1 所示。

表 9-1　不同硬段含量 GAP-PET-A 弹性体的组成

弹性体	硬段含量/%	各组分含量/g				氮含量/%
		GAP	PET	IPDI	BDO	
GAP-PET-A-35	35	5	10	6.01	2.07	9.1
GAP-PET-A-40	40	5	10	7.38	2.62	8.4
GAP-PET-A-45	45	5	10	9.01	3.27	7.7
GAP-PET-A-50	50	5	10	10.92	4.08	7.0
GAP-PET-A-55	55	5	10	13.33	5.01	6.2

（2）不同硬段含量时 GAP-PET-B 弹性体（GAP 与 PET 的质量比为 1:1）的组成，如表 9-2 所示。

表 9-2　不同硬段含量 GAP-PET-B 弹性体的组成

弹性体	硬段含量/%	各组分含量/g				氮含量/%
		GAP	PET	IPDI	BDO	
GAP-PET-B-35	35	10	10	8.01	2.76	13.6
GAP-PET-B-40	40	10	10	9.8	3.5	12.6
GAP-PET-B-45	45	10	10	11.98	4.37	11.5
GAP-PET-B-50	50	10	10	14.57	5.43	10.5
GAP-PET-B-55	55	10	10	17.74	6.70	9.4

（3）不同硬段含量时 GAP-PET-C 弹性体（GAP 与 PET 的质量比为 2:1）的组成，如表 9-3 所示。

表 9-3 不同硬段含量 GAP-PET-C 弹性体的组成

弹性体	硬段含量/%	各组分含量/g				氮含量/%
		GAP	PET	IPDI	BDO	
GAP-PET-C-35	35	20	10	12.01	4.14	18
GAP-PET-C-40	40	20	10	14.78	5.22	17
GAP-PET-C-45	45	20	10	18.73	6.82	15
GAP-PET-C-50	50	20	10	21.87	8.13	14
GAP-PET-C-55	55	20	10	28.04	10.05	13

9.2.3 GAP-PET 基 ETPE 的结构与性能

1. 氢键化程度

图 9-3 所示为 GAP-PET-A-35 弹性体的 FTIR 谱图。原料 PET 中的特征吸收峰中，3 495.8 cm^{-1} 为伯羟基特征吸收峰，2 939.1 cm^{-1} 和 2 861.8 cm^{-1} 为亚甲基对称和不对称振动特征吸收峰中，1 112.6 cm^{-1} 和 1 116.6 cm^{-1} 为醚键特征吸收峰，这是因为 PET 中含有聚乙二醇和聚四氢呋喃二醇两种结构的醚键。可以看出，GAP-PET-A-35 弹性体中原料 GAP 和 PET 中的 3 500 cm^{-1} 处羟基特征吸收峰消失，在 3 328 cm^{-1} 处出现了氨基的特征吸收峰，2 864~2 980 cm^{-1} 处的甲基、亚甲基的振动特征吸收峰，2 100 cm^{-1} 处出现了叠氮基团的特征吸收峰，1 706.2 cm^{-1}、1 537.7 cm^{-1}、1 242.8 cm^{-1} 处聚氨酯酰胺基团的特征吸收峰，1 700 cm^{-1} 处为形成了氢键的羰基特征吸收峰。1 109.4 cm^{-1} 处有醚键的吸收峰，1 044.1 cm^{-1} 处为氨基甲酸酯烷氧基的吸收峰。红外光谱图中没有出现异氰酸酯的特征吸收峰（2 260 cm^{-1}），说明反应进行完全。与纯 GAP 软段弹性体相比，2 864.4 cm^{-1} 处亚甲基伸缩振动吸收峰增强，这是因为 GAP-PET-A-35 弹性体中含有较多的亚甲基基团。红外光图谱中没有出现 1 281.9 cm^{-1} 的叠氮的弯曲振动峰，这是由于叠氮基团含量较少，吸收峰变弱与酰胺Ⅲ带的吸收峰重合。相比原料 PET 的醚键位置，弹性体的醚键吸收峰位置更低，由 1 116.2 cm^{-1} 变为 1 109.4 cm^{-1}，说明醚键有部分形成了氢键。红外光谱结果证明了 GAP-PET-A-35 弹性体的结构。

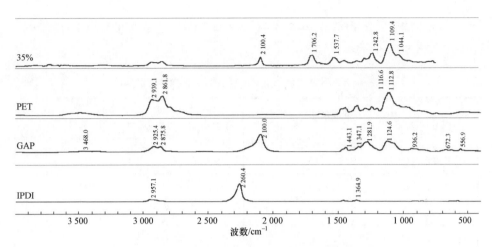

图 9-3　GAP-PET-A-35 弹性体与原料的 FTIR 谱图
（图中数字为 GAP-PET-A 的硬段含量）

不同硬段含量时 GAP-PET-A 的 FTIR 谱图如图 9-4 所示。随着硬段含量的增加，叠氮基团吸收峰强度减弱，氨基甲酸酯的特征吸收峰增强，在 1 040 cm^{-1} 处出现逐渐增强的氨基甲酸酯烷氧基的特征吸收峰。同时，1 700 cm^{-1} 处羰基峰有向低波数移动的趋势，分别为 1 706.2 cm^{-1}、1 704.9 cm^{-1}、1 702.5 cm^{-1}、1 701.3 cm^{-1}、1 701.1 cm^{-1}（表 9-4），说明羰基的氢键作用增强，醚键的吸收峰也向低波数方向移动。GAP 的醚键峰在 1 124 cm^{-1} 处，PET 的醚键峰在 1 114 cm^{-1} 处。由于两种软段与硬段相容性不同，随着硬段含量的变化，两种醚键形成氢键的程度不同。但是，随着硬段含量的增加，醚键氢键化程度加强。

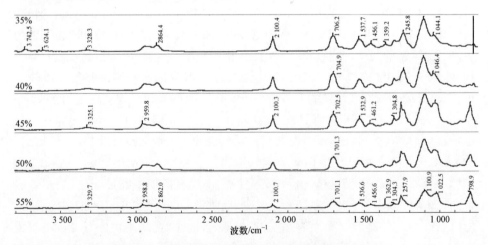

图 9-4　不同硬段含量 GAP-PET-A 弹性体的 FTIR 谱图
（图中数字为 GAP-PET-A 的硬段含量）

表9-4 不同硬段含量GAP-PET-A弹性体的羰基和醚键红外吸收峰位移

弹性体	GAP-PET-A-35	GAP-PET-A-40	GAP-PET-A-45	GAP-PET-A-50	GAP-PET-A-55
羰基/cm^{-1}	1 706.2	1 704.9	1 702.5	1 701.3	1 701.1
醚键/cm^{-1}	1 109.4	1 109.1	1 101.7	1 105.0	1 100.9

对于不同硬段含量时GAP-PET-A弹性体的红外羰基区的谱图采用FSD方法进行拟合,如图9-5所示。从图中可以看出,随着硬段含量的增加,1 690 cm^{-1}处的氢键键合的羰基吸收峰逐渐增强。

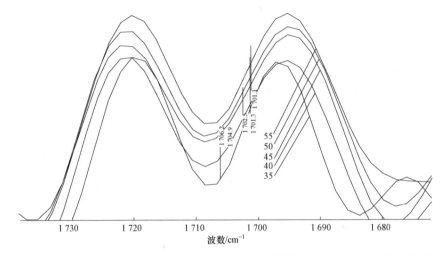

图9-5 GAP-PET-A羰基吸收峰的FSD红外谱图(图中数字为GAP-PET-A的硬段含量)

根据图9-5求出不同硬段含量时GAP-PET-A弹性体的游离和氢键化羰基吸收峰面积比,见表9-5。

表9-5 不同硬段含量GAP-PET-A弹性体的氢键化比例

弹性体	游离羰基吸收峰面积比	氢键化羰基吸收峰面积比	氢键化比例/%
GAP-PET-A-35	2.182	1.684	43.559 2
GAP-PET-A-40	2.466	2.306	48.323 6
GAP-PET-A-45	4.667	4.645	49.881 9
GAP-PET-A-50	3.448	3.47	50.159
GAP-PET-A-55	1.341	1.423	51.483 4

由表 9-5 中的数据可以看出,随硬段含量增加,氢键化比例增加,微相分离程度增强。

2. 玻璃化转变温度

用 DSC 法测得的 GAP-PET-A 弹性体软段的玻璃化转变温度,如表 9-6 所示。

表 9-6 不同硬段含量 GAP-PET-A 弹性体的软段玻璃化转变温度

弹性体	T_{g1}/℃	T_{g2}/℃
GAP-PET-A-35	-73.5	-44.4
GAP-PET-A-40	-74.0	-45.6
GAP-PET-A-45	-80.8	-43.5
GAP-PET-A-50	-81.5	-41.5
GAP-PET-A-55	-82.9	-38.2

由表 9-6 可知,随着硬段含量的升高,软段 PET 的玻璃化转变温度 T_{g1} 逐渐向低温方向移动,软段 GAP 的玻璃化转变温度 T_{g2} 逐渐增大。这种现象是由两种软段与硬段间的相容性不同造成的:PET 的极性较低,与高极性的硬段不相容,硬段含量越高,微相分离程度越大;GAP 是一种极性较强的高分子,与硬段相容性较好,硬段含量越高越容易溶入 GAP 软段中,表现为随硬段含量增加玻璃化转变温度升高。

用 DSC 法测得的不同硬段含量时 GAP-PET-B 弹性体的玻璃化转变温度,如表 9-7 所示。

表 9-7 不同硬段含量 GAP-PET-B 弹性体的软段玻璃化转变温度

弹性体	T_{g1}/℃	T_{g2}/℃
GAP-PET-B-35	—	-45.2
GAP-PET-B-40	-79.3	-44.4
GAP-PET-B-45	-81.0	-44.0
GAP-PET-B-50	-81.5	-43.9
GAP-PET-B-55	-82.0	-44.3

由表 9-7 可知,低硬段含量时 GAP-PET-B 弹性体只有一个玻璃化转变温度,位于 -45.2 ℃。随着硬段含量的增加,GAP-PET-B 弹性体在 -80 ℃ 左右的玻璃化转变温度越来越明显,归属于 PET 软段。同时,随着硬段含量的增加,硬段的聚集作用增强,PET 软段与硬段的微相分离程度增强,玻璃化转变温度向低温方向移动;GAP 软段与硬段之间的相容性增加,微相分离程度减弱,玻璃化转变温度向高温区移动。与 GAP 含量较少的 GAP-PET-A 弹性体相比,玻璃化转变温度差别不大。

GAP-PET-C 弹性体的玻璃化转变温度,如表 9-8 所示。

表 9-8 不同硬段含量 GAP-PET-C 弹性体的软段玻璃化转变温度

弹性体	$T_{g1}/℃$	$T_{g2}/℃$
GAP-PET-C-35	—	-41.1
GAP-PET-C-40	—	-32.2
GAP-PET-C-45	-76.7	-40.7
GAP-PET-C-50	-77.1	-39.5
GAP-PET-C-55	-77.2	-38.5

由表 9-8 可知,在低硬段含量时,GAP-PET-C 弹性体只有一个玻璃化转变温度,位于 -40 ℃ 左右。随着硬段含量的提高,GAP-PET-C 弹性体在 -80 ℃ 左右的 PET 段玻璃化转变温度越来越明显。随着硬段含量的增加,硬段聚集能力增强,PET 软段与硬段间微相分离程度增加,其玻璃化转变温度开始出现并向低温方向移动。同时,GAP 段与硬段的相容性更好,其 T_g 向高温方向移动。

比较 GAP-PET-A、GAP-PET-B、GAP-PET-C 三种弹性体可以发现,随着含能软段 GAP 比例的提高,PET 和 GAP 软段的玻璃化转变温度都向高温移动,并且变弱,说明随着含能软段的增多,弹性体的低温性能会变差。

3. 结晶性能

图 9-6 所示为 GAP-PET-C-50 弹性体的 XRD 谱图。从图中可以看出,GAP-PET-C-50 弹性体只在 20°左右出现了一个漫散射峰,表明以 GAP、PET 为软段,IPDI 和 BDO 为硬段组成的 ETPE 为非晶态,但是存在一定的有序结构。这是因为 GAP、PET 两种软段为非晶态,而 IPDI 的分子结构也是高度不对称的,而且存在多种的异构体,因此以 IPDI 和 BDO 组成的硬段结晶能力很弱[1]。

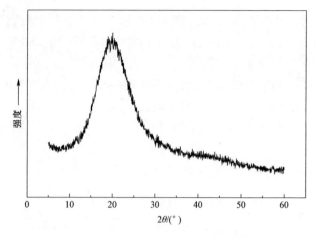

图9-6 GAP-PET-C-50 的 XRD 谱图

4. 力学性能

GAP-PET 基 ETPE 断裂伸长率和拉伸强度随硬段含量的变化规律，如图9-7和图9-8所示。由图可以看出，随硬段含量的增加，拉伸强度增加，断裂伸长率逐渐减小；与纯 GAP 软段的 ETPE 比较，强度变化不大，断裂伸长率则有较大提高。说明引入 PET 软段后增强了 ETPE 链段的柔顺性。

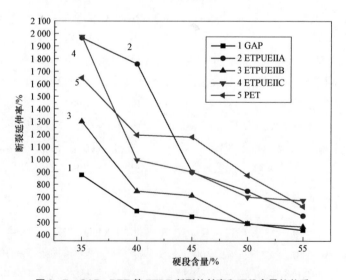

图9-7 GAP-PET 基 ETPE 断裂伸长率和硬段含量的关系

相比于纯 GAP 软段的 ETPE，GAP-PET 基 ETPE 的断裂伸长率有较大的提高。但是，随软段中 GAP 含量的增加拉伸强度并没有降低，这是由于聚氨酯由软段和硬段组成，其中硬段起着物理交联点作用，提供弹性体的强度，而软段和硬段之间存在微相分离，决定弹性体的断裂伸长率和低温力学性能。随着硬段含量的增加，整体趋势是强度提高，断裂伸长率下降，与常见 ETPE 的力学性能规律相符[2]。当硬段含量为 50% 时，力学性能较好。

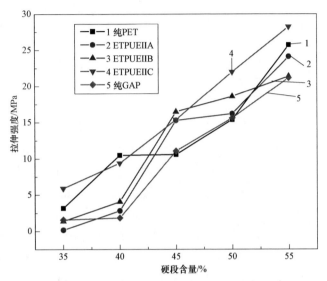

图 9-8　GAP-PET 基 ETPE 拉伸强度与硬段含量的关系

5. 热分解性能

不同硬段含量时 GAP-PET-C 弹性体的 TG 曲线和 DTG 曲线如图 9-9 所示，对应不同分解阶段的峰温如表 9-9 所示。

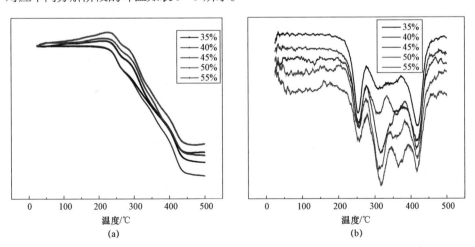

图 9-9　不同硬段含量 GAP-PET-C 弹性体的 TG 曲线和 DTG 曲线（图中数字表示硬段含量）

表 9-9 GAP-PET-C 弹性体的不同分解阶段的峰温

弹性体	叠氮基团分解/℃	硬段分解/℃	GAP 主链分解/℃	PET 软段分解/℃
GAP-PET-C-35	253.78	310.78	357.50	419.78
GAP-PET-C-40	256.19	308.19	358.99	415.19
GAP-PET-C-45	256.76	314.96	351.12	414.56
GAP-PET-C-50	257.12	310.52	358.23	417.32
GAP-PET-C-55	256.77	315.76	363.76	417.16

从表 9-9 中数据可以看出，与纯 GAP 基 ETPE 相比，在 419 ℃左右出现了新的分解失重峰。根据弹性体的结构，推断 GAP-PET 基 ETPE 的热分解过程分为四个阶段：叠氮基团分解、硬段分解、GAP 主链分解、PET 软段分解。其中，较高温度下的分解为 PET 中聚四氢呋喃链段的分解。

为了比较不同硬段含量 ETPE 的热分解规律，以 GAP-PET-C-35、GAP-PET-C-45、GAP-PET-C-50 弹性体的热失重曲线（图 9-10）为例进行解释。失重 5%时的温度及 252 ℃时的失重率如表 9-10 所示。

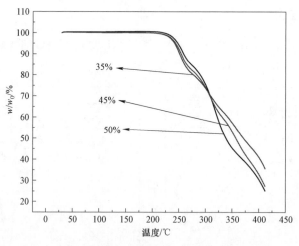

图 9-10 不同硬段含量 GAP-PET-C 弹性体的热失重曲线
（图中数字为硬段含量）

表9-10　不同硬段含量 GAP-PET-C 弹性体失重率 5%时的温度及 252 ℃时的失重率

性能	GAP-PET-C-35	GAP-PET-C-45	GAP-PET-C-50	说明
失重率 5%时温度/℃	233.167	233.167	233.167	开始分解基本相同
252 ℃时失重率/%	87.484 5	85.733	84.084 4	硬段含量低失重快

由表 9-10 中可以看出，随着硬段含量的增加，ETPE 第一阶段的热失重变慢，质量损失逐渐减少，与弹性体结构中叠氮基团的含量相符合；第二阶段失重率增加，第二阶段分解是弹性体硬段的分解，这与弹性体的结构特征相符合。

图 9-11 所示为不同升温速率下 GAP-PET-C 弹性体的高温 DSC 曲线。

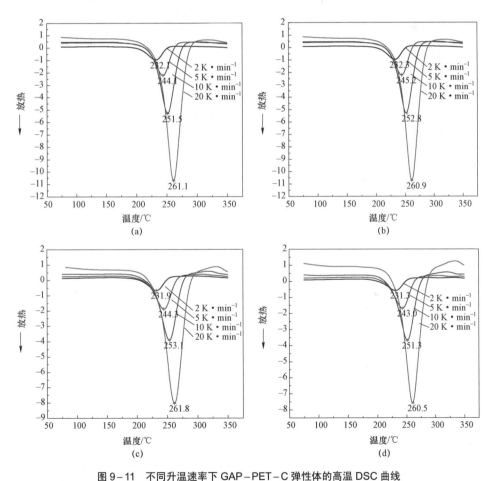

图 9-11　不同升温速率下 GAP-PET-C 弹性体的高温 DSC 曲线

(a) GAP-PET-C-35；(b) GAP-PET-C-40；(c) GAP-PET-C-45；(d) GAP-PET-C-50

■ 含能热塑性弹性体

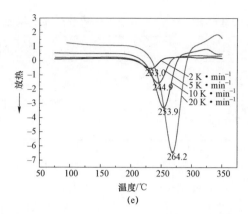

图9-11 不同升温速率下GAP-PET-C弹性体的高温DSC曲线（续）
(e) GAP-PET-C-55

由图9-11可以求出GAP-PET-C弹性体的热分解反应活化能E_a，如表9-11所示。

表9-11 GAP-PET-C弹性体的热分解活化能

升温速率/ (K·min^{-1})	峰温/℃	峰温 T_p/℃	$1/T_p/$ (×10^3, K^{-1})	lgβ	动力学参数
GAP-PET-C-35					
2	232.1	505.1	1.979 806	0.301 03	
5	244.1	517.1	1.933 862	0.698 97	
10	251.5	524.5	1.906 578	1	
20	261.1	534.1	1.872 309	1.301 03	活化能 E_a = 171.144 1 kJ·mol^{-1}
GAP-PET-C-40					
2	232.3	505.3	1.979 022	0.301 03	
5	245.2	518.2	1.929 757	0.698 97	
10	252.8	525.8	1.901 864	1	
20	260.9	533.9	1.873 01	1.301 03	活化能 E_a = 171.842 2 kJ·mol^{-1}
GAP-PET-C-45					
2	231.9	504.9	1.980 59	0.301 03	
5	244.3	517.3	1.933 114	0.698 97	

续表

升温速率/ (K·min⁻¹)	峰温/℃	峰温 T_p/℃	$1/T_p$/ (×10³K⁻¹)	lg β	动力学参数
10	253.1	526.1	1.900 779	1	
20	261.8	534.8	1.869 858	1.301 03	活化能 E_a= 164.206 5 kJ·mol⁻¹
GAP-PET-C-50					
2	231.3	504.3	1.982 947	0.301 03	
5	243	516	1.937 984	0.698 97	
10	251.3	524.3	1.907 305	1	
20	260.5	533.5	1.874 414	1.301 03	活化能 E_a= 168.411 7 kJ·mol⁻¹
GAP-PET-C-55					
2	233	506	1.976 285	0.301 03	
5	244.9	517.9	1.930 875	0.698 97	
10	253.9	526.9	1.897 893	1	
20	264.2	537.2	1.861 504	1.301 03	活化能 E_a= 159.282 6 kJ·mol⁻¹

由表 9-11 可以看出，热分解反应的活化能与硬段含量关系不大，这也说明 ETPE 的热分解主要和软段有关。与纯 GAP 软段的 ETPE 相比，GAP-PET 基 ETPE 的热分解活化能降低了 20~30 kJ·mol⁻¹。

对不同硬段含量时 GAP-PET-C 弹性体进行热分解机理函数的推导，其结果见表 9-12。

表 9-12 GAP-PET-C 弹性体分解机理函数与 $1/T$ 的线性相关系数

弹性体	1	2	3	4	5	6	7	8	9
GAP-PET-C-35	-0.958 96	-0.957 47	-0.955 93	-0.956 96	-0.989 06	-0.998 3	-0.999 6	-0.989 93	-0.989 64
GAP-PET-C-40	-0.955 49	-0.953 96	-0.952 39	-0.953 44	-0.986 85	-0.997 1	-0.998 79	-0.987 78	-0.987 48
GAP-PET-C-45	-0.956 2	-0.954 66	-0.953 06	-0.954 13	-0.987 69	-0.997 79	-0.999 38	-0.988 62	-0.988 31
GAP-PET-C-50	-0.964 6	-0.963 23	-0.961 82	-0.962 76	-0.991 7	-0.999 05	-0.999 7	-0.992 43	-0.992 19

选择 9 种常用的机理函数（表 9–12）进行拟合计算。由表 9–12 中的拟合曲线的相关系数可知，函数 7 的线性关系最好。因此，GAP–PET 基 ETPE 的热分解机理函数为 Avrami 方程，$n=1/3$，机理函数为 $F(\alpha) = [-\ln(1-\alpha)]^{1/3}$。GAP–PET 基 ETPE 的热分解机理函数不同于 GAP 预聚物。

9.3 GAP–PEG 基含能热塑性弹性体

聚乙二醇（PEG）是一种具有较高结晶度的聚合物，可作为 ETPE 的硬段。1993 年，加拿大 Ahad[3]以 GAP 为软段、PEG 为硬段采用官能团预聚体法合成了 GAP–PEG 嵌段 ETPE。具体合成过程为：首先将 GAP 溶解在二氯甲烷中，在室温（20 ℃）下加入 PEG 搅拌直至二者混合均匀；然后加入 MDI 在 60 ℃下反应 1~2 天后蒸除二氯甲烷，得到 GAP–PEG 嵌段 ETPE。ETPE 的性质如表 9–13 所示。

表 9–13　GAP–PEG 嵌段 ETPE 的性质

ETPE	软段组成			硬段组成			T_g /℃	软化温度 /℃	弹性模量 /Pa
	聚合物	$\bar{M}_w$/ (g·mol^{-1})	质量分数/%	聚合物	$\bar{M}_w$/ (g·mol^{-1})	质量分数/%			
1	GAP	130 000	85	PEG	600	15	−54	65~80	2 700
2	GAP	130 000	85	PEG	3 400	15	−48	75~90	26 000
3	GAP	130 000	90	PEG	1 500	10	−58	65~75	7 400

9.4 GAP–PET–PEG 基含能热塑性弹性体

PET 具有优异的低温力学性能，PEG 与硝酸酯的溶度参数更为接近（$\delta_{PEG}=19.83$（J·cm^{-3}）$^{1/2}$，$\delta_{PET}=18.54$（J·cm^{-3}）$^{1/2}$，$\delta_{GAP}=19.72$（J·cm^{-3}）$^{1/2}$，$\delta_{NG}=23.1$（J·cm^{-3}）$^{1/2}$），将 PET、PEG 与 GAP 共混作为聚醚软段，制备 GAP–PET–PEG 基 ETPE，可改善 ETPE 的力学性能及其与硝酸酯的相容性能[4–5]。在非含能热塑性弹性体的研究中已经证明，在 PET 中添加 6%、摩尔质量为

4 000 g·mol^{-1} 的 PEG 时与硝酸酯相容性较好[2]。以上述条件为例，介绍 GAP-PET-PEG 基 ETPE 的各项性能。

以熔融两步法合成的 GAP/(PET/PEG)质量比为 1/2、1/1 和 2/1 的弹性体为例，相应的样品分别记为 GAP-PET-PEG-A、GAP-PET-PEG-B、GAP-PET-PEG-C，不同硬段含量的弹性体以硬段含量为标记。以 GAP-PET-PEG-A 为例，当硬段含量为 35%、40%、45%、50% 和 55% 时，分别记为 GAP-PET-PEG-A-35、GAP-PET-PEG-A-40、GAP-PET-PEG-A-45、GAP-PET-PEG-A-50 和 GAP-PET-PEG-A-55。

9.4.1 GAP-PET-PEG 基 ETPE 的单元结构式

为了分析方便，以 GAP-PET-PEG-C 弹性体为例推测其理论上的结构式。根据 $R=1$ 以及混合软段的投料比质量比 GAP/PET/PEG=2/0.94/0.06，计算出其摩尔比为 2.65/1/0.067。因此，GAP-PET-PEG-C 弹性体的结构式如图 9-12 所示。

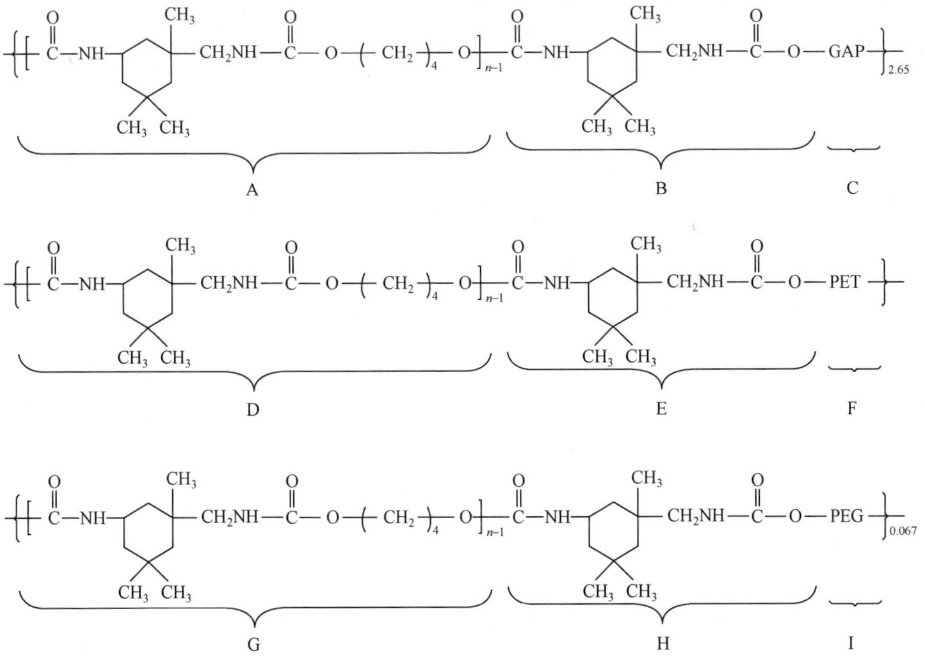

图 9-12 GAP-PET-PEG-C 弹性体的结构式

图 9-12 中，结构单元中 A、D 和 G 部分为异氰酸酯和扩链剂组成的硬段部分，B 部分为连接 GAP 软段和硬段组成的氨基甲酸酯部分，C 部分为 GAP 软段部分，E 部分为连接 PET 软段和硬段的氨基甲酸酯部分，F 部分为 PET 软段部分，H 部分为

连接 PEG 软段和硬段的氨基甲酸酯部分，I 部分为 PEG 软段部分。通过聚氨酯加成的合成方法将三种不同性能的软段连接在一个分子中，达到 ETPE 改性目的。

9.4.2　GAP-PET-PEG 基 ETPE 的组成

不同硬段含量的 GAP、PET 和 PEG 混合软段的弹性体样品组成如表 9-14～表 9-16 所示。

表 9-14　不同硬段含量 GAP-PET-PEG-A 弹性体的样品组成

弹性体	硬段含量/%	各组分含量/g				
		GAP	PET	PEG	IPDI	BDO
GAP-PET-PEG-A-35	35	10	18.8	1.2	12.01	4.14
GAP-PET-PEG-A-40	40	10	18.8	1.2	14.76	5.24
GAP-PET-PEG-A-45	45	10	18.8	1.2	18.72	6.83
GAP-PET-PEG-A-50	50	10	18.8	1.2	21.90	8.10
GAP-PET-PEG-A-55	55	10	18.8	1.2	26.66	10.02

表 9-15　不同硬段含量 GAP-PET-PEG-B 弹性体的样品组成

弹性体	硬段含量/%	各组分含量/g				
		GAP	PET	PEG	IPDI	BDO
GAP-PET-PEG-B-35	35	10	9.4	0.6	8.19	2.82
GAP-PET-PEG-B-40	40	10	9.4	0.6	9.85	3.48
GAP-PET-PEG-B-45	45	10	9.4	0.6	12.01	4.35
GAP-PET-PEG-B-50	50	10	9.4	0.6	14.59	5.39
GAP-PET-PEG-B-55	55	10	9.4	0.6	17.78	6.66

表 9-16　不同硬段含量 GAP-PET-PEG-C 弹性体的样品组成

弹性体	硬段含量/%	各组分含量/g				
		GAP	PET	PEG	IPDI	BDO
GAP-PET-PEG-C-35	35	20	9.4	0.6	12.05	4.10
GAP-PET-PEG-C-40	40	20	9.4	0.6	14.85	5.2
GAP-PET-PEG-C-45	45	20	9.4	0.6	18.76	6.79
GAP-PET-PEG-C-50	50	20	9.4	0.6	21.94	8.06
GAP-PET-PEG-C-55	55	20	9.4	0.6	26.70	9.96

9.4.3 GAP‑PET‑PEG 基 ETPE 的结构与性能

1. 氢键化程度

图 9‑13 所示为 GAP‑PET‑PEG‑A‑35 弹性体的 FTIR 谱图，对红外谱图中特征吸收峰进行归属，并与原料进行比较。原料 IPDI、GAP、PET 中的特征吸收峰如前所述，PEG 的特征峰与 PET 基本相同。由图 9‑13 可以看出，在 GAP‑PET‑PEG‑A‑35 弹性体的红外光谱图中，$2864\sim2980\ cm^{-1}$ 处为甲基、亚甲基的振动吸收峰，$2100\ cm^{-1}$ 处为叠氮基团的特征吸收峰；$1109.4\ cm^{-1}$ 处为醚键的吸收峰；原料 GAP、PET 在 $3500\ cm^{-1}$ 处羟基的特征吸收峰在 GAP‑PET‑PEG‑A‑35 弹性体的红外谱图中消失，而 $3328\ cm^{-1}$ 处出现了氨基的特征吸收峰，$1706.2\ cm^{-1}$、$1537.7\ cm^{-1}$、$1242.8\ cm^{-1}$ 处出现了聚氨酯酰胺基团的特征吸收峰，$1700\ cm^{-1}$ 处氢键化羰基的特征吸收峰，$1044.1\ cm^{-1}$ 处为氨基甲酸酯烷氧基的吸收峰。GAP‑PET‑PEG‑A‑35 弹性体的红外光谱图中没有出现异氰酸酯的特征吸收峰（$2260\ cm^{-1}$），说明反应进行完全。与纯 GAP 基 ETPE 相比，$2864.4\ cm^{-1}$ 处亚甲基伸缩振动吸收峰增强，这是因为 GAP‑PET‑PEG‑A‑35 弹性体中含有较多的亚甲基基团。红外光谱图中没有出现 $1281.9\ cm^{-1}$ 的叠氮吸收峰，这是由于叠氮基团含量较少，吸收峰变弱与酰胺Ⅲ带的吸收峰重合。弹性体中醚键吸收峰的位置由 $1116.2\ cm^{-1}$ 变为 $1106.8\ cm^{-1}$，说明有部分醚键形成了氢键。红外光谱图中还出现了 $1650\ cm^{-1}$ 微弱的吸收峰，推断弹性体中有脲羰基出现，说明反应中存在副反应，有一定的微交联。

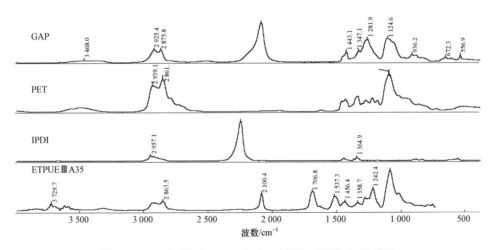

图 9‑13　GAP‑PET‑PEG‑A‑35 弹性体与原料的 FTIR 谱图

■ 含能热塑性弹性体

不同硬段含量时 GAP–PET–PEG–A 弹性体的红外谱图如图 9–14 所示，随硬段含量增加，叠氮基团吸收峰强度减弱，氨基甲酸酯的特征吸收峰增强，在 1 040 cm^{-1} 处出现逐渐增强的氨基甲酸酯烷氧基的特征吸收峰。同时，1 700 cm^{-1} 处羰基的特征吸收峰有向低波数移动的趋势，分别为 1 706.2 cm^{-1}、1 704.9 cm^{-1}、1 702.5 cm^{-1}、1 701.3 cm^{-1}、1 701.1 cm^{-1}，说明羰基的氢键作用增强。同时，醚键的特征吸收峰也出现了移动，分别为 1 106.8 cm^{-1}、1 110.3 cm^{-1}、1 109.4 cm^{-1}、1 110.3 cm^{-1} 和 1 100.9 cm^{-1}，醚键吸收峰的移动说明随硬段含量变化，氢键化的比例改变不大，如表 9–17 所示。

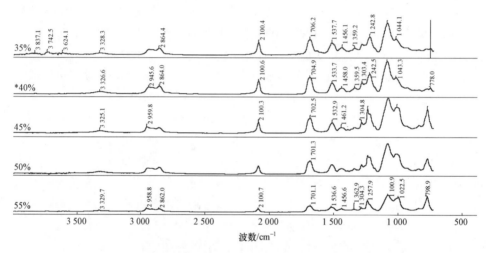

图 9–14 不同硬段含量 GAP–PET–PEG–A 弹性体的 FTIR 谱图
（图中数字为 GAP–PET–PEG–A 弹性体的硬段含量）

表 9–17 不同硬段含量 GAP–PET–PEG–A 弹性体的羰基和醚键红外吸收峰位移

性能	GAP–PET–PEG–A–35	GAP–PET–PEG–A–40	GAP–PET–PEG–A–45	GAP–PET–PEG–A–50	GAP–PET–PEG–A–55
羰基/cm^{-1}	1 706.2	1 704.9	1 702.5	1 701.3	1 701.1
醚键/cm^{-1}	1 106.8	1 110.3	1 109.4	1 110.3	1 100.9

将 GAP–PET–PEG–A 弹性体的羰基吸收峰区域局部放大，如图 9–15 所示。1 700 cm^{-1} 处的氨基甲酸酯羰基吸收峰随硬段含量增加，向低波数方向移动，说明形成氢键的比例增加，硬段的聚集作用增强，分子间作用力增大[6]。为定量比较 GAP–PET–PEG–A 弹性体中氢键的作用，采用 FSD 方法对羰基部分的吸收峰进行处理，如图 9–16 所示。不同硬段含量 GAP–PEG–A 弹性体的氢键化比例，如表 9–18 所示。

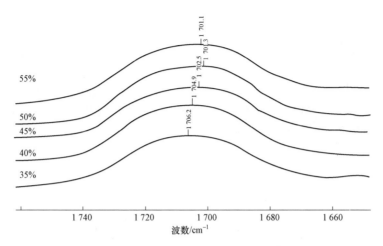

图 9-15　不同硬段含量 GAP-PET-PEG-A 弹性体的羰基吸收峰
（图中数字为 GAP-PET-PEG-A 的硬段含量）

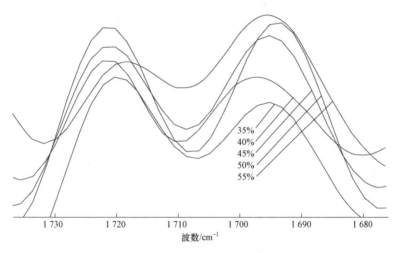

图 9-16　不同硬段含量 GAP-PET-PEG-A 弹性体的 FSD 红外谱图
（图中数字为 GAP-PET-PEG-A 弹性体的硬段含量）

表 9-18　不同硬段含量 GAP-PET-PEG-A 弹性体的氢键化比例

弹性体	游离羰基吸收峰面积比	氢键化羰基	氢键化比例/%
GAP-PET-PEG-A-35	3.425	1.139	24.956 2
GAP-PET-PEG-A-40	2.177	1.974	47.554 8
GAP-PET-PEG-A-45	2.948	3.131	51.505 2
GAP-PET-PEG-A-50	4.303	4.306	50.017 4
GAP-PET-PEG-A-55	1.057	3.122	74.706 9

2. 玻璃化转变温度

DSC 测得 GAP−PET−PEG−A 弹性体软段的玻璃化转变温度如表 9−19 所示。

表 9−19　不同硬段含量 GAP−PET−PEG−A 弹性体的软段玻璃化转变温度

弹性体	T_{g1}/℃	T_{g2}/℃
GAP−PET−PEG−A−35	−80.0	−41.5
GAP−PET−PEG−A−40	−80.3	−43.1
GAP−PET−PEG−A−45	−80.6	−43.1
GAP−PET−PEG−A−50	−78.9	−38.2
GAP−PET−PEG−A−55	−81.2	−37.3

在弹性体中加入 PEG 软段后，其变化规律与 GAP−PET 基 ETPE 的变化规律相似，只是 GAP 软段的玻璃化转变温度有向高温方向移动的趋势。弹性体的玻璃化转变温度受三种不同性质的软段以及软硬段相互作用的影响，较为复杂，变化规律并不明显。

GAP−PET−PEG−B 弹性体软段的玻璃化转变温度如表 9−20 所示。

表 9−20　不同硬段含量 GAP−PET−PEG−B 弹性体的软段玻璃化转变温度

弹性体	T_{g1}/℃	T_{g2}/℃
GAP−PET−PEG−B−35	−73.6	−44.6
GAP−PET−PEG−B−40	−76.9	−45.5
GAP−PET−PEG−B−45	−81.2	−43.8
GAP−PET−PEG−B−50	−81.9	−43.9
GAP−PET−PEG−B−55	−80.8	−44.5

由表 9−20 可以看出，硬段含量对玻璃化转变温度的影响与 GAP−PET−PEG−A 弹性体基本类似，由于三种软段相互影响，情况复杂，变化规律不是很明显。

GAP−PET−PEG−C 弹性体软段的玻璃化转变温度。如表 9−21 所示。GAP、PEG 的玻璃化转变温度重叠，位于−41 ℃左右。而随着硬段含量的增加，GAP−PET−PEG−C 弹性体的 DSC 曲线中−80 ℃左右 PET 的玻璃化转变温度越来越明显；同时，软/硬段之间的相容性降低，使体系微相分离程度增加，表现为软/硬段玻璃化转变温度差值增大。GAP 软段所表现出来的玻璃化转变温度因为受到 PEG 软段的影响，规律变化不明显。

表 9-21　不同硬段含量 GAP-PET-PEG-C 弹性体的软段玻璃化转变温度

弹性体	$T_{g1}/℃$	$T_{g2}/℃$
GAP-PET-PEG-C-35	-78.1	-40.3
GAP-PET-PEG-C-40	-79.8	-42.3
GAP-PET-PEG-C-45	-77.6	-40.7
GAP-PET-PEG-C-50	-77.8	-39.8
GAP-PET-PEG-C-55	-81.1	-41.8

随弹性体中 GAP 比例的提高，玻璃化转变温度向高温方向移动，说明 GAP 含量的提高将对弹性体的低温力学性能造成不利影响。随着硬段含量的提高，PET 软段的玻璃化转变温度向低温方向移动，同时 GAP 软段的玻璃化转变温度移向高温。

3. 结晶性能

图 9-17 所示为 GAP-PET-PEG-C-50 弹性体的 XRD 谱图。由图 9-17 可以看出，GAP-PET-PEG-C-50 弹性体没有出现明显的结晶锐衍射峰，只是在 20° 左右出现了一个漫散射峰，但宽化程度不大。这表明以 GAP、PET/PEG 为软段，IPDI 和 BDO 为硬段的 ETPE 不存在结晶形态。这是因为软段 GAP、PET/PEG 为非晶态，而 IPDI 的分子结构也是高度不对称的，且存在多种的异构体，因此以 IPDI 和 BDO 组成的硬段也基本上不结晶。

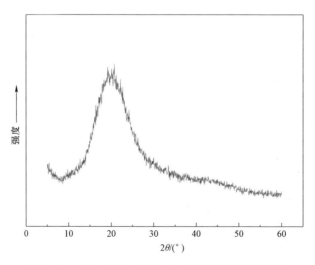

图 9-17　GAP-PET-PEG-C-50 弹性体的 XRD 谱图

4. 力学性能

不同硬段含量时 GAP-PET-PEG 基 ETPE 断裂伸长率和拉伸强度随硬段含量的变化关系，如图 9-18 和图 9-19 所示。

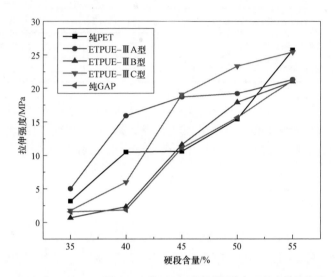

图 9-18　GAP-PET-PEG 基 ETPE 的拉伸强度与硬段含量的关系

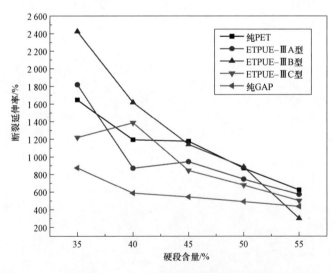

图 9-19　GAP-PET-PEG 基 ETPE 的断裂伸长率与硬段含量的关系

从图 9-18 和图 9-19 可以看出，添加 PEG 后 ETPE 在断裂伸长率提高的同时，保持了较高的拉伸强度。当硬段含量为 40%～50%时，ETPE 有较好的综合力学性能。

随着硬段含量增加，拉伸强度增加、断裂伸长率减小。当硬段含量为 50%时，GAP-PET-PEG-A 弹性体拉伸强度为 19.2 MPa，断裂伸长率为 747%；GAP-PET-PEG-B 弹性体拉伸强度为 17.9 MPa，断裂伸长率为 885%；GAP-PET-PEG-C 弹性体拉伸强度为 23.3 MPa，断裂伸长率为 680%。结果表明，GAP 的加入比例对弹性体力学有较大影响，主要是断裂伸长率随 GAP 含量的增加而减小，因此 GAP 的含量要控制在一定范围。由于 GAP-PET-PEG-C 弹性体有较高的叠氮含量，综合性能更为优异。

5. 热分解性能

不同硬段含量时 GAP-PET-PEG-C 弹性体的 TG 曲线和 DTG 曲线如图 9-20 所示，对应不同分解阶段的峰温如表 9-22 所示。

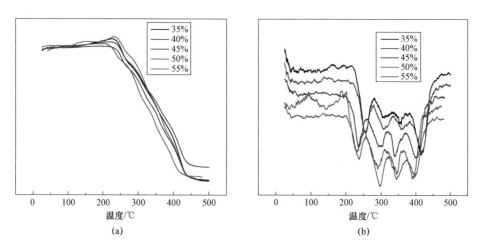

图 9-20　不同硬段含量 GAP-PET-PEG-C 弹性体的 TG 曲线和 DTG 曲线（图中数字为硬段含量）（见彩插）

■ 含能热塑性弹性体

表 9-22 GAP-PET-PEG-C 弹性体不同分解阶段的峰温

弹性体	叠氮基团分解/℃	硬段分解/℃	GAP、PEG 主链分解/℃	PET 软段分解/℃
GAP-PET-PEG-C-35	255.58	309.98	352.58	414.58
GAP-PET-PEG-C-40	256.18	306.7	357.78	417.18
GAP-PET-PEG-C-45	251.79	308.79	355.99	418.99
GAP-PET-PEG-C-50	255.95	315.95	370.56	415.76
GAP-PET-PEG-C-55	257.59	314.99	363.59	416.19

与 GAP-PET 基 ETPE 相比，355 ℃分解失重峰明显增强。从结构上判断，此处应为 PEG 和 GAP 主链的分解失重峰。推断 GAP-PET-PEG 基 ETPE 的热分解过程分为四个阶段：叠氮基团分解，硬段分解，PEG 和 GAP 主链分解，PET 分解。其中，较高温度下的分解为 PET 中聚四氢呋喃软段，较低温度下为 GAP 软段主链和 PEG 结构单元的失重分解。

图 9-21 所示为不同升温速率下 GAP-PET-PEG-C 弹性体的高温 DSC 曲线。

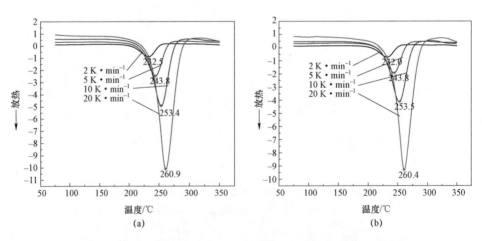

图 9-21 不同升温速率下 GAP-PET-PEG-C 弹性体的高温 DSC 曲线
(a) GAP-PET-PEG-C-35；(b) GAP-PET-PEG-C-40

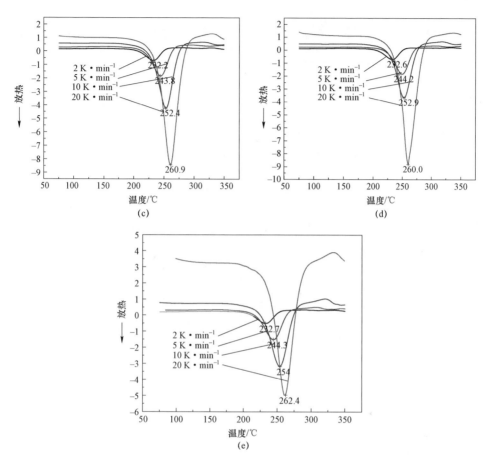

图 9-21　不同升温速率下 GAP-PET-PEG-C 弹性体的高温 DSC 曲线（续）
(c) GAP-PET-PEG-C-45；(d) GAP-PET-PEG-C-50；
(e) GAP-PET-PEG-C-55

由图 9-21 可以求出 GAP-PET-PEG-C 弹性体的热分解反应活化能 E_a，其结果如表 9-23 所示。

表 9-23　GAP-PET-PEG-C 弹性体的热分解活化能

升温速率 β / (K·min^{-1})	峰温/℃	峰温 T_p/℃	$1/T_p$ / (×10³, K^{-1})	$\lg \beta$	动力学参数
GAP-PET-PEG-C-35					
2	232.5	505.5	1.978 239	0.301 03	
5	243.8	516.8	1.934 985	0.698 97	

续表

升温速率 β / (K·min^{-1})	峰温 /℃	峰温 T_p /℃	$1/T_p$ / (×10^3, K^{-1})	lg β	动力学参数
10	253.4	526.4	1.899 696	1	
20	260.9	533.9	1.873 01	1.301 03	活化能 E_a = 170.495 3 kJ·mol^{-1}
GAP-PET-PEG-C-40					
2	232	505	1.980 198	0.301 03	
5	243.8	516.8	1.934 985	0.698 97	
10	253.5	526.5	1.899 335	1	
20	260.4	533.4	1.874 766	1.301 03	活化能 E_a = 169.279 9 kJ·mol^{-1}
GAP-PET-PEG-C-45					
2	232.2	505.2	1.979 414	0.301 03	
5	243.8	516.8	1.934 985	0.698 97	
10	252.4	525.4	1.903 312	1	
20	260.9	533.9	1.873 01	1.301 03	活化能 E_a = 170.873 4 kJ·mol^{-1}
GAP-PET-PEG-C-50					
2	232.6	505.6	1.977 848	0.301 03	
5	244.2	517.2	1.933 488	0.698 97	
10	252.9	525.9	1.901 502	1	
20	260	533	1.876 173	1.301 03	活化能 E_a = 177.006 6 kJ·mol^{-1}
GAP-PET-PEG-C-55					
2	232.7	505.7	1.977 457	0.301 03	
5	244.3	517.3	1.933 114	0.698 97	
10	254	527	1.897 533	1	
20	262.4	535.4	1.867 762	1.301 03	活化能 E_a = 164.473 4 kJ·mol^{-1}

由表 9-23 中数据可以看出，热分解反应的活化能与硬段含量关系不大，这也说明热分解主要和软段有关。与纯 GAP 软段的 ETPE 相比，分解活化能有所降低；与 GAP、PET 混合软段 ETPE 相比，活化能变化不大。

9.5 GAP-PET-PEPA 基含能热塑性弹性体

常用的聚氨酯软段材料可分为聚醚型和聚酯型两大类。聚醚型软段的低温性能，耐水解和耐霉菌的性能优于聚酯型，缺点是耐油性能和强度稍差。这是因为聚醚分子链间的吸引力小于聚酯，因此所制备弹性体的物理性能，如抗拉强度及定伸强度也相对较低。聚酯型软段的聚氨酯材料机械强度高，耐油性能好，其缺点是容易受水和霉菌的侵蚀而降解[5]。聚酯型聚氨酯的分子链中含有大量酯基，分子间的极性较大，与硝酸酯的相容性较好。然而，聚酯有结晶和产生冷硬化的不良倾向，这对火炸药的低温力学性能和加工性能是不利的。通过控制聚酯预聚物和异氰酸酯的分子结构，可以实现对 ETPE 结晶能力的调控，以满足火炸药对 ETPE 的具体要求。

聚己二酸乙二醇丙二醇酯（PEPA）是一种用途广泛的聚酯二元醇，据估算 PEPA 的溶度参数为 20.32（$J \cdot cm^{-3}$）$^{1/2}$，因此与硝酸酯的相容性好于聚醚软段的 ETPE。何吉宇等人[4]以 IPDI 和 BDO 为硬段，PEPA 和 PET 为混合聚醚软段所制备的聚氨酯弹性体能溶于含能增塑剂硝酸酯，而且力学性能明显优于聚醚型聚氨酯弹性体。因此，在 ETPE 中引入 PEPA 软段，可以在保持能量、低温柔性的基础上提高 ETPE 的力学性能，更好地适应于火炸药的应用要求。

以 GAP/PET/PEPA 的质量比取 1/1/1、2/1/1 和 4/1/1 为例，分别记为 GAP-PET-PEPA-A、GAP-PET-PEPA-B、GAP-PET-PEPA-C，合成硬段含量为 35%、40%、45%、50%和 55%的 ETPE，分别命名为 GAP-PET-PEPA-A-35、GAP-PET-PEPA-A-40、GAP-PET-PEPA-A-45、GAP-PET-PEPA-A-50、GAP-PET-PEPA-A-55，GAP-PET-PEPA-B-35、GAP-PET-PEPA-B-40、GAP-PET-PEPA-B-45、GAP-PET-PEPA-B-50、GAP-PET-PEPA-B-55，GAP-PET-PEPA-C-35、GAP-PET-PEPA-C-40、GAP-PET-PEPA-C-45、GAP-PET-PEPA-C-50、GAP-PET-PEPA-C-55。

9.5.1 GAP-PET-PEPA 基 ETPE 的单元结构式

以 GAP-PET-PEPA-C 弹性体为例,根据三种软段质量比 GAP/PET/PEPA = 4/1/1,计算出其摩尔比为 GAP/PET/PEPA = 5/1/0.47,因此可以得到弹性体中各链段的理论比值:GAP/PET/PEPA/IPDI/BDO = (5:6.47)/(1:6.47)/(0.47:6.47)/n/($n-1$),其结构式如图 9-22 所示。

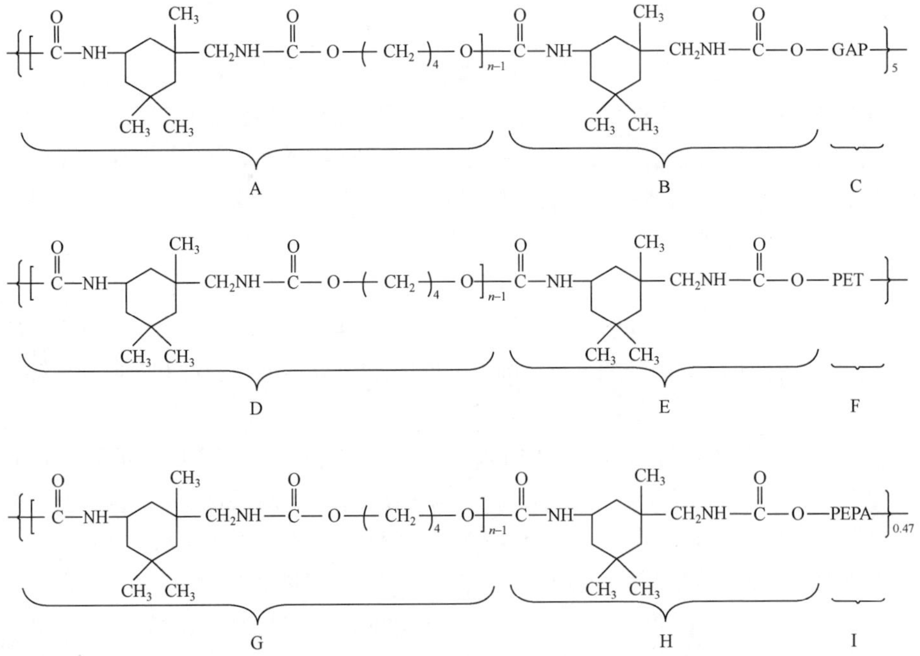

[图:GAP-PET-PEPA-C 弹性体的结构单元,标注 A、B、C、D、E、F、G、H、I 各部分]

其中,PEPA、PET 的结构式为

PEPA: $HOCH_2O\{C-CH_2CH_2CH_2-COCH_2CH(CH_3)-O\}_a\{C-CH_2CH_2CH_2-COCH_2CH_2O\}_b\}_h H$

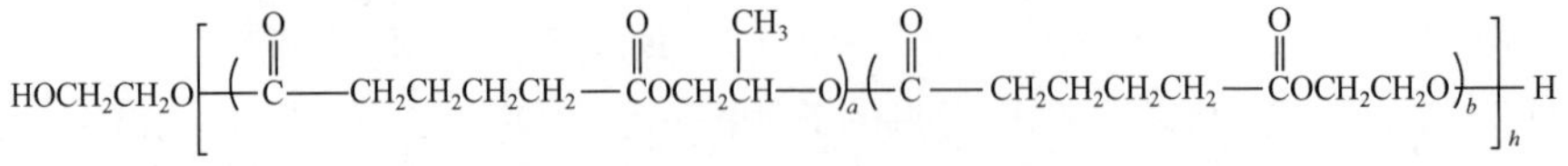

PET: $HO\{(CH_2CH_2CH_2CH_2-O)_a(CH_2CH_2-O)_b\}_h H$

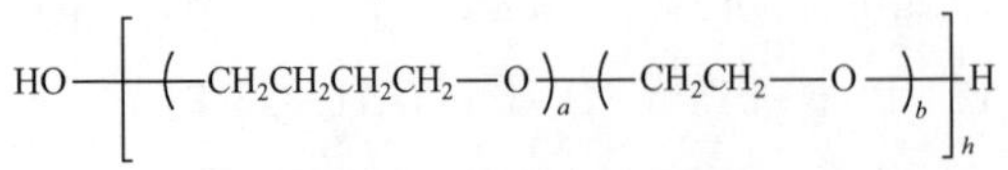

图 9-22 GAP-PET-PEPA-C 弹性体的结构式

图 9-22 中,结构单元中 A、D 和 G 部分为异氰酸酯和扩链剂组成的硬段部分,B 部分为连接 GAP 软段和硬段组成的氨基甲酸酯部分,C 部分为弹性体的 GAP 软

段部分，E 部分为连接 PET 软段和硬段的氨基甲酸酯部分，F 部分为弹性体的 PET 软段部分，H 部分为连接 PEPA 软段和硬段的氨基甲酸酯部分，I 部分为弹性体的 PEPA 软段部分。这样通过聚氨酯加成聚合的方法将三种不同性能的软段连接在一个分子中，达到改性含能聚氨酯的目的。

9.5.2　GAP-PET-PEPA 基 ETPE 的样品组成

熔融预聚物两步法合成的以 GAP、PET、PEPA 为混合软段的弹性体组成如表 9-24～表 9-26 所示。

（1）不同硬段含量时 GAP-PET-PEPA-A 弹性体（GAP/PET/PEPA 质量比为 1:1:1）的组成，如表 9-24 所示。

表 9-24　不同硬段含量 GAP-PET-PEPA-A 弹性体的样品组成

弹性体	硬段含量/%	各组分含量/g				
		GAP	PET	PEPA	IPDI	BDO
GAP-PET-PEPA-A-35	35	5	5	5	6.10	1.98
GAP-PET-PEPA-A-40	40	5	5	5	7.47	2.53
GAP-PET-PEPA-A-45	45	5	5	5	9.09	3.18
GAP-PET-PEPA-A-50	50	5	5	5	11.01	3.99
GAP-PET-PEPA-A-55	55	5	5	5	13.41	4.92

（2）不同硬段含量时 GAP-PET-PEPA-B 弹性体（GAP/PET/PEPA 质量比为 2:1:1）的组成，如表 9-25 所示。

表 9-25　不同硬段含量 GAP-PET-PEPA-B 弹性体的样品组成

弹性体	硬段含量/%	各组分含量/g				
		GAP	PET	PEPA	IPDI	BDO
GAP-PET-PEPA-B-35	35	10	5	5	8.09	2.68
GAP-PET-PEPA-B-40	40	10	5	5	9.91	3.42
GAP-PET-PEPA-B-45	45	10	5	5	12.06	4.30
GAP-PET-PEPA-B-50	50	10	5	5	14.64	5.36
GAP-PET-PEPA-B-55	55	10	5	5	17.82	6.62

（3）不同硬段含量时 GAP-PET-PEPA-C 弹性体（GAP/PET/PEPA 质量比为 4:1:1）的组成，如表 9-26 所示。

表 9-26　不同硬段含量 GAP-PET-PEPA-C 弹性体的样品组成

弹性体	硬段含量/%	各组分含量/g				
		GAP	PET	PEPA	IPDI	BDO
GAP-PET-PEPA-C-35	35	10	2.5	2.5	6.03	2.01
GAP-PET-PEPA-C-40	40	10	2.5	2.5	7.44	2.56
GAP-PET-PEPA-C-45	45	10	2.5	2.5	9.07	3.21
GAP-PET-PEPA-C-50	50	10	2.5	2.55	10.98	4.02
GAP-PET-PEPA-C-55	55	10	2.5	2.5	13.39	4.95

9.5.3　GAP-PET-PEPA 基 ETPE 的结构与性能

1. 氢键化程度

图 9-23 所示为 GAP-PET-PEPA-A-35 弹性体及原料的 FTIR 谱图，原料 IPDI、GAP、PET 中的特征吸收峰如前所述。原料 PEPA 的红外谱图中，1 737.9 cm^{-1} 处为酯羰基的特征吸收峰、3 461 cm^{-1} 处为羟基的特征吸收峰，1 172.6 cm^{-1} 处为酯基中烷氧基的特征吸收峰。在 GAP-PET-PEPA-A-35 弹性体的红外谱图中 3 500 cm^{-1} 左右处羟基吸收峰消失，出现了 3 333.2 cm^{-1} 处的氨基特征吸收峰，2 864～2 980 cm^{-1} 处为甲基、亚甲基的振动吸收峰，2 100 cm^{-1} 处为叠氮基团的特征吸收峰，1 717.7 cm^{-1}、1 533.6 cm^{-1}、1 241.8 cm^{-1} 处为聚氨酯酰胺基团的特征吸收峰，1 717.7 cm^{-1} 处为氢键化羰基的吸收峰，1 110.1 cm^{-1} 处为醚键的特征吸收峰，1 044.1 cm^{-1} 处为氨基甲酸酯烷氧基的特征吸收峰。其红外谱图中没有出现异氰酸酯的特征吸收峰（2 260 cm^{-1}），说明反应进行完全。与纯 GAP 基 ETPE 相比，2 864.4 cm^{-1} 处亚甲基伸缩振动吸收峰增强，这是因为 GAP-PET-PEPA-A-35 弹性体中含有较多的亚甲基基团，同时由于叠氮基团含量较少，1 280 cm^{-1} 左右的叠氮吸收峰变弱与酰胺Ⅲ带的吸收峰重合。相比于原料 PET，醚键的吸收峰移向低波数，说明醚键有部分形成了氢键。GAP 段中的醚键以及 PEPA 中的酯羰基中的烷氧基与 PET 醚键重合。

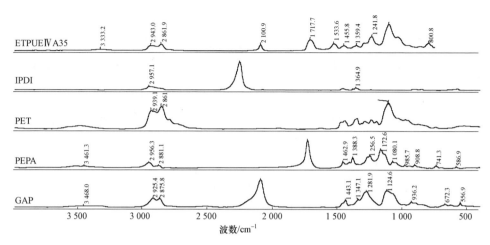

图 9-23　GAP-PET-PEPA-A-35 弹性体与原料的 FTIR 谱图

不同硬段含量时 GAP-PET-PEPA-A 弹性体的 FTIR 谱图如图 9-24 所示。随硬段含量的增加，叠氮基团吸收峰强度减弱，氨基甲酸酯的特征吸收峰增强，氨基甲酸酯中烷氧基的特征吸收峰逐渐增强。同时，1 715 cm⁻¹ 处羰基峰向低波数移动；醚键的吸收峰也向低波数移动，分别位于 1 111.2 cm⁻¹、1 114.3 cm⁻¹、1 115.7 cm⁻¹、1 110.1 cm⁻¹、1 110.9 cm⁻¹（表 9-27）。弹性体中的醚键比较复杂，有 PET 中的两种醚键，GAP 主链上的醚键，以及 PEPA 中的烷氧基。由于 GAP、PEPA 与硬段相容性强，随着硬段含量的增加，两种醚键形成氢键的程度增加，而 PET 醚键氢键化是减弱的。因此，随着硬段含量的增加，醚键氢键化程度并没有明显的变化规律。

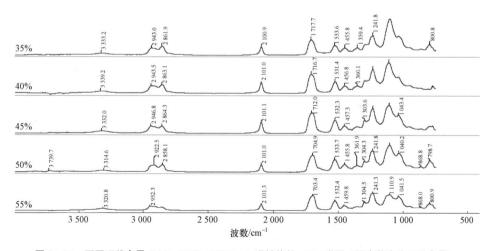

图 9-24　不同硬段含量 GAP-PET-PEPA-A 弹性体的 FTIR 谱图（图中数字为硬段含量）

表 9-27 不同硬段含量 GAP-PET-PEPA-A 弹性体的羰基和醚键红外吸收峰位移

性能	GAP-PET-PEPA-A-35	GAP-PET-PEPA-A-40	GAP-PET-PEPA-A-45	GAP-PET-PEPA-A-50	GAP-PET-PEPA-A-55
羰基 /cm^{-1}	1 717.7	1 716.7	1 712.0	1 704.9	1 703.4
醚键 /cm^{-1}	1 111.2	1 114.3	1 115.7	1 110.1	1 110.9

将 GAP-PET-PEPA-A 弹性体的羰基吸收峰区域局部放大,如图 9-25 所示。随着硬段含量的增加,羰基键合作用增强,羰基吸收峰向低波数方向移动。这是因为随着硬段含量的增加,参与氢键键合的羰基数量增加,因此硬段的聚集作用增强,微相分离程度提高。

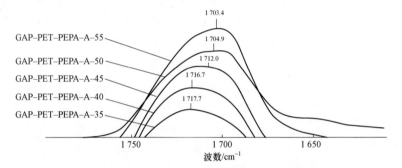

图 9-25 不同硬段含量 GAP-PET-PEPA-A 弹性体的羰基吸收峰

采用傅里叶自解卷积方法对 GAP-PET-PEPA-A-35 弹性体在 1 717.1 cm^{-1} 处的羰基吸收峰进行分析,结果如图 9-26 所示。

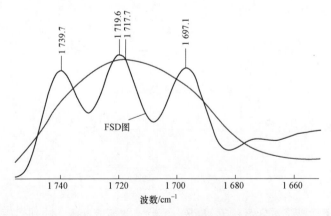

图 9-26 GAP-PET-PEPA-A-35 弹性体羰基吸收峰的 FSD 的 FTIR 谱图

由图 9-26 可以看出，1 717.1 cm^{-1} 处的羰基吸收峰由 1 697.1 cm^{-1} 处氢键化羰基，1 719.6 cm^{-1} 处自由羰基，1 739.7 cm^{-1} 处聚酯原料中的羰基重叠而成，表明氨基质子只有部分与羰基形成了氢键，剩余的氨基质子和软段中的酯羰基、醚氧基或者氨基甲酸酯中的烷氧基形成了氢键。这部分氢键随着硬段含量的增加不断增强，其吸收峰和氨基甲酸酯烷氧基的吸收峰在 1 040 cm^{-1} 处重合，因此出现了不断增强的吸收峰。GAP-PET-PEPA-A-35 弹性体的 FSD 的 FTIR 谱图，如图 9-27 所示。

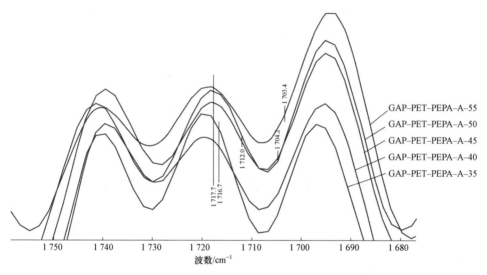

图 9-27 GAP-PET-PEPA-A 弹性体羰基吸收峰的 FSD 的 FTIR 谱图（图中数字为硬段含量）

对 GAP-PET-PEPA-A 弹性体中氢键化羰基和游离羰基的比例进行计算，其结果见表 9-28。

表 9-28 不同硬段含量 GAP-PET-PEPA-A 弹性体的氢键化比例

弹性体	游离羰基吸收峰面积比	氢键化羰基	氢键化比例/%
GAP-PET-PEPA-A-35	0.911	1.246	57.765 4
GAP-PET-PEPA-A-40	0.804	1.15	58.853 6
GAP-PET-PEPA-A-45	0.865	1.82	67.784 0
GAP-PET-PEPA-A-50	0.924	1.958	67.938 9
GAP-PET-PEPA-A-55	0.512	2.01	79.698 7

由表 9-28 可以看出，随硬段含量的增加，GAP-PET-PEPA-A 弹性体中氢键键合的羰基比例增加，氢键化羰基吸收峰增强。

2. 玻璃化转变温度

不同硬段含量时 GAP-PET-PEPA-A 弹性体软段的玻璃化转变温度，如表 9-29 所示。

表 9-29 不同硬段含量 GAP-PET-PEPA-A 弹性体的软段玻璃化转变温度

弹性体	$T_{g1}/℃$	$T_{g2}/℃$
GAP-PET-PEPA-A-35	-78.7	-39.1
GAP-PET-PEPA-A-40	-81.8	-38.5
GAP-PET-PEPA-A-45	-80.7	-38.13
GAP-PET-PEPA-A-50	-80.6	-42.1
GAP-PET-PEPA-A-55	-81.5	-38.6

由表 9-29 中数据可以看出，随着硬段含量的增加，三种软段的玻璃化转变温度变化规律是不同的。理论上 PET 软段的玻璃化转变温度应逐渐降低，GAP 和 PEPA 软段的玻璃化转变温度应逐渐升高。但是，由于三种软段的复杂相互作用，其规律并不明显。

不同硬段含量时 GAP-PET-PEPA-B 弹性体软段的玻璃化转变温度，如表 9-30 所示。

表 9-30 不同硬段含量 GAP-PET-PEPA-B 弹性体的软段玻璃化转变温度

弹性体	$T_{g1}/℃$	$T_{g2}/℃$
GAP-PET-PEPA-B-35	-79.5	-38.2
GAP-PET-PEPA-B-40	-80.0	-35.0
GAP-PET-PEPA-B-45	-80.0	-36.3
GAP-PET-PEPA-B-50	-80.3	-35.8
GAP-PET-PEPA-B-55	-80.8	-38.8

由表 9-30 可知，GAP 和 PEPA 软段的玻璃化转变过程重叠，表现出一个在 -40 ℃左右的玻璃化转变温度。软段 PET 的玻璃化转变温度不明显；由于三种软段的复杂性，GAP 和 PEPA 玻璃化转变温度的变化没有明显规律。

不同硬段含量时 GAP-PET-PEPA-C 弹性体软段的玻璃化转变温度，如表 9-31 所示。

表9-31 不同硬段含量GAP-PET-PEPA-C弹性体的软段玻璃化转变温度

弹性体	T_{g1}/℃	T_{g2}/℃
GAP-PET-PEPA-C-35	-79.8	-37.8
GAP-PET-PEPA-C-40	-76.2	-37.7
GAP-PET-PEPA-C-45	-84.0	-38.0
GAP-PET-PEPA-C-50	-81.0	-39.5
GAP-PET-PEPA-C-55	-82.4	-39.3

由表9-31可知，与GAP-PET-PEPA-B弹性体类似，GAP和PEPA软段的玻璃化转变过程重叠，表现出一个在-40 ℃左右的玻璃化转变温度。在硬段含量40%以下时，软段PET的玻璃化转变温度不明显。随着硬段含量的增加，在45%时出现PET软段玻璃化转变温度的最低值；硬段含量继续增加后，其玻璃化转变温度又向高温方向移动，由于软/硬段之间相容性的增加，使弹性体的分子间作用力增强。

将不同GAP比例的ETPE进行比较可以发现，随着GAP软段比例的增加，GAP所表现出的软段玻璃化转变温度向高温移动，与纯GAP软段ETPE的变化规律相似。

3. 结晶性能

图9-28所示为GAP-PET-PEPA-C-50弹性体的XRD谱图。

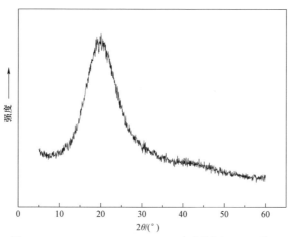

图9-28 GAP-PET-PEPA-C-50弹性体的XRD谱图

由图9-28可以看出，GAP-PET-PEPA-C-50弹性体没有出现明显的结晶锐衍射峰，只是在20°左右出现了一个漫散射峰，但宽化程度不大。这表明以GAP、PEPA、PET为软段，IPDI和BDO为硬段的ETPE不存在结晶形态。这是因为软段结晶能力很弱，而且IPDI的分子结构也是高度不对称的，且存在多种异构体，所以以 IPDI 和 BDO 组成的硬段也基本上不结晶。

不同硬段含量时 GAP-PET-PEPA-C 弹性体的 XRD 谱图如图 9-29 所示。

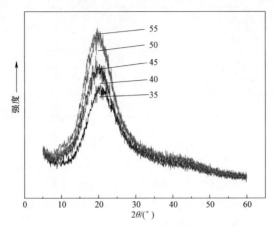

图 9-29　不同硬段含量 GAP-PET-PEPA-C 弹性体的 XRD 谱图（图中数字为硬段含量）（见彩插）

由图 9-29 可知，随着硬段含量的增加，弹性体 XRD 谱图中仍然没有出现结晶的锐衍射峰。这表明以 GAP、PET、PEPA 为软段，以 IPDI 和 BDO 为硬段的 ETPE 不存在结晶形态。但是，随硬段含量的增加，漫散射峰变尖锐，表明硬段含量增加，弹性体分子结构的有序性有所提高。

4. 力学性能

不同硬段含量时 GAP-PET-PEG 基 ETPE 断裂伸长率和拉伸强度随硬段含量的变化关系，如图 9-30 和图 9-31 所示。

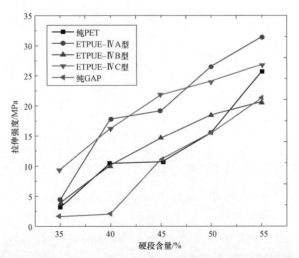

图 9-30　GAP-PET-PEPA 基 ETPE 的拉伸强度与硬段含量的关系

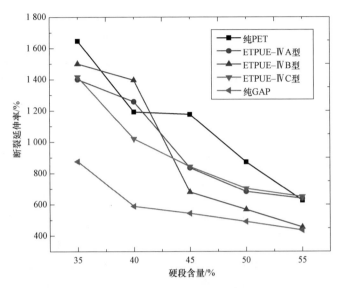

图 9-31 GAP-PET-PEPA 基 ETPE 的断裂伸长率与硬段含量的关系

由图 9-30 和图 9-31 可知,随着硬段含量的增加,拉伸强度增加,断裂伸长率减小;当硬段含量为 50% 时,GAP-PET-PEPA-C 弹性体的拉伸强度达 24 MPa,断裂伸长率为 702%。

在软段中加入 PEPA 后,拉伸强度比 GAP 基和 GAP-PET 基 ETPE 有明显增加。这是因为聚酯软段中含有酯基,可以和硬段分子形成较强的分子间作用力,提高聚氨酯弹性体的强度,其断裂伸长率与 GAP 基 ETPE 相比也有明显提高。综合来看,GAP-PET-PEPA 基 ETPE 的拉伸强度断裂伸长率都比较好,同时 PEPA 与硝酸酯有较好的相容性,因此 GAP-PET-PEPA 基 ETPE 具有潜在的应用前景。

5. 热分解性能

不同硬段含量时 GAP-PET-PEPA-C 弹性体的 TG 曲线和 DTG 曲线如图 9-32 所示,GAP-PET-PEPA-C 弹性体的热分解阶段的峰温如表 9-32 所示。

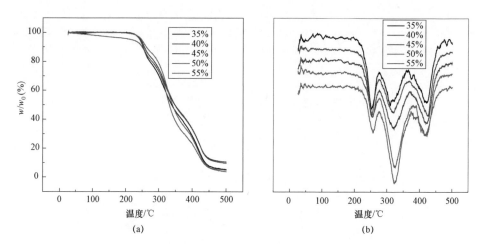

图 9-32 不同硬段含量 GAP-PET-PEPA-C 弹性体的 TG 曲线和 DTG 曲线（图中数字表示硬段含量）

表 9-32 GAP-PET-PEPA-C 弹性体的热分解阶段的峰温

弹性体	叠氮基团分解 /℃	硬段和 PEPA 软段分解/℃	PET 软段分解 /℃
GAP-PET-PEPA-C-35	251.19	310.19	422.39
GAP-PET-PEPA-C-40	251.39	320.99	424.59
GAP-PET-PEPA-C-45	254.99	321.19	420.39
GAP-PET-PEPA-C-50	256.34	325.54	420.54
GAP-PET-PEPA-C-55	257.19	322.59	417.19

表 9-32 中数据表明，随着硬段含量的升高，第二阶段硬段分解失重峰明显增强，而且分解峰温逐渐提高。GAP-PET-PEPA 基 ETPE 第一阶段叠氮基团的分解峰温均在 250 ℃以上，具有良好的热稳定性。

图 9-33 所示为不同升温速率下 GAP-PET-PEPA-C 弹性体的高温 DSC 曲线，由图 9-33 可以求出 GAP-PET-PEPA-C 弹性体的热分解反应活化能 E_a，其结果如表 9-33 所示。

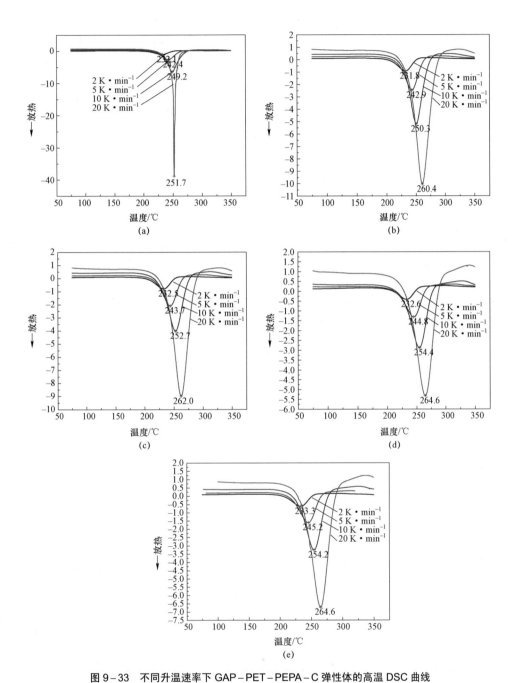

图 9-33 不同升温速率下 GAP-PET-PEPA-C 弹性体的高温 DSC 曲线
(a) GAP-PET-PEPA-C-35；(b) GAP-PET-PEPA-C-40；(c) GAP-PET-PEPA-C-45；
(d) GAP-PET-PEPA-C-50；(e) GAP-PET-PEPA-C-55

表 9-33　GAP-PET-PEPA-C 弹性体的热分解活化能

升温速率 β / (K·min^{-1})	峰温 /℃	峰温 T_p/℃	$1/T_p$/ ($\times 10^3$, K^{-1})	$\lg \beta$	动力学参数
GAP-PET-PEPA-C-35					
2	232.1	505.1	1.979 806	0.301 03	
5	242.4	515.4	1.940 241	0.698 97	
10	249.2	522.2	1.914 975	1	
20	251.7	524.7	1.905 851	1.301 03	活化能 E_a= 230.044 kJ·mol^{-1}
GAP-PET-PEPA-C-40					
2	231.8	504.8	1.980 983	0.301 03	
5	242.9	515.9	1.938 36	0.698 97	
10	250.3	523.3	1.910 95	1	
20	260.4	533.4	1.874 766	1.301 03	活化能 E_a= 173.345 2 kJ·mol^{-1}
GAP-PET-PEPA-C-45					
2	232.5	505.5	1.978 239	0.301 03	
5	243.7	516.7	1.935 359	0.698 97	
10	252.7	525.7	1.902 226	1	
20	262	535	1.869 159	1.301 03	活化能 E_a= 166.812 3 kJ·mol^{-1}
GAP-PET-PEPA-C-50					
2	232.6	505.6	1.977 848	0.301 03	
5	244.8	517.8	1.931 248	0.698 97	
10	254.4	527.4	1.896 094	1	
20	264.6	537.6	1.860 119	1.301 03	活化能 E_a= 154.775 8 kJ·mol^{-1}
GAP-PET-PEPA-C-55					
2	233.3	506.3	1.975 114	0.301 03	
5	245.2	518.2	1.929 757	0.698 97	
10	254.2	527.2	1.896 813	1	
20	264.6	537.6	1.860 119	1.301 03	活化能 E_a= 159.034 6 kJ·mol^{-1}

由表9-33中数据可知，GAP-PET-PEPA基ETPE的热分解反应的活化能与硬段含量关系不大，这也说明热分解主要和软段有关；与纯GAP基ETPE相比，活化能有所降低。

9.6 GAP-EAP基含能热塑性弹性体

叠氮聚酯是近年发展起来的一种新型含能聚合物，由于其结构中含有的酯基易降解，而且其自身又是一种结晶性聚合物，因此可将其作为硬段引入到ETPE中，由其制备出的ETPE是一种环境友好聚合物。目前，加拿大Amplemann等人[7]已开展了叠氮聚酯与GAP共聚合制备ETPE的研究。共聚所使用的叠氮聚酯主要是聚（α-叠氮甲基-α-甲基-β-丙内酯)(PAMMPL)，其结构式如图9-34所示。

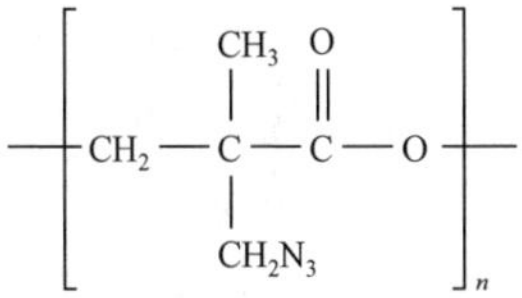

PAMMPL-GAP-PAMMPL三嵌段ETPE的合成过程为：首先用GAP作为大分子引发剂，在叔丁醇锂的作用下引发CMMPL（聚α-氯甲基-α-甲基-β-丙内酯）或BMMPL（聚α-溴甲基-α-甲基-β-丙内酯）单体聚合生成PCMMPL-GAP-PCMMPL或PBMMPL-GAP-PBMMPL三嵌段共聚物；然后在有机溶剂中进行叠氮化反应，得到了PAMMPL-GAP-PAMMPL三嵌段共聚物，合成反应原理如图9-35所示。

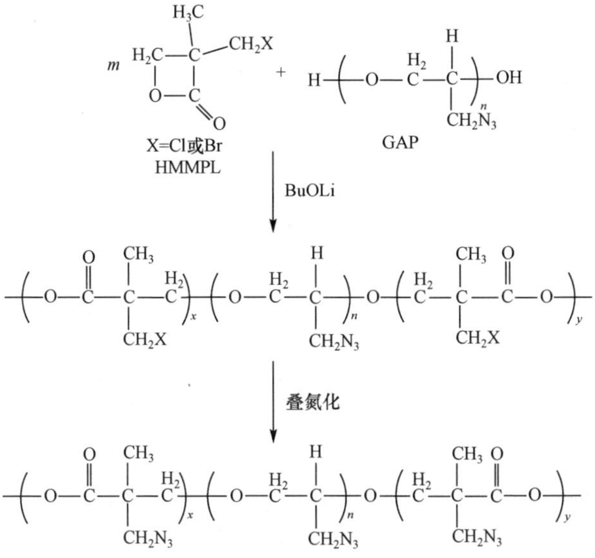

图9-34 PAMMPL的结构式

图9-35 PAMMPL-GAP-PAMMPL三嵌段ETPE的合成反应原理图

用数均分子量为 2 000 g·mol⁻¹ 的 GAP 引发可以得到数均分子量为 7 300 g·mol⁻¹ 的三嵌段共聚物，T_m 为 80~85 ℃。用数均分子量为 50 000 g·mol⁻¹ 的 GAP 引发得到的三嵌段共聚物 T_g 约为-31 ℃，熔点 86 ℃。由于该共聚物只能部分溶于有机溶剂，无法测试其分子量。

9.7 GAP－PMMA 基含能热塑性弹性体

2007 年，南非 Al－Kaabi 等人[8]通过可控自由基聚合法进行了合成 ETPE 的探索性研究。他们首先合成了含有 GAP 的大分子自由基；然后采用光照引发甲基丙烯酸甲酯聚合，进而合成了 GAP－PMMA 嵌段 ETPE，并采用 IR 和 DSC 等手段表征了该 ETPE 的结构与性能。他们还用该方法合成了 GAP－PSt 嵌段 ETPE，二者的红外谱图如图 9－36 所示。由图可见，除了能观测到 PMMA 和聚苯乙烯（PSt）的特征峰以外，还在 2 200 cm⁻¹ 处出现了叠氮基团的特征吸收峰，表明合成了基于 GAP 的共聚物。同时，通过 DSC 测试发现，GAP－PMMA 基 ETPE 的分解温度约为 250 ℃。

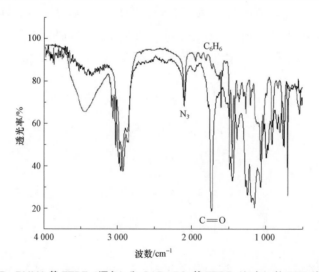

图 9－36 GAP－PMMA 基 ETPE（深色）和 GAP－PSt 基 ETPE（红色）的 FTIR 谱图（见彩插）

土耳其的 Arslan 等人[9]通过大分子引发剂法合成了 PMMA－GAP－PMMA 三嵌段 ETPE，其过程是以 GAP 为大分子引发剂，在 Ce（NH₄）₂（NO₃）₆ 的作用下引发甲基丙烯酸甲酯进行自由基聚合。其合成反应原理如图 9－37 所示。

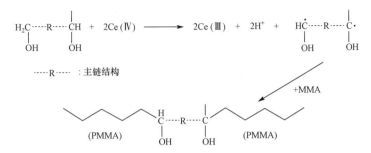

图9-37　PMMA-GAP-PMMA 三嵌段 ETPE 的合成反应原理图

图9-38 所示为 PMMA-GAP-PMMA 三嵌段 ETPE 的 ^{1}H-NMR 谱图。

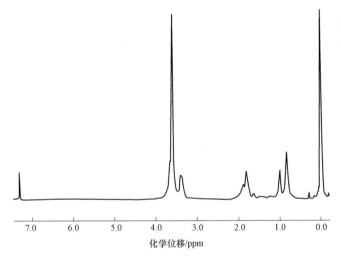

图9-38　PMMA-GAP-PMMA 三嵌段 ETPE 的 ^{1}H-NMR 谱图

PMMA 和 GAP 链段的特征峰归属如下：$\delta=3.6$ ppm 对应的是 MMA 中—OCH$_3$ 的质子；$\delta=1.9\sim2.0$ ppm 对应的是 MMA 主链中—CH$_2$—的质子；$\delta=0.8\sim1.0$ ppm 对应的是 MMA 中—CH$_3$ 的质子；$\delta=3.4$ ppm 对应的是 GAP 中—CH$_2$N$_3$ 的质子。

GPC 测试得出 PMMA-GAP-PMMA 三嵌段 ETPE 的数均分子量均在 110 000 以上，其TG 曲线和DSC 曲线如图9-39 和图9-40所示。由图可知，PMMA-GAP-PMMA 三嵌段 ETPE 的放热分解峰均出现在240 ℃以上，具有良好的热稳定性。

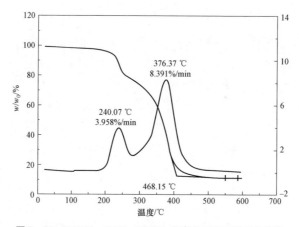

图 9-39　PMMA-GAP-PMMA 三嵌段 ETPE 的 TG 曲线

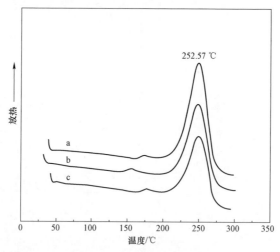

图 9-40　PMMA-GAP-PMMA 三嵌段 ETPE 的 DSC 曲线（a、b、c 代表不同批次）

9.8　GAP-PCL 基含能热塑性弹性体

  2010 年，韩国的 Noh 等人[10]利用不同质量比的 GAP 和 PCL 混合，采用溶液聚合法制备了 GAP-PCL 基 ETPE。其合成过程：首先将 GAP 溶于 DMF 中，50 ℃下搅拌；然后向 GAP/DMF 溶液中加入 MDI 和催化剂（T-12），80 ℃下搅拌反应 8 h，冷却至 60 ℃后加入 PCL/DMF 溶液，60 ℃下搅拌反应 2 h，冷却至 50 ℃后加入 1,5-戊二醇/DMF 溶液；最后在 60 ℃下搅拌反应 2 h，即可得到 GAP-PCL 基 ETPE。每一步反应的结束均以—NCO 或—OH 的红外吸收峰消失为准。其合成反应原理如图 9-41 所示。

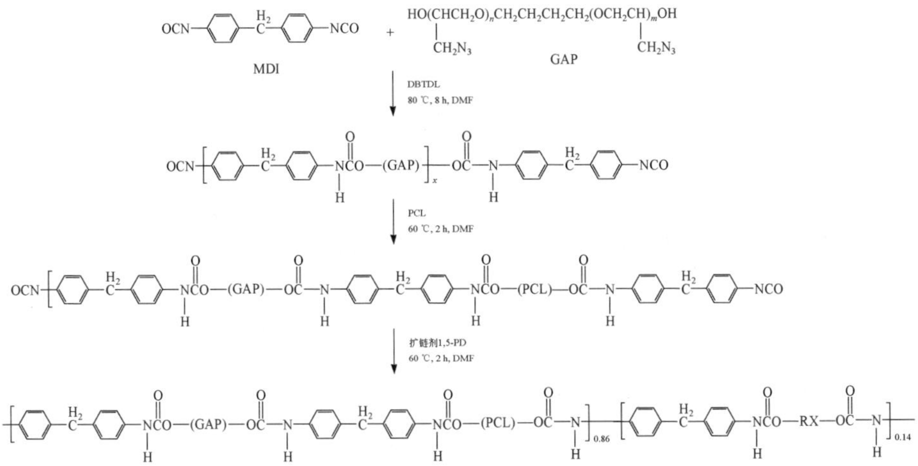

图 9-41 GAP-PCL 基 ETPE 的合成反应原理图

GAP-PCL 基 ETPE 的组成及相对分子质量如表 9-34 所示，GAP-PCL 基 ETPE 的应力-应变曲线如图 9-42 所示。测试结果表明随着 PCL 比例的增加，弹性体的强度和断裂伸长率都有所增加，这是因为引入的 PCL 起到了结晶性硬段的作用。

表 9-34 不同比例 GAP-PCL 基 ETPE 的组成及相对分子质量

弹性体	GAP-PCL-A-14	GAP-PCL-B-14	GAP-PCL-C-14
GAP/%	100	50	57
PCL/%	0	50	43
硬段含量/%	14	14	14
M_n/($\times 10^3$ g·mol^{-1})	11	20	20
M_w/($\times 10^3$ g·mol^{-1})	30	83	53
M_w/M_n	2.7	4.2	2.7

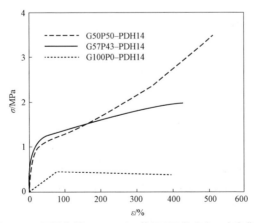

图 9-42 不同比例 GAP-PCL 基 ETPE 的应力—应变曲线

2013 年，Noh 等人[11]采用与上面相同的方法，制备了 GAP-PTMG 基 ETPE 和 GAP-PCD 基 ETPE，这些 ETPE 均存在微相分离，其微相分离程度随混合二元醇的不同而不同。

9.9　P（BAMO-NMMO）基含能热塑性弹性体

由于硝酸酯广泛应用于火炸药中，因此在黏合剂中引入含有硝酸甲酯基的链段：一方面能够增加黏合剂与硝酸酯的混溶能力；另一方面能够减少火炸药中硝酸酯小分子的加入量，从而提高火炸药的安全性。因此，国内外含能材料工作者选用 3-硝酸甲酯基-3-甲基氧丁环（NMMO）作为与 BAMO 共聚的单体，合成了 P（BAMO-NMMO）基 ETPE。

Talukder 等人[12]首先采用 p-双（α,α-二甲基氯甲基）苯（p-DCC）与六氟锑酸银（$AgSbF_6$）预先反应生成碳阳离子活性中心；然后顺序引发 NMMO 和 BAMO 聚合，得到了 BAMO-NMMO-BAMO 三嵌段 ETPE，其合成反应原理如图 9-43 所示。

得到的 BAMO-NMMO-BAMO 三嵌段 ETPE 数均分子量高达 220 000 g·mol^{-1}，相对分子质量分布指数为 1.2；T_g = -27 ℃，接近 NMMO 均聚物的 T_g；熔点为 56 ℃，比 BAMO 均聚物低约 30 ℃；起始分解温度为 204 ℃，具有良好的热稳定性。

美国 Wardle 等人[13]采用官能团预聚体法合成了 BAMO-NMMO-BAMO 三嵌段 ETPE 或 BAMO-NMMO 多嵌段 ETPE。具体过程：首先使用 BAMO 与稍微过量的 TDI 进行反应生成异氰酸酯封端的预聚物；然后加入端羟基的 NMMO 完成扩链反应（也可加入小分子二元醇以提高相对分子质量）。

Chien 等人[14]采用官能团预聚体法合成了 BAMO-NMMO-BAMO 三嵌段 ETPE 或 BAMO-NMMO 多嵌段 ETPE。具体合成过程：首先以三乙基氧鎓离子的四氟硼酸盐作为引发剂，在 25 ℃下引发 BAMO 聚合合成单羟基封端的 PBAMO 预聚物，数均分子质量为 13 500~17 100 g·mol^{-1}，相对分子质量分布为 1.6~2.0，并采用螺环苯并噻咯/丁二醇复合引发体系合成二羟基封端的 PBAMO 预聚物和 PNMMO 预聚物，PABMO 的数均分子质量为 2 000 g·mol^{-1}，相对分子质量分布为 2.38，PNMMO 的数均分子量为 1 010 g·mol^{-1}，相对分子质量分布为 1.85；然后将二羟基封端的 PNMMO 预聚物和过量 TDI 反应生成异

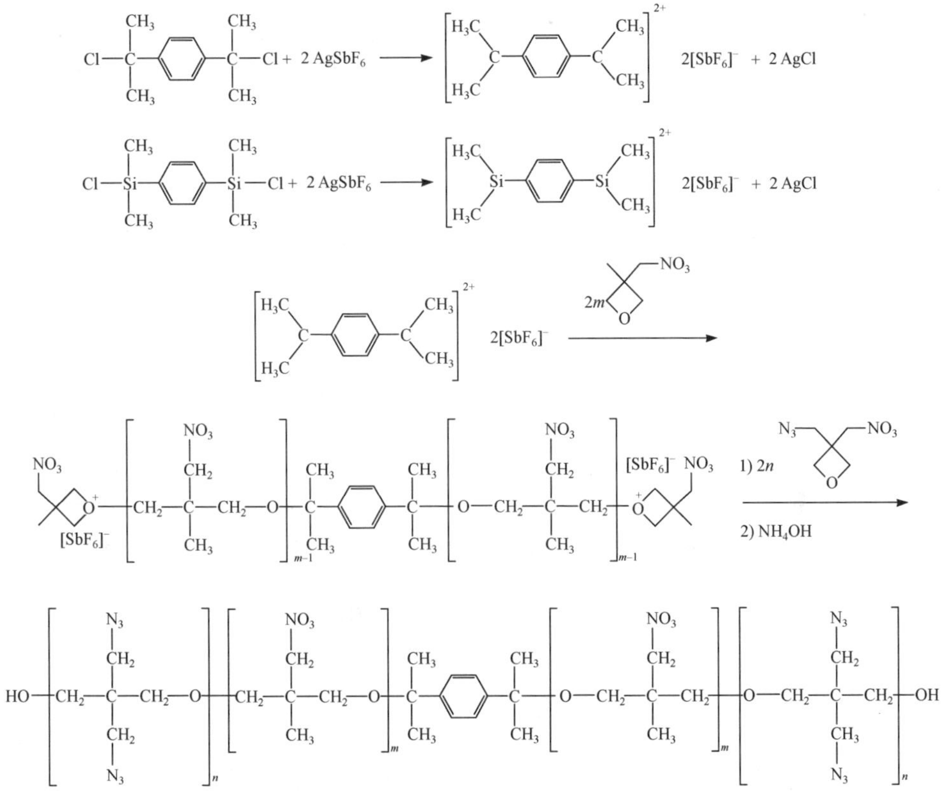

图 9-43 BAMO-NMMO-BAMO 三嵌段 ETPE 的合成反应原理图

氰酸酯封端的 PNMMO；最后将异氰酸酯封端的 PNMMO 和单羟基封端的 PBAMO 或二羟基封端的 PBAMO 反应得到 BAMO-NMMO-BAMO 三嵌段 ETPE 或 BAMO-NMMO 多嵌段 ETPE。BAMO-NMMO-BAMO 三嵌段 ETPE 的 $T_g=-3$ ℃，熔点为 82 ℃，热分解起始温度为 200 ℃。三嵌段 ETPE 的断裂伸长率为 683%，断裂应力为 5.25MPa，其力学性能优于多嵌段 ETPE。

9.10 PBEMO 基含能热塑性弹性体

PBEMO 具有结晶性，可作为 ETPE 的硬段，PBEMO 基 ETPE 的合成可采用活性顺序聚合法和官能团预聚体法来合成。

Manser 等人[15]使用 BF_3OEt_2/BDO 复合引发体系，通过活性顺序聚合法

■ 含能热塑性弹性体

合成了 BEMO–BAMO/AMMO–BEMO 三嵌段共聚物，其合成反应原理如图 9-44 所示。得到的 ETPE 数均分子质量为 18 000 g·mol^{-1}，相对分子质量分布很宽。$T_g \approx -40$ ℃，熔点 87 ℃左右。

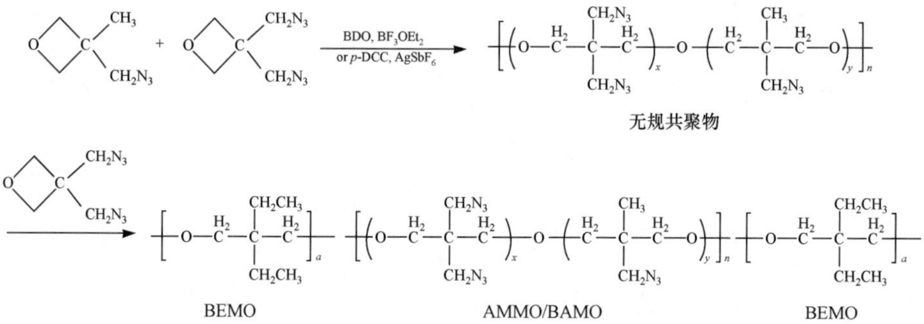

图 9-44　BEMO–BAMO/AMMO–BEMO 三嵌段 ETPE 的合成反应原理图

Wardle 等人[16]采用官能团预聚体法合成了 PBEMO 基 ETPE，连接键为氨基甲酸酯键或碳酸酯键，BEMO 基 ETPE 的组成和性能如表 9-35 所示。

表 9-35　BEMO 基 ETPE 的组成和性能

硬段	软段	硬段含量/%	M_n/ (×10^{3}g·mol^{-1})	M_w/ (×10^{3}g·mol^{-1})	σ_m/ MPa	ε_b/ %
PBEMO	BAMO–THF	51.5	13.1	209	0.21	51
PBEMO	BAMO–THF	48.6	14.7	183	0.17	44
PBEMO	BAMO–THF	48.6	16.6	410	0.64	118
PBEMO	BAMO–THF	38.9	17.2	143	0.61	63
PBEMO	BAMO–THF	32.9	15.9	75	0.39	114
PBEMO	BAMO–THF	38.9	21	212	0.86	215
PBEMO	BAMO–THF	38.9	16.9	92	0.23	85
PBEMO	BAMO–THF	51.1	16.8	172	1.79	336
PBEMO	BAMO–THF	58.5	12.9	100	0.28	170
PBEMO	BAMO–THF	41.4	—	—	4.50	705
PBEMO	NMMO	44.2	10.7	37	0.13	22
PBEMO	BAMO–NMMO	50.0	14.5	51	0.10	20

9.11 P(AMMO-THF)基含能热塑性弹性体

Chang 等人[17]以 PTHF 为硬段、PAMMO 为软段，采用阳离子活性顺序聚合法合成了 AMMO-THF-AMMO 三嵌段 ETPE，合成反应原理如图 9-45 所示。

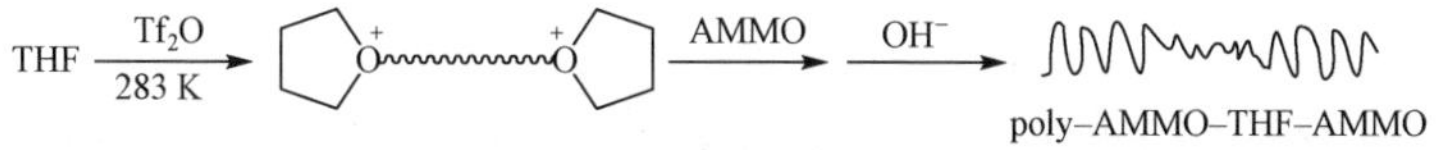

THF $\xrightarrow[283\ K]{Tf_2O}$ ⟨结构⟩ $\xrightarrow{AMMO}$ $\xrightarrow{OH^-}$ poly-AMMO-THF-AMMO

图 9-45 AMMO-THF-AMMO 三嵌段 ETPE 的合成反应原理图

图 9-46 和图 9-47 所示为 PTHF 和 AMMO-THF-AMMO 三嵌段 ETPE 的 TG 曲线和 DTG 曲线。结果表明，弹性体的热分解过程可分为两步，对应的 DTG 曲线出现了两个峰，其热分解过程主要发生在 188~410 ℃。

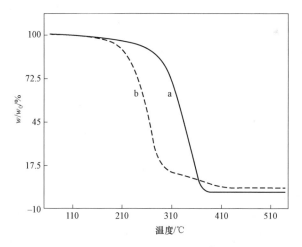

图 9-46 PTHF 和 AMMO-THF-AMMO 三嵌段 ETPE 的 TG 曲线
a—PTHF 的 TG 曲线；b—AMMO-THF-AMMO 三嵌段 ETPE 的 TG 曲线

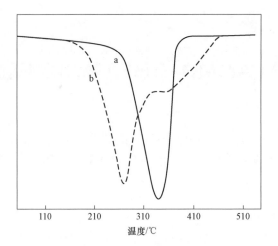

图 9-47　PTHF 和 AMMO-THF-AMMO 三嵌段 ETPE 的 DTG 曲线
a—PTHF 的 DTG 曲线；b—AMMO-THF-AMMO 三嵌段 ETPE 的 DTG 曲线

9.12　PNMMO 基含能热塑性弹性体

PNMMO 是一种硝酸酯类含能预聚物，其结构式如图 9-48 所示。PNMMO 在常温下为淡黄色黏稠液体，玻璃化转变温度为 -30 ℃，分解热为 1 164 kJ·kg^{-1}。

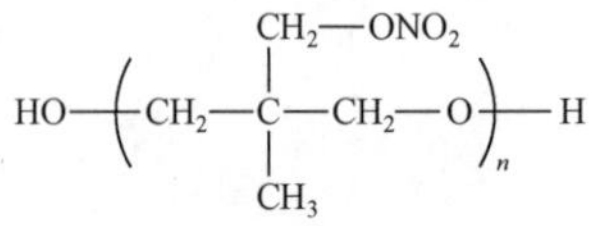

图 9-48　PNMMO 的结构式

PNMMO 基 ETPE 多采用聚氨酯加成聚合法合成，得到的弹性体中硬段由氨基甲酸酯构成，而软段的一部分或全部由 PNMMO 构成。

2002 年，Ampleman 等人[18]以数均相对分子质量为 2 000 g·mol^{-1} 的线性端羟基 PNMMO 和 MDI 在 T-12 的催化作用下，合成了 PNMMO 基 ETPE。合成过程：首先 PNMMO 和 T-12 充分混合，60 ℃下干燥 16 h；然后加入 MDI（NCO/OH=0.80），快速搅拌 1 min 左右，倒入模具中 60 ℃熟化 24 h，得到 PNMMO 基 ETPE。得到的弹性体数均相对分子质量为 15 000～17 000 g·mol^{-1}。该 ETPE 为 AB 型多嵌段共聚物，弹性体的软段为无定形的 PNMMO，硬段为氨基甲酸酯键。共聚物中氨基甲酸酯键的每个氨基质子氢都可与另一个 C═O

或软段醚键中的—O—生成氢键产生物理交联,形成含能的热塑性聚氨酯弹性体。

2003 年,Diaz 等人[19]分别采用熔融聚合法和溶液聚合法,将 PNMMO 与 MDI 反应,制备了 PNMMO 基 ETPE。所用 PNMMO 预聚物及得到弹性体的分子量,如表 9-36 所示。通过元素分析,测试了预聚物及弹性体中 C、H、N、O 的含量,如表 9-36 所示。

表 9-36 PNMMO 及 PNMMO 基 ETPE 的性能参数

样品	M_n / ($\times 10^{-3}$ g·mol^{-1})	M_w / ($\times 10^{-3}$ g·mol^{-1})	元素分析/%			
			C±0.7	H±0.3	N±0.5	O±1.5
PNMMO	5.6	8.5	39.9	6.1	9.2	44.8
PNMMO 基 ETPE	9.9	194.7	44.4	6.5	8.6	40.5

Chang 等人[17]以 PTHF 为硬段、PNMMO 为软段,使用阳离子活性顺序聚合法合成了 NMMO-THF-NMMO 三嵌段 ETPE,合成反应原理如图 9-49 所示。

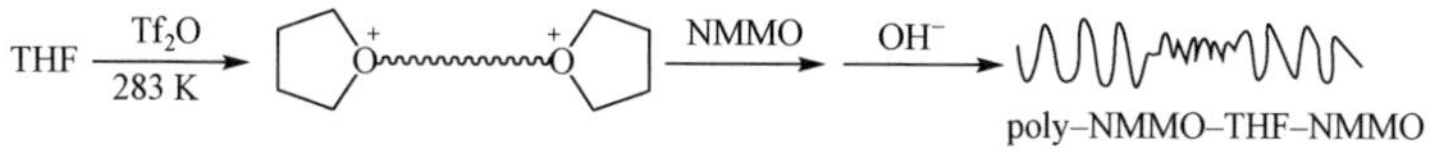

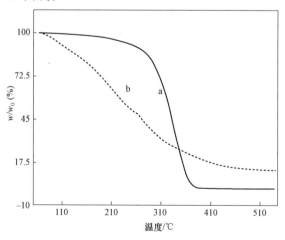

图 9-49 NMMO-THF-NMMO 三嵌段 ETPE 的合成反应原理图

图 9-50 和图 9-51 所示为 PTHF 和 NMMO-THF-NMMO 三嵌段 ETPE 的 TG 曲线和 DTG 曲线。

图 9-50 TG 曲线
a—PTHF 的 TG 曲线;b—NMMO-THF-NMMO 三嵌段 ETPE 的 TG 曲线

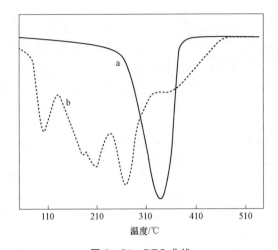

图 9-51 DTG 曲线
a—PTHF 的 DTG 曲线；b—NMMO-THF-NMMO 三嵌段 ETPE 的 DTG 曲线

从图 9-50 和图 9-51 中可以看出，NMMO-THF-NMMO 三嵌段 ETPE 的热分解是一个复杂的过程：弹性体在 95 ℃下开始发生分解，此时分解速率较低；在 150 ℃时质量大约损失了 12%；弹性体的 DTG 曲线在 133 ℃处出现了一个峰值，这是由于 NMMO 单元分解造成的。

2003 年，瑞典 Wanhatalo 等人[20]使用本体聚合和溶液聚合工艺，采用活性顺序聚合法合成了 PNMMO-TMPO（超支化聚环氧乙烷）共聚 ETPE，推测共聚物的结构为 AB 和 ABA 的混合体。其中，本体聚合法的合成过程：首先将 3-羟基-3-环氧乙烷（TMPO）与 PNMMO 进行混合，1～1.5 h 后加入由引发剂 p-双（α, α-二甲基氯甲基）苯（BCC）与六氟锑酸银（ASF）预先反应合成的苯甲酰四硫六氟锑酸盐（TMPO 质量分数的 0.4%）和 BF_3OEt_2（TMPO 摩尔分数的 0.4%）；然后在 100～120 ℃下进行反应 4～5 h 后 TMPO 的转化率达到 75%～80%。DSC 测试结果表明，该 ETPE 具有两个 T_g：-29 ℃（对应 PNMMO）和 40～55 ℃（对应 PTMPO）。由于合成的 ETPE 含有大量极性基团，导致无法找到合适的溶剂溶解它，故未能测得其数均相对分子质量。

Xu 等人[21]以 PNMMO 和聚 3,3-双（2,2,2-三氟乙氧基甲基）氧丁环（PBFMO）为预聚物，TDI 为固化剂制备了 PNMMO-BFMO 基 ETPE。相比于 PNMMO 基 ETPE（拉伸强度 6.18 MPa，断裂伸长率 635%），PNMMO-BFMO 基 ETPE 具有更好的力学性能（拉伸强度 10.54 MPa，断裂伸长率 723%），并表现出与 HMX 和铝粉更好的相容性。同时，PNMMO-BFMO 基 ETPE/铝粉配方比 PNMMO 基 ETPE/铝粉可以释放出更多的热量。

9.13 二氟氨基含能热塑性弹性体

二氟氨基是提高黏合剂能量水平的理想基团之一，其燃烧产物的平均相对分子量较低，有利于提高推进剂或炸药的燃气比容；HF 在推进剂或炸药爆温下不易解离，有利于组分燃烧热的充分利用；F 元素具有氧化性，能够提高黏合剂体系的氧平衡，并改善高热值可燃元素的燃烧或爆炸反应速率；与高热值可燃元素如硼、铅等的气化反应比氧化反应放出的热量更多。然而，二氟氨基类化合物在合成过程中存在感度高、结构不稳定、收率低、难以纯化等问题，导致了二氟氨基 ETPE 鲜有报道。

20 世纪 90 年代，Manser 等人[22]发现当二氟氨基连接在新戊基碳上时，由于空间位阻的存在，难于消去 HF 而变得稳定，从而大大增加了合成过程的安全性。基于此，Manser 等人合成了两种含二氟氨基的氧丁环单体 3,3-双二氟氨甲基氧丁环（BDFAO）和 3-二氟氨甲基-3-甲基氧丁环（DFAMO）及其预聚物，其结构式如图 9-52 所示。

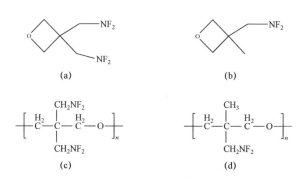

图 9-52 单体及预聚物的结构式
(a) BDFAO；(b) DFAMO；(c) PBDFAO；(d) PDFAMO

Stogryn 等人[23]以聚 3-二氟氨基甲基-3-二氟氨基氧丁环为预聚物，三乙酰丙酮铁为催化剂，通过 TDI 扩链得到了淡褐色、坚硬的热塑性弹性体材料，其中二氟氨基的含量高于 60%，具有非常高的能量水平。

Li 等人合成了 P（BDFAO-THF），P（DFAMO-THF）和 P（BDFAO-DFAMO-THF）共聚物，与二氟氨基均聚物相比，具有较低的玻璃化转变温度，并表现出良好的热稳定性[24]。该课题组又合成了 P(DFAMO-AMMO)共聚物，并研究了其热分解过程。P(DFAMO-AMMO)出现了三个热失重阶段，分别归属于二氟氨基、叠氮基和聚醚主链的分解[25]。2018 年，该课题组又合成了 P(DFAMO-NMMO)共聚物，与 PDFAMO 均聚物相比，P(DFAMO-NMMO)与 HMX、炭黑的相容性更好[26]。

Zhang 等人[27]合成了 P(DFAMO-BAMO)共聚物，并研究了其热分解机理。P(DFAMO-BAMO)中二氟氨基首先分解释放出 HF，之后叠氮基分解放出 N_2，两个阶段的热分解活化能分别为（115±5）kJ·mol^{-1} 和（165±5）kJ·mol^{-1}。

9.14 星形含能热塑性弹性体

与线形 ETPE 相比，在相同组成和相对分子质量时星形 ETPE 具有更低的熔融指数和熔体黏度，力学性能和加工性能更好。

张志刚等人[28]以三官能度 GAP（TGAP，M_n = 2 850 g·mol^{-1}）为软段，单官能度 PBAMO（UPBAMO，M_n = 5 133 g·mol^{-1}）为硬段，TDI 为固化剂，通过官能团预聚体法制备了 BAMO-GAP 基 A_nB 星形 ETPE，合成反应原理如图 9-53 所示。

BAMO-GAP 基星形 ETPE 的数均分子量为 20 255 g·mol^{-1}，与数均相对分子质量相近的线形 BAMO-GAP 基 ETPE（M_n = 20 210 g·mol^{-1}）相比，星形 ETPE 的熔融温度和黏度显著降低，拉伸强度有较大提高，如表 9-37 所示。该星形 ETPE 可通过无溶剂双螺杆挤出工艺应用于高固体含量推进剂、发射药等连续化制备。

表 9-37 BAMO-GAP 基线形 ETPE 和星形 ETPE 的性能比较

弹性体	线型 ETPE	星型 ETPE
M_n/(g·mol^{-1})	20 210	20 255
熔融温度/℃	96.2	84.5
熔融黏度（100℃）/(Pa·s)	75.6	41.6
拉伸强度（20℃）/MPa	3.92	5.28
断裂伸长率（20℃）/%	42.4	44.5

上述星形 ETPE 所用软段 TGAP 的玻璃化转变温度较高（-43.9 ℃），数均相对分子质量较小，导致弹性体中硬段含量过高，材料柔性不足。因此，卢先明等人[29]以聚四氢呋喃（PTMG）改性的高数均相对分子质量（M_n = 4 000~6 000 g·mol^{-1}）三官能度 GAP（APP）为软段，UPBAMO 为硬段，TDI 为偶联剂，制备了 BAMO-APP 基星形 ETPE，合成反应原理如图 9-54 所示。

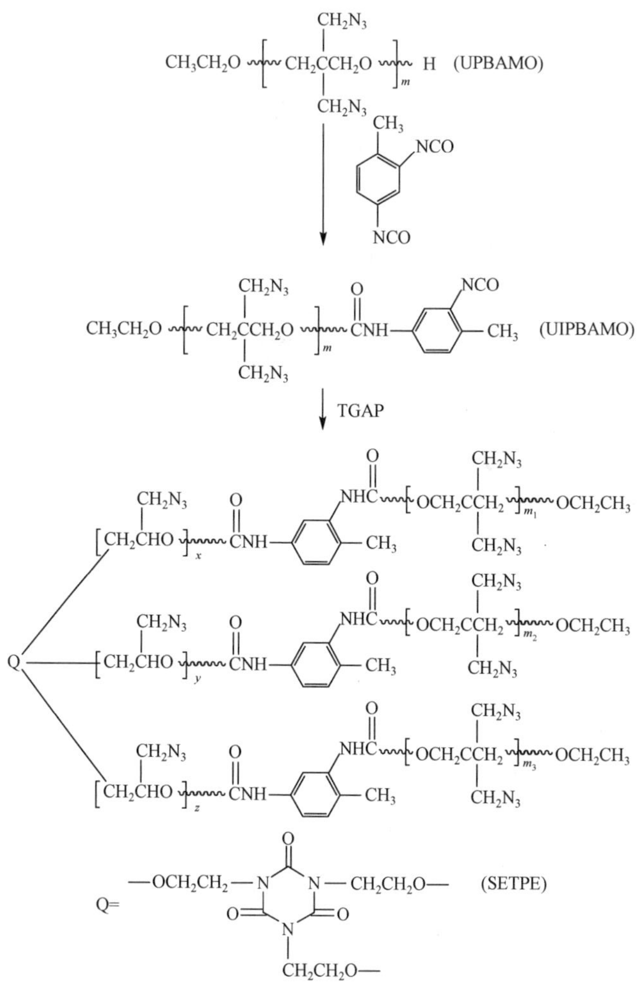

图 9-53　BAMO-GAP 基星型 ETPE 的合成反应原理图

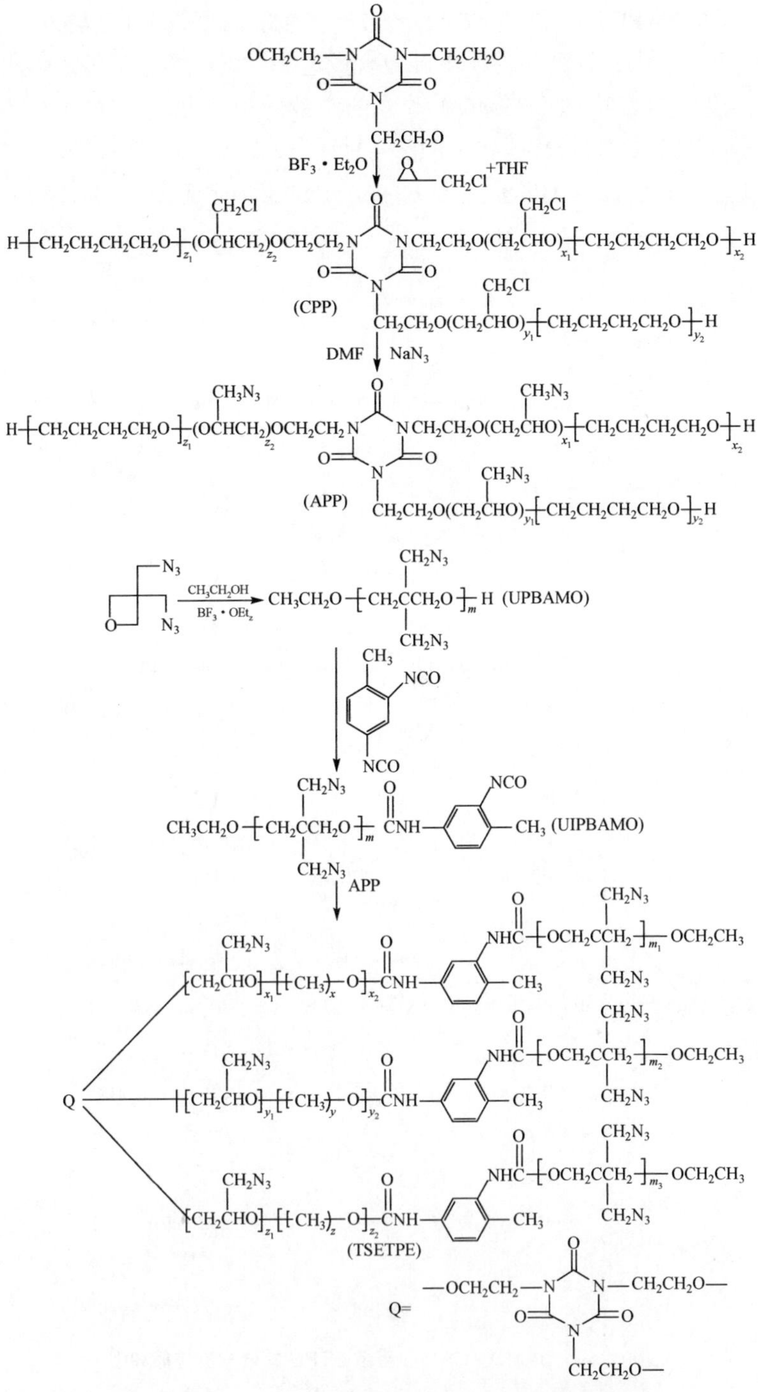

图 9-54　BAMO-APP 基星型 ETPE 的合成反应原理图

由于软段 APP 的数均相对分子质量更高,玻璃化转变温度较低($T_g = -65$ ℃),与 BAMO-GAP 基星型 ETPE 相比,BAMO-APP 基星形 ETPE 的玻璃化转变温度更低,力学性能更好,见表 9-38。

表 9-38 BAMO-APP 基星型 ETPE 和 BAMO-GAP 基星形 ETPE 的力学性能

性能	BAMO-APP-1	BAMO-APP-2	BAMO-APP-3	BAMO-APP-4	BAMO-GAP
M_n/(g·mol^{-1})	15 668	19 045	17 424	18 335	20 255
熔融温度/℃	82.5	83.6	84.4	83.8	84.5
熔融黏度(100 ℃)/(Pa·s)	47.1	49.4	47.9	50.3	41.6
氮含量/%	43.11	43.07	43.06	43.09	46.53
热分解温度/℃	257.5	257.2	258.1	257.8	257.7
玻璃化转变温度/℃	-24.7	-24.6	-24.5	-24.3	-16.9
拉伸强度(20 ℃)/MPa	—	9.15	—	5.29	5.28
断裂伸长率(20 ℃)/%	—	652	—	919	44.5

9.15 含能扩链剂含能热塑性弹性体

与通用 TPE 相似,扩链剂的选择对 ETPE 的性能有重要影响。目前,制备 ETPE 过程中广泛采用的扩链剂主要有 1,4-丁二醇、乙二醇、2,4-戊二醇等小分子二元醇。当扩链剂较少时,硬段含量低,ETPE 的力学性能不能得到有效改善;扩链剂含量较高时,又存在能量水平低、加工黏度大等缺陷,因此采用含能扩链剂可以有效解决上述问题。

9.15.1 含能扩链剂 GAP 基含能热塑性弹性体

以含能小分子二元醇 2,2 – 二叠氮甲基 – 1,3 – 丙二醇（结构式及合成反应原理如图 9 – 55 所示）为扩链剂，采用熔融两步法制备硬段含量分别为 40%、45%、50%、55% 和 60% 的 GAP 基 ETPE（异氰酸酯以 HMDI 为例），其合成反应原理如图 9 – 56 所示。

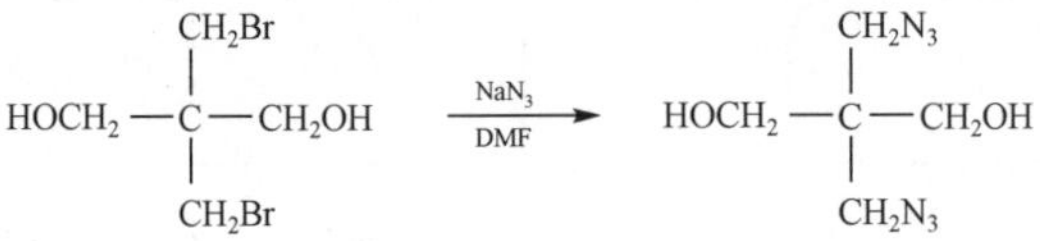

图 9 – 55　2,2 – 二叠氮甲基 – 1,3 – 丙二醇的合成反应原理图

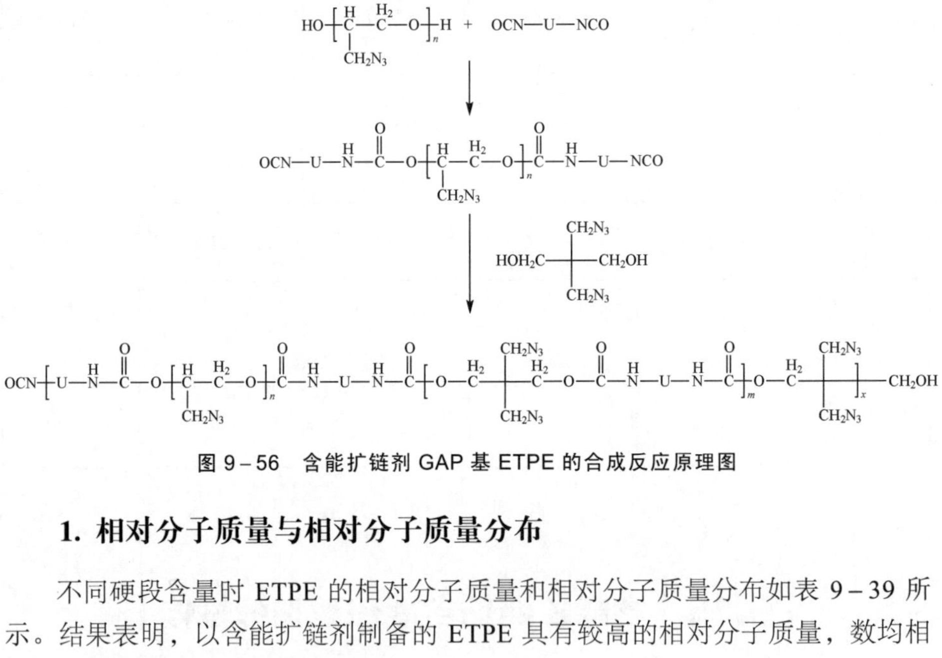

图 9 – 56　含能扩链剂 GAP 基 ETPE 的合成反应原理图

1. 相对分子质量与相对分子质量分布

不同硬段含量时 ETPE 的相对分子质量和相对分子质量分布如表 9 – 39 所示。结果表明，以含能扩链剂制备的 ETPE 具有较高的相对分子质量，数均相对分子质量均大于 25 000 g·mol^{-1}。

表 9 – 39　含能扩链剂 GAP 基 ETPE 的相对分子质量和相对分子质量分布

硬段含量/%	M_n/(g·mol^{-1})	M_w/(g·mol^{-1})	M_w/M_n
40	25 800	84 300	3.27
45	30 600	103 200	3.37
50	29 500	97 800	3.31
55	30 600	103 000	3.36
60	36 500	111 600	3.05

2. 氢键化程度

图 9-57 所示为不同硬段含量时 ETPE 的 FTIR 谱图。在红外谱图中 2 270 cm^{-1} 处—NCO 的特征吸收峰消失，而在 1716cm^{-1} 左右出现酯基中 C═O 的特征吸收峰，同时在 2 100 cm^{-1} 出现—N$_3$ 的特征吸收峰，证明了弹性体的结构。

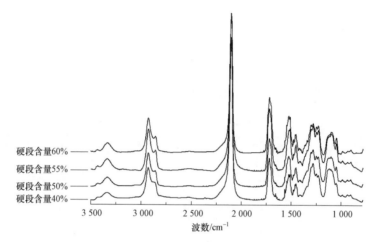

图 9-57　不同硬段含量 ETPE 的 FTIR 谱图

与上述 ETPE 相似，不同硬段含量的 ETPE 中均出现非氢键化氨基的特征吸收峰（3 450 cm^{-1}）与氢键化氨基的特征吸收峰（3 300~3 350 cm^{-1}）。从图 9-57 中可以看出，不同硬段含量时 ETPE 的—NH 均与 C═O 形成大量的氢键。

对不同硬段含量的 ETPE 中氢键化—NH 的吸收波数进行分析，氢键化—NH 分别位于 3 335 cm^{-1}（硬段含量 45%）、3 334 cm^{-1}（硬段含量 50%）、3 327 cm^{-1}（硬段含量 55%）和 3 326 cm^{-1}（硬段含量 60%）。结果表明，—NH 氢键化的强度有增加的趋势，表明随硬段含量的增加，弹性体硬段聚集能力增强。

将不同硬段含量 ETPE 的羰基吸收峰局部放大，并进行傅里叶自解卷积，其 FSD 图如图 9-58 所示。通过分析其中自由羰基和氢键化羰基的吸收比例，可以得出硬段含量对氢键化程度的影响。

弹性体的氢键化比例如表 9-40 所示。结果表明，随着硬段含量的增加，氢键化羰基所占比例增加，弹性体中硬段缔合能力增强，导致软/硬段微相分离程度增加。

■ 含能热塑性弹性体

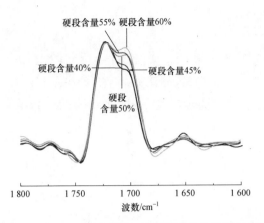

图 9-58　不同硬段含量 ETPE 羰基吸收峰的 FSD 图

表 9-40　不同硬段含量 ETPE 的氢键化比例（峰高）

硬段含量/%	氢键化比例/%
40	42.86
45	43.50
50	45.05
55	45.95
60	47.09

3. 玻璃化转变温度

不同硬段含量 ETPE 的 DSC 曲线如图 9-59 所示，从图中可以看出，不同硬段含量的 ETPE 均具有较低的 T_g，如表 9-41 所示。对玻璃化转变温度 T_g 的

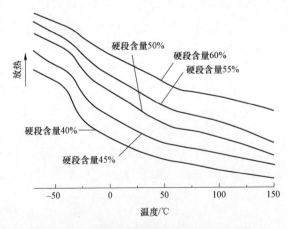

图 9-59　不同硬段含量 ETPE 的 DSC 曲线

研究结果表明,随着硬段含量的增加,软段的 T_g 略向高温移动,这说明硬段含量增加,软段的链段运动能力受到制约,在一定程度上说明硬段对软段的锚固作用增强。

从图 5-59 可以看出,不同硬段含量时 ETPE 不存在明显的结晶熔融吸热峰,说明硬段含量并未对 ETPE 的结晶性造成明显的影响。由于后熟化过程包含了一个退火的过程,也不存在氢键解离的吸热效应[30]。

表 9-41 不同硬段含量 ETPE 的软段玻璃化转变温度

硬段含量/%	T_g/℃
40	-33.92
45	-33.02
50	-33.85
55	-32.93
60	-32.53

4. 静态力学性能

图 9-60 所示为 20 ℃下不同硬段含量时 ETPE 的拉伸强度和断裂伸长率。

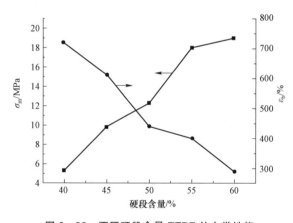

图 9-60　不同硬段含量 ETPE 的力学性能

由图 9-60 可以看出,随着硬段含量的增加,ETPE 的拉伸强度单调增加,而断裂伸长率则单调降低,这表明含能扩链剂的硬段起到了增强效应。随着硬段含量的增加,其硬链段间氢键作用增强,硬段之间缔合成强有力的物理交联点,使弹性体拉伸强度增加,同时延伸率降低。当硬段含量为 50%~55%时,具有较高的拉伸强度，断裂伸长率也大于 350%，综合性能较好。

5. 动态力学性能

图 9-61 所示为不同硬段含量时 ETPE 的 DMA 曲线。

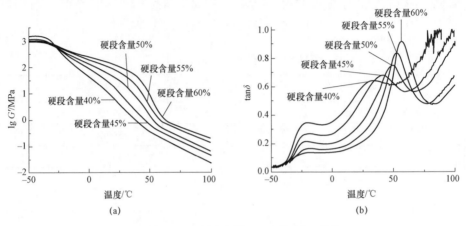

图 9-61　不同硬段含量 ETPE 的 DMA 曲线
(a) 储存模量—温度曲线；(b) tanδ—温度曲线

图 9-61（a）所示为不同硬段含量时 ETPE 的模量—温度曲线。由图可以发现，当温度高于 GAP 的 T_g 时，硬段含量高的 ETPE 具有更高的储存模量，在 -40 ~ -10 ℃，15 ℃ ~ 75 ℃ 其模量变化迅速。在此两个温度范围内，出现了显著的损耗角正切峰，如图 9-61（b）所示。tanδ 峰所对应的温度即分别为软段和硬段的 T_g。从图中可以看出，不同硬段含量 ETPE 具有明显的相分离，硬段含量增加，软段的 T_g 变化不大，均在 -25 ℃ 左右。硬段的 T_g 升高，从 32 ℃（硬段含量 40%）逐渐增加到 60 ℃（硬段含量 40%）。

由上述分析可知，随着硬段含量的增加，硬段聚集能力增加，硬段与软段的不相容性增加，即软段与硬段的相分离程度有所提高。

6. 热分解性能

图 9-62 所示为硬段含量 55% 时 ETPE 的 TG 曲线和 DTG 曲线。由图可以看出，ETPE 表现出良好的热稳定性，在 200 ℃ 以下未出现明显的失重。

由图 9-62 可知，弹性体的热分解过程分为三个阶段：首先是叠氮基团的分解，初始分解温度在 225 ℃ 左右；然后是硬段的热分解；最后软段聚醚在第三阶段分解。硬段含量对分解的第二阶段和第三阶段有一定的影响，硬段含量越高，第二阶段初始分解温度降低，而第三阶段分解温度升高。

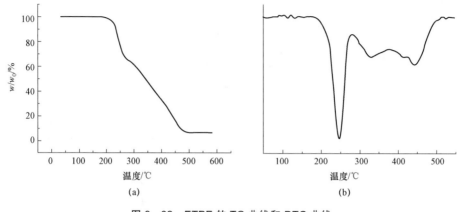

图 9-62 ETPE 的 TG 曲线和 DTG 曲线
(a) TG 曲线; (b) DTG 曲线 (硬段含量 55%)

9.15.2 含能扩链剂 GAP-PET 基含能热塑性弹性体

ETPE 软段的玻璃化转变温度是其使用温度的下限,含能扩链剂 GAP 基 ETPE 的玻璃化转变温度在 -32 ℃左右,在未加入增塑剂时难以满足高性能固体推进对低温性能 (-40 ℃) 的要求。因此,有必要对该 ETPE 进行性能优化。

加入增塑剂是降低 ETPE 的 T_g 和改善其加工性能的方法之一。然而,增塑剂的加入可能会降低材料的力学性能,因为增塑剂同样会使硬段增塑,从而降低物理交联强度,对于硬段 T_g=50 ℃左右的弹性体来说,增塑的方法是不合适的。

在聚氨酯的软段中引入具有较低 T_g 的预聚物是另一种有效的方法。在众多预聚物中,PET 具有较低的 T_g (-80 ℃),在固体推进剂中的有较好的应用前景[31]。鉴于此,以小分子二元醇 2,2-二叠氮甲基-1,3-丙二醇为含能扩链剂,以 GAP 与 PET 混合聚醚为软段所制备的 ETPE 具有较好的低温力学性能。以 ETPE 的硬段含量为 55%,软段中 PET 含量分别为 5%、10%、20%、30% 和 40% 为例,介绍该类 ETPE 的性能。其合成反应原理(熔融两步法)如图 9-63 所示。

1. 相对分子质量与相对分子质量分布

含能扩链剂 GAP-PET 基 ETPE 的相对分子质量和相对分子质量分布如表 9-42 所示。结果表明,随着软段中 PET 含量的增加,所制备的 ETPE 的相对分子质量无明显的规律,表明软段中 PET 含量的变化对弹性体的相对分子质量没有明显的影响，所合成弹性体的相对分子质量均超过 30 000 g·mol^{-1}。

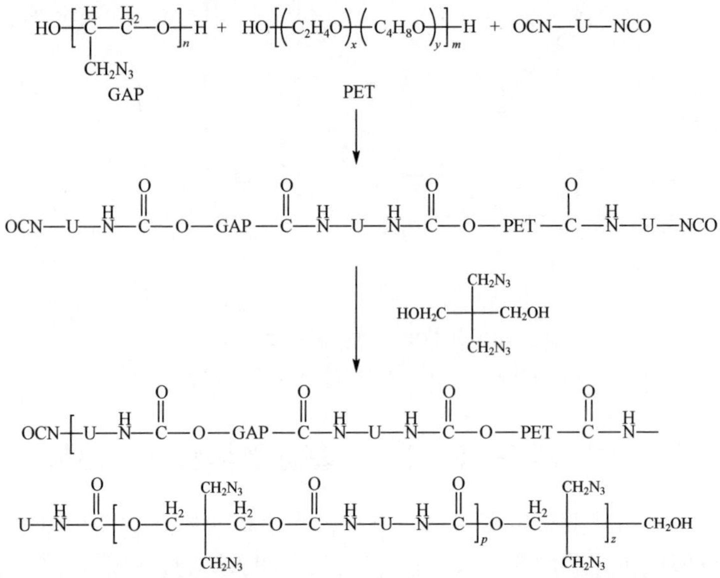

图 9-63　含能扩链剂 GAP-PET 基 ETPE 的合成反应原理图

表 9-42　含能扩链剂 GAP-PET 基 ETPE 的相对分子质量和相对分子质量分布

PET 含量/%	M_n/(g·mol^{-1})	M_w/(g·mol^{-1})	M_w/M_n
5	36 300	110 700	3.03
10	38 400	126 800	3.30
20	37 800	111 600	2.95
30	39 500	123 900	3.13
40	38 500	113 100	2.94

2. 红外光谱分析

图 9-64 所示为 PET 含量为 30% 的弹性体 FTIR 谱图。其中，N$_3$ 基团的特征吸收峰出现在 2 102 cm^{-1}，反应原料 IPDI 中在 2 270 cm^{-1} 处—NCO 的特征吸收峰基本消失。在 1 716 cm^{-1} 处出现了 C=O 的特征吸收峰，证明了弹性体的结构。同时，在 3 335 cm^{-1} 处出现了氢键化—NH 的伸缩振动特征吸收峰，3 450 cm^{-1} 处为自由—NH 的伸缩振动特征吸收峰，说明弹性体中硬段的—NH 部分参与了氢键的形成。

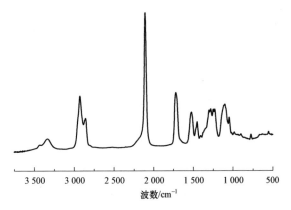

图 9-64　含能扩链剂 GAP-PET 基 ETPE（PET 含量 30%）的 FTIR 谱图

3. 玻璃化转变温度

图 9-65 所示为不同 PET 含量时含能扩链剂 GAP-PET 基 ETPE 的 DSC 曲线，其软段的玻璃化转变温度如表 9-43 所示（其中，T_{g1} 为 GAP 链段的 T_g，T_{g2} 为 PET 链段的 T_g）。

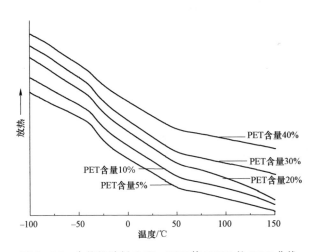

图 9-65　含能扩链剂 GAP-PET 基 ETPE 的 DSC 曲线

从图 9-65 中可以看到，随着 PET 含量的增加，其软段中 GAP 的 T_g 逐渐下降，不含 PET 的 ETPE 中 GAP 软段的 T_g=－32.93 ℃。然而，当 PET 含量达到 40%时，软段 GAP 的 T_g 降低至－36.45 ℃。这表明，加入 PET 会使 GAP 链段的运动能力增强。

表 9-43　含能扩链剂 GAP-PET 基 ETPE 的软段玻璃化转变温度

PET 含量/%	T_{g1}/℃	T_{g2}/℃
0	-32.93	—
5	-33.69	—
10	-35.85	—
20	-35.00	—
30	-35.73	-70.05
40	-36.45	-74.57

由表 9-43 可知，当 PET 质量为软段总质量的 5%～20% 时，难以在 DSC 曲线中观察到 PET 的 T_g，主要是其在 ETPE 中难以形成有效的微区，这也说明 PET 含量较少时，难以有效改善 ETPU 的低温力学性能。

在所研究的温度范围内，该类 ETPE 并没有出现明显的熔融吸热峰，也未发现明显的氢键解离峰。

4. 静态力学性能

拉伸强度和断裂伸长率随 PET 含量的变化关系如图 9-66 所示。由图可以看出，含能扩链剂 GAP-PET 基 ETPE 均具有较佳的力学性能，当软段中 PET 的含量在 5%～40% 变化时，其拉伸强度均高于 10MPa。同时，其也有较高的延伸率，当 PET 在软段中含量高于 10% 后，其断裂伸长率均高于 440%。

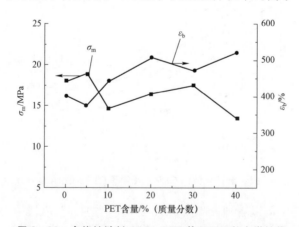

图 9-66　含能扩链剂 GAP-PET 基 ETPE 的力学性能

由图 9-66 可知，随着 PET 含量在 ETPE 中的增加，其断裂伸长率有增加的趋势。由此可见，PET 的加入增加了分子链的柔顺性，使弹性体分子链的运动能力增强,当软段中 PET 的含量达到 40%时,其断裂伸长率可超过 500%。由此可见,弹性体分子中 PET 的含量越高,其断裂伸长率越大。

5. 动态力学性能

不同 PET 含量时 ETPE 的 DMA 曲线如图 9-67 所示。在图 9-67 中软段和硬段各自呈现不同的 T_g,表明该类 ETPE 具有明显的微相分离。GAP 与硬段的 T_g 分别在 -20 ℃和 50 ℃左右,由于 PET 链段损耗曲线与 GAP 发生部分重合,使得 PET 链段的 $\tan\delta$ 峰变得不明显。

不含 PET 的纯 GAP 基 ETPE 的硬段 T_g= 52 ℃,当 PET 在软段中的含量为 5%、10%和 20%时,硬段的 T_g 分别为 47.56 ℃、43.85 ℃、44.05 ℃;当 PET 的含量为 30%和 40%时,硬段的 T_g 变为 45.84 ℃和 45.20 ℃。造成这种情况的原因主要是 PET 含量较少时难以形成其本体的微区,主要起增塑作用,含量较高时由于形成 PET 本身的微区,从而导致硬段的 T_g 呈现先降低后升高的趋势。

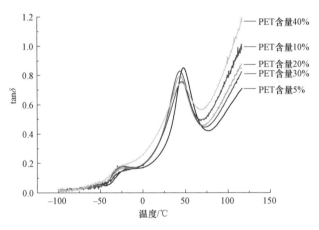

图 9-67 含能扩链剂 GAP-PET 基 ETPE 的 DMA 曲线

6. 热分解性能

不同 PET 含量的 ETPE 的 TG 曲线如图 9-68 所示。由图可见,不同 PET 含量的 ETPE 均具有很好的热稳定性,PET 的引入对弹性体的起始热分解温度没有很大的影响,起始分解温度均高于 170 ℃,该类 ETPE 能够在低于 150℃的温度下加工,不会出现明显的失重分解现象。

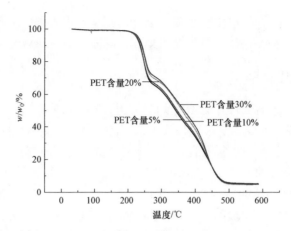

图 9-68　含能扩链剂 GAP-PET 基 ETPE 的 TG 曲线

9.16　其他扩链剂含能热塑性弹性体

  Gao 等人[32]以水合肼和碳酸乙烯酯、碳酸丙烯酯为原料，合成了含有氨基的新型扩链剂 HCAHE 和 HCAHP，如图 9-69 所示。由于结构中含有氨基和酯基，该扩链剂更易于与氨基甲酸酯形成氢键作用，增加 ETPE 的微相分离程度。

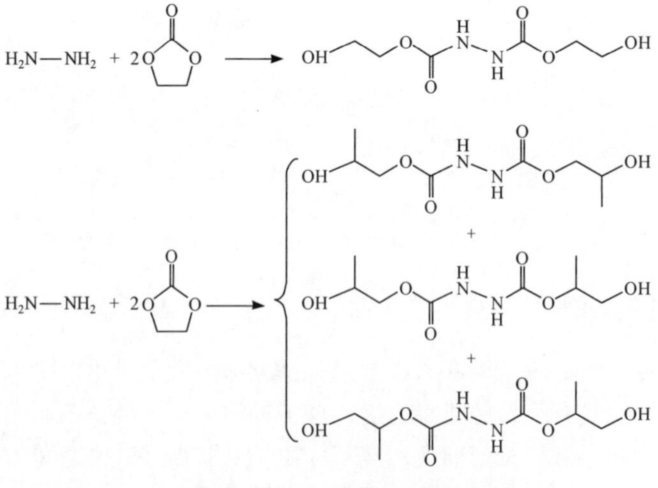

图 9-69　扩链剂 HCAHE 和 HCAHP 的合成反应原理图

其中，以 BAMO-THF 为预聚物，当硬段含量为 40% 时，以 HCAHE 和 HCAHP 为扩链剂的 ETPE 比 BDO 扩链的 ETPE 拉伸强度分别提高 76% 和 30%，而断裂伸长率相当。

本章介绍了 GAP-PET 基、GAP-PEG 基、GAP-PET-PEG 基、GAP-PET-PEPA 基、GAP-EAP 基、GAP-PMMA 基、GAP-PCL 基、P（BAMO-NMMO）基、PBEMO 基、P（AMMO-THF）基、PNMMO 基、二氟氨基、星型以及含能扩链剂等多种含能热塑性弹性体的研究进展，包括从分子结构设计、微相分离程度、共聚改性等多方面对提高 ETPE 的能量水平、力学性能、加工性能进行的研究探索。

参 考 文 献

[1] 陈福泰. 特种热塑性聚氨酯弹性体的合成、性质及应用研究[D]. 北京：北京理工大学，2001.

[2] 多英全，陈福泰，罗运军. 异佛尔酮二异氰酸酯基聚醚聚氨酯弹性体氢键体系的研究[J]. 高分子材料科学与工程，2001，17（6）：87-89.

[3] Ahad E. Azido thermoplastic elastomers[P]. US5223056，1993.

[4] 何吉宇. 热塑性聚氨酯弹性体的合成、性质及其在固体推进剂中的应用[D]. 北京：北京理工大学，2004.

[5] 李绍雄，刘益军. 聚氨酯胶黏剂[M]. 北京：化学工业出版社，1998.

[6] 陈大俊，李瑶君. 热塑性聚氨酯弹性体中的氢键作用—Ⅱ. 红外热分析[J]. 化学世界，2001，42（10）：525-528.

[7] Ampleman G, Brochu S. Synthesis of energetic polyester thermoplastic homopolymers and energetic thermoplastic elastomers formed therefrom[P]. US6417290，2002.

[8] Al-Kaabi K, Van Reenen A J. Synthesis of poly (methyl methacrylate-g-glycidyl azide) graft copolymers using N,N-dithiocarbamate-mediated iniferters[J]. Journal of Applied Polymer Science, 2009, 114(1): 398-403.

[9] Arslan H, Eroğlu M S, Hazer B. Ceric ion initiation of methyl methacrylate from poly (glycidyl azide)-diol[J]. European Polymer Journal, 2001, 37(3): 581-585.

[10] You J, Noh S. Thermal and mechanical properties of poly (glycidyl azide) / polycaprolactone copolyol-based energetic thermoplastic polyurethanes [J]. Macromolecular Research, 2010, 18 (11): 1081–1087.

[11] You J S, Noh S T. Rheological and thermal properties of glycidyl azide polyol-based energetic thermoplastic polyurethane elastomers [J]. Polymer International, 2013, 62 (2): 158–164.

[12] Talukder M A H, Lindsay G A. Synthesis and the preliminary analysis of block copolymers of 3,3'–bis (azidomethyl)–oxetane and 3–nitratomethyl–3'–methyloxetane [J]. Journal of Polymer Science Part A: Polymer Chemistry, 1990, 28 (9): 2393–2401.

[13] Wardle R B, Edwards W W, Hinshaw J C. Method of producing thermoplastic elastomers having alternate crystalline structure such as polyoxetane ABA or star block copolymers by a block linking process [P]. US5516854, 1996.

[14] Xu-B, Lillya C P, Chien J C W. Spiro (benzoxasilole) catalyzed polymerization of oxetane derivatives [J]. Journal of Polymer Science Part A: Polymer Chemistry, 1992, 30 (9): 1899–1909.

[15] Manser G E, Miller R S. Thermoplastic elastomers having alternate crystalline structure for use as high energy binders [P]. US5210153, 1993.

[16] Wardle R B. Method of producing thermoplastic elastomers having alternate crystalline structure for use as binders in high-energy compositions [P]. US4806613, 1989.

[17] Chang T C, Wu K H, Chen H B, et al. Thermal degradation of aged polytetrahydrofuran and its copolymers with 3–azidomethyl–3'–methyloxetane and 3–nitratomethyl–3'–methyloxetane by thermogravimetry [J]. Journal of Polymer Science Part A: Polymer Chemistry, 1996, 34 (16): 3337–3343.

[18] Ampleman G, Marois A, Desilets S. Energetic copolyurethane thermoplastic elastomers [P]. US6479614, 2002.

[19] Diaz E, Brousseau P, Ampleman G, et al. Heats of combustion and formation of new energetic thermoplastic elastomers based on GAP, PolyNMMO and PolyGLYN [J]. Propellants, Explosives, Pyrotechnics, 2003, 28 (3): 101–106.

[20] Wanhatalo M, Menning D, Energetic thermoplastic elastomers as binders in solid propellants [R]. Technical Report, Swedish Defense Research Agency, FOI–R–0866–SE.

[21] Xu M, Lu X, Mo H, et al. Studies on PBFMO-b-PNMMO alternative block thermoplastic elastomers as potential binders for solid propellants [J]. RSC Advances, 2019, 9: 29765-29771.

[22] Archibald T G, Manser G E, Immoos J E. Difluoramino Oxetanes and Polymers Formed Therefrom for Use in Energetic Formulations [P]. US5272249, 1993.

[23] Stogryn E L. 3-difluoroaminomethyl-3-difluoroamino-oxetane and polymers thereof [P]. US3347801, 1967.

[24] Li H, Pan R, Wang W, et al. Thermal decomposition and kinetics studies on poly(BDFAO/THF), poly(DFAMO/THF), and poly(BDFAO/DFAMO/THF) [J]. Journal of Thermal Analysis and Calorimetry, 2014, 118: 189-196.

[25] Li H, Pan J, Wang W, et al. Preparation, characterization and compatibility studies of poly(DFAMO/AMMO)[J]. Journal of Macromolecular Science, Part A – Pure and Applied Chemistry, 2018, 55 (2): 135-141.

[26] Li H, Yang Y, Pan J, et al. Synthesis, Characterization and Compatibility Studies of Poly (DFAMO/NIMMO) with Propellant and PBX Ingredients [J]. Central European Journal of Energetic Materials, 2018, 15(1): 85-99.

[27] Zhang L, Chen Y, Hao H, et al. DFAMO/BAMO copolymer as a potential energetic binder: Thermal decomposition study [J]. Thermochimica Acta, 2018, 661: 1-6.

[28] 张志刚, 卢先明, 莫洪昌, 等. PBAMO/TGAP 基 A_nB 星型 ETPE 的合成与性能研究 [J]. 含能材料, 2013, 21 (5): 691-692.

[29] 卢先明, 莫洪昌, 丁峰, 等. PBAMO/APP 基星型含能热塑性弹性体的合成与应用 [J]. 含能材料, 2016, 24 (10): 947-952.

[30] 陈福泰, 多英全, 李晓萌, 等. IPDI 基热塑性聚醚聚氨酯弹性体形态结构与性能 [J]. 北京理工大学学报, 2001, 21 (2): 260-264.

[31] James C W, Rho M K. Structure-property relationships in TPE [J]. Journal of Applied Polymer Science, 1988, 36: 1387-1400.

[32] Gao Y, Lv J, Liu L, et al. Effect of diacylhydrazine as chain extender on microphase separation and performance of energetic polyurethane elastomer [J]. e-Polymers, 2020, 20: 469-481.

第 10 章

含能热塑性弹性体表征技术

10.1 概 述

ETPE 作为一种有特殊结构和特定应用要求的高分子材料,其精确的结构表征和多方面的性能测试对新型 ETPE 的分子结构设计、构效关系的建立、应用效果的提升和应用领域的拓展具有重要的意义。

本章从相对分子质量与结构性能、能量性能、热性能和其他应用性能等方面介绍了当前 ETPE 的表征技术,以及相关的标准和研究进展。

10.2 含能热塑性弹性体的相对分子质量与结构表征

10.2.1 相对分子质量及相对分子质量分布

ETPE 的相对分子质量和相对分子质量分布是其最基本、最重要的结构参数之一。高聚物相对分子质量的测定方法很多[1],除化学法(端基分析法)外,大多数利用稀溶液的各种性质与相对分子质量的定量关系来测定,其中有热力学法(蒸气压法、渗透压法、沸点升高和冰点下降法等)、动力学法(黏度法、超速离心沉降法)、光学法(光散射法)和凝胶渗透色谱法等。各种方法都有其适用范围,如表10-1所示。

表10-1 聚合物相对分子质量测定方法的适用范围

测定方法	适用相对分子质量范围
端基分析法	$< 3 \times 10^4$
沸点升高法	$< 3 \times 10^4$
冰点降低法	$< 3 \times 10^4$
气相渗透压法	$< 3 \times 10^4$
膜渗透压法	$2 \times 10^4 \sim 5 \times 10^5$
光散射法	$1 \times 10^4 \sim 1 \times 10^7$
超速离心沉降法	$1 \times 10^4 \sim 1 \times 10^6$
黏度法	$1 \times 10^4 \sim 1 \times 10^7$
凝胶渗透色谱法	$1 \times 10^3 \sim 5 \times 10^6$

含能热塑性弹性体作为一种特殊的聚合物,相对分子质量变化范围较大。因此,凝胶渗透色谱法(GPC)是测定其相对分子质量最普遍和常用的方法,这种方法分离机理(体积排除)简单,而且可以快速、自动测定高聚物的相对分子质量和相对分子质量分布。分离的核心部件是装有多孔性载体的色谱柱,凝胶粒的表面和内部含有大量的彼此贯穿的孔,孔径大小不等。当被分析的试样随着洗脱溶剂进入柱子后,溶质分子即向载体内部孔洞扩散,较小的分子除了能进入大的孔外,还能进入较小的孔,较大的分子只能进入较大的孔,而比最大的孔还要大的分子就只能留在载体颗粒之间的空隙中。因此,随着溶剂淋洗过程的进行,大小不同的分子可得到分离,最大的分子最先被淋洗出来,最小的分子最后被淋洗出来[2]。

GPC色谱柱装填的是多孔性凝胶(如最常用的高度交联聚苯乙烯凝胶)或多孔微球(如多孔硅胶和多孔玻璃球),它们的孔径大小有一定的分布,并与待分离的聚合物分子尺寸匹配。

色谱柱总体积为V_t,载体骨架体积为V_g,载体中孔洞总体积为V_i,载体粒间体积为V_0,则

$$V_t = V_g + V_0 + V_i \tag{10.1}$$

V_0和V_i之和构成柱内的空间。溶剂分子体积远小于孔的尺寸,在柱内的整个空间$V_0 + V_i$活动;高分子的体积若比孔的尺寸大,载体中任何孔均不能进入,

只能在载体凝胶粒间流过，其淋出体积是 V_0；高分子的体积若足够小，如同溶剂分子尺寸，所有的载体孔均可以进出，其淋出体积为 V_0+V_i；高分子的体积是中等大小的尺寸，它只能在载体孔 V_i 的一部分孔中进出，其淋出体积为

$$V_e = V_0 + KV_i \tag{10.2}$$

式中：K 为分配系数，其数值 $0 \leq K \leq 1$，与聚合物分子尺寸大小和在填料孔内、外的浓度比有关。

当聚合物分子完全排除时，$K=0$；在完全渗透时，$K=1$。当 $K=0$ 时，$V_e=V_0$；此处所对应的聚合物相对分子质量是该色谱柱的渗透极限（PL），商业化 GPC 仪器的 PL 常用聚苯乙烯的相对分子质量表示。聚合物分子量超过 PL 值时，只能在 V_0 以前被淋洗出来，没有分离效果。

V_0 和 V_g 对分离作用没有贡献，应设法减小；V_i 是分离的基础，其值越大柱子分离效果越好。制备孔容大，能承受压力，粒度小，又分布均匀，外形规则（球形）的多孔载体，让其尽可能紧密装填以提高分离能力。柱效的高低，常采用理论塔板数 N 和分离度 R 来定性描述。N 的测定可以用小分子物质做出色谱图，进而求得流出体积 V_e 和峰宽 W，由下式计算：

$$N = \left(\frac{4V_e}{W}\right)^2 \tag{10.3}$$

由式（10.3）可知，N 值越大，意味着柱子的效率越高。

分离度 R 的计算公式为

$$R = \frac{2(V_{e,2}-V_{e,1})}{W_1-W_2} \tag{10.4}$$

式中"1""2"为分子量不同的两种标准样品；$V_{e,1}$、$V_{e,2}$、W_1、W_2 为其淋出体积和峰宽。若 $R \geq 1$，则完全分离。

根据实验测定的聚合物 GPC 谱图，对所得各个级份的分子量进行测定，其测定方法可分为直接法和间接法。直接法是指将 GPC 仪与黏度计或光散射仪联用；而最常用的间接法则用一系列分子量已知的单分散（相对分子质量比较均一）标准样品，求得其各自的淋出体积 V_e，做出 $\lg M$ 对 V_e 校正曲线（图 10-1）。

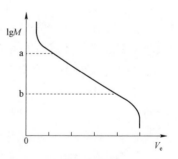

图 10-1　GPC 的校正曲线

M 与淋出体积 V_e 的关系可表示为

$$\lg M = A - BV_e \tag{10.5}$$

当 $\lg M > \lg M_a$ 时,曲线与纵轴平行,表明此时的流出体积 V_0 和样品的相对分子质量无关,V_0 即为柱中填料的粒间体积,M_a 就是这种填料的渗透极限。当 $\lg M < \lg M_b$ 时,V_e 对 M 的依赖变得非常迟钝,没有实用价值。在 $\lg M_a$ 和 $\lg M_b$ 点之间为一条直线,即式(10.5)表达的校正曲线。式中 A、B 为常数,与仪器参数、填料和实验温度、流速、溶剂等操作条件有关,B 是曲线斜率,是柱子性能的重要参数,B 的数值越小,柱子的分辨率越高。

上述订定的校准曲线只能用于与标准物质化学结构相同的高聚物,若待分析样品的结构不同于标准物质,需用普适校准曲线。GPC 法是根据分子尺寸大小进行分离的,即淋出体积与分子线团体积有关,利用 Flory 的黏度公式计算:

$$[\eta] = \phi \frac{R^3}{M}, \quad 则 [\eta]M = \phi R^3 \tag{10.6}$$

式中,R 为分子线团等效球体半径;$[\eta]M$ 为流体力学体积,是体积量纲。

众多实验中发现 $[\eta]M$ 的对数与 V_e 有线性关系。这种关系对绝大多数高聚物具有普适性。因此,普适校准曲线可表示为

$$\lg[\eta]M = A - BV_e \tag{10.7}$$

因为在相同的淋洗体积时,有

$$[\eta]_1 M_1 = [\eta]_2 M_2 \tag{10.8}$$

式中,下标 1 和 2 分别代表标样和试样,它们的 Mark–Houwink 方程分别为

$$[\eta]_1 = K_1 M_1^{\alpha_1} \tag{10.9}$$

$$[\eta]_2 = K_2 M_2^{\alpha_2} \tag{10.10}$$

因此可得

$$M_2 = \left(\frac{K_1}{K_2}\right)^{\frac{1}{\alpha_2+1}} \cdot M_1^{\frac{\alpha_1+1}{\alpha_2+1}} \tag{10.11}$$

或

$$\lg M_2 = \frac{1}{\alpha_2+1} \lg \frac{K_1}{K_2} + \frac{\alpha_1+1}{\alpha_2+1} \lg M_1 \tag{10.12}$$

由上述公式可得待测试样的标准曲线方程:

$$\lg M_2 = \frac{1}{\alpha_1+1} \lg \frac{K_1}{K_2} + \frac{\alpha_1+1}{\alpha_2+1} A - \frac{\alpha_1+1}{\alpha_2+1} BV_e = A' - B'V_e \tag{10.13}$$

式中,K_1、K_2、α_1、α_2 可以从手册查到,从而可由第一种聚合物的 $M-V_e$ 校正曲线,换算成第二种聚合物的 $M-V_e$ 曲线,即从聚苯乙烯标样作出的 $M-V_e$ 校正曲线,可以换算成各种聚合物的校正曲线。有了校正曲线,即可根据 V_e 读得相应的相对分子质量。

■ 含能热塑性弹性体

根据以上原理，利用以下 8 个窄分布已知相对分子质量的聚苯乙烯标准样品制备如图 10-2 的标准曲线。标准样品的数均分子质量分别为 853 000 g·mol^{-1}、380 000 g·mol^{-1}、186 000 g·mol^{-1}、100 000 g·mol^{-1}、48 000 g·mol^{-1}、23 700 g·mol^{-1}、10 200 g·mol^{-1} 和 2 800 g·mol^{-1}。

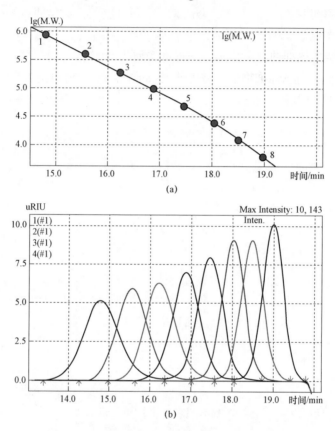

图 10-2　GPC 标准曲线
（a）标准曲线的线性关系；（b）标准样品的保留时间

利用图 10-2 中的标准曲线可得出相应淋出时间对应的相对分子质量。以一组 PBAMO 均聚物为例，利用标准曲线测试了它们的相对分子质量。具体测试过程：首先配制 PBAMO 均聚物的四氢呋喃溶液（静置 24h 后，如果没有析出，可用）；然后用四氢呋喃冲洗色谱柱（柱温控制在 40 ℃），直至基线流平，再打入 PBAMO 溶液，准确测出 PBAMO 样品的重均分子量、数均分子量以及相对分子质量分布系数；重复三次，求其平均值。GPC 测试结果如表 10-2 和图 10-3 所示。由表可知，ETPE 的相对分子质量的变化范围较大，PBAMO-3 的相对分子质量分布明显比 PBAMO-1 和 PBAMO-2 更宽。

表 10-2 PBAMO 的 GPC 测试结果

样品	M_n/(g·mol^{-1})	M_w/M_n
PBAMO-1	3 177	1.22
PBAMO-2	6 058	1.36
PBAMO-3	12 179	1.60

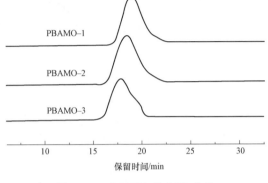

图 10-3 PBAMO 的 GPC 曲线

10.2.2 序列结构

高分子链的近程结构分析包括链的化学结构及组成、支化度和交联度等，其中链的化学结构及组成又可称为序列结构，主要研究方法有 X 射线衍射法、电子衍射法、中心散射法、裂解色谱-质谱法、紫外光谱法、红外光谱法、拉曼光谱法、核磁共振法、顺磁共振法、荧光光谱法、偶极矩法、电子能谱法、原子力显微镜法、电子探针显微镜法等。

ETPE 的序列结构测定一般采用红外光谱法和核磁共振法。红外光谱法是记录物质对于红外光的吸收程度（或透过程度）与波长（或波数）的关系。红外光谱是物质分子结构的客观反映，谱图中的吸收峰对应着分子中各基团的振动形式。大多数化合物的红外光谱与结构的关系是采用实验手段来得到的，通过比较大量已知化合物的红外光谱，从中总结出各种基团的吸收规律。通过红外光谱可以对含能热塑性弹性体的化学结构、构象、空间立构、凝聚态结构和取向结构等进行测定。

同红外光谱和紫外光谱一样，核磁共振（NMR）也是一种吸收光谱，它所使用的频率是在无线电频区（60~600 Hz）。其分析原理是原子核在强磁场作用下分裂成能级，当用一定频率的电磁波对样品进行照射时，特定结构环境中的原子核就会吸收相应频率的电磁波而实现共振跃迁。在照射扫描中记录发生共振时的信号位置和强度，以此得到 NMR 谱图。根据 NMR 谱图上吸收峰的位置、强度和精细结构可以研究其分子结构。

1. 无规共聚物的序列结构[3]

图 10-4 所示为 BAMO 单体、AMMO 单体和摩尔配比分别为 BAMO/AMMO = 2/1、1/1、1/2 的 BAMO-AMMO 无规共聚物的 FTIR 谱图。其中，2 107 cm^{-1} 及 1 277 cm^{-1} 处为叠氮基团—N_3 的伸缩振动峰和弯曲振动峰。在 BAMO-AMMO 无规共聚物的 FTIR 谱图中，982 cm^{-1} 处环状醚键 C—O—C 的特征吸收峰消失，同时 1 100 cm^{-1} 处出现直链醚键 C—O—C 的特征吸收峰，表明两单体发生了开环聚合反应，生成带有叠氮基团的聚醚。

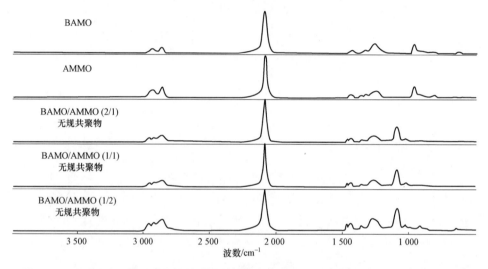

图 10-4 BAMO，AMMO 和不同摩尔投料配比的 BAMO-AMMO 无规共聚物的 FTIR 谱图

不同摩尔投料配比下 BAMO-AMMO 无规共聚物的 ^{1}H NMR 谱图如图 10-5 所示。^{1}H NMR 谱图中各质子峰的化学位移与峰面积积分比如表 10-3 中所示。3.20 ppm 处为 AMMO 结构单元中主链上均聚亚甲基氢原子的共振吸收峰；0.94 ppm 处为 AMMO 结构单元中侧链上甲基氢原子的共振吸收峰；3.26 ppm 处为 AMMO 结构单元中侧链上叠氮甲基氢原子的共振吸收峰。同时 BAMO-AMMO 无规共聚物的化学位移在 3.24 ppm 和 3.29 ppm 处出现新的质子峰，这是由于在无规共聚物中不仅存在均聚的 AA（AMMO-AMMO）序列结构和 BB（BAMO-BAMO）序列结构。同时，出现了共聚所产生的 AB（AMMO-BAMO）序列结构，使 AMMO 与 BAMO 结构单元中主链亚甲基上的氢原子处于不同的化学环境，造成了质子峰的裂分。在共聚物的 BAMO 结构单元中，叠氮甲基与裂分后一部分主链亚甲基上氢原子的共振吸收峰重合于 3.33 ppm 处。

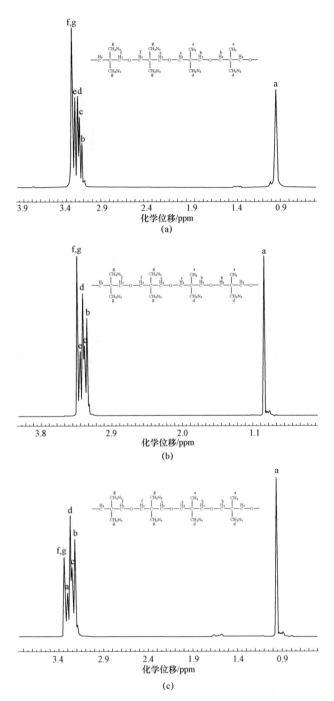

图 10-5　不同摩尔投料配比下 BAMO-AMMO 无规共聚物的 ^{1}H NMR 谱图
（a）BAMO/AMMO = 2/1；（b）BAMO/AMMO = 1/1；（c）BAMO/AMMO = 1/2

根据结构单元中各质子峰的峰面积积分比确定图 10-5（a）中共聚物组成为

$$\frac{\text{BAMO}}{\text{AMMO}} = \frac{(\delta_e + \delta_f + \delta_g)/8}{(\delta_a + \delta_b + \delta_c + \delta_d)/9} = \frac{(4.36+11.44)/8}{(3.00+1.31+2.76+2.03)/9} = 1.953\ 3:1$$

共聚物组成接近于 2:1，与两单体的摩尔投料配比一致。

图 10-5（b）中共聚物组成为

$$\frac{\text{BAMO}}{\text{AMMO}} = \frac{(\delta_e + \delta_f + \delta_g)/8}{(\delta_a + \delta_b + \delta_c + \delta_d)/9} = \frac{(2.16+5.73)/8}{(3.00+2.15+1.88+2.06)/9} = 0.976\ 5:1$$

共聚物组成接近于 1:1，与两单体的摩尔投料配比一致。

图 10-5（c）中共聚物组成为

$$\frac{\text{BAMO}}{\text{AMMO}} = \frac{(\delta_e + \delta_f + \delta_g)/8}{(\delta_a + \delta_b + \delta_c + \delta_d)/9} = \frac{(1.48+2.46)/8}{(3.00+2.72+1.30+1.99)/9} = 0.492\ 0:1$$

共聚物组成接近于 1:2，与两单体的摩尔投料配比一致。由此可见，所合成的 BAMO-AMMO 无规共聚物共聚组成可控。

表 10-3 BAMO-AMMO 无规共聚物 ^{1}H NMR 中特征氢原子的化学位移和积分强度

摩尔投料配比	特征氢原子的化学位移（ppm）和积分强度					
	a	b	c	d	e	f, g
BAMO/AMMO = 2/1	A	0.94	3.20	3.24	3.26	3.29	3.33
	B	3.00	1.31	2.76	2.03	4.36	11.44
BAMO/AMMO = 1/1	A	0.94	3.20	3.24	3.26	3.29	3.33
	B	3.00	2.15	1.88	2.06	2.16	5.73
BAMO/AMMO = 1/2	A	0.94	3.20	3.24	3.26	3.29	3.33
	B	3.00	2.72	1.30	1.99	1.48	2.46

注：A 为化学位移，B 为积分强度。

BAMO-AMMO 无规共聚物的 ^{13}C NMR 谱图如图 10-6 所示。

^{13}C NMR 测试采用反门控去耦定量脉冲程序（ZGIG），弛豫延迟时间为 25 s（D_1），累加扫描 4 000 次后对谱图进行定量分析。通过定量 ^{13}C NMR 测试进一步确认共聚物组成以及链结构的微观序列分布。图 10-6 中各特征碳原子共振吸收峰的化学位移和积分强度，如表 10-4 所示。17.94 ppm 处归属于 AMMO 结构单元中侧链甲基上的碳原子，41.19～41.35 ppm 处归属于 AMMO 结构单元中主链上的季碳原子，55.49 ppm 处归属于 AMMO 结构单元中侧链叠氮甲基上的碳原子，73.89～74.13 ppm 处归属于 AMMO 结构单元中主链亚甲基上的碳原子；45.14～45.41 ppm 处归属于 BAMO 结构单元中主链上的季碳原子，51.73 ppm 处归属于 BAMO 结构单元中侧链叠氮甲基上的碳原子，69.81～70.05 ppm 处归属于 BAMO 结构单元中主链亚甲基上的碳原子。

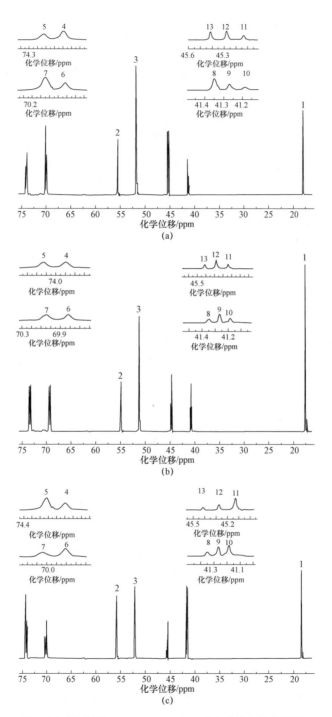

图 10-6 不同摩尔投料配比下 BAMO-AMMO 无规共聚物的定量 ^{13}C NMR 谱图
(a) BAMO/AMMO = 2/1；(b) BAMO/AMMO = 1/1；(c) BAMO/AMMO = 1/2

表 10-4　BAMO-AMMO 无规共聚物 ^{13}C NMR 中
特征碳原子的化学位移和积分强度

摩尔投料配比		特征碳原子的化学位移（ppm）和积分强度											
		1	2	3	4	5	6	7	8	9	10	11	12	13
BAMO/AMMO = 2/1	A	17.94	55.49	51.73	73.89	74.13	69.81	70.05	41.35	41.27	41.19	45.14	45.28	45.41
	B	1.00	0.97	3.96	1.32	0.69	1.34	2.56	0.48	0.30	0.20	0.35	0.87	0.71
BAMO/AMMO = 1/1	A	17.94	55.49	51.73	73.89	74.13	69.81	70.05	41.35	41.27	41.19	45.14	45.28	45.41
	B	1.00	1.01	1.96	0.97	1.00	0.98	0.96	0.31	0.40	0.28	0.33	0.39	0.25
BAMO/AMMO = 1/2	A	17.94	55.49	51.73	73.89	74.13	69.81	70.05	41.35	41.27	41.19	45.14	45.28	45.41
	B	2.00	1.97	1.96	1.20	2.78	1.31	0.66	0.31	0.75	0.91	0.46	0.30	0.19

注：A 为化学位移，B 为积分强度。

根据 AMMO 和 BAMO 结构单元中特征碳原子共振吸收峰的峰面积积分比进一步确定图 10-6（a）中共聚物组成为

$$\frac{\text{BAMO}}{\text{AMMO}} = \frac{(\delta_3 + \delta_6 + \delta_7 + \delta_{11} + \delta_{12} + \delta_{13})/5}{(\delta_1 + \delta_2 + \delta_4 + \delta_5 + \delta_8 + \delta_9 + \delta_{10})/5}$$

$$= \frac{(3.96 + 1.34 + 2.56 + 0.35 + 0.87 + 0.71)/5}{(1.00 + 0.97 + 1.32 + 0.69 + 0.48 + 0.30 + 0.20)/5} = 1.9738 : 1$$

共聚组成接近于 2:1，与氢谱的计算结果一致。

无规共聚物中一个结构单元可能会连接相同或不同的结构单元，从而形成 AA、AB 和 BB 三种二单元组序列结构。在碳谱上表现为两结构单元中主链亚甲基上的碳原子处于不同的化学环境，从而都出现了两个共振吸收峰。因此，BAMO 结构单元的交替度为 $\delta_6/(\delta_6 + \delta_7) = 34.3\%$，链段平均序列长度为 $(\delta_6 + \delta_7)/\delta_6 = 2.91$；AMMO 结构单元的交替度为 $\delta_4/(\delta_4 + \delta_5) = 65.7\%$；链段平均序列长度为 $(\delta_4 + \delta_5)/\delta_4 = 1.52$。由于在无规共聚物中 AMMO 结构单元的数量少于 BAMO，其交替度较高，链段平均序列长度较短，共聚倾向高于 BAMO。

从碳谱中同时还发现，主链中的季碳原子由于两侧亚甲基上碳原子的化学环境不同，各存在三个共振吸收峰。由二单元组序列结构和主链季碳原子的峰面积积分比可以得到三单元组序列结构的信息。如图 10-7 所示，存在 AAA、AAB、BAB、BBB、ABB、ABA 共 6 种三单元组序列结构，根据表 10-4 中所列特征碳原子的峰面积积分比可计算得到三元组序列结构比例为

BAB:AAB:AAA:ABA:ABB:BBB = $\delta_8:\delta_9:\delta_{10}:\delta_{11}:\delta_{12}:\delta_{13}$ = 2.40:1.50:1.00:1.75:4.35:3.55。

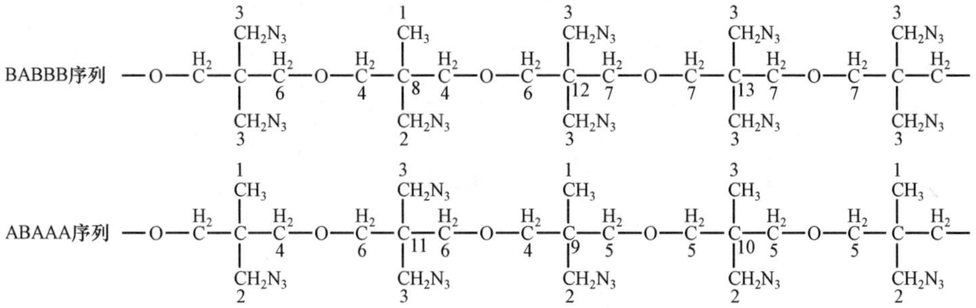

图 10-7 不同序列结构中特征碳原子的位置

根据 AMMO 和 BAMO 结构单元中特征碳原子共振吸收峰的峰面积积分比确定图 10-6（b）中共聚物组成为

$$\frac{\text{BAMO}}{\text{AMMO}} = \frac{(\delta_3+\delta_6+\delta_7+\delta_{11}+\delta_{12}+\delta_{13})/5}{(\delta_1+\delta_2+\delta_4+\delta_5+\delta_8+\delta_9+\delta_{10})/5}$$

$$= \frac{(1.96+0.98+0.96+0.33+0.39+0.25)/5}{(1.00+1.01+0.97+1.00+0.31+0.40+0.28)/5} = 0.9799:1$$

共聚组成接近于 1:1，与氢谱的计算结果相一致。按照上述方法计算得到 BAMO 结构单元的交替度为 $\delta_6/(\delta_6+\delta_7)=50.5\%$；链段平均序列长度为 $(\delta_6+\delta_7)/\delta_6=1.98$；AMMO 结构单元的交替度为 $\delta_4/(\delta_4+\delta_5)=49.2\%$；链段平均序列长度为 $(\delta_4+\delta_5)/\delta_4=2.03$。结果表明，在无规共聚物中两结构单元的交替度均接近于 50%，链段平均序列长度接近于 2，呈现随机分布状态，其中 BAMO 的共聚倾向稍高于 AMMO。三单元组序列结构比例为

BAB:AAB:AAA:ABA:ABB:BBB = $\delta_8:\delta_9:\delta_{10}:\delta_{11}:\delta_{12}:\delta_{13}$ = 1.24:1.60:1.12:1.32:1.56:1.00。

根据 AMMO 和 BAMO 结构单元中特征碳原子共振吸收峰的峰面积积分比确定图 10-6（c）中共聚物组成为

$$\frac{\text{BAMO}}{\text{AMMO}} = \frac{(\delta_3+\delta_6+\delta_7+\delta_{11}+\delta_{12}+\delta_{13})/5}{(\delta_1+\delta_2+\delta_4+\delta_5+\delta_8+\delta_9+\delta_{10})/5}$$

$$= \frac{(1.96+1.31+0.66+0.46+0.30+0.19)/5}{(2.00+1.97+1.20+2.78+0.31+0.75+0.91)/5} = 0.4919:1$$

共聚组成接近于 1:2，与氢谱的计算结果相一致。按照上述方法计算得到 BAMO 结构单元的交替度为 $\delta_6/(\delta_6+\delta_7)=66.5\%$，链段平均序列长度为 $(\delta_6+\delta_7)/\delta_6=1.50$；AMMO 结构单元的交替度为 $\delta_4/(\delta_4+\delta_5)=30.2\%$；链段平均序

列长度为$(\delta_4+\delta_5)/\delta_4 = 3.32$。由于在无规共聚物中 AMMO 结构单元的数量多于 BAMO，其交替度较低，链段平均序列长度较长，共聚倾向低于 BAMO。同样，三单元组序列结构比例为

BAB:AAB:AAA:ABA:ABB:BBB = $\delta_8:\delta_9:\delta_{10}:\delta_{11}:\delta_{12}:\delta_{13}$ = 1.63:3.95:4.79:2.42:1.58:1.00。

定量 ^{13}C NMR 结果表明，BAMO－AMMO 无规共聚物的共聚组成和微观序列分布可控。

2. 三嵌段共聚物的序列结构[3]

图 10－8 所示为 BAMO 单体、AMMO 单体和不同摩尔配比下 BAMO－AMMO－BAMO 三嵌段共聚物的 FTIR 谱图。其中，2 105 cm^{-1} 及 1 283 cm^{-1} 处为叠氮基团—N_3 的伸缩振动峰和弯曲振动峰。在 BAMO－AMMO－BAMO 三嵌段共聚物的红外谱图中，980cm^{-1} 处环状醚键 C—O—C 的特征吸收峰消失，同时 1 100 cm^{-1} 处出现直链醚键 C—O—C 的特征吸收峰，表明两单体发生了开环聚合反应，生成带有叠氮基团的聚醚。

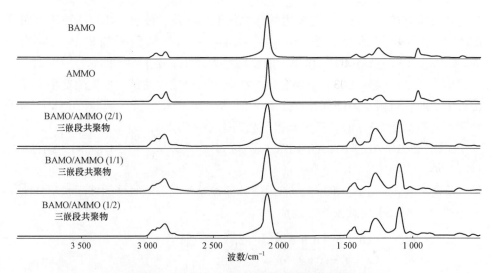

图 10－8　BAMO，AMMO 和不同摩尔投料配比的
BAMO－AMMO－BAMO 三嵌段共聚物的 FTIR 谱图

不同摩尔投料配比下 BAMO－AMMO－BAMO 三嵌段共聚物的 ^{1}H NMR 谱图，如图 10－9 所示。

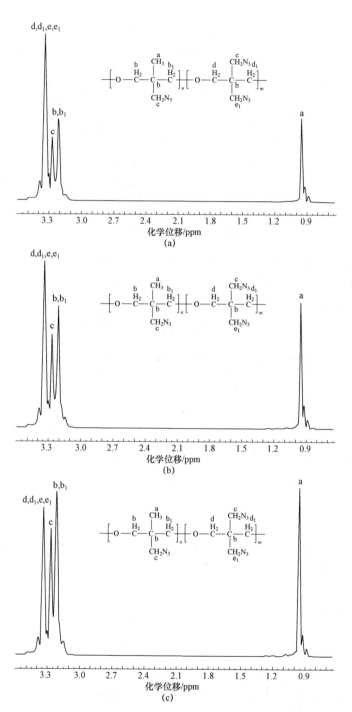

图 10-9 不同摩尔投料配比下 BAMO–AMMO–BAMO 三嵌段共聚物的 ^{1}H NMR 谱图
（a）BAMO/AMMO = 2/1；（b）BAMO/AMMO = 1/1；（c）BAMO/AMMO = 1/2

由于所得产物是由三个均聚链段所构成的嵌段共聚物,因此图 10-9 中并没有出现因序列结构的差异所产生的质子峰的裂分。图 10-9 中各质子峰的化学位移归属和积分强度如表 10-5 所示,其中,AMMO 结构单元中侧链上甲基氢原子的共振吸收峰位于 0.94ppm,聚醚主链上两个亚甲基氢原子的共振吸收峰位于 3.20ppm,侧链上叠氮甲基氢原子的共振吸收峰位于 3.26ppm;BAMO 结构单元中主链亚甲基与侧链叠氮甲基的氢原子共振吸收峰的位置相重叠,位于 3.33ppm 处。因此,确定为 BAMO-AMMO-BAMO 三嵌段共聚物的化学结构。

根据结构单元中各质子峰的峰面积积分比确定图 10-9(a)中共聚物组成为

$$\frac{BAMO}{AMMO} = \frac{(\delta_d + \delta_{d_1} + \delta_e + \delta_{e_1})/8}{(\delta_a + \delta_b + \delta_{b_1} + \delta_c)/9} = \frac{15.84/8}{(3.00 + 3.97 + 2.00)/9} = 1.9866:1$$

接近于 2:1,与两单体的摩尔投料配比一致。

图 10-9(b)中共聚物组成为

$$\frac{BAMO}{AMMO} = \frac{(\delta_d + \delta_{d_1} + \delta_e + \delta_{e_1})/8}{(\delta_a + \delta_b + \delta_{b_1} + \delta_c)/9} = \frac{8.06/8}{(3.00 + 3.99 + 2.01)/9} = 1.0075:1$$

接近于 1:1,与两单体的摩尔投料配比一致。

图 10-9(c)中共聚物组成为

$$\frac{BAMO}{AMMO} = \frac{(\delta_d + \delta_{d_1} + \delta_e + \delta_{e_1})/8}{(\delta_a + \delta_b + \delta_{b_1} + \delta_c)/9} = \frac{8.06/8}{(3.00 + 3.97 + 2.01)/9} = 0.5049:1$$

接近于 1:2,与两单体的摩尔投料配比一致,表明通过活性顺序聚合法所合成的三嵌段共聚物结构可控。

表 10-5 BAMO-AMMO-BAMO 三嵌段共聚物 ^{1}H NMR 中特征氢原子的化学位移和积分强度

摩尔投料配比		特征氢原子的化学位移(ppm)和积分强度			
		a	b, b_1	c	d, d_1, e, e_1
BAMO/AMMO = 2/1	A	0.94	3.20	3.26	3.33
	B	3.00	3.97	2.00	15.84
BAMO/AMMO = 1/1	A	0.94	3.20	3.26	3.33
	B	3.00	3.99	2.01	8.06
BAMO/AMMO = 1/2	A	0.94	3.20	3.26	3.33
	B	3.00	3.97	2.01	4.03

注:A 为化学位移,B 为积分强度。

BAMO-AMMO-BAMO 三嵌段共聚物的 ^{13}C NMR 谱图如图 10-10 所示。^{13}C NMR 测试采用反门控去耦定量脉冲程序（ZGIG），弛豫延迟时间为 25 s，累加扫描 4 000 次后对谱图 10-10 进行定量分析。通过定量 ^{13}C NMR 测试进一步确认共聚物组成。图 10-10 中各特征碳原子共振吸收峰的化学位移和积分强度如表 10-6 所示。18.09 ppm 处归属于 AMMO 结构单元中侧链甲基上的碳原子，41.44 ppm 处归属于 AMMO 结构单元中主链上的季碳原子，55.58 ppm 处归属于 AMMO 结构单元中侧链叠氮甲基上的碳原子，74.02 ppm 处归属于 AMMO 结构单元中主链亚甲基上的碳原子；45.23 ppm 处归属于 BAMO 结构单元中主链上的季碳原子，51.80 ppm 处归属于 BAMO 结构单元中侧链叠氮甲基上的碳原子，70.13 ppm 处归属于 BAMO 结构单元中主链亚甲基上的碳原子。

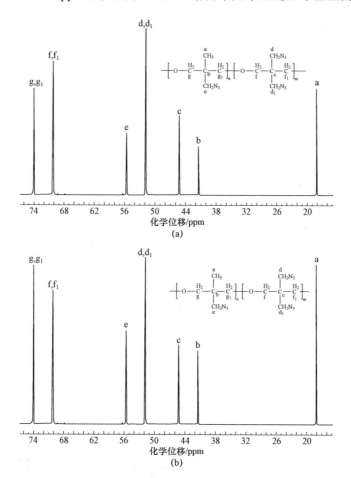

图 10-10　不同摩尔投料配比下 BAMO-AMMO-BAMO 三嵌段共聚物的定量 ^{13}C NMR 谱图
（a）BAMO/AMMO = 2/1；（b）BAMO/AMMO = 1/1

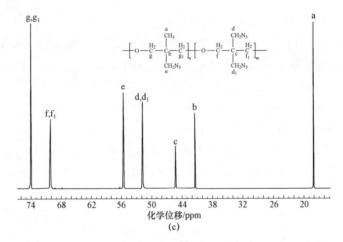

图 10-10　不同摩尔投料配比下 BAMO-AMMO-BAMO 三嵌段共聚物的定量 ^{13}C NMR 谱图（续）
（c）BAMO/AMMO = 1/2

根据 BAMO 和 AMMO 结构单元中特征碳原子共振吸收峰的峰面积积分比进一步确定图 10-10（a）中共聚物组成为

$$\frac{\text{BAMO}}{\text{AMMO}} = \frac{(\delta_c + \delta_d + \delta_{d_1} + \delta_f + \delta_{f_1})/5}{(\delta_a + \delta_b + \delta_e + \delta_g + \delta_{g_1})/5} = \frac{(1.96 + 4.01 + 3.99)/5}{(1.00 + 0.98 + 1.02 + 2.01)/5} = 1.9880 : 1$$

共聚组成接近于 2:1，与氢谱的计算结果一致。

图 10-10（b）中共聚物组成为

$$\frac{\text{BAMO}}{\text{AMMO}} = \frac{(\delta_c + \delta_d + \delta_{d_1} + \delta_f + \delta_{f_1})/5}{(\delta_a + \delta_b + \delta_e + \delta_g + \delta_{g_1})/5} = \frac{(0.99 + 2.04 + 2.02)/5}{(1.00 + 0.97 + 1.01 + 2.03)/5} = 1.0080 : 1$$

共聚组成接近于 1:1，与氢谱的计算结果一致。

图 10-10（c）中共聚物组成为

$$\frac{\text{BAMO}}{\text{AMMO}} = \frac{(\delta_c + \delta_d + \delta_{d_1} + \delta_f + \delta_{f_1})/5}{(\delta_a + \delta_b + \delta_e + \delta_g + \delta_{g_1})/5} = \frac{(0.48 + 1.03 + 1.01)/5}{(1.00 + 0.96 + 1.02 + 2.02)/5} = 0.5040 : 1$$

共聚组成接近于 1:2，与氢谱的计算结果一致。BAMO-AMMO-BAMO 三嵌段共聚物的共聚组成可控。

表 10-6　BAMO-AMMO-BAMO 三嵌段共聚物 ^{13}C NMR 中特征碳原子的化学位移和积分强度

摩尔投料配比		特征碳原子的化学位移（ppm）和积分强度						
		a	b	c	d, d_1	e	f, f_1	g, g_1
BAMO/ AMMO = 2/1	A	18.09	41.44	45.23	51.80	55.58	70.13	74.02
	B	1.00	0.98	1.96	4.01	1.02	3.99	2.01

续表

摩尔投料配比		特征碳原子的化学位移（ppm）和积分强度						
		a	b	c	d, d$_1$	e	f, f$_1$	g, g$_1$
BAMO/ AMMO = 1/1	A	18.09	41.44	45.23	51.80	55.58	70.13	74.02
	B	1.00	0.97	0.99	2.04	1.01	2.02	2.03
BAMO/ AMMO = 1/2	A	18.09	41.44	45.23	51.80	55.58	70.13	74.02
	B	1.00	0.96	0.48	1.03	1.02	1.01	2.02

注：A 为化学位移，B 为积分强度。

10.2.3 结晶度

含能黏合剂中，有些类型的黏合剂具有规整的分子结构，在一定条件下可以结晶。结晶对含能黏合剂自身及其制备的火炸药的性能有重要影响，因此对其结晶度的测定是很有意义的。

所有的结晶高聚物中总是晶区与非晶区共存的，为了对这种状态进行描述，提出了结晶度的概念作为结晶部分含量的量度，通常以质量分数 X_c^w 和体积分数 X_c^v 表示：

$$X_c^w = \frac{W_c}{W_c + W_a} \times 100\% \quad (10.14)$$

$$X_c^v = \frac{V_c}{V_c + V_a} \times 100\% \quad (10.15)$$

式中，W 为质量；V 为体积；下标 c 表示结晶；下标 a 表示非晶。

在同一个高聚物中晶区和非晶区同时存在，没有明确的界限，晶区的有序程度也不相同，这给结晶度的测试带来了一定的困难。高聚物的结晶度没有明确的物理意义，但其概念对于高聚物的性能和结构设计、成型工艺控制等有着重要作用。测试结晶度常用的方法有密度法、红外光谱法、X 射线法、量热分析法等，其中 X 射线法常用于含能黏合剂的结晶度测试，如 X 射线衍射测试。

X 射线衍射分析是利用晶体形成的 X 射线衍射，对物质内部原子在空间分布状况进行结构分析的方法。将具有一定波长的 X 射线照射到结晶性物质上时，X 射线因在结晶内遇到规则排列的原子或离子而发生散射，散射的 X 射线在某些方向上相位得到加强，从而显示与结晶结构相对应的特有的衍射现象。衍射 X 射线满足布拉格（Bragg）方程

$$2d\sin\theta = n\lambda$$

式中，λ 为 X 射线的波长；θ 为衍射角；d 为结晶面距离；n 为整数。

波长 λ 可用已知的 X 射线衍射角测定，进而求得面距离，即结晶内原子或离子的规则排列状态。从衍射 X 射线强度的比较可进行定量分析。因此，可以通过 XRD 测试，得到含能黏合剂中结晶衍射峰和非晶衍射峰的积分强度，经计算得到含能黏合剂的结晶度。

不同共聚组成 BAMO–AMMO–BAMO 三嵌段共聚物样品的 X 射线衍射图如图 10–11 所示。由图可知，嵌段共聚物分子结构中两端为均聚的 BAMO 链段，具有结晶性。不同共聚组成下的 X 射线衍射图分别如图 10–11（a）、（b）、（c）所示。

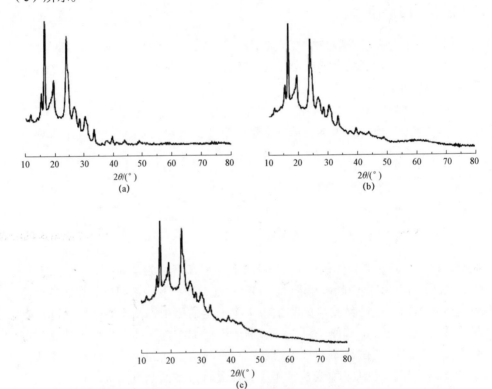

图 10–11　不同共聚组成 BAMO–AMMO–BAMO 三嵌段共聚物的 X 射线衍射图
（a）BAMO/AMMO = 1.992 5∶1；(b) BAMO/AMMO = 1.012 6∶1；（c）BAMO/AMMO = 0.508 2∶1

对 BAMO–AMMO–BAMO 三嵌段共聚物的 XRD 衍射图进行全谱拟合，得到非晶衍射峰的积分强度，拟合结果如图 10–12 所示。

拟合后结晶衍射峰和非晶衍射峰的积分强度如表 10–7 和表 10–8 所示。

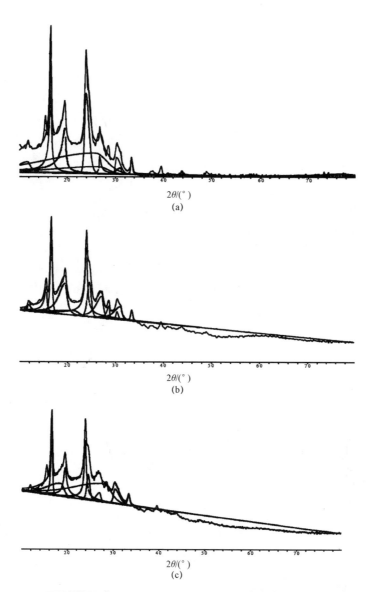

图 10-12 不同共聚组成 BAMO-AMMO-BAMO 三嵌段共聚物的 XRD 拟合谱图
(a) BAMO/AMMO = 1.992 5:1；(b) BAMO/AMMO = 1.012 6:1；(c) BAMO/AMMO = 0.508 2:1

表 10-7 拟合后不同共聚组成下 BAMO-AMMO-BAMO 三嵌段共聚物结晶衍射峰的积分强度

$2\theta/(°)$	(a)	(b)	(c)
11.778	1 772	2 021	1 372
15.396	28 803	26 082	23 058
16.482	95 230	92 144	89 053
19.427	55 688	58 468	51 441
23.729	57 537	56 230	52 747
24.426	13 943	14 719	14 163
26.980	13 282	13 458	11 269
28.442	16 991	9 210	6 960
31.079	53 306	51 826	47 484
33.404	13 364	11 407	9 324

表 10-8 拟合后不同共聚组成下 BAMO-AMMO-BAMO 三嵌段共聚物非晶衍射峰的积分强度

$2\theta/(°)$	(a)	(b)	(c)
18.611	175 230	193 325	161 042
27.649	178 049	241 309	315 914
33.728	16 155	18 225	10 758
37.725	17 936	16 173	11 387
42.013	17 371	16 554	9 763

结晶度的计算式为

$$W_{c,x} = \frac{\sum_i I_i(\theta)}{\sum_i I_i(\theta) + \sum_j I_j(\theta)} \times 100\% \tag{10.16}$$

式中，$W_{c,x}$ 为质量分率结晶度；i、j 分别为结晶衍射峰与非晶衍射峰的数目；$I_i(\theta)$ 为结晶衍射峰积分强度；$I_j(\theta)$ 为非晶散射峰积分强度。

通过计算得到不同共聚组成下 BAMO-AMMO-BAMO 三嵌段共聚物的结晶度（a）为 46.37%，（b）为 41.60%，（c）为 37.62%。

10.2.4 溶解度

所谓溶解,就是指溶质分子通过分子扩散与溶剂分子均匀混合成为分子分散的均相体系。由于高聚物结构的复杂性,它的溶解要比小分子的溶解缓慢而又复杂得多。高聚物的溶解一般需要几小时、几天甚至几个星期。从溶解的过程来看,不管是非晶态高聚物还是晶态高聚物,其溶解都必须经历两个阶段:首先溶胀后溶解。所谓溶胀,就是溶剂分子渗透进入到高聚物中,使高聚物体积膨胀;然后高分子才逐渐分散到溶剂中,达到完全溶解。

在一定温度和压强下,物质在一定量的溶剂中溶解的最大量,成为该物质在这种溶剂里的溶解度。溶解度和溶解性是一种物质在另一种物质中的溶解能力,通常用易溶、可溶、微溶、难溶或不溶等粗略的概念来表示。溶解度是衡量物质在溶剂里溶解性大小的尺度,是溶解性的定量表示。

含能黏合剂的溶解度对加工助剂、增塑剂的选择具有参考价值。下面以 GAP 基 ETPE 为例进行介绍。

称取 1g 已干燥至恒重的 GAP 基 ETPE,精确至 0.000 2 g,置于干燥的锥形瓶中,沿壁加入 150mL 溶剂,塞紧瓶塞,固定在振荡器上,振荡 30~60min,然后静置 10min,振荡与静置在 17~25 ℃下进行。取下锥形瓶,摇混内溶物,倒入滤杯减压抽滤,并用同种溶剂洗净锥形瓶与塞上的不溶物,洗液也倒入滤杯减压抽滤。抽干后取下滤杯,擦净其外表面,放入烘箱,在(110±2)℃下进行干燥 50min,取出滤杯,移入干燥器冷却 30~60 min 后称重。

ETPE 溶解度计算式为

$$R = \frac{G-(G_1-G_2)}{G} \times 100\% \qquad (10.17)$$

式中,G 为 GAP 基 ETPE 的质量(g);G_1 为烘干后的滤杯与不溶物质量(g);G_2 是空滤杯质量(g)。

作三个平行实验,取其算术平均值,化整至 0.1%。结果之间偏差应不大于 0.3%。

10.2.5 黏度

黏度是表征物质流动性的指标,含能黏合剂的黏度对固体推进剂、PBX 炸药的工艺性能有显著的影响,从而也影响固体推进剂、PBX 炸药的其他性能。黏度的测定方法主要有下列三种,即落球式黏度计、毛细管流变计和转动黏度计,黏度测试方法以及每种方法使用的切变速率和测得的黏度,如表 10-9 所示。

表 10-9　切变速率和黏度的测定方法和数值

仪　　器		切变速率/s^{-1}	黏度/(Pa·s)
落球式黏度计		$< 10^{-2}$	$10^{-3} \sim 10^{3}$
毛细管黏度计		$10^{-1} \sim 10^{6}$	$10^{-1} \sim 10^{7}$
转动黏度计	平板式	$10^{-3} \sim 10^{1}$	$10^{3} \sim 10^{8}$
	同轴圆筒式	$10^{-3} \sim 10^{1}$	$10^{-1} \sim 10^{11}$
	锥板式	$10^{-3} \sim 10^{1}$	$10^{2} \sim 10^{11}$

1. 毛细管黏度计

在一定温度下，当液体在直立的毛细管中，以完全湿润管壁的状态流动时，其运动黏度与流动时间成正比。测定时，用已知运动黏度的液体作标准，测量其从毛细管黏度计流出的时间，通过与待测试样在同一个黏度计中的流出时间进行对比，则可计算出试样的黏度。

2. 转动黏度计

落球法实验存在不能得到切应力、切变速率等基本流变学参数的缺陷，而毛细管黏度计实验的剪切速率较高，所以普遍采用转动黏度计来测试含能黏合剂的黏度。

图 10-13（a）所示为无规嵌段型 PBA 基 ETPE 剪切黏度随剪切速率 ν 变化的数据。随剪切速率的增加，黏度逐渐降低，当 $\nu = 9.97 \mathrm{s}^{-1}$ 时，黏度在 3 200 Pa·s 左右。零剪切黏度指零剪切速率下流体的黏度，是表征流体的流动性能的重要参数。对黏度曲线作切线，由外推法得到零剪切黏度为 9 051 Pa·s。图 10-13（b）所示为惰性热塑性聚氨酯弹性体（软段为 PET，硬段为 TDI 与 BDO，硬段含量 50%）剪切黏度随剪切速率的变化，由外推法得到其零剪切黏度为 18 368 Pa·s，远高于无规嵌段型 PBA 基 ETPE。原因是无规嵌段型 PBA 基 ETPE 中由扩链剂所构成的硬段含量不高（20%），BAMO 链段的结晶提供了更多地物理交联点（PBAMO 预聚物的质量分数为 40%，结晶熔融峰温度为 82 ℃）；而非含能聚氨酯热塑性弹性体中物理交联点全部由氨基甲酸酯键之间的氢键作用所提供。因此在相同加工温度下无规嵌段型 PBA 基 ETPE 的黏度更低，显著降低了加工工艺的难度。

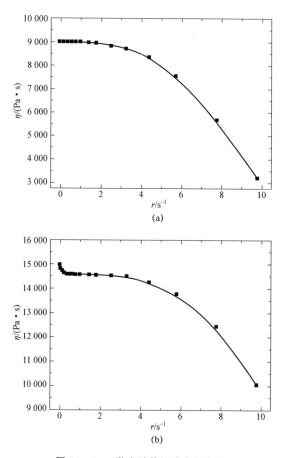

图 10-13 黏度随剪切速率的变化
（a）无规嵌段型 PBA 基 ETPE；（b）非含能聚氨酯热塑性弹性体

10.2.6 氢键化程度

ETPE 中由于存在高电负性的 N、O 原子和大量 H 原子，氢键的作用广泛存在，组成聚氨酯的软硬段不相容，分子中存在着微相分离，对聚氨酯的性能有重要影响，因此也是聚氨酯研究的重点之一。红外光谱是研究聚氨酯结构和性能的重要手段。在红外光谱表征聚氨酯的研究中，一般以氨基氢键键合的羰基伸缩振动吸收峰面积在全部羰基伸缩振动谱带面积中的比例来衡量微相分离程度。为了深入了解羰基区的氢键化程度以及详细研究 PU 的微观结构，通常利用傅里叶自解卷积法对羰基区进行分峰处理，这样可以得到不同氢键化程度的羰基吸收，从而可以深入研究弹性体的微观结构。

采用 FSD 对红外羰基解卷积最重要的是确定解卷积后的峰数和峰位置，解卷积参数峰宽（bandwidth）和强度（enhancement）对解卷积的结果影响很大。Ren 采用模型化合物研究在聚醚聚氨酯模型化合物中存在的氢键理论上有四种，如图 10-14 所示。

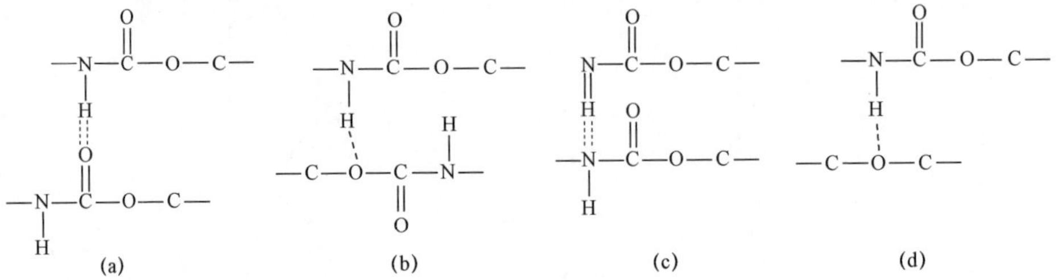

图 10-14 模型化合物中聚氨酯的氢键作用

采用模拟计算得到的结果是在 57 种可能的氢键配位方式中，第一种在 54 种构象中发现；第二种在特别构象中有发现；第三种几乎不能形成；第四种在 3 种构象中发现。

以 PBA 基 ETPE 为例，阐述弹性体中氢键作用的定量表征。图 10-15 所示为 PBAMO、PAMMO 和 PBA 基 ETPE 的 FTIR 谱图。其中，2 101 cm^{-1} 和 1 278 cm^{-1} 处为叠氮基团—N_3 的伸缩振动和弯曲振动特征吸收峰，1 111 cm^{-1} 处为直链醚键 C-O-C 的特征吸收峰。在 PBA 基 ETPE 的 FTIR 谱图中，3 100~3 600 cm^{-1} 和 1 537 cm^{-1} 处为氨基甲酸酯联接键上胺基—NH 的伸缩振动峰和弯曲振动峰，1 732 cm^{-1} 处为羰基的特征吸收峰。

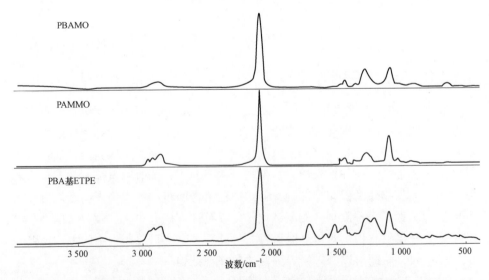

图 10-15 PBAMO、PAMMO 和 PBA 基 ETPE 的 FTIR 谱图

由图 10-15 可以看出，3 100~3 600 cm^{-1} 处胺基的特征吸收峰有明显的肩峰存在，采用 Guassian 函数进行分峰拟合，如图 10-16 所示。结果表明由两个吸收峰组成：3 418 cm^{-1} 处为自由胺基的吸收峰，3 330 cm^{-1} 处为氢键键合胺基的吸收峰。由拟合后峰面积的大小确定氢键键合胺基与自由胺基的比例为 3.73:1。

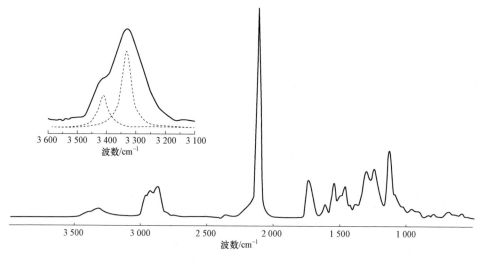

图 10-16 PBA 基 ETPE 中胺基红外特征吸收峰的分峰拟合

10.2.7 软/硬段相溶性

ETPE 中软段和硬段的相溶性是其微相分离程度的重要影响因素，进而决定了弹性体的力学性能和加工性能。因此，软/硬段相溶性的测定和定量分析具有重要的理论意义和实际价值。从本质上讲，热塑性弹性体微相分离是一个相分离平衡的过程。根据相分离的理论，软段相中必定溶有一定量的硬段，硬段微区中也必定溶有一定量软段，该过程是较为复杂的。为了简化研究微相分离程度的公式，必须对热塑性聚氨酯弹性体中的氢键行为提出以下几点假设：

（1）忽略软段在硬段相中的溶解；

（2）形成氢键的硬段羰基全部集中在硬段相；

（3）形成氢键的异氰酸酯基中烷氧基也全部集中于硬段相；

（4）氢键作用只存在于分子间，这就保证硬段溶入软段相之后氨基只与软段醚氧基间产生氢键作用。

弹性体的玻璃化转变温度 T_g 主要由软段的特性决定，然而微观相分离的程度与 T_g 变化有非常紧密的联系，因此玻璃化温度转变是表征相分离程度一个非

■ **含能热塑性弹性体**

常敏感的指标。硬段对于玻璃化温度转变的影响主要有两种作用：一种是通过溶入软段或者与软段间形成氢键对软段形成锚固作用；另外一种是硬段对软段束缚作用，一般在软段数均分子质量大于 3 000 g·mol^{-1} 后，这种束缚作用就可以忽略了。软段和硬段的相溶性决定了聚合物 T_g 随硬段含量的变化规律。

这种互溶的结果将按照共聚物方程的模式引起两相 T_g 变化，软段的 T_g 升高，硬段的 T_g 降低。通常软段溶入硬段岛区的比例相对较少，一般只考虑硬段溶入软段的情况。因此，下面只阐述软段的玻璃化转变温度变化情况，这种变化可由 Gordon–Taylor 方程来描述：

$$\frac{1}{T_g} = \frac{W_1}{T_{g1}} + \frac{W_2}{T_{g2}} \tag{10.18}$$

式中，T_g 为实测软段的玻璃化温度；T_{g1} 为纯软段的玻璃化温度；T_{g2} 为纯硬段的玻璃化温度；W_1 和 W_2 分别为软/硬段的质量分数，$W_1 + W_2 = 1$。

除此之外，氢键是硬段间凝聚的主要动力。—NH—中的氢为主要的质子给予体，而硬段中羰基的氧、烷氧基中的氧以及软段中醚键中的氧均可作为质子接受体。其中，—NH—与羰基、烷氧基的作用发生在硬段岛区中，与软段中氧的作用发生在其溶入软段相之后。研究发现，在室温条件下聚氨酯硬段中的—NH—绝大部分参与氢键的形成[3]，这说明硬段溶入软段相后，硬段中的—NH—将与软段中氧之间产生氢键作用，从而将极大地限制软段的运动，进而影响软段相的玻璃化转变温度。因此，在考虑硬段溶入软段后对软段 T_g 的影响时，还应考虑物理交联的影响。其影响可以用 DiBenedetto 和 Dimarzio 方程进行描述：

$$\frac{T_g - T_{g1}}{T_{g1}} = \frac{kX_C}{(1 - X_C)} \tag{10.19}$$

式中，k 为常数，一般取 1.2~1.5，这里取 $k = 1.5$；X_C 为形成氢键的软段结构单元的摩尔分数（%），可用下式计算：

$$X_C = \frac{W_2 / M_2}{W_1 / M_1} \tag{10.20}$$

式中，M_1、M_2 分别为软段和硬段结构单元的相对分子质量。

式（10.18）经过变化后，可得

$$\frac{T_g - T_{g1}}{T_{g1}} = \frac{T_{g2}}{T_{g2} - (T_{g2} - T_{g1})W_2} - 1 \tag{10.21}$$

由式（10.19）可得

$$W_2 = \frac{M_2 X_C}{M_1 + M_2 X_C} \tag{10.22}$$

将式（10.22）代入式（10.21），可得

$$\frac{T_g - T_{g1}}{T_{g1}} = \frac{M_2 X_C (T_{g2} - T_{g1})}{T_{g2}(M_1 + M_2 X_C) - (T_{g2} - T_{g1}) M_2 X_C} \quad (10.23)$$

为了计算上的方便，假设共聚和交联对玻璃化转变温度的影响可以线性相加，合并式（10.19）和式（10.23），可得

$$\frac{T_g - T_{g1}}{T_{g1}} = \frac{M_2 X_C (T_{g2} - T_{g1})}{T_{g2}(M_1 + M_2 X_C) - (T_{g2} - T_{g1}) M_2 X_C} + \frac{1.5 X_C}{1 - X_C} \quad (10.24)$$

由于聚醚聚氨酯弹性体具有良好的微相分离程度，因此，硬段相溶入软段相的比例 W_2 一般很小。因此，其相应的氢键的软段结构单元的摩尔分数 X_C 也很小。所以，在进行数学处理时，为了简化计算，对式（10.24）进行数学处理，忽略掉高次项，最终得到影响软段相玻璃化转变温度的方程为

$$\frac{\Delta T_g}{T_{g1}} = \frac{(1.5 T_{g2} M_1 + M_2 T_{g2} - M_2 T_{g1}) X_C}{T_{g2} M_1 + (T_{g1} M_2 - T_{g2} M_1) X_C} \quad (10.25)$$

令 W 表示硬段溶入软段的质量分数，H 表示 ETPE 中的硬段含量，可得

$$W_2 = \frac{HW}{(1-H) + HW} \quad (10.26)$$

将式（10.26）代入式（10.22），并经过数学变换，可得

$$W = \frac{(1-H) M_2 X_C}{M_1 H} \quad (10.27)$$

因此，通过 DSC 测定 ETPE 软段的 T_g，可以实现为软硬段相容性的定量分析。以一组高硬段含量 GAP 基 ETPE 为例，其软段 T_g 的变化见表 10-10。

表 10-10　不同硬段含量 ETPE 的玻璃化转变温度

性能	GAP-IPDI-BDO-35	GAP-IPDI-BDO-40	GAP-IPDI-BDO-45	GAP-IPDI-BDO-50	GAP-IPDI-BDO-55
硬段质量分数/%	35	40	45	50	55
T_g/K	232.5	233.5	234.9	235.0	235.2

T_{g1} 和 T_{g2} 可以通过实测得到，$T_{g1}=220K$；通过以 IPDI 和 BDO 为原料合成模型化合物，得到纯硬段 IPDI/BDO 的 T_{g2}，实测值为 379K（图 10-17）。此处 $M_1=99$、$M_2=312$。那么，根据式（10.25）就可以算得 X_C，并进而求得软段相中硬段的质量分数 W_2 和硬段溶入软段的质量分数 W，计算结果如表 10-11 所示。

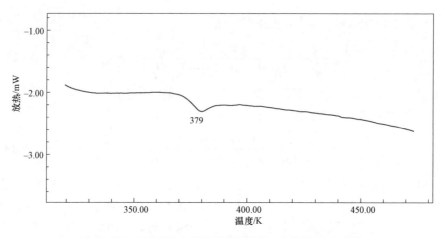

图 10-17　IPDI/BDO 纯硬段聚氨酯的二次升温 DSC 曲线

表 10-11　不同硬段含量 ETPE 中硬段溶入软段的百分数

弹性体	ΔT_g / K	X_c / %	W / %
GAP - IPDI - BDO - 35	12.5	2.047 49	11.983 58
GAP - IPDI - BDO - 40	13.5	2.214 298	10.467 59
GAP - IPDI - BDO - 45	14.9	2.448 592	9.431 613
GAP - IPDI - BDO - 50	15	2.465 361	7.769 624
GAP - IPDI - BDO - 55	15.2	2.498 914	6.443 481

从表 10-11 中所得结果可以看出，随着硬段含量的增加，硬段溶入软段的质量分数 W 有降低的趋势，表明微相分离程度逐渐升高。当硬段含量为 50% 时，W 为 7.77%。硬段溶入软段的质量分数虽然减少，但随硬段含量的增加，溶入软段的硬段绝对数量增加，因此玻璃化转变温度向高温方向移动。此外，由表 10-11 中数据还可以看出，相比于非含能的聚醚型聚氨酯弹性体，GAP 基 ETPE 硬段溶入软段的比例较大，软段与硬段的相容性更好。随硬段含量的增加，形成 X_c 有所增加。也就是说，硬段含量增加后，硬段羰基氢键化比例增大，相分离程度增强；软段醚键的氢键化比例同时增大，相混容程度也增加，最终结果是相分离作用增强。

10.2.8　溶度参数

溶度参数 δ 是表征聚合物-溶剂相互作用的参数。物质的内聚性质可由内聚能予以定量表征，单位体积的内聚能称为内聚能密度，其平方根称为溶度参数。

溶度参数是衡量两种材料是否共溶的一个较好的指标。当两种材料的溶度参数相近时,它们可以互相共混且具有良好的共容性,液体的溶度参数可从它们的蒸发热得到。然而聚合物不能挥发,因而只能从交联聚合物溶胀实验或线聚合物稀溶液黏度测定来得到。能使聚合物的溶胀度或黏度最大时的溶剂的溶度参数即为此聚合物的溶度参数[4,5]。含能黏合剂的溶度参数可以用平衡溶胀法测定[6]。

平衡溶胀法的原理:将胶片置于一系列不同溶度参数的溶剂中,有效链的扩张程度存在差别,因此会表现出不同的溶胀比 Q_v。当胶片与溶剂的溶度参数相等时 Q_v 值最大,故可将 Q_v 最大值时所对应溶剂的溶度参数作为黏合剂胶片的溶度参数。溶胀平衡时溶胀度公式为

$$Q_v = \frac{(W-W_0)/\rho_a + W_0/\rho_b}{W_0/\rho_b} \quad (10.28)$$

将式(10.28)变换后可得

$$(Q_v - 1)/\rho_b = \frac{(W-W_0)}{W_0}\rho_a \quad (10.29)$$

式中,W 为胶片溶胀平衡时的质量;W_0 为胶片的初始质量;ρ_a 为溶剂的密度;ρ_b 为胶片的密度。

由于 ρ_b 为一定值,$(Q_v - 1)/\rho_b$ 与 Q_v 呈现相同的变化趋势。

以 GAP 胶片为例进行介绍其测定过程:将某固化 GAP 胶片分别取 1g,浸泡在不同溶剂(溶度参数为 14~30 MPa$^{1/2}$)中,待溶胀平衡后,称量溶胀弹性体的质量,计算出溶胀平衡时的溶胀度 Q_v,并与相应溶剂的溶度参数 δ 作图,对得到的数据点进行高斯拟合,峰值处所对应的溶度参数就是 GAP 胶片的溶度参数,如图 10-18 所示。从图中可以看出,GAP 弹性体的溶度参数为 22.25MPa$^{1/2}$。

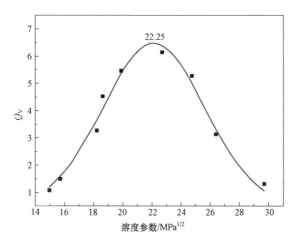

图 10-18 GAP 弹性体的溶胀度 Q_v 与溶剂溶度参数的关系曲线

图 10-19 所示为选取不同溶度参数的溶剂（从左到右依次为甲苯、氯仿、四氢呋喃、吡啶、N,N-二甲基甲酰胺、二甲基亚砜、甲醇）时所对应的$(Q_v-1)/\rho_b$值。拟合后得到 P（BAMO-AMMO）黏合剂胶片的溶度参数为 22.13（J/mL）$^{1/2}$。

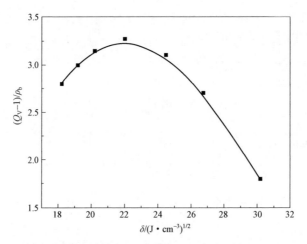

图 10-19　P（BAMO-AMMO）黏合剂胶片在不同溶剂中的$(Q_v-1)/\rho_b$值

含能黏合剂与火炸药配方中增塑剂的相溶性对火炸药的综合性能具有重要的影响作用，是选用含能黏合剂的重要参考依据。根据溶度参数评价了 P（BAMO-AMMO）黏合剂胶片与硝酸酯增塑剂的相溶性，如表 10-12 所示。

表 10-12　P（BAMO-AMMO）黏合剂胶片与硝酸酯增塑剂的溶度参数

组分	$\delta/(\mathrm{J \cdot mL^{-1}})^{1/2}$	$\delta/(\mathrm{J \cdot mL^{-1}})^{1/2}$
P（BAMO-AMMO）黏合剂胶片	22.13	—
硝化甘油（NG）	23.10	0.97
1,2,4-丁三醇三硝酸酯（BTTN）	23.42	1.29
硝化二乙二醇（DEGDN）	21.40	0.73
硝化三乙二醇（TEGDN）	21.31	0.82

由表 10-12 中数据可以发现，P（BAMO-AMMO）黏合剂胶片与常用硝酸酯增塑剂的溶度参数相差均小于 2（J·mL^{-1}）$^{1/2}$，根据相似相溶原理，它们之间具有良好的相溶性。

10.3 含能黏合剂能量性能测试与预估

能量特性是评价火炸药性能指标的一个重要参数。通过对火炸药能量水平的预估，可以预示火炸药的能量水平，为配方设计提供理论基础。

10.3.1 生成焓

将含能黏合剂用于火炸药时，精确估算出含能黏合剂的生成焓是进行火炸药能量计算的关键。通常，含能黏合剂的生成焓可以采用燃烧热法和基团估算法获得。

1. 燃烧热法

燃烧热是指物质与氧气进行完全燃烧反应时放出的热量，可以用氧弹式量热计测量（10.2.3 节），也可以直接查表获得反应物、产物的生成焓再相减求得。燃烧热是热化学中重要的基本数据，通过盖斯定律可以求得许多有机化合物及聚合物的标准摩尔生成焓，计算公式为

$$\Delta_f H_m(物质) = x\Delta_f H_m(燃烧产物) - \Delta_c H_m(物质)$$

式中：x 为燃烧产物与原物质的摩尔比。

因此，通过测定含能黏合剂的燃烧热，就可以计算其生成焓。

根据式（10.30）、式（10.31）进行生成焓的计算[7]，由于 N_2、O_2 的标准生成焓为 0，有

$$C_xH_yO_zN_n + O_2 \rightarrow xCO_2 + yH_2O + (n/3)NO_2 + (n/3)N_2 \quad (10.30)$$

$$\Delta_f H_m(C_xH_yO_zN_n) = x\Delta_f H_m(CO_2) + y\Delta_f H_m(H_2O) + (n/3)\Delta_f H_m(NO_2) +$$
$$\Delta_f H_m(N_2) + \Delta_c H_m(C_xH_yO_zN_n) - \Delta_f H_m(O_2) \quad (10.31)$$

因此式（10.31）可以化简为

$$\Delta_f H_m(C_xH_yO_zN_n) = x\Delta_f H_m(CO_2) + y\Delta_f H_m(H_2O) + (n/3)\Delta_f H_m(NO_2) +$$
$$\Delta_c H_m(C_xH_yO_zN_n) \quad (10.32)$$

以 PBAMO、PAMMO 生成焓的计算为例：首先，采用氧弹量热仪测得 PBAMO、PAMMO 的燃烧热；然后根据式（10.32）计算得到 PBAMO、PAMMO 的生成焓，如表 10-13 所示。

表 10-13　PBAMO、PAMMO 的燃烧热及生成焓

样品	燃烧热 ΔH_c / (kJ·g^{-1})	生成焓 ΔH_f / (kJ·g^{-1})
PBAMO	24.18	6.51
PAMMO	26.96	2.39

2. 基团估算法

当聚合物用于火炸药后，由于其所占体积较小，聚合物处于高度伸展的状态，其交联网络的链段之间相互作用较小，可以说聚合物处于一种假设的气体分散状态下。因此，在忽略聚合物生成过程中热效应的情况下，可以直接用气态单体的生成焓近似代替火炸药中聚合物的生成焓。

近年来，许多科研人员采用基团估算法对含能黏合剂的生成焓进行计算，并与文献中报道的采用其他方法计算的生成焓进行比较，发现结果较为接近。以 PBA 基 ETPE 为例，当采用 TDI 为固化剂，BDO 为扩链剂时，其结构式如图 10-20 所示。

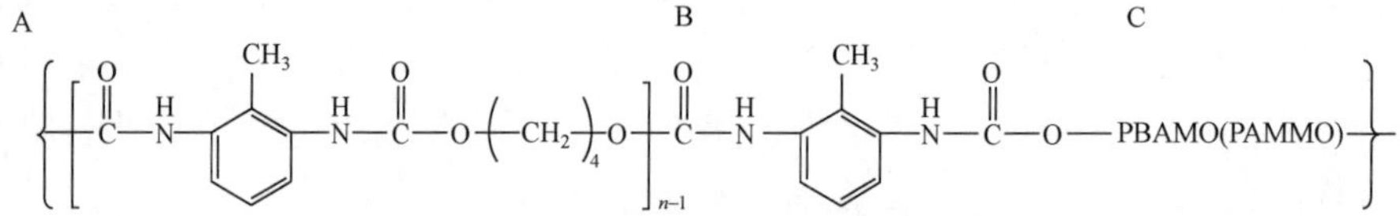

图 10-20　PBA 基 ETPE 的结构式

当 $R = [—NCO]/[—OH] = 1.0$，PBAMO、PAMMO 的相对分子质量为 $4\,000\ \mathrm{g\cdot mol^{-1}}$ 时，PBA 基 ETPE 中氨基甲酸酯硬段（TDI+BDO）含量 HS 与 n 值之间的关系为

$$n = \frac{3910\mathrm{HS} + 90}{264(1-\mathrm{HS})} \quad (10.33)$$

不同基团对聚合物分子生成焓的贡献如表 10-14 所示。根据 n 值，可以计算出图 10-20 中 A 部分的生成焓，之后将 A、B、C 三部分的生成焓加在一起，就可以得到 PBA 基 ETPE 的生成焓。

表 10-14　不同基团对聚合物分子的自由能 ΔG_f 和生成焓 ΔH_f 的贡献

基团	$\Delta G_f^\ominus$ / (J·mol^{-1})	$\Delta H_f^\ominus$ / (kJ·mol^{-1})
—CH$_3$	$-46\,000 + 95T$	-46
—CH$_2$—	$-22\,000 + 102T$	-22
=CH—	$-2\,700 + 120T$	-2.7

续表

基团	$\Delta G_f^\ominus / (\mathrm{J} \cdot \mathrm{mol}^{-1})$	$\Delta H_f^\ominus / (\mathrm{kJ} \cdot \mathrm{mol}^{-1})$
—C(—)(—)—	$+20\,000 + 140T$	$+20$
—C(=O)—O—	$-337\,000 + 116T$	-337
—NH—	$+58\,000 + 120T$	$+58$
—C(=O)—	$-132\,000 + 40T$	-132
—O—	$-120\,000 + 70T$	-120
—O—NO₂	$-88\,000 + 213T$	-88
—N₃	—	$+356$
⌬ (苯环)	—	$+100$

注：T 为热力学温度

预聚物的质量比、硬段的种类以及含量等因素对其生成焓都有较大影响，不同 PBAMO、PAMMO 质量比以及硬段含量对 PBA 基 ETPE 生成焓的影响，如图 10-21 所示。硬段含量的增加以及 PBAMO 含量的降低均会导致 PBA 基 ETPE 生成焓的下降。

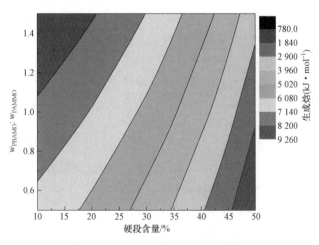

图 10-21　PBA 基 ETPE 的生成焓

以 P（BAMO-AMMO）含能黏合剂为例，对比了采用燃烧热法和基团估算法计算 PBAMO、PAMMO 预聚物以及 PBA 基 ETPE 的生成焓，如

表10-15所示。结果表明,采用燃烧热法与基团估算法均可以较好地计算 ETPE 的生成焓。

表10-15 PBAMO、PAMMO、PBA 基 ETPE 的生成焓

样品	生成焓ΔH_f / (kJ·g^{-1})	
	燃烧热法	基团估算法
PBAMO 预聚物	6.51	6.9
PAMMO 预聚物	2.39	2.30
PBA 基 ETPE(TDI)	3.75	3.44
PBA 基 ETPE(IPDI)	2.26	2.29
PBA 基 ETPE(HMDI)	3.29	3.06
PBA 基 ETPE(HDI)	2.14	2.67

10.3.2 燃烧热

燃烧热是物质燃烧时释放化学潜能的度量,指 1mol 的物质在等温、等压条件下进行完全燃烧反应时的焓变,是表征含能黏合剂能量特性的另一重要参数。发生完全燃烧反应,即完全氧化,是指反应物中的各元素经过反应生成较高级的稳定氧化物,如 C 被氧化成 CO_2(气),H 被氧化为 H_2O(液),S 被氧化为 SO_2(气)等,含氮物质燃烧反应的燃烧热常按生成 N_2 分析。

热是一个很难测定的物理量,热量的传递往往表现为温度的改变,而温度却很容易测量。GJB 770B—2005 火炸药实验方法中燃烧热的测试所用仪器是氧弹式量热计,其测试原理为:待测样品完全燃烧所释放的能量使得氧弹本身及其周围介质(水)和热量计有关的附件温度升高,测出仪器系统在燃烧前后温度的变化,算出该样品的燃烧热。

通过氧弹热量计测得的燃烧热为恒容燃烧热$\Delta_c U$,则需要进行转换才能得出样品的定压燃烧热。根据热力学第一定律,恒容过程的热效应 Q_V,即$\Delta_c U$,与恒压过程的热效应 Q_P,即ΔH_c 存在如下关系:

$$\Delta H_c = \Delta_c U + \Delta nRT \tag{10.34}$$

式中,n 为反前、后气态物质的物质的量之差;R 为气体常数;T 为反应的热力学温度。

通过上式(10.34),可以计算出含能黏合剂的定压燃烧热$\Delta H_{c(黏合剂)}$。

Manser 等人[8]采用氧弹量热仪,在固定氧气压力为 3 MPa 条件下测定了多种含能单体（AMMO、BAMO、NMMO、BNMO）及其预聚物和 ETPE 的燃烧热，并对其生成焓进行了计算。所用单体结构如下：

AMMO   BAMO   NMMO   BNMO

含有 CHNO 结构的物质的燃烧产物为 N_2、CO_2、H_2O 和少量的 HNO_3，因此需要对测量后弹体内残留的水进行酸碱滴定，以确定生成 HNO_3 的量，从而对测量结果进行校正，测试结果如表 10-16 所示。

表 10-16 几种含能单体、预聚物和 ETPE 的燃烧热以及生成焓

样品	ΔH_c/(kcal·g^{-1})	ΔH_f/(kcal·g^{-1})
AMMO	6.384	0.2677
BAMO	5.037	0.6161
NMMO	4.741	-0.5437
BNMO	3.14	-0.4316
PBAMO	-4.949	0.5280
PNMMO	4.722	-0.5626
BAMO（50%）-AMMO（50%）基 ETPE	-5.552	0.2842
BAMO（73%）-NMMO（27%）基 ETPE	-4.876	0.2196
BNMO（66%）-NMMO（34%）基 ETPE	-3.597	-0.5548

Manser 等人[8]采用 Parr1108 型氧弹量热仪，在氧气压力为 3 MPa 下，测定了 GAP 基、PNMMO 基和 PGN 基 ETPE 的燃烧热，并对其生成焓进行了计算。以不同分子量的 GAP 为软段合成的 ETPE 分别标记为 ETPE 900、ETPE 1300 和 ETPE 2900，以 ETPE 2900 为软段并以新戊二醇为扩链剂合成的 ETPE 标记为 ETPE 2900(16%H.S.)，基于 PNMMO 和 PGN 合成的 ETPE 分别标记为 ETPE PNMMO 和 ETPE PGN。测试出的预聚物以及 ETPE 的燃烧热和计算出的生成焓结果，如表 10-17 所示。

表 10-17 预聚物和 ETPE 的燃烧热以及生成焓

预聚物	ΔH_c/(kJ·g^{-1})	ΔH_f/(kJ·g^{-1})	ETPE	ΔH_c/(kJ·g^{-1})	ΔH_f/(kJ·g^{-1})
GAP 900	-20.0	+0.25	ETPE 900	-22.3	-0.50
GAP 1300	-20.1	+0.34	ETPE 1300	-21.5	-0.21

续表

预聚物	$\Delta H_c/(\text{kJ} \cdot \text{g}^{-1})$	$\Delta H_f/(\text{kJ} \cdot \text{g}^{-1})$	ETPE	$\Delta H_c/(\text{kJ} \cdot \text{g}^{-1})$	$\Delta H_f/(\text{kJ} \cdot \text{g}^{-1})$
GAP 2900	-20.3	+1.15	ETPE 2900	-20.9	+0.67
			ETPE 2900(16%H.S.)	-21.7	+0.13
PNMMO	-19.5	-2.29	ETPE PNMMO	-21.5	-2.29
PGN	-14.7	-2.27	ETPE PGN	-16.5	-2.07

从表 10-17 可以看出，与预聚物相比，不同 ETPE 的燃烧热相差不大，而生成焓却存在较大差异。

10.4 含能黏合剂热性能表征

10.4.1 玻璃化转变温度

非晶态高聚物或部分结晶高聚物的非晶区，当温度升高到玻璃化转变温度 T_g 或从高温熔体降温到玻璃化温度时，可以发生玻璃化转变。玻璃化转变的实质是链段运动随着温度的降低被冻结或随着温度的升高被激发的结果。在玻璃化转变前后分子的运动单元的运动模式有很大的差异。因此，当高聚物发生玻璃化转变时，其物理和力学性能必然有急剧的变化。除形变和模量外，高聚物的比容、比热容、热膨胀系数、热导率、折射率、介电常数等都表现出突变或不连续的变化。根据这些性能的变化，可以对玻璃化转变的本质进行研究。

表征高聚物的玻璃化转变过程的一个最重要的物理量是玻璃化转变温度，它是在改变温度的条件下，通过对上述性能的观测得到的。常用的玻璃化转变温度的测试方法有静态热机械法（如膨胀计法、温度形变曲线法等）、DMA、红外光谱法、核磁共振法、DSC 或差热分析（DTA）等，不同的方法所测试的结果有所差异，所以一般在进行对比时，必须要注明测试方法。在含能黏合剂的研究中，最常用的玻璃化转变温度测试方法是 DSC 测试。

以 PBAMO 为例进行说明。打开高纯氮气瓶，仪器干燥气流量计，控制流量为 200 mL·min^{-1}，反应气流量设定为 40 mL·min^{-1}。缓慢逆时针旋转打开液氮罐的自增压阀，使压力升至 150 MPa，逆时针旋转打开主阀门。打开 DSC 仪器开关和计算机软件，连接仪器，新建方法，升温速率为 10 ℃·min^{-1}，温度

范围为 –90～110 ℃。使用铝坩埚取样、称重，含能黏合剂样品量在 1mg 以下，放入样品池，参比池中放空坩埚，盖好炉盖。选定实验方法，输入样品名及质量，开始实验，测得 PBAMO 的 DSC 曲线。

图 10-22 所示为 PBAMO 的二次升温 DSC 曲线。由图可知，PBAMO 的玻璃化转变温度为 –31.50 ℃，结晶熔融峰温度为 82 ℃，熔融热为 31.35 kJ·kg^{-1}。在降温过程中，由于一部分链段还没有形成结晶便被"冻结"住无法进入晶格，二次升温中这一部分链段重新获得运动能力，排列进入晶格，在 23 ℃ 形成了二次结晶的放热峰，热值为 6.87 kJ·kg^{-1}。

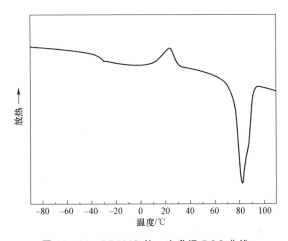

图 10-22　PBAMO 的二次升温 DSC 曲线

10.4.2　热分解动力学

热分解动力学的研究目的在于定量表征反应过程，确定其遵循的最概然机理函数 $G(a)$，求出动力学参数活化能和指前因子，计算出速率常数，给出反应速率的表达式，清晰的阐述出物质的热分解机理。研究热分解动力学的方法主要有等温法和非等温法两种。

现代热重分析技术广泛应用于研究非等温非均相反应的动力学过程。材料在实验控制条件下进行热分解反应，热分析仪记录下反应时间或炉体温度与样品温度变化的函数关系，对得到的信息曲线进行动力学分析可以求算出相应的动力学数据。

含能黏合剂作为火炸药的基体材料，其热分解过程对于推进剂的燃烧性能存在重要的影响。通过热分解动力学计算得到反应活化能，进一步研究黏合剂的分解历程，可为其在火炸药中的应用奠定基础。以 PBAMO 为例阐述热分解动力学的测定。

图 10-23 所示为 1 ℃·min⁻¹、2.5 ℃·min⁻¹、5 ℃·min⁻¹、7.5 ℃·min⁻¹ 和 10 ℃·min⁻¹ 升温速率下 PBAMO 的 TG 曲线。由图可以看出，PBAMO 存在两个热失重阶段。在 220 ℃～280 ℃ 出现一个明显的失重台阶，质量损失约 40%。其中，不同升温速率下失重率为 5% 时的初始分解温度为 225～250 ℃，具有良好的热稳定性。在第一失重阶段之后，随温度的升高失重过程趋于缓慢，并没有明显的台阶出现，至 500 ℃ 仍有约 30% 的质量残留。

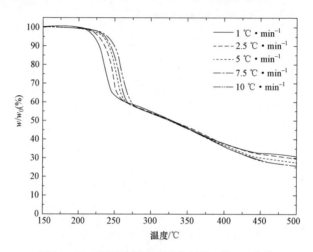

图 10-23　不同升温速率下 PBAMO 的 TG 曲线

不同升温速率下 PBAMO 热分解转化率随温度变化曲线如图 10-24 所示。转化率为热失重百分数，计算公式为

$$\alpha = \frac{W_0 - W_T}{W_0} \quad (10.35)$$

式中，W_0 为样品最初质量，W_T 为温度 T 时的样品质量。

对于非等温条件下反应速率方程一般表述为

$$\frac{d\alpha}{dT} = \frac{A}{\beta} f(\alpha) \exp(-E/RT) \quad (10.36)$$

在动力学方程的求解过程中，有 Achar-Brindley-Sharp 法、Kisinger 法等微分法以及 Flynn-Wall-Ozawa 法等积分法。在微分法中需要首先假设机理函数，对于存在有不同阶段的热分解过程并不适用。而 Flynn-Wall-Ozawa 法中采用了过于简单的温度积分式，限制了结果的准确性。动力学方程式中关于活化能最早的解释是使不能反应的非活化（inactive）分子激发成为可反应的活化（active）分子这一过程中所吸收的能量。Arrhenius 认为这是一个只与始、终态有关的热力学量，在一定的反应过程中保持常数。而近年来很多研究表明活化能会随着反应的进程（转化率α）而变化。对于复杂的非均相体系，活化能是由各基元反应及它们对整个反应相对贡献大小所决定的，应该是反应程度或温度的函数。

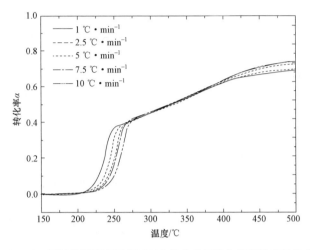

图 10-24　不同升温速率下 PBAMO 的热分解转化率随温度变化曲线

因此，采用上述方法计算出的活化能不能准确地描述叠氮聚合物的热分解过程，需要选用无模型法进行动力学研究。该方法认为在恒定的转化率下，分解反应速率只由温度决定。从而跳过了机理函数的选择，得到活化能随转化率的变化曲线。Vyazovkin 认为线性方法中活化能 E_α 更加依赖于温度积分式 $p(x)$，只有在 $x<13$ 时误差较小。而在他提出的非线性计算方法中，活化能 E_α 独立于 x，数据误差很小。计算公式为

$$\left| n(n-1) - \sum_{i=1}^{n}\sum_{\substack{j=1 \\ j \neq i}}^{n} \{I(E_\alpha, T_{\alpha,i})\beta_j\}/\{I(E_\alpha, T_{\alpha,j})\beta_i\} \right| = \min \quad (10.37)$$

其中，温度积分式定义为

$$I(E_\alpha, T_\alpha) = \int_0^T \exp(-E/RT)\,\mathrm{d}T \quad (10.38)$$

温度积分式采用 Senum-Yang 近似式进行数值积分。将图 10-24 中实验数据 T_α 和 β 代入式（10.37），改变 E_α 至最小值时为该转化率下的活化能，计算结果如图 10-25 所示。当转化率小于 0.4 时，E_α 为 150~170 kJ·mol^{-1}，归属于叠氮基团的分解过程。当 $\alpha>0.4$ 时，活化能降为负值，并存在不规则的波动。图 10-25 表明第一阶段叠氮基团的分解对 $\alpha>0.4$ 时的分解过程存在重

要的影响作用。

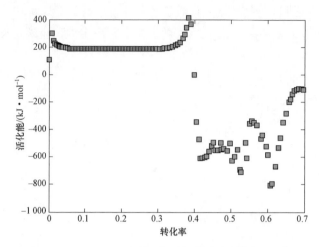

图10-25　PBAMO的热分解活化能随转化率变化曲线

10.5　含能黏合剂其他应用性能表征

10.5.1　相容性

　　从热力学角度来看，聚合物的相容性就是聚合物之间的相互溶解性，是指两种聚合物形成均相体系的能力。若两种聚合物可以任意比例形成分子水平均匀的均相体系，则是完全相容；如硝化纤维素－聚丙烯酸甲酯体系。若是两种聚合物仅在一定的组成范围内才能形成稳定的均相体系，则是部分相容。如部分相容性很小，则为不相容，如聚苯乙烯－聚丁二烯体系。

　　相容与否决定于混合物在混合过程中的自由能变化是否小于0。对于聚合物的混合，由于高分子的分子量很大，混合时熵的变化很小，而高分子－高分子混合过程一般都是吸热过程，即ΔH为正值，因此要满足$\Delta G < 0$是困难的。ΔG往往是正的，因而绝大多数共混高聚物都不能达到分子水平的混合，或者是不相容的，形成非均相体系。但是，共混高聚物在某一温度范围内能相容，像高分子溶液一样，有溶解度曲线，具有最高临界相容温度（UCST）和最低临界相容温度（LCST），这与小分子共存体系存在最低沸点和最高沸点类似。

大部分聚合物共混体系具有最低临界相容温度,这是聚合物之间相容性的一个重要特点。

测定相容性的方法有 DSC 法、红外法、电镜法、浊点法、反相色谱法、真空安定性法等。其中含能黏合剂的相容性测试最常用的方法是真空安定性法和 DSC 法。

1. 真空安定性法

采用真空安定性法进行相容性测试的步骤是:单一样品质量为(2.50 ± 0.01)g,混合样品为(5.00 ± 0.01)g,质量比为 1:1,在定容恒温(90 ℃)和一定真空度条件下,测定一定时间(40h)内所放出气体的压力并换算成标准状态下的气体体积,以单位质量试样放出的气体体积进行评价:当净放气量 $R<3.0$ mL 时相容;$R=3.0\sim5.0$ mL 时存在中等程度的反应;$R>5.0$ mL 时不相容。每种样品平行测试三次取平均值。

PBA 基 ETPE 与常用含能组分的相容性,如表 10 – 18 所示。结果表明,PBA 基 ETPE 与 AP、RDX、Bu – NENA 等组分具有良好的相容性。

表 10 – 18 P(BAMO – AMMO)含能黏合剂与其他含能组分的相容性

组分	放气量/mL	R/mL	相容性
P(BAMO – AMMO)	0.47	—	—
AP	0.09	—	—
P(BAMO – AMMO)/AP	0.42	– 0.14	相容
RDX	0.12	—	—
P(BAMO – AMMO)/RDX	0.49	– 0.10	相容
Al	0.16	—	—
P(BAMO – AMMO)/Al	0.41	– 0.22	相容
Bu – NENA	0.62	—	—
P(BAMO – AMMO)/Bu – NENA	1.57	0.48	相容

2. 热分析法

GJB 770B—2005 火药实验方法中规定了 DSC 测定相容性的方法,即用混合体系相对于单独体系分解峰温的改变量 ΔT_p 评价试样的相容性。判定依据如表 10 – 19 所示。

表 10-19 火炸药及其接触材料的相容性评价标准

$|\Delta T_p|$ /℃	相容等级
≤2	A 相容性好，相容
3～5	B 相容性较好，轻微敏感
6～15	C 相容性较差，敏感
>15	D 相容性差，不相容

注：$\Delta T_p = T_{p1} - T_{p2}$，$T_{p1}$ 为单组分体系的最大放热峰温，T_{p2} 为双组分体系的最大放热峰温。

以 GAP 为例，对 GAP 与 NC、RDX、AP 之间的相容性进行测定。

DSC 测试时，升温速率为 10 ℃·min^{-1}；高纯 N$_2$ 气氛，流量为 40 mL·min^{-1}；标准样品，α-Al$_2$O$_3$；铝制密封池。测得 GAP 与 NC、RDX、AP 之间的相容性 DSC 曲线，如图 10-26 所示。

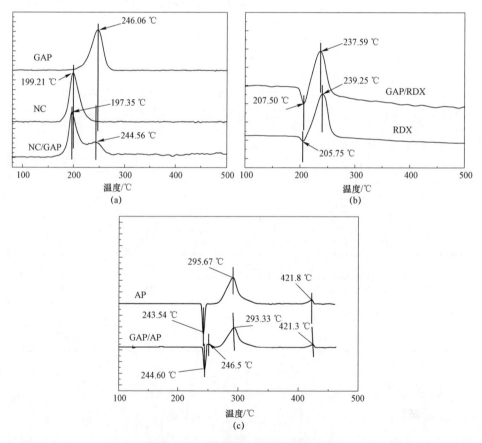

图 10-26 不同双组分体系 DSC 曲线
（a）NC/GAP；（b）GAP/RDX；（c）GAP/AP

通过图 10-26 DSC 曲线测得 GAP 与 NC、RDX、AP 单、双组分体系的吸、放热峰温数据及相容性评价分别如表 10-20 和表 10-21 所示。

表 10-20 组分体系的 DSC 峰温值

组分体系	吸热峰温/℃	放热峰温/℃	
GAP	—	246.06	
NC	—	199.21	
NC/GAP	—	197.35	244.56
RDX	205.75	239.25	
GAP/RDX	207.50	237.59	
AP	243.54	295.67	421.80
GAP/AP	244.60	293.33	421.30

表 10-21 组分体系间的相容性评价

双组分体系	单组分体系	T_{P2}/℃	T_{P1}/℃	$|\Delta T_P|$/℃	相容等级
NC/GAP	NC	197.35	199.21	1.86	A
	GAP	244.56	246.06	1.50	A
GAP/RDX	RDX	237.59	239.25	1.66	A
GAP/AP	AP	293.33	295.67	2.34	A~B
		421.30	421.80	0.50	A

由表 10-21 可知，除了 GAP/AP 双组分体系中 AP 的低温分解峰值比单组分 AP 的提前 2.34 ℃，轻微敏感，处于 A~B 相容等级之间外，其余各组分间相容性较好，均达到 A 相容等级。

10.5.2 流变性能

含能黏合剂是一种流体，而流体可分为牛顿流体和非牛顿流体。非牛顿流体包括假塑性流体、胀流体和有屈服值的塑性流体。一般来说，表征含能黏合剂的流动曲线和黏度曲线可以来判断它的流体类型，并对其剪切速率常数、剪切模量、触变性、蠕变以及适用期进行分析，从而判断其工艺性能是否有利于火炸药的制备，并采取适当的调节措施。

含能黏合剂的流变性能包括以下影响因素：含能黏合剂的品种、增塑剂种类和含量、工艺助剂的种类和用量、工艺温度、工艺时间等，详细准确的表征和分析这些因素对其流变性能的影响趋势，是非常重要的。

含能黏合剂的流变性能测试一般采用旋转流变仪，也分为平板式、同轴转筒式等。

通过平板式旋转流变仪研究了不同频率下无规嵌段型 PBA 基 ETPE 模量的变化，如图 10-27 所示。储能模量 G' 和损耗模量 G'' 随频率的增加而逐渐增加，$\tan\delta$ 逐渐降低，在 20Hz 之后趋于稳定。在高频下振荡频率高于弹性体的协同重排频率，意味着相对于链段的协同重排速度，应力施加速度更快，因此弹性体储能模量 G' 的增加幅度更大，损耗角正切 $\tan\delta$ 较小。

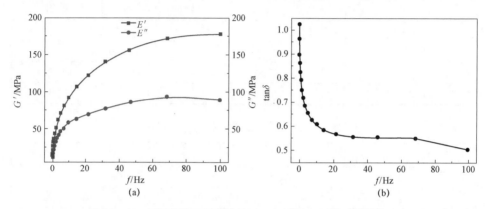

图 10-27　不同频率下无规嵌段型 PBA 基 ETPE 的流变学曲线
（a）G' 和 G'' 的变化；（b）$\tan\delta$ 的变化

平板式旋转流变仪还可以考察无规嵌段型 PBA 基 ETPE 的蠕变及蠕变恢复过程，结果如图 10-28 所示。蠕变恢复过程中，在 200s 左右已基本达到最小形变状态，图中最小形变值小于 0.1%；与丁羟黏合剂相比具有良好的抗蠕变性和蠕变恢复能力，有利于在火炸药中的应用。

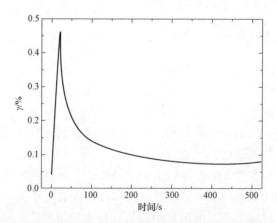

图 10-28　无规嵌段型 PBA 基 ETPE 蠕变及蠕变恢复曲线

10.5.3 安全性能

含能黏合剂由于结构中具有含能基团,在受到外界刺激下可能会产生各种剧烈的响应,因此其在制备、储存和使用过程中的安全性非常重要,并且其安全性能也能显著影响火炸药的钝感性能。

感度是评价含能黏合剂安全性的依据。含能黏合剂的感度是指在受到环境加热、撞击、摩擦或静电火花等作用时,发生燃烧或者爆炸变化的难易程度。根据不同的刺激条件,可分为热感度、撞击感度、摩擦感度、冲击波感度、起爆感度和静电感度等。热感度的测试方法主要有布鲁顿压力计法、真空安定性实验、化学反应法、热失重法、差热分析法和量热法等;撞击感度的测试方法可分为爆炸概率法、50%爆炸特性落高(H_{50})法;摩擦感度是在摆锤式摩擦感度仪上进行的测试,也以爆炸百分数表示;冲击波感度则采用卡片式隔板法进行实验,以爆炸概率为 50%时的隔板厚度来表征。这些测试方法均有相应的国家军用标准(如 GJB 772A—1997),可以按标准规定进行。

P(BAMO‑AMMO)含能黏合剂的感度特性测试结果如表 10‑22 所示。由表中数据可以看出,PBAMO 的特性落高为 70cm,而 PAMMO、P(BAMO‑AMMO)共聚物以及弹性体的特性落高均大于 120cm,摩擦感度为 0,具有钝感的特性,使用安全性能明显优于硝化棉(NC)和硝化甘油(NG)。

表 10‑22 P(BAMO‑AMMO)含能黏合剂的感度特性

样品	撞击感度 H_{50}/cm	摩擦感度/%
NC(w_N=13.29%)	40	0
NG[9]	2	100
PBAMO	70	0
PAMMO	>120	0
PBA 基无规共聚物	>120	0
PBA 基三嵌段共聚物	>120	0
无规嵌段型 PBA 基 ETPE	>120	0
交替嵌段型 PBA 基 ETPE	>120	0
P(BAMO‑AMMO)热固性胶片	>120	0

10.5.4 力学性能

ETPE 是固体推进剂、PBX 炸药的重要组成和骨架基体,对固体推进剂、PBX 炸药的力学性能有着显著的影响。因此,ETPE 的力学性能是火炸药领域中必不可少的研究内容。

ETPE 的力学性能主要包括静态力学性能和动态力学性能。其中静态力学性能主要是指其弹性体的拉伸强度、延伸率、弹性模量、抗压强度、抗压应变以及抗冲强度等,而最为广泛的静态力学性能测试方法是单轴拉伸测试实验,可获得的数据包括最大拉伸强度、断裂伸长率、弹性模量 E 等;动态力学性能是指通过动态热机械分析等测试其弹性体的玻璃化转变温度、低温次级转变、损耗角正切、储能模量等,与常规的力学性能(如拉伸强度、抗压强度等)相比,动态热机械分析的测试结果可以从更深层次(如分子运动的角度)来揭示其力学性能的变化规律及影响因素。

以 GAP 基 ETPE 的单轴拉伸实验为例,其应力应变曲线如图 10-29 所示。扩链剂为 BDO,硬段含量为 30% 时,ETPE 的拉伸强度为 8.4MPa,断裂伸长率为 816%。

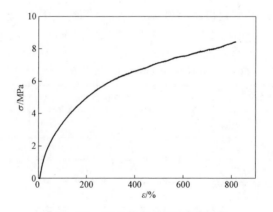

图 10-29 GAP 基 ETPE 的力学性能

通过动态机械性能测试,GAP 基 ETPE 的 DMA 曲线如图 10-30 所示。图 10-30(a)中,-50~0 ℃ 的区间内,G' 急剧下降,G'' 出现峰值,对应于弹性体软段的玻璃化转变区域。在这一阶段的升温过程中,"冻结"住的链段开始运动,使一部分能量被链段的热运动损耗,在剪切力的作用下塑性形变变弱。图 10-30(b)中,$\tan\delta$ 也出现峰值,其中低温区的峰值对应于软段的玻璃化转变,高温区的峰值对应于硬段的玻璃化转变。

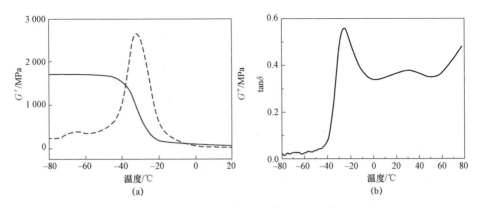

图 10-30 GAP 基 ETPE 的 DMA 曲线
(a) G' 和 G'' 的变化 (b) $\tan\delta$ 的变化

ETPE 的结构与常用表征技术如表 10-23 所示。

表 10-23 ETPE 的结构与常用表征技术

结构/性能		常用表征技术
相对分子质量与结构	相对分子质量及相对分子质量分布	GPC
	链段结构	^{1}H NMR、定量 ^{13}C NMR
	结晶度	XRD
	黏度	旋转流变仪
	氢键化程度	FTIR
	软硬段相溶性	DSC
能量性能	生成焓	燃烧热法、基团估算法
	燃烧热	氧弹量热仪
热性能	玻璃化转变温度	DSC
	热分解动力学	Achar-Brindley-Sharp 法、Kisinger 法、Flynn-Wall-Ozawa 法、无模型法
其他性能	相容性	真空安定性法、热分析法
	流变性能	旋转流变仪
	安全性能	机械感度
	力学性能	静态拉伸、DMA

随着技术的进步和众多先进分析测试仪器的涌现，研究人员将分子动力学模拟、原位表征技术、动态表征技术等方法用于 ETPE 的分析测试中，ETPE

的结构与性能表征也将越来越精细化和全面化。

参 考 文 献

［1］ Flory P J.Principles of Polymer Chemistry［M］.Ithaca,N Y:Cornell University Press,1953.

［2］ 何曼君,陈维孝,董西侠.高分子物理［M］.上海:复旦大学出版社,2005.

［3］ 张弛.BAMO－AMMO 含能黏合剂的合成、表征及应用研究［D］.北京:北京理工大学,2011.

［4］ 左榘,张越,乔凤军,等.溶胀动力学法测定高聚物溶度参数［J］.高等学校化学学报,1994,15(4):620－623.

［5］ Hansen C M.The three dimensional solubility parameter and solvent diffusion coefficient［M］.Copenhagen:Danish Technical Press,1967.

［6］ 姬月萍,高福磊,韩瑞,等.1,5－二叠氮基－3－硝基－3－氮杂戊烷溶解度参数的估算与测定［J］.含能材料,2013,21(5):612－615.

［7］ 王刚.PBA 含能热塑性弹性体的合成、表征及在固体推进剂中的应用研究［D］.北京:北京理工大学,2016.

［8］ Robert D,Manser G E.Heats of Formation of Energetic Oxetane Monomers and Polymers［C］//The Proceedings of 32th ICT,Karlsruhe,Germany,2001.

［9］ Van Krevelen D W.Properties of Polymers［M］.New York:Elsevier,1976.

附录 1

英语缩略语表

序号	名称	缩略语	序号	名称	缩略语
1	含能热塑性弹性体	ETPE	11	聚四氢呋喃	PTMG
2	热塑性弹性体	TPE	12	聚乙二醇	PEG
3	高聚物黏结炸药	PBX	13	聚环氧乙烷－四氢呋喃共聚醚	PET
4	绿色含能材料	GEM	14	聚己二酸乙二醇丙二醇酯	PEPA
5	高能低易损性	HELOVA	15	聚苯乙烯	PSt
6	聚叠氮缩水甘油醚	GAP	16	聚己内酯	PCL
7	聚 3,3－双叠氮甲基氧丁环	PBAMO	17	聚 3,3－双乙基氧丁环	PBEMO
8	聚 3－甲基－3－叠氮甲基氧丁环	PAMMO	18	聚 3,3－双叠氮甲基氧丁环－四氢呋喃	P（BAMO－THF）
9	聚缩水甘油醚硝酸酯	PGN	19	聚 3,3－双叠氮甲基氧丁环－叠氮缩水甘油醚	P（BAMO－GAP）
10	聚 3－硝酸甲酯基－3－甲基氧丁环	PNMMO	20	聚 3,3－双叠氮甲基氧丁环－3－甲基－3－叠氮甲基氧丁环	P（BAMO－AMMO）

■ 含能热塑性弹性体

续表

序号	名称	缩略语	序号	名称	缩略语
21	扩链PBAMO	CE-PBAMO	44	甲基丙烯酸甲酯	MMA
22	三官能度聚叠氮缩水甘油醚	TGAP	45	3-甲基-3-溴甲基氧丁环	BrMMO
23	单官能度聚3,3-双叠氮甲基氧丁环	UPBAMO	46	3,3-双溴甲基氧丁环	BBMO
24	端叠氮基聚叠氮缩水甘油醚	GAPA	47	α-氯甲基-α-甲基-β-丙内酯	CMMPL
25	硝氧乙基硝胺	Bu-NENA	48	α-溴甲基-α-甲基-β-丙内酯	BMMPL
26	高氯酸铵	AP	49	p-双(α,α-二甲基氯甲基)苯	p-DCC
27	黑索金	RDX	50	六氟锑酸银	$AgSbF_6$
28	奥克托金	HMX	51	3,3-双二氟氨甲基氧丁环	BDFAO
29	六硝基六氮杂异伍兹烷	CL-20	52	3-二氟氨甲基-3-甲基氧丁环	DFAMO
30	2,4,6-三硝基甲苯	TNT	53	3-羟基-3-环氧乙烷	TMPO
31	铝粉	Al	54	傅里叶转变红外光谱	FTIR
32	4,4'-亚甲基二苯基异氰酸酯	MDI	55	核磁共振氢谱	^1H NMR
33	2,4-甲苯二异氰酸酯	TDI	56	核磁共振碳谱	^{13}C NMR
34	1,6-亚己基二异氰酸酯	HMDI	57	热失重分析	TG
35	异氟尔酮二异氰酸酯	IPDI	58	热失重微分分析	DTG
36	三氟化硼乙醚	$BF_3 \cdot Et_2O$	59	动态热机械分析	DMA
37	二氯二苯基锡	DPTDC	60	差示扫描量热分析	DSC
38	二丁基二月桂酸锡	T-12	61	差热分析	DTA
39	二羟甲基丙二酸二乙酯	DBM	62	小角X射线散射	SAXS
40	氰乙基二乙醇胺	CBA	63	凝胶渗透色谱	GPC
41	1,4-丁二醇	BDO	64	X射线衍射	XRD
42	1,6-己二醇	HDO	65	傅里叶自解卷积法	FSD
43	一缩二乙二醇	DEG	66	真空安定性法	VST

附录 2

符号表

序号	名称	符号	序号	名称	符号
1	硬段含量	H	20	最大拉伸强度时的应变	ε_m
2	异氰酸酯过量程度	R 值	21	弹性模量	E
3	数均相对分子质量	M_n	22	固液两相间的界面张力	γ_{SL}
4	重均相对分子质量	M_w	23	液体的色散分量	γ_L^d
5	相对分子质量分散系数	M_w/M_n	24	液体的极性分量	γ_L^p
6	玻璃化转变温度	T_g	25	两相间的黏附功	W_a
7	软段相玻璃化转变温度	T_{gs}	26	损耗角正切	$\tan\delta$
8	硬段相玻璃化转变温度	T_{gh}	27	储能模量	G'
9	熔点	T_m	28	损耗模量	G''
10	ETPE 中氢键化亚氨基占比	X_N	29	链段运动活化能	Es
11	ETPE 中氢键化羰基占比	X_C	30	黏流活化能	E_η
12	热分解起始温度	T_{onset}	31	黏度	η
13	热分解结束温度	T_{endset}	32	零切黏度	η_0
14	热分解峰温	T_p	33	密度	ρ
15	热分解活化能	E_a	34	溶度参数	δ
16	指前因子	A	35	撞击感度	H_{50}
17	拉伸强度	σ_m	36	摩擦感度	P
18	断裂伸长率	ε_b	37	燃烧热	ΔH_c
19	断裂拉伸强度	σ_b	38	生成焓	ΔH_f

附录 3
含能预聚物性能比较

含能预聚物	M_n/(×10^3g·mol^{-1})	M_w/M_n	T_g/℃	T_m/℃	ρ/(g·cm^{-3})	η/(Pa·s)	T_{onset}/℃	T_p/℃	ΔH_c/(kJ·g^{-1})	ΔH_f/(kJ·g^{-1})	H_{50}/cm	P/%
GAP	2~10	1.1~2	-50	—	1.30	0.5~5	220	252	20.9	1.15	>120	0
PBAMO	3~13	1.2~2.5	-32	80	1.32	—	230	255	25.4	2.43	70	0
PAMMO	2~10	1.2~2	-45	—	1.09	5~20	231	256	20.8	0.35	>120	0
PGN	3~5	1.3~1.5	-35	—	1.39	16	170	210	-14.7	-2.27	—	—
P(BAMO-THF)	2~5	1.5~2	-61	-27	1.27	2~10	210	255	21.1	1.22	>120	0
P(BAMO-GAP)	3~6	1.3~2	-39	—	1.28	2~20	230	251	23.4	1.82	>120	0
P(BAMO-AMMO)	2~10	1.2~2	-37	—	1.19	10~100	230	256	22.8	1.36	>120	0
PNMMO	4~12	1.3~1.7	-35	—	1.26	135	184	210	-19.5	-2.29	—	—
PDFAMO	12	1.5	-21	—	—	—	191	231	—	—	>100	0
PBDFAO	3	1.3	131	158	—	—	210	222	—	—	>100	0

注：M_n 为含能预聚物的相对分子质量；M_w/M_n 为相对分子质量分散系数；T_g 为玻璃化转变温度；T_m 为熔点；ρ 为密度；η 为黏度；T_{onset} 为热分解起始温度；T_p 为热分解峰温；ΔH_c 为燃烧热；ΔH_f 为生成焓；H_{50} 为撞击感度的特性落高；P 为摩擦感度的爆炸百分数。

附录 4
含能热塑性弹性体性能比较

ETPE		硬段含量/%	M_n/(×10³ g·mol⁻¹)	氢键化比例/%	结晶度/%	T_{gs}/℃	T_{gh}/℃	T_{onset}/℃	σ_m/MPa	ε_b/%	W_t/(mJ·m⁻²)	ρ/(g·cm⁻³)	ΔH_t/(kJ·g⁻¹)
GAP 基 ETPE	不同异氰酸酯	30	31~33	55~68	—	−38~−32ª	86~97ª	224	—	—	—	—	—
	高软段含量	10~30	29~32	41~67	—	−41~−39ª	93~106ª	236	3.5~4.8	580~751	55.1~56.5	—	—
	高硬段含量	35~55	29~38	42~80	—	−41~−38ª	50~52ª	236	1.8~21	440~865	—	—	—
	DBM 扩链	30	29~31	21~37	—	−40~−36ª	—	236	—	—	67~69	—	—
	CBA 扩链	30	30~32	20~41	—	−41~−38ª	—	236	—	—	72~75	—	—
	DBM/BDO 混合扩链	30	21~37	21~67	—	−39~−36ª	81~97ª	—	3.5~4.8	580~654	57~70	—	—
	CBA/BDO 混合扩链	30	28~32	20~67	—	−39~−38ª	94~107ª	—	3.6~4.8	580~680	57~75	—	—
PBAMO 基 ETPE	不同异氰酸酯	—	—	—	30~40	−28~−24ª	65~78ª	227	4.8~5.6	11.3~16.5	76~80	—	—
	不同二元醇	—	31~39	—	25~30	−27~−25ª	65~78ª	230	5.4~9.8	16.5~81.2	79~82	—	—
	DBM 扩链	—	—	—	10~30	−27~−17ª	65~78ª	151~154	2.7~9.8	16.5~523	79~87	—	—

■ 含能热塑性弹性体

续表

ETPE		硬段含量/%	M_d/($\times 10^3$ g·mol^{-1})	氢键化比例/%	结晶度/%	T_{gs}/℃	T_{gh}/℃	T_{onset}/℃	σ_m/MPa	ε_b/%	W_a/(mJ·m^{-2})	ρ/(g·cm^{-3})	ΔH_f/(kJ·g^{-1})
PGN 基 ETPE	不同硬段含量	10~30	30~31	49~61	—	-38~-36^a	115~136^a	170	2.2~4.9	312~389	43~44	—	—
	DBM 扩链	10~30	20~21	29~48	—	-36~-30^a	—	170	—	—	51~54	—	—
PGN 基 ETPE	DBM/BDO 混合扩链	30	20~31	29~59	—	-36~-30^a	103~115^a	—	3.5~5.0	312~401	44~54	—	—
PBT 基 ETPE	不同硬段含量	10~30	34~37	43~61	—	-48~-47^a	96~110^a	236	4.5~10.4	479~862	58~60	—	—
	DBM 扩链	10~30	31~33	20~37	—	-46~-42^a	—	236	—	—	64~66	—	—
	CBA 扩链	10~30	31~32	27~42	—	-47~-43^a	—	230	—	—	72~74	—	—
	DBM/BDO 混合扩链	30	30~31	20~61	—	-47~-42^a	93~110^a	—	5.0~10.4	496~591	60~66	—	—
	CBA/BDO 混合扩链	30	32~34	27~61	—	-47~-43^a	99~110^a	—	4.9~10.4	496~601	60~74	—	—
PBG 基 ETPE	无规嵌段型	10~40	27~35	—	16.6	-44~-37^a	59~61^a	230	1.2~2.8	130~225	—	1.30	24.78
	交替嵌段型	10~40	29~36	—	6.0	-37~-35^a	59~62^a	230	1.1~1.7	180~238	—	1.30	24.52
PBA 基 ETPE	BDO 扩链	10~50	26~31	68~72	—	-32~-28^b	—	227	3.1~9.6	118~440	65	1.3	14.6
GAP-PET 基 ETPE	GAP/PET =1/2^c	35~55	—	44~51	—	-83~-74^d / -44~-38^e	—	233	0.2~24	590~2050	—	—	—
	GAP/PET =1/1^c	35~55	—	—	—	-82~-79^d / -45~-44^e	—	233	2.5~21.5	500~1300	—	—	—
	GAP/PET =2/1^c	35~55	—	—	—	-77~-41 / -39^e	—	233	6.5~28.5	700~2050	—	—	—

续表

ETPE		硬段含量/%	M_n/($\times 10^3$ g·mol^{-1})	氢键化比例/%	结晶度/%	T_{gs}/℃	T_{gh}/℃	T_{onset}/℃	σ_m/MPa	ε_b/%	W_a/(mJ·m^{-2})	ρ/(g·cm^{-3})	ΔH_c/(kJ·g^{-1})
GAP-PET-PEG 基 ETPE	GAP/(PET/PEG)=1/2^c	35~55	—	25~75	—	-81~-80^d -41~-37^e	—	233	5~21.5	610~1850	—	—	—
	GAP/(PET/PEG)=1/1^c	35~55	—	—	—	-82~-74^d -46~-44^e	—	233	1~21.5	210~2480	—	—	—
	GAP/(PET/PEG)=2/1^c	35~55	—	—	—	-81~-78^d -42~-40^e	—	233	2~26	590~1400	—	—	—
GAP-PET-PEPA 基 ETPE	GAP/PET/PEPA=1/1/1^c	35~55	—	58~80	—	-82~-79^d -42~-38^e	—	232	4.8~32	650~1400	—	—	—
	GAP/PET/PEPA=2/1/1^c	35~55	—	—	—	-81~-80^d -39~-35^e	—	232	3.5~21	470~1500	—	—	—
	GAP/PET/PEPA=4/1/1^c	35~55	—	—	—	-84~-76^d -40~-38^e	—	232	9.5~27	650~1400	—	—	—
含能扩链剂 ETPE	GAP 基	40~60	26~37	43~47	—	-34~-33^a	—	228	4.3~19	290~720	—	—	—
	GAP-PET 基	55	36~40	—	—	-75~-70^d -36~-33^e	—	228	12.7~19	370~520	—	—	—

注 1：M_n 为 ETPE 的相对分子质量；T_{gs} 为软段玻璃化转变温度；T_{gh} 为硬段玻璃化转变温度；T_{onset} 为热分解起始温度；σ_m 为拉伸强度；ε_b 为断裂伸长率；W_a 为与 RDX 的黏附功；ΔH_c 为燃烧热；H_{50} 为撞击感度的特性落高；P 为摩擦感度的爆炸百分数。

注 2：a 为基于 DSC 的测试结果；b 为基于 DMA 的测试结果；c 为质量比；d 为软段 PET 的玻璃化转变温度；e 为软段 GAP 的玻璃化转变温度。

索 引

0～9

1,4-丁二醇　327

2,2-二叠氮甲基-1,3-丙二醇　17、406、411

　　合成反应原理图　406

2,6-二氨基吡啶　321

3,3-双叠氮甲基氧丁环-四氢呋喃共聚醚基含能热塑性弹性体　189

　　概述　190

3,8-BTP-PDMS-Zn 弹性体　343

　　制备工艺示意图　343

3,8-二炔基吡啶　342

4,4'-二苯基甲烷二异氰酸酯　339

A～Z

Achar-Brindley-Sharp 法　460

Al-Kaabi　390

Amplemann　22、389

ASB-WPU　314、315

　　聚合物的自修复性能（图）　315

A—B—A 三嵌段共聚物　19

　　形成　19

　　活性顺序合成路线（图）　19

BAMO-AMMO-BAMO 三嵌段共聚物　434～442

　　^{1}H NMR 谱图　435

　　^{1}H NMR 中特征氢原子的化学位移和积分强度（表）　436

　　^{13}C NMR 中特征碳原子的化学位移和积分强度（表）　438

　　FTIR 谱图　434

　　X 射线衍射图　440

　　XRD 拟合谱图　441

　　定量 ^{13}C NMR 谱图　437

　　非晶衍射峰的积分强度（表）　442

　　结晶衍射峰的积分强度（表）　442

BAMO-AMMO 无规共聚物　428～432

　　^{1}H NMR 中特征氢原子的化学位移和积分强度（表）　430

　　^{1}H NMR 谱图　429

　　^{13}C NMR 中特征碳原子的化学位移和积分强度（表）　432

　　FTIR 谱图　428

定量 ^{13}C NMR 谱图　431
BAMO－APP 基星形 ETPE　403～405
　　合成反应原理图　404
　　力学性能（表）　405
　　制备　403
BAMO－GAP 基线形 ETPE 和星形 ETPE 的性能比较（表）　402
BAMO－GAP 基星形 ETPE　402、403、405
　　合成反应原理图　403
　　力学性能（表）　405
BAMO－GAP－BAMO 三嵌段 ETPE　22
BAMO－NMMO－BAMO 三嵌段 ETPE　14、394、395
　　反应过程（图）　14
　　合成　394
　　合成反应原理图　395
BAMO 和 PBAMO 的结构式（图）　104
BAMO 结构单元的交替度　433
BDO、CBA 与 HMDI 形成硬段的立体结构示意图　76
BDO、DBM 与 HMDI 所形成硬段的立体结构示意图　69
BEMO－BAMO/AMMO－BEMO 三嵌段 ETPE　20、396
　　合成反应原理图　396
BEMO 基 ETPE 的组成和性能（表）　396
$BF_3 \cdot Et_2O$/BDO 引发体系　21
Braithwaite　23
Burattini　323
Butler　4
Bu－NENA 对 PBA 基 ETPE 性能的影响　292、293
CBA 扩链 GAP 基含能热塑性弹性体（ETPE）　73～80
　　DSC 曲线（图）　77
　　FTIR 谱图　74
　　TG 曲线和 DTG 曲线（图）　79
　　T_{gs} 比较（表）　77
　　表面能及其与 RDX 的表面张力和黏附功（表）　80
　　表面性能　80
　　玻璃化转变温度　77
　　反应原理　73
　　合成工艺　73
　　合成工艺流程（图）　73
　　接触角（表）　80
　　氢键化比例（表）　75
　　氢键化程度　74
　　热分解性能　78
　　羰基吸收峰（图）　75
　　相对分子质量和相对分子质量分布（表）　74
　　性能　74
CBA/BDO 混合扩链 GAP 基 ETPE/RDX 火炸药　96、97
　　σ_m、ε_m、σ_b 和 ε_b（表）　97
　　力学性能　96
　　应力—应变曲线（图）　97
　　制备工艺　96
　　制备与性能　96
CBA 扩链 PBT 基含能热塑性弹性体（ETPE）　205～212
　　DSC 曲线（图）　209
　　FTIR 谱图　207
　　TG 曲线和 DTG 曲线（图）　210

T_{gs}（表） 209

　　表面能及其与 RDX 的表面张力和黏附功（表） 211

　　玻璃化转变温度 208

　　热分解性能 210

　　表面性能 211

　　反应原理 205

　　合成反应原理图 206

　　合成工艺 205

　　合成工艺流程（图） 206

　　接触角（表） 211

　　氢键化比例（表） 208

　　氢键化程度 206

　　羰基吸收峰（图） 207

　　相对分子质量和相对分子质量分布（表） 206

　　性能 206

CBA/BDO 混合扩链 GAP 基含能热塑性弹性体（ETPE） 87~92

　　DSC 曲线（图） 89

　　FTIR 谱图 88

　　T_{gs} 和 T_{gh}（表） 90

　　σ_m 和 ε_b（表） 91

　　表面能及其分量（表） 90

　　表面性能 90

　　玻璃化转变温度 89

　　反应原理 87

　　合成工艺 87

　　接触角（表） 90

　　力学性能 91

　　力学性能（图） 92

　　氢键化比例（表） 89

　　氢键化程度 87

　　羰基吸收峰（图） 88

　　相对分子质量和相对分子质量分布（表） 87

　　性能 87

　　与 RDX 的表面张力和黏附功（表） 91

CBA/BDO 混合扩链 PBT 基 ETPE/RDX 模型火炸药 227

　　力学性能 227、227（表）

　　应力—应变曲线（图） 228

　　制备工艺 227

CBA/BDO 混合扩链 PBT 基含能热塑性弹性体（ETPE） 218~225

　　DSC 曲线（图） 221

　　FTIR 谱图 219

　　T_{gs} 和 T_{gh}（表） 221

　　σ_m 和 ε_b（表） 224

　　表面能（表） 222

　　表面性能 222

　　玻璃化转变温度 221

　　反应原理 218

　　合成工艺 218

　　合成工艺流程（图） 218

　　接触角（表） 222

　　力学性能 223

　　力学性能（图） 224

　　氢键化比例（表） 220

　　氢键化程度 219

　　羰基吸收峰（图） 220

　　相对分子质量和相对分子质量分布（表） 219

　　性能 218

　　与 RDX 的表面张力和黏附功（表） 223

CE－PBAMO/HMX 药柱的密度和爆速（表） 158

DA 反应 313、314

 制备的自修复聚合物 313

 制备自修复聚合物示意图 314

DA 键聚氨酯的合成路线（图） 340

DBM 扩链 GAP 基含能热塑性弹性体（ETPE） 65～73

 DSC 曲线（图） 70

 FTIR 谱图 67

 TG 曲线和 DTG 曲线（图） 71

 T_{gs}（表） 70

 表面能及其分量（表） 72

 表面性能 72

 玻璃化转变温度 70

 反应原理 65

 合成反应原理图 66

 合成工艺 66

 合成工艺流程（图） 66

 接触角（表） 72

 氢键化比例（表） 68

 氢键化程度 67

 热分解性能 70

 羰基吸收峰（图） 68

 相对分子质量与相对分子质量分布（表） 67

 性能 67

 与 RDX 的界面张力和黏附功（表） 73

DBM 扩链 PBT 基含能热塑性弹性体（ETPE） 199～205

 DSC 曲线（图） 202

 FTIR 谱图 201

 TG 曲线及 DTG 曲线（图） 203

 T_{gs}（表） 202

 表面能及其分量（表） 204

 表面性能 204

 玻璃化转变温度 202

 反应原理 199

 合成反应原理图 199

 合成工艺 200

 合成工艺流程（图） 200

 接触角（表） 204

 氢键化比例（表） 202

 氢键化程度 200

 热分解性能 203

 羰基吸收峰（图） 201

 相对分子质量和相对分子质量分布（表） 200

 性能 200

 与 RDX 的表面张力和黏附功（表） 205

DBM 扩链 PGN 基含能热塑性弹性体（ETPE） 173～180

 DSC 曲线（图） 177

 FTIR 谱图 175

 TG 曲线及 DTG 曲线（图） 178

 T_{gs}（表） 177

 表面能及其与 RDX 的表面张力和黏附功（表） 180

 表面性能 179

 玻璃化转变温度 177

 反应原理 173

 合成反应原理图 174

 合成工艺 174

 合成工艺流程（图） 174

 接触角（表） 179

 氢键化比例（表） 176

氢键化程度 175

热分解性能 178

羰基吸收峰（图） 176

相对分子质量和相对分子质量分布（表） 175

性能 174

DBM/BDO 混合扩链 GAP 基 ETPE/RDX 模型火炸药 94～96

σ_m、ε_m、σ_b 和 ε_b（表） 95

力学性能 95

应力—应变曲线（图） 95

制备工艺 94

制备工艺流程（图） 94

DBM/BDO 混合扩链 GAP 基含能热塑性弹性体（ETPE） 81～86

DSC 曲线（图） 84

FTIR 谱图 82

T_{gs} 和 T_{gh}（表） 84

σ_m 和 ε_b（表） 86

表面能及其分量（表） 85

表面性能 85

表面张力和黏附功（表） 85

玻璃化转变温度 84

反应原理 81

合成工艺 81

接触角（表） 85

力学性能 86、86（图）

氢键化比例（表） 83

氢键化程度 82

羰基吸收峰（图） 83

相对分子质量和相对分子质量分布（表） 82

性能 82

DBM/BDO 混合扩链 PBT 基 ETPE/RDX 模型火炸药 225、226

力学性能 226

力学性能（表） 226

应力—应变曲线（图） 226

制备工艺 225

制备工艺流程（图） 225

DBM/BDO 混合扩链 PBT 基含能热塑性弹性体（ETPE） 212～218

DSC 曲线（图） 215

FTIR 谱图 214

T_{gs} 和 T_{gh}（表） 215

σ_m 和 ε_b（表） 217

表面能及其分量（表） 216

表面性能 216

玻璃化转变温度 215

反应原理 213

合成工艺 213

合成工艺流程（图） 213

接触角（表） 216

力学性能 217

力学性能（图） 217

氢键化比例（表） 215

氢键化程度 214

羰基吸收峰（图） 214

相对分子质量和相对分子质量分布（表） 213

性能 213

与 RDX 的表面张力和黏附功（表） 217

DBM/BDO 混合扩链 PGN 基 ETPE/RDX 样品 186、187

力学性能（表） 186

应力—应变曲线（图） 187

DBM/BDO 混合扩链 PGN 基含能热塑性

弹性体（ETPE） 181～186
    DSC 曲线（图） 184
    FTIR 谱图 182
    T_{gs} 和 T_{gh}（表） 184
    σ_m 和 ε_b（表） 185
    表面能及其分量（表） 185
    表面性能 184
    玻璃化转变温度 183
    反应原理 181
    合成工艺 181
    合成工艺流程（图） 181
    接触角（表） 184
    力学性能 185、186（图）
    氢键化比例（表） 183
    氢键化程度 182
    羰基吸收峰（图） 183
    相对分子质量和相对分子质量分布（表） 182
    性能 181
    与 RDX 的表面张力和黏附功（表） 185

DPCM 的制备过程、近红外诱导自修复机理和热诱导回收机理（图） 313

DTG 曲线 47、71、79、170、179、197、204、211

EPU 330、331
    样品的修复前后光学照片（图） 330
    自修复能力 331

EPU - 0 327～338
    表面张力系数、摩尔体积和密度(表) 338
    室温环境（20 ℃）表面能驱动随修复时间的力学性能（表） 334
    修复比率与 $t^{0.25}$ 拟合（图） 335

EPU - 5 327～338
    室温表面修复过程的物理参数与修复时间的变化趋势（图） 338
    室温环境（20 ℃）表面能驱动随修复时间的力学性能（表） 334
    形状记忆能力评估（图） 329
    修复比率与 $t^{0.25}$ 拟合 336

ETPE 26、325、468、469
    结构与常用表征技术（表） 469
    力学性能 468
    为黏合剂的固体推进剂配方（表） 26

FSD 方法 353

FTPB - PDMI 胶片 339

GAP - CBA - BDO - 50 87、90、91、98、99
    T_{gs} 和 T_{gh}（表） 90
    表面张力和黏附功（表） 91
    结构示意图 99
    相对分子质量和相对分子质量分布（表） 87

GAP - EAP 基含能热塑性弹性体 389

GAP - IDI - MDA 341、342
    合成路线（图） 341

GAP - IPDI - BDO 51～64、449、450
    DSC 曲线（图） 59
    玻璃化转变温度（表） 449
    氢键化比例（表） 55
    热分解峰温（表） 63
    热分解活化能（表） 60、61
    羰基和醚键的红外位移（表） 54
    相对分子质量和相对分子质量（表） 52
    硬段溶入软段的百分数（表） 450

组成（表） 52

GAP-IPDI-BDO-35 53、54、64

  氨基吸收峰的 FTIR 谱图 54

  弹性体不同反应程度时 1/T 与相应的机理函数（表） 64

  羰基吸收峰的 FSD 红外谱图 53

GAP-MDI-IDA(a)和 GAP-IDI-MDA(b)弹性体的合成路线（图） 341

GAP-PCL 基含能热塑性弹性体(ETPE) 392、393

  合成反应原理图 393

  应力—应变曲线（图） 393

  组成及相对分子质量（表） 393

GAP-PEG 基含能热塑性弹性体(ETPE) 362

  性质（表） 362

GAP-PET-A 348~355

  FTIR 谱图 352

  氢键化比例（表） 353

  软段玻璃化转变温度（表） 354

  羰基和醚键红外吸收峰位移（表） 353

  羰基吸收峰的 FSD 红外谱图 353

  组成（表） 350

GAP-PET-A-35 弹性体与原料的 FTIR 谱图 352

GAP-PET-B 349、350、354、355

  组成（表） 350

  软段玻璃化转变温度（表） 354

GAP-PET-C 349~361

  TG 曲线和 DTG 曲线（图） 357

  不同分解阶段的峰温（表） 358

  分解机理函数与 1/T 的线性相关系数（表） 361

  高温 DSC 曲线（图） 359

  结构式（图） 349

  热分解活化能（表） 360

  热失重曲线（图） 358

  软段玻璃化转变温度（表） 355

  失重率 5%时的温度及 252 ℃时的失重率（表） 359

  组成（表） 351

GAP-PET-C-50 的 XRD 谱图（图） 356

GAP-PET-PEG-A 363~368

  FSD 红外谱图 367

  FTIR 谱图 366

  氢键化比例（表） 367

  软段玻璃化转变温度（表） 368

  羰基和醚键红外吸收峰位移（表） 366

  羰基吸收峰（图） 367

  组成（表） 364

GAP-PET-PEG-A-35 弹性体与原料的 FTIR 谱图（图） 365

GAP-PET-PEG-B 363、368

  样品组成（表） 364

  软段玻璃化转变温度（表） 368

GAP-PET-PEG-C 363~374

  TG 曲线和 DTG 曲线（图） 371

  不同分解阶段的峰温（表） 372

  高温 DSC 曲线（图） 372

  结构式（图） 363

  热分解活化能（表） 373

  软段玻璃化转变温度（表） 369

  组成（表） 364

GAP-PET-PEG-C-50 弹性体的 XRD 谱图 369

GAP – PET – PEG 基含能热塑性弹性体
（ETPE） 362~374
    玻璃化转变温度 368
    单元结构式 363、363（图）
    断裂伸长率与硬段含量的关系（图） 370
    结构与性能 365
    结晶性能 369
    拉伸强度与硬段含量的关系（图） 370
    力学性能 370
    氢键化程度 365
    热分解性能 371
    组成 364

GAP – PET – PEPA – A 375~382
    FTIR 谱图 379
    氢键化比例（表） 381
    氢键化程度 378
    软段玻璃化转变温度（表） 382
    羰基和醚键红外吸收峰位移（表） 380
    羰基吸收峰（图） 380
    羰基吸收峰的 FSD 的 FTIR 谱图 381
    样品组成（表） 377

GAP – PET – PEPA – A – 35 弹性体 379、380
    羰基吸收峰的 FSD 的 FTIR 谱图 380
    与原料的 FTIR 谱图 379

GAP – PET – PEPA – B 375、377、382
    弹性体的软段玻璃化转变温度（表） 382
    样品组成（表） 377

GAP – PET – PEPA – C 375、376、384~388
    TG 曲线和 DTG 曲线（图） 386
    XRD 谱图 384
    高温 DSC 曲线（图） 387
    结构式（图） 376
    热分解活化能（表） 388
    热分解阶段的峰温（表） 386
    软段玻璃化转变温度（表） 383
    样品组成（表） 378

GAP – PET – PEPA – C – 50 弹性体的 XRD 谱图 383

GAP – PET – PEPA 基含能热塑性弹性体
（ETPE） 375~385
    玻璃化转变温度 382
    单元结构式 376
    断裂伸长率与硬段含量的关系（图） 385
    结构与性能 378
    结晶性能 383
    拉伸强度与硬段含量的关系（图） 384
    力学性能 384
    氢键化程度 378
    热分解性能 385
    样品组成 377

GAP – PET 基含能热塑性弹性体（ETPE）
17、348~358、362
    玻璃化转变温度 354
    单元结构式 349
    断裂伸长率和硬段含量的关系（图） 356
    合成反应原理图 349
    结构与性能 351
    结晶性能 355

拉伸强度与硬段含量的关系（图） 357

  力学性能 356

  氢键化程度 351

  热分解过程 358

  热分解机理函数 362

  热分解性能 357

  组成 350

GAP-PMMA 基含能热塑性弹性体（ETPE） 390

  FTIR 谱图 390

GAP-PSt 基 390

  FTIR 谱图 390

GAP 弹性体的溶胀度 Q_v 与溶剂溶度参数的关系曲线（图） 451

GAP 的结构式（图） 35

GAP 基含能热塑性弹性体（ETPE） 17、48、92、468、469

  DMA 曲线（图） 469

  单轴拉伸实验 468

  分解 48

  力学性能（图） 468

  热分解过程 17

  性能比较（表） 92

  在火炸药中的应用 92

GAP、PET 和 PEG 混合软段的弹性体样品组成（表） 364

GAPA 290、291

  对 PBA 基 ETPE 玻璃化转变温度的影响 290

  对 PBA 基 ETPE 热分解特性的影响 291

  对 PBA 基 ETPE 性能的影响 290

GAP-PCL 基 ETPE 392

GJB 770B—2005 火药实验方法 463

Gordon-Taylor 方程 448

HDI-CE-PBAMO 106～115

  T_g（表） 108

  σ_m 和 σ_b（表） 113

  表面张力和黏附功（表） 115

  表面张力及其分量（表） 114

  接触角（表） 114

  结晶度（表） 107

  热失重数据（表） 110

HEDS 型聚氨酯的合成原理及自修复机理示意图 317

HMDI-CE-PBAMO 106～115

  T_g（表） 108

  σ_m 和 σ_b（表） 113

  表面张力和黏附功（表） 115

  接触角（表） 114

  结晶度（表） 107

  热失重数据（表） 110

HTPB 推进剂 65

Illinger 56

IPDI-BDO-CE-PBAMO 119～133

  T_g（表） 125

  σ_m、σ_b、ε_b 和 ε_m（表） 129

  表面张力和黏附功（表） 133

  表面张力及其分量（表） 132

  接触角（表） 132

  结晶度（表） 124

  羰基的 FTIR 分峰拟合图 121

  亚氨基的 FTIR 分峰拟合图 120

IPDI-CE-PBAMO 111、112

  热分解机理（图） 112

  热分解气体产物的红外光三维谱图 111

IPDI－CE－PBAMO/HMX 的 TG 曲线和
DTG 曲线（图） 155
IPDI－DBM－CE－PBAMO 136～146
  DSC 曲线（图） 138
  TG 曲线及 DTG 曲线（图） 139
  XRD 谱图 137
  分解产物的 FTIR 谱图 141
  键合作用示意图 146
  接触角（表） 144
  热分解机理（图） 142
  热分解气体产物的红外三维谱图 140
  热失重数据（表） 139
  应力—应变曲线（图） 143
IPDI－DEG－CE－PBAMO 121～131
  不同区域的能谱分析结果（表） 130
  分解产物的 FTIR 谱图 127
  分子链中亚氨基与叠氮基团形成氢键的示意图 123
  氢键示意图 131
  热分解气体产物的 FTIR 三维谱图 127
IPDI－DEG－CE－PBAMO/HMX 的 TG 曲线和 DTG 曲线（图） 156
IPDI－HDO－CE－PBAMO 121～133
IPDI/BDO 纯硬段聚氨酯的二次升温 DSC 曲线（图） 450
Kisinger 法 460
Kissinger 公式 58、61
ln η_0－1/T 曲线（图） 267
Manser 6
Mark－Houwink 方程 425
Mostafa 21
Mozhdehi 344

M—Ve 曲线 425
NCO/OH 摩尔比 12
NMMO－THF－NMMO 三嵌段 ETPE 的合成反应原理图 399
Nomimura 322
Ozawa 公式 58
PAMMPL－GAP－PAMMPL 三嵌段 ETPE 389
  合成反应原理图 389
  合成过程 389
PAMMPL 的结构式（图） 389
PBAMO 460、461
  TG 曲线（图） 460
  热分解转化率随温度变化曲线（图） 461
PBA 基 ETPE/Al 样品的玻璃化转变温度（表） 278
PBA 基 ETPE/AP 样品 287～289
  DSC 曲线（图） 289
  DSC 数据（表） 289
  TG 曲线和 DTG 曲线（图） 288
  热分解性能 287
  热失重数据（表） 288
PBA 基 ETPE/APⅠ样品的玻璃化转变温度（表） 277
PBA 基 ETPE/APⅢ样品的玻璃化转变温度（表） 277
PBA 基 ETPE/Bu－NENA 292、293
  DSC 曲线（图） 293
  样品组成（表） 292
PBA 基 ETPE/Bu－NENA 固体推进剂 294～299
  DMA 曲线（图） 296
  爆热 294、294（表）

玻璃化转变温度（表） 296

动态力学性能 295

机械感度 295、295（表）

静态力学性能 295

老化性能 297

老化性能数据（表） 298

力学性能（表） 295

流变性能 297

密度 294

黏度曲线（图） 297

燃烧性能 298

燃速与燃速压力指数（表） 299

样品的密度（表） 294

制备工艺 294

制备工艺流程（图） 294

PBA 基 ETPE/GAPA 290～292

    DSC 曲线（图） 292

    DTG 曲线（图） 291

    TG 曲线（图） 291

    样品的 DSC 曲线（图） 290

    样品组成（表） 290

PBA 基 ETPE/GAPA 固体推进剂 300～304

    DMA 曲线（图） 302

    爆热 300、300（表）

    玻璃化转变温度（表） 302

    动态力学性能 302

    机械感度 300、301（表）

    静态力学性能 301

    老化性能 303

    老化性能数据（表） 304

    力学性能（表） 301

    流变性能 302

    密度 300、300（表）

    黏度曲线（图） 303

    燃烧性能 304

    燃速（表） 304

    制备工艺 300

    制备工艺流程（图） 300

PBA 基 ETPE/GAPA 样品的 DSC 曲线（图） 290

PBA 基 ETPE/HMX 样品 277、285～287

    DSC 曲线（图） 287

    DSC 数据（表） 287

    DTG 曲线（图） 286

    TG 曲线（图） 285

    玻璃化转变温度（表） 277

    热分解性能 285

    热失重过程 285

    热失重数据（表） 286

PBA 基 ETPE/RDX 样品 276、280～285

    DSC 曲线（图） 284

    DSC 数据（表） 285

    TG 曲线和 DTG 曲线（图） 283

    玻璃化转变温度（表） 276

    多频 DMA 曲线（图） 276

    黏度曲线（图） 280

    热分解性能 283

    热失重数据（表） 284

PBA 基 ETPE/固体填料样品 270、274、275、279～282

    玻璃化转变温度（表） 279

    断裂伸长率随固体含量的变化趋势图 275

    黏度 279

    黏度曲线（图） 281

    黏流活化能 281、282（表）

    损耗模量曲线（图） 278

制备工艺流程（图） 270
最大拉伸强度随固体含量的变化趋势图 274
PBAMO 104、105、258、427、446～459、462
　　FTIR 谱图 446
　　GPC 测试结果（表） 427
　　GPC 曲线（图） 427
　　二次升温 DSC 曲线（图） 459
　　含量对 PBA 基 ETPE 力学性能的影响 258
　　理化性质（表） 105
　　燃烧热及生成焓（表） 454
　　热分解活化能随转化率变化曲线（图） 462
　　生成焓（表） 456
PBAMO基含能热塑性弹性体在混合炸药中的应用 147
PBA 基 ETPE/AP I 样品的黏度曲线（图） 282
PBA 基含能热塑性弹性体（ETPE） 245～293、447、455
　　DMA 曲线（图） 262
　　FTIR 谱图 258
　　G″ 随温度变化曲线（图） 264
　　G′随温度变化曲线（图） 263
　　$\ln \eta_0 - 1/T$ 曲线（图） 267
　　$\ln \omega - 1/T_g$ 曲线（图） 264
　　TG 曲线和 DTG 曲线（图） 268
　　表面性能 269
　　反应原理 256
　　感度（表） 246
　　合成反应原理图 257
　　合成工艺 257
　　合成工艺流程（图） 257
　　红外光谱分析 258
　　机械感度（表） 269
　　剪切黏度 265
　　结构式（图） 454
　　力学性能 258
　　链段运动活化能（表） 265
　　密度（表） 245
　　摩尔质量及力学性能（表） 259、260
　　黏度（表） 267
　　黏度曲线（图） 266、267
　　黏流活化能（表） 268
　　燃烧热（表） 246
　　软段玻璃化转变温度（表） 263
　　生成焓（图） 455
　　相对分子质量及力学性能（表） 259
　　相容性 246
　　应用基础性能 270
　　与 RDX 相互作用示意图 280
　　与常用含能组分的相容性（表） 270
　　与固体填料的表面性能 271
　　与固体填料的表面张力与黏附功（表） 271
　　与火炸药常用组分的相容性 270
　　在固体推进剂中的应用 293
　　中胺基红外特征吸收峰的分峰拟合（图） 447
PBEMO 基含能热塑性弹性体 395
PBG 基含能热塑性弹性体(ETPE) 232、247～251
　　固体推进剂的密度（表） 251
　　合成路线 232

基本性能　247、247（表）

　　应用基础性能　245

　　在固体推进剂中的应用　248

PBG 基、GAP 基和 PBA 基固体推进剂 252～254

　　DSC 曲线（图）　253

　　TG 曲线和 DTG 曲线（图）　252

　　力学性能（表）　254

PBG 基固体推进剂　248～253

　　玻璃化转变温度　253

　　力学性能　254

　　爆热　251、251（表）

　　密度　251

　　能量性能　251、251（表）

　　配方设计　248

　　热分解性能　252

　　性能　250

　　制备工艺　250

　　制备工艺流程（图）　250

PBT 基含能热塑性弹性体在火炸药中的应用　225

PBX 炸药　26

　　制备　26

PGN 基含能热塑性弹性体在火炸药中的应用　186

PMMA – GAP – PMMA 三嵌段 ETPE 390～392

　　^{1}H – NMR 谱图　391

　　DSC 曲线（图）　392

　　TG 曲线（图）　392

　　合成反应原理图　391

PNMMO – BFMO 基 ETPE　400

PNMMO – TMPO（超支化聚环氧乙烷）共聚 ETPE　400

PNMMO 的结构式（图）398

PNMMO 基含能热塑性弹性体　398

　　合成　398

PNMMO 及 PNMMO 基 ETPE 的性能参数（表）　399

PTHF 和 AMMO – THF – AMMO 三嵌段 ETPE　397、398

　　DTG 曲线（图）　398

　　TG 曲线（图）　397

PTHF 和 NMMO – THF – NMMO 三嵌段 ETPE　399、400

　　DTG 曲线（图）　400

　　TG 曲线（图）　399

P（AMMO – THF）基含能热塑性弹性体　397

P（BAMO – AMMO）含能黏合剂　463、467

　　感度特性（表）　467

　　与其他含能组分的相容性（表）　463

P（BAMO – AMMO）黏合剂胶片　452

　　与硝酸酯增塑剂的溶度参数（表）　452

　　在不同溶剂中的 $(Q_v-1)/\rho_b$ 值（图）　452

P（BAMO – NMMO）多嵌段 ETPE　14

　　反应过程（图）　14

P（BAMO – NMMO）基含能热塑性弹性体　394

P（DFAMO – AMMO）共聚物　402

Rothon　65

Sanderson　6

SPUE 超分子结构的示意图　316

Sreekumar　22

TBXA 基 PUU 的合成过程和修复机理（图） 320
TDI 37
Toohey 310
TPE 黏合剂 4
Vaiyapuri 344
von Richter 重排反应 173
Wardle 13
White 课题组 310
White 最小自由能法 248
X 射线衍射分析 439
Yoon 310
π-π 相互作用 323

A～B

阿累尼乌斯方程 266
氨基甲酸酯 10
氨基甲酸酯硬段含量 261
    PBA 基 ETPE 力学性能的影响 261
    对 PBA 基 ETPE 力学性能的影响（图） 261
包覆效果 151
爆热 251、294、300
本体熔融聚合法 10
本征型自修复高分子材料 311
不同 GAP 基 ETPE 模型火炸药的性能对比 98
不同 HEDS 含量 EPU 弹性体 332、333
    强度与温度的关系（图） 333
    强度与修复时间的关系（图） 333
    原始和修复后力学性能及自修复率（图） 332
不同 HEDS 含量 GAP 基 ETPE 的相对分子质量（表） 328
不同 PAMMO、PBAMO 摩尔质量时 PBA 基 ETPE 的摩尔质量及力学性能（表） 259
不同 PBAMO 含量时 PBA 基 ETPE 的相对分子质量及力学性能（表） 259
不同二异氰酸酯 PBA 基 ETPE 的链段运动活化能（表） 265
不同二异氰酸酯的结构式（图） 109
不同二元醇 PBAMO 基 ETPE 118～134
    DSC 曲线（图） 125
    G' 和 G'' 与频率的关系（图） 135
    T_g（表） 125
    XRD 谱图 124
    表面张力及其分量（表） 132
    储能模量与频率关系（图） 134
    合成反应原理图 118
    合成工艺流程（图） 119
    接触角（表） 132
    拉伸断面的 SEM 照片（图） 129
    氢键化比例（表） 121
    损耗模量与频率关系（图） 134
    羰基区域的 FTIR 谱图 120
    亚氨基吸收峰的 FTIR 谱图 119
    应力—应变曲线（图） 128
    与火炸药常用组分的表面张力和黏附功（表） 133
不同二元醇扩链 PBAMO 基 ETPE 的 TG 曲线和 DTG 曲线（图） 126
不同二元醇制备 PBAMO 基含能热塑性弹性体 117～119、124～133
    表面性能 132
    玻璃化转变温度 124
    反应原理 118

合成工艺　118

　　结晶性能　122

　　力学性能　128

　　流变性能　133

　　氢键化程度　119

　　热分解性能　126

　　性能　119

不同含量 Al 对 PBA 基 ETPE 力学性能的影响（表）　274

不同含量 HMX 对 PBA 基 ETPE 力学性能的影响（表）　273

不同含量 RDX 对 PBA 基 ETPE 力学性能的影响（表）　272

不同含量 Ⅰ 类 AP 对 PBA 基 ETPE 力学性能的影响（表）　274

不同含量 Ⅲ 类 AP 对 PBA 基 ETPE 力学性能的影响（表）　273

不同混合扩链剂合成 PBT 基 ETPE　221、223、224

　　表面张力和黏附功比较（表）　223

　　拉伸强度（表）　224

　　氢键化程度比较（表）　221

不同基团对聚合物分子的自由能 ΔG_f 和生成焓 ΔH_f 的贡献（表）　454

不同剪切速率 γ 下 PBA 基 ETPE 的黏流活化能（表）　268

不同扩链剂 PBAMO 基 ETPE　124、129

　　σ_m、σ_b、ε_b 和 ε_m（表）　129

　　结晶度（表）　124

不同扩链剂 PGN 基 ETPE　176～180

　　T_{gs}（表）　178

　　羰基氢键化程度比较（表）　176

　　与 RDX 的黏附功（表）　180

不同扩链剂合成 ETPE 与 RDX 的黏附功（表）　81

不同扩链剂合成 GAP 基 ETPE　77、78

　　T_{gs}（表）　78

　　羰基氢键化程度比较（表）　77

不同扩链剂合成 PBT 基 ETPE　208～212

　　T_{gs}（表）　210

　　羰基氢键化程度比较（表）　208

　　与 RDX 的黏附功（表）　212

不同频率下 PBA 基 ETPE 的 G″ 随温度变化曲线（图）　264

不同频率下无规嵌段型 PBA 基 ETPE 的流变学曲线（图）　466

不同升温速率下高硬段含量 GAP 基 ETPE 的 DSC 曲线（图）　59

不同双组分体系 DSC 曲线（图）　464

不同序列结构中特征碳原子的位置（图）　433

不同异氰酸酯 GAP 基 ETPE　36～41

　　DSC 曲线（图）　40

　　FTIR 谱图和羰基吸收峰（图）　38

　　TG 曲线和 DTG 曲线（图）　41

　　T_{gs} 和 T_{gh}（表）　40

　　反应原理　35

　　合成反应原理图　36

　　合成工艺　35

　　合成工艺流程　36

　　氢键化比例（表）　39

　　热失重数据（表）　41

　　羰基吸收峰（图）　39

　　相对分子质量和相对分子质量分布（表）　37

　　性能　37

不同异氰酸酯 PBA 基 ETPE 260～263、269
 FTIR 谱图 260
 接触角、表面能及其分量（表） 269
 摩尔质量及力学性能（表） 260
 氢键化比例（表） 261
 软段玻璃化转变温度（表） 263
 损耗模量曲线（图） 262

不同异氰酸酯扩链 PBAMO 106～117
 DSC 曲线（图） 108
 TG 曲线和 DTG 曲线（图） 109
 T_g（表） 108
 XRD 谱图 107
 σ_m 和 σ_b（表） 113
 表面张力及其分量（表） 114
 玻璃化转变温度 108
 储能模量与频率关系图 116
 反应原理 106
 合成反应原理图 106
 合成工艺 106
 合成工艺流程（图） 106
 接触角（表） 114
 结晶度（表） 107
 力学性能 113、113（图）
 热失重数据（表） 110
 损耗模量与频率关系图 117
 性能 106
 与火炸药常用组分的表面张力和黏附功（表） 115

不同异氰酸酯生成的氨基甲酸酯链段结构示意图 9

不同硬段含量 ETPE 407～410、449、450
 DMA 曲线 410
 DSC 曲线（图） 408
 FTIR 谱图 407
 玻璃化转变温度（表） 449
 力学性能（图） 409
 氢键化比例（表） 408
 软段玻璃化转变温度 409
 羰基吸收峰的 FSD 图 408
 硬段溶入软段的百分数（表） 450

不同硬段含量 PBT 基含能热塑性弹性体（ETPE）191～199
 DSC 曲线（图） 195
 FTIR 谱图 192
 SAXS 谱图 194
 TG 曲线及 DTG 曲线（图） 196
 T_{gs} 和 T_{gh}（表） 195
 σ_m 和 ε_b（表） 197
 表面能及其分量（表） 198
 表面性能 198
 玻璃化转变温度 195
 反应原理 191
 合成反应原理图 191
 合成工艺 191
 合成工艺流程（图） 191
 接触角（表） 198
 力学性能 197、197（图）
 氢键化比例（表） 193
 氢键化程度 192
 热分解性能 196
 羰基吸收峰（图） 193
 相对分子质量和相对分子质量分布（表） 192
 性能 192
 硬段聚集尺寸 194
 与 RDX 的表面张力和黏附功（表） 199

不同硬段含量 PGN 基含能热塑性弹性体（ETPE） 165～172

  DSC 曲线（图） 169

  FTIR 谱图 166

  SAXS 谱图 168

  TG 曲线及 DTG 曲线（图） 170

  T_{gs} 和 T_{gh}（表） 169

  σ_m 和 ε_b（表） 171

  表面能及其分量（表） 172

  表面性能 171

  玻璃化转变温度 168

  反应原理 165

  合成反应原理图 165

  合成工艺 165

  合成工艺流程（图） 165

  接触角（表） 172

  力学性能 171、171（图）

  氢键化比例（表） 167

  氢键化程度 166

  热分解性能 169

  羰基吸收峰（图） 167

  相对分子质量和相对分子质量分布（表） 166

  性能 166

  硬段聚集尺寸 168

  与 RDX 的表面张力和黏附功（表） 172

C～D

参考文献 29、100、159、188、229、254、305、344、417、470

常武军 65

常用的端羟基低相对分子质量含能聚醚或聚酯 8

常用热分解机理函数（表） 62

超分子作用 320

陈福泰 4

催化剂的分子式和结构式（图） 13

大分子引发剂法 21

单体及预聚物的结构式（图） 401

弹性体的微相分离结构示意图 196

叠氮聚酯 389

动态力学性能 261

端呋喃 339

  线型聚氨酯（FPU） 339

  甲酯基聚丁二烯（FTPB）和三呋喃甲酯基丙烷(TFP)的合成路线(图) 339

E～G

二氟氨基含能热塑性弹性体 401

二羟乙基二硫化物 317

二元醇二羟甲基丙二酸二乙酯 17

二元醇扩链后拉伸强度增加的主要原因 130

樊武厚 314

反应温度 12

高分子材料修复示意图 311

高软段含量 GAP 基含能热塑性弹性体（ETPE） 42～51

  DSC 曲线（图） 46

  ETPE 氢键化程度 43

  FTIR 谱图 43

  SAXS 谱图 45

  TG 曲线和 DTG 曲线（图） 47

  T_{gs} 和 T_{gh}（图） 46

  σ_m 和 ε_b（表） 48

  表面能及其分量（表） 50

  表面性能 49

不同参比液的接触角（表） 50

反应原理 42

分峰拟合结果（表） 45

合成工艺 42

力学性能（图） 49

热失重率（表） 48

羰基吸收峰（图） 44

相对分子质量和相对分子质量分布（表） 43

性能 42

硬段聚集尺寸 45

与 RDX 的表面张力和黏附功（表） 51

高硬段含量 GAP 基含能热塑性弹性体（ETPE） 51～63

DSC 曲线和 DSC 微分曲线(图) 56

FTIR 谱图 53

TG 曲线和 DTG 曲线（图） 63

T_{gs} 和 T_{gh}（表） 56

玻璃化转变温度 55

反应原理 51

合成工艺 51

结晶性能 57

力学性能 57、58（图）

氢键化比例（表） 55

氢键化程度 52

热分解峰温（表） 63

热分解活化能（表） 60、61

热分解性能 58

羰基和醚键的红外位移(表) 54

羰基吸收峰的 FSD 红外光谱图 55

相对分子质量和相对分子质量分布（表） 52

性能 52

样品组成（表） 52

共聚软段 9

固体填料对 PBA 基 ETPE 272～283

动态力学性能的影响 275

静态力学性能的影响 272

力学性能的影响 272

流变性能的影响 279

热分解性能的影响 283

固体推进剂的能量性能（图） 248、249

官能团预聚体法 6

官能团预聚体法合成 ETPE 的示意图 7

郭翔 65

H

含二硒键的聚氨酯脲弹性体的合成示意图 318

含金属配位键的含能热塑弹性体 342

含聚氨酯 ETPE 的燃速数据（表） 14

含硫自修复材料实现自修复的化学反应机理（表） 316

含能基团的生成焓（表） 34

含能扩链剂 GAP-PET 基含能热塑性弹性体（ETPE） 411～416

DMA 曲线（图） 415

DSC 曲线（图） 413

FTIR 谱图 413

TG 曲线（图） 416

玻璃化转变温度 413

动态力学性能 415

反应原理 411

合成反应原理图 412

红外光谱分析 412

静态力学性能 414、414（图）

热分解性能 415

软段玻璃化转变温度（表） 414

相对分子质量与相对分子质量分布 411、412（表）

含能扩链剂 GAP 基含能热塑性弹性体（ETPE） 406~411

玻璃化转变温度 408、409（表）

动态力学性能 410

合成反应原理图 406

静态力学性能 409、409（图）

氢键化程度 407

曲线和 DTG 曲线（图） 411

热分解性能 410

相对分子质量和相对分子质量分布 406、406（表）

含能扩链剂含能热塑性弹性体 405

含能黏合剂 458~467

安全性能 467

玻璃化转变温度 458

流变性能 465

热性能表征 458

相容性 462

含能热塑性弹性体（ETPE） 2、5、6、13、22~26、421、422

表征技术 421

概述 422

定义 5

发展趋势 28

分类 5

合成 6

力学性能（表） 13

相对分子质量及相对分子质量分布 422

相对分子质量与结构表征 422

性能特点 5

应用 22

在 PBX 炸药中的应用 26

在固体火箭推进剂中的应用 24

在枪炮发射药中的应用 23

含氢键的含能热塑性弹性体 340

含双硫键的含能热塑性弹性体 325

合成路线（图） 326

含有不同金属配位键的自修复聚合物的合成路线(图) 322

含于 DA 可逆反应的含能热塑弹性体 339

红外光谱分析 234、240、258、412

环四亚甲基四硝胺（HMX） 340

活化能 264

活性聚合反应 18

活性顺序聚合产物的数均分子量与单体转化率的关系（图） 19

活性顺序聚合法 18、395

合成 ETPE 反应过程（图） 18

火炸药及其接触材料的相容性评价标准（表） 464

J

机理函数与 1/T 的拟合直线（图） 64

机械感度 154、246、269、295、300

基团估算法 454

基于动态可逆共价化学作用的自修复机理（图） 312

基于可逆非共价键的本征型自修复材料 320

基于可逆共价化学作用的本征型自修复材料 312

基于主客体相互作用的自修复超分子材料的合成方法（图） 323

几种高分子的化学结构与能量模型（图）324
几种含能单体、预聚物和 ETPE 的燃烧热以及生成焓（表）457
加拿大 DREV 15
甲酯基聚丁二烯黏合剂 339
菅晓霞 325
键合功能型 GAP 基含能热塑性弹性体 65
键合功能型 PBAMO 基含能热塑性弹性体（ETPE）136～146
 DSC 曲线（图）138
 TG 曲线和 DTG 曲线（图）139
 T_g（表）138
 XRD 谱图 137
 表面张力及其分量（表）144
 储能模量 G′ 与频率关系（图）146
 反应原理 136
 合成反应原理图 136
 合成工艺 136
 合成工艺流程（图）136
 接触角（表）144
 结晶度（表）137
 力学性能（表）143
 热失重数据（表）139
 损耗模量 G″ 与频率关系（图）147
 性能 137
 应力—应变曲线（图）143
 与火炸药常用组分的表面张力和黏附功（表）145
键合功能型 PBT 基含能热塑性弹性体 199
键合功能型 PGN 基含能热塑性弹性体 173

交联剂质量分数、自修复温度和自修复时间对 GAP 基热塑性弹性体的力学性能影响（图）326、327
交替嵌段型 PBG 基含能热塑性弹性体（ETPE）239～244
 DTG 曲线（图）243
 FTIR 谱图 241
 TG 曲线（图）243
 XRD 谱图 242
 反应原理 239
 合成反应原理图（图）239
 合成工艺 239
 合成工艺流程（图）240
 力学性能 244、244（图）
 谱图全谱拟合结果（图）242
 相对分子质量和相对分子质量分布（表）240
 性能 240
接触角法 49
结晶性能 57、122、137、355、369、383
金属配位键 321
晶型 153
静态接触角测量仪 50
具有三维微血管网络的自修复材料（图）311
具有自修复性 GAP 基 ETPE（图）328
聚 3,3 - 双叠氮甲基氧丁环 - 3 - 甲基 - 3 - 叠氮甲基氧丁环基含能热塑性弹性体 255
 概述 256
聚 3,3 - 双叠氮甲基氧丁环 - 叠氮缩水甘油醚基含能热塑性弹性体 231
 概述 232
聚 3,3 - 双叠氮甲基氧丁环基含能热塑性

弹性体 103
聚氨酯材料 325
聚氨酯弹性体 16、37
  分子链结构示意图（图） 16
  相对分子质量 37
聚氨酯加成聚合法 6、7、9、10
  反应特征 9
  合成 ETPE 示意图（图） 7
  制备 ETPE 的合成工艺 10
聚氨酯为硬段的 ETPE 15
  氢键示意图（图） 16
聚叠氮缩水甘油醚基含能热塑性弹性体 33
聚合物相对分子质量测定方法的适用范围（表） 423
聚四乙烯醚二醇 339
聚缩水甘油醚硝酸酯（PGN）基含能热塑性弹性体 163
  概述 164
聚碳酸酯加成聚合法 18
聚酯类 TPE Irostic 4
  工艺过程 4

K

可控自由基聚合法 390
可逆共价键 312
扩链 PBAMO 148~150
  表面张力及其分量（表） 148
  接触角（表） 148
  与 RDX、HMX 和 CL-20 的黏附功（表） 149
  与 RDX、HMX 及 CL-20 的反应放气量和相容性评价结果（表） 150
  与常用单质炸药的界面作用 148
  与常用单质炸药的相容性 149
扩链 PBAMO/HMX 151~159
  混合炸药的感度（表） 154
  压力—密度曲线（图） 157
  压装混合炸药造型粉成型和能量性能 156
  压装混合炸药造型粉的包覆效果 151
  压装混合炸药造型粉的晶型 153
  压装混合炸药造型粉的力学性能 158
  压装混合炸药造型粉的性能 151
  压装混合炸药造型粉的制备工艺 151
  药柱的抗拉断面形貌（图） 158
  药柱的抗压强度和抗拉强度（表） 159
  药柱外观形貌（图） 157
  造型粉的 SEM 照片（图） 153
  造型粉的 XRD 谱图（图） 154
  造型粉外观照片（图） 152
扩链剂 DBM 的结构式（图） 66
扩链剂 HCAHE 和 HCAHP 的合成反应原理图（图） 416

L～N

李冰珺 13
李玉斌 339
梁楚尧 339
两种不同方法求解高硬段含量 GAP 基 ETPE 热分解活化能的对比（表） 62
两种加料顺序得到的分子链结构示意图（图） 16
两种硬链段 ETPE 的物化性能比较 17

流变性能　116、133、146、265、297、302、465

吕勇　17

迈克尔加成反应　73

毛细管黏度计　444

美国 ATK Thiokol 公司　12

密度　245

幂律函数方程　265

模型化合物中聚氨酯的氢键作用（图）　446

黏度　443
　　随剪切速率的变化　445

脲基嘧啶酮　321
　　基团之间形成的四重氢键（图）　321

凝胶渗透色谱法（GPC）　423、424、426
　　标准曲线（图）　426
　　校正曲线（图）　424

P～R

潘向强　318

硼酯键　315

平衡溶胀法的原理　451

切变速率和黏度的测定方法和数值（表）　444

氢键　320

氢键形成示意图（图）　44

燃烧热　245、456

燃烧热法　453

热分解动力学　459
　　研究目的　459

热分解机理函数的确定　62

热分析法　463

热失重数据　41、110、139、156、284、286、288

热塑性弹性体（TPE）　2～4
　　结构与性能特点　2
　　微相分离结构示意图（图）　3
　　用作复合推进剂的黏合剂（国外、国内）　4
　　优点　4
　　在火炸药领域的应用　3

溶度参数　450

溶解度　443
　　计算式　443

溶解法回收 ETPE 基固体推进剂的工艺流程（图）　25

溶液－水悬浮法制备造型粉的工艺流程（图）　151

溶液聚合法　10、392

溶胀度公式　451

软/硬段相溶性　447

S

三呋喃甲酯基丙烷　339

三氟化硼乙醚　20

三嵌段共聚物　19、434
　　合成　19
　　序列结构　434

生成焓　453

室温环境（20 ℃）不同组分 EPU 的力学性能（表）　336

受损材料的修复过程　328

受阻脲键　319

熟化　35

双硫键　316

双硒键　318

水分　11

四种修复样品的修复模型、强度和修复比

率（图） 337

T～W

碳酸酯连接键形成的 ETPE 的反应过程（图） 18
脱湿 65
外援型自修复高分子材料 309
王刚 15
微管路型自修复体系 310
微胶囊的修复过程（图） 310
魏海兵 315
温度对 PBA 基 ETPE 黏度的影响 266
温度积分式 461
无规共聚物的序列结构 428
无规嵌段型 PBA 基 ETPE 蠕变及蠕变恢复曲线（图） 466
无规嵌段型 PBG 基含能热塑性弹性体（ETPE） 233～252
 DSC 曲线（图） 235
 DTG 曲线（图） 238
 FTIR 谱图 235
 TG 曲线（图） 237
 XRD 谱图 236
 XRD 全谱拟合结果（图） 237
 常见含能组分的相容性（表） 247
 反应原理 233
 合成反应原理图（图） 233
 合成工艺 234
 合成工艺流程（图） 234
 和 PBG 基固体推进剂的 TG 曲线和 DTG 曲线（图） 252
 力学性能 238、238（图）
 相对分子质量和相对分子质量分布（表） 234

性能 234
物理交联相 2

X～Y

夏和生 321
相容性 246
小分子二元醇 9
星形含能热塑性弹性体 402
胸腺嘧啶 321
 和 2,6-二氨基三嗪（DTA）形成的三重氢键（图） 321
修复比率 334
修复模型的参数计算结果（表） 335
序列结构 427
绪论 1
薛敬也 20
压延工艺 26
亚胺键 314
阳离子活性顺序聚合法 19
杨静 341
氧弹量热仪 456
异佛尔酮二脲结构 341
异佛尔酮二异氰酸酯 325
异氰酸酯种类对 PBA 基 ETPE 力学性能的影响 260
硬段聚集尺寸 45、168、194
预聚物和 ETPE 的燃烧热以及生成焓（表） 457
预聚物摩尔质量对 PBA 基 ETPE 力学性能的影响 259

Z

张宝艳 4
张弛 15

张雅娜 342

张在娟 17

赵一搏 22

真空安定性法 463

    进行相容性测试的步骤 463

转动黏度计 444

自修复材料 308、309

    定义 308

    自修复机制 309

自修复高分子材料的设计（图） 309

自修复性含能热塑性弹性体 325

组分体系 465

    DSC 峰温值（表） 465

    相容性评价（表） 465

最高比冲时 PBG 基固体推进剂的配方组成（表） 250

    作为对比的 GAP 基和 PBA 基固体推进剂的配方组成（表） 250

彩 插

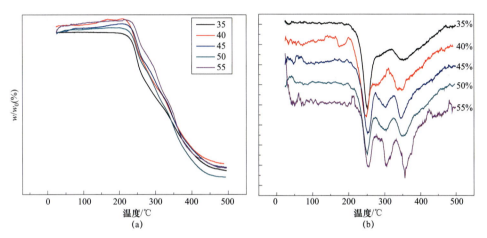

图 2-24　高硬段含量 GAP 基 ETPE 的 TG 曲线和 DTG 曲线
（a）TG 曲线；（b）DTG 曲线

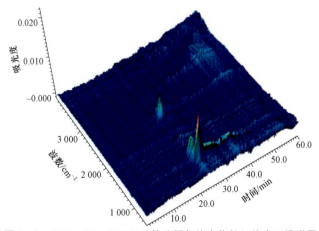

图 3-8　IPDI-CE-PBAMO 热分解气体产物的红外光三维谱图

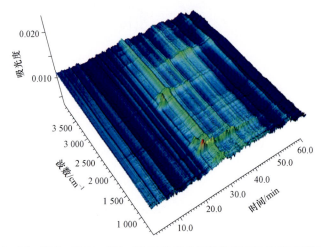

图 3-24 IPDI-DEG-CE-PBAMO 热分解气体产物的 FTIR 三维谱图

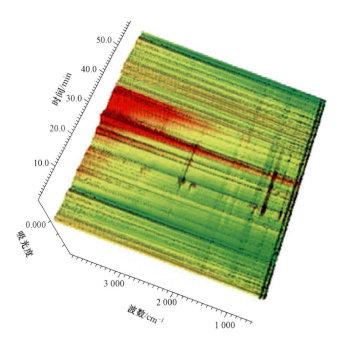

图 3-37 IPDI-DBM-CE-PBAMO 热分解气体产物的红外三维谱图

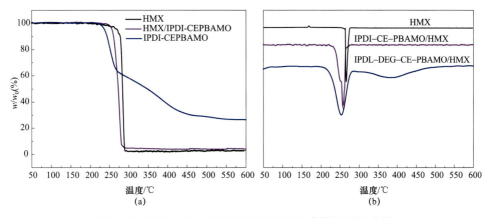

图 3-48 IPDI-CE-PBAMO/HMX 的 TG 曲线和 DTG 曲线

(a) TG 曲线;(b) DTG 曲线

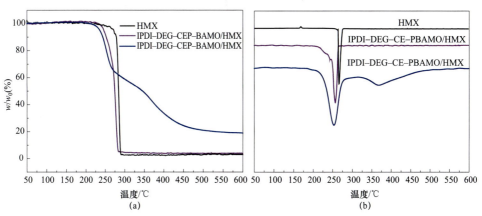

图 3-49 IPDI-DEG-CE-PBAMO/HMX 的 TG 曲线和 DTG 曲线

(a) TG 曲线;(b) DTG 曲线

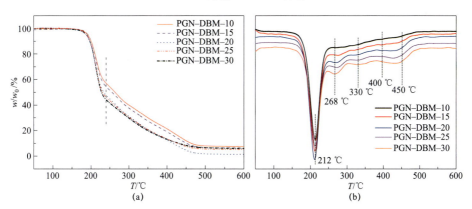

图 4-15 DBM 扩链 PGN 基 ETPE 的 TG 曲线及 DTG 曲线

(a) TG 曲线;(b) DTG 曲线

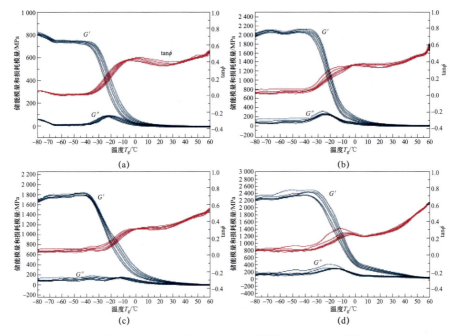

图 7-19 PBA 基 ETPE/RDX 样品的多频 DMA 曲线

(a) 10%RDX；(b) 30%RDX；(c) 50%RDX；(d) 80%RDX

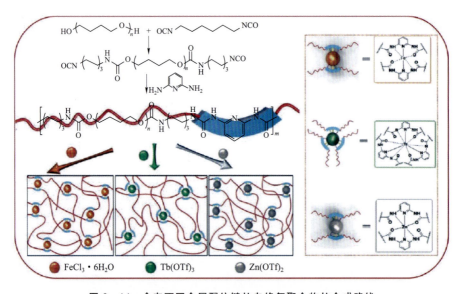

图 8-14 含有不同金属配位键的自修复聚合物的合成路线

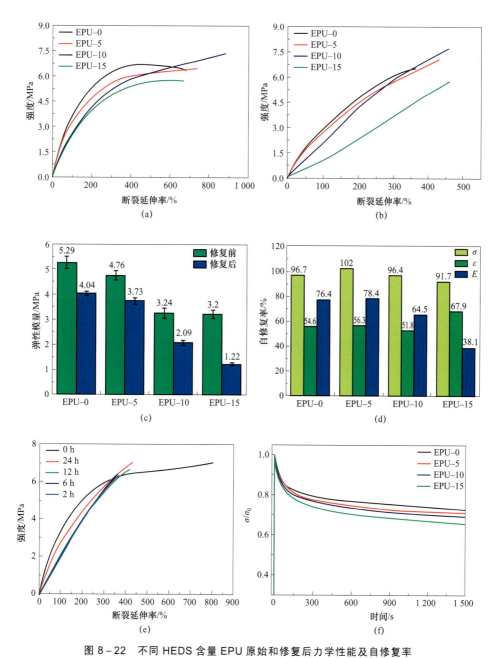

图 8-22 不同 HEDS 含量 EPU 原始和修复后力学性能及自修复率

(a) 原始的强度；(b) 修复后的强度；(c) 修复前、后的弹性模量；(d) 自修复率；
(e) 材料强度随修复时间的变化；(f) 拉伸强度比与时间的关系

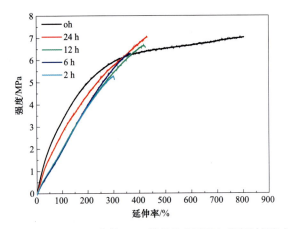

图 8-23 不同 HEDS 含量 EPU 弹性体的强度与修复时间的关系

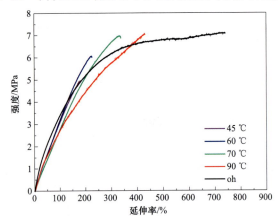

图 8-24 不同 HEDS 含量 EPU 弹性体的强度与温度的关系

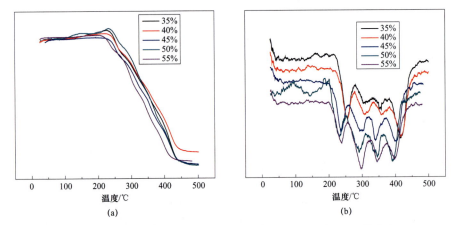

图 9-20 不同硬段含量 GAP-PET-PEG-C 弹性体的 TG 曲线和
DTG 曲线（图中数字为硬段含量）

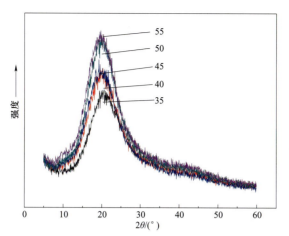

图 9-29 不同硬段含量 GAP-PET-PEPA-C 弹性体的 XRD 谱图（图中数字为硬段含量）

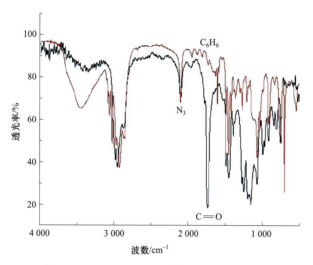

图 9-36 GAP-PMMA 基 ETPE（深色）和 GAP-PSt 基 ETPE（红色）的 FTIR 谱图